U0365124

内容简介

《农业推广理论与实践》是为农业推广专业硕士学位研究生编写的一本教材。编写上针对硕士层次和专业学位特点，突出了理论性和实践性，注意吸收世界农业推广研究成果，并总结了国内最新的农业推广研究成果与经验。内容涵盖农业推广的基本概念、基本理论、制度与体系、组织与人员、方式与方法、信息与服务、项目与实施、试验与示范、推广文体写作等。该教材还针对农业推广硕士涉及的专业领域编写了推广案例，作为附录附在教材之后，便于参考。该教材适应于农业应用型、复合型高层次人才的培养需要,同时也可以作为农业科研、教学、管理、推广人员了解农业推广基本知识的参考书。

全国农业推广专业学位研究生教育指导委员会推荐教材

农业推广理论与实践

NONGYE TUIGUANG LILUN YU SHIJIAN

王慧军　主编

中 国 农 业 出 版 社

主　编　王慧军（河北省农林科学院）

副主编　郝建平（山西农业大学）

田奇卓（山东农业大学）

唐永金（西南科技大学）

朱朝枝（福建农林大学）

郭程瑾（河北农业大学）

参　编（按姓名笔画排序）

方平平（福建农林大学）

朱翠林（西北农林科技大学）

刘　正（安徽科技师范学院）

刘秀艳（河北科技大学）

衣　莹（沈阳农业大学）

李成武（山东农业大学）

李首成（四川农业大学）

杨忠娜（塔里木大学）

张德健（内蒙古大学）

陈志英（东北农业大学）

郑顺林（四川农业大学）

郝企信（河北省农林科学院）

侯立白（沈阳农业大学）

海江波（西北农林科技大学）

陶佩君（河北农业大学）

崔永福（河北农业大学）

曾芳芳（福建农林大学）

前　言

我国自1991年开始实行专业学位教育制度以来，专业学位教育种类不断增多，培养规模不断扩大，社会影响不断增强。为更好地适应我国农业现代化和农村发展对高层次专门人才的迫切需要，完善具有中国特色的学位制度，1999年5月，国务院学位委员会第十七次会议审议批准设立了农业推广专业硕士学位。农业推广专业硕士学位侧重于应用，主要为农业技术应用、开发及推广，农村发展，农业教育等企事业单位和管理部门培养具有综合职业技能的应用型、复合型高层次人才。经过十多年的发展，农业推广专业硕士学位教育取得了显著成绩，为我国农业技术推广和农村发展领域培养了一批高层次、应用型人才。教育部决定，从2009年起大部分专业硕士学位开始全日制培养。为适应农业推广专业硕士学位教育的发展，加强农业推广专业硕士公共学位课教学用书建设，全国农业推广专业硕士学位研究生教育指导委员会经研究决定，成立农业推广硕士公共学位课教学用书编写及咨询审议工作小组，组织实施教学用书的编写工作。委托河北省农林科学院王慧军教授牵头，编写本教材。由14所高校23位从事农业推广和农村发展科研及教学工作的教师组成的编写组，于2010年12月召开组稿会议，讨论确定了教材的编写大纲，并布置了编写分工。经过对初稿的审阅、再审和统稿，于2011年7月定稿。

本教材针对专业学位研究生的特点，在编写上突出了系统性、实用性和可操作性，全书共13章，涵盖了农业推广的基本理论和方法，反映了近年来农业推广理论的最新发展和实践经验，并且针对农业推广硕士涉及的领域编写了推广案例，作为附录附在教材的后边，便于学习参考。

本教材由王慧军任主编。具体撰写分工为：绪论由王慧军撰写；第一章由郝建平、王慧军撰写；第二章由唐永金、郝建平撰写；第三章由郭程瑾、杨忠娜撰写；第四章由唐永金、朱朝枝撰写；第五章由崔永福、陶佩君、张德健撰写；第六章由刘秀艳、王慧军撰写；第七章由李首成、郑顺林撰写；第八章由方平平、刘正撰写；第九章由海江波、朱翠林撰写；第十章由朱朝枝、曾芳芳、郝企信撰写；第十一章由陈志英、田奇卓撰写；第十二章由侯立白、衣莹撰写；第十三章由李成武、田奇卓撰写。全书由王慧军统稿。本教材引用了大量的参考文献，在此对参考文献的作者表示感谢！同时也对给予教材出版大力支持的河北省农林科学院、中国农业出版社表示衷心的感谢！

由于编者水平有限，书中难免有不妥之处，敬请读者批评指正。

编　者

2011年8月

目　　录

绪　论

农业推广活动是伴随农业生产活动而发生、发展起来的一项专门活动。随着农业推广活动的逐渐深入，农业推广成了为农业和农村发展服务的一项社会事业。由于各国政治、经济、文化的差别，农业和农村发展各阶段农业生产力发展水平的不同，农业推广活动的内容、形式、方法有很大的差异，然而追溯其本质，都是以推广为动力、提升农业和农村发展水平的过程。

一、农业推广的基本概念

（一）农业推广的含义

分析世界各国的农业发展和农业推广发展史，农业推广是随着时间、空间的变化而演变的，其基本含义也在不断发展和完善。在不同的社会历史条件，农业推广有着不同的目标，采取的组织方式、推广方法也不同。但追寻其基本规律可看出，随着社会经济形态由低级向高级发展，农业推广的含义在由生产技术型向教育与农村发展型转变。

1. 狭义的农业推广　狭义的农业推广在国外起源于英国剑桥的“推广教育”和早期美国大学的“农业推广”，基本的含义是：把大学和科学研究机构的研究成果，通过适当的方法介绍给农民，使农民获得新的知识和技能，并且在生产中采用，从而增加其经济收入。这是一种单纯以改良农业生产技术为手段、提高农业生产水平为目标的农业推广活动。一些发展中国家的农业推广都属于狭义的农业推广。我国长期以来沿用农业技术推广的概念，也属此范畴。《中华人民共和国农业技术推广法》（1993 年 7 月 2 日第八届全国人民代表大会常务委员会第二次会议通过，以下简称《农业技术推广法》）指出：“农业技术推广，是指通过试验、示范、培训、指导以及咨询服务等，把农业技术普及应用于农业生产产前、产中、产后全过程的活动。”同时又将农业技术界定为“应用于种植业、林业、畜牧业、渔业的科研成果和实用技术。”

2. 广义的农业推广　这是西方发达国家广为流传的农业推广概念，它是农业生产发展到一定水平，农产品产量已满足或已过剩，市场因素成为农业生产和农村发展主导因素以及提高生活质量成为人们追求目标的产物。广义的农业推广已不单纯地指推广农业技术，还包括教育农民、组织农民以及改善农民生活等。工作的重点包括：对成年农民的农事指导，对农家妇女的家政指导，对农村青年的“手、脑、身、心”教育，即“4H”（Hands，Head，Health，Heart）教育。1962 年，世界第十届农业推广会议对农业推广做出以下解释：“通过教育过程，帮助农民改善农场经营模式和技术，提高生产效益和收入，提高乡村社会的生活水平和教育水平”。1973 年，联合国粮农组织出版的《农业推广参考手册》将农业推广解释为：“农业推广是在改进耕作方法和技术、增加产品效益和收入、改善农民生活水平和提高农村社会教育水平方面，主要通过教育方式来帮助农民的一种服务或体系”。广义的农业推广工作范围包括：①有效的农业生产指导；②农产品运销、加工、贮藏的指导；③市场信息和价格的指导；④资源利用和环境保护的指导；⑤农家经营和管理计划的指导；⑥家庭生活的指导；⑦乡村领导人的培养与使用指导；⑧乡村青年的培养与使用指导；⑨乡村团体工作改善的指导；⑩公共关系的指导。

3. 现代农业推广 在农业已完全实现了现代化、企业化和市场化的国家，农民或农场主的文化素质和科技水平较高，农业科技普及率高，农业面临的主要问题是如何在生产过剩条件下提高农产品质量、维系食品安全和增加农业经营收益。因此，农民在激烈的市场竞争中，已不再满足于生产和经营知识的一般指导，更重要的是需要市场、科技、金融等方面的信息和咨询服务。为描述此种农业推广的特征，学者们又提出了"现代农业推广"的概念。联合国粮农组织出版的《农业推广》（第二版，1984）写道："推广工作是一个把有用信息传递给人们（传播过程），然后帮助这些人获得必要的知识、技能和正确的观点，以便有效地利用这些信息或技术（教育过程）的一种过程。"与此解释类似的有 A. W. 范登邦和 H. S. 霍金斯所著的《农业推广学》（1988），书中指出："'推广'一词也有共同的含义，这就是推广涉及自觉地运用信息交流帮助人们形成一个定型的见解并做出好的决策"。"本书也强调把推广作为咨询工作，即通过选择能解决农民问题的办法，帮助农民决策的过程"。

综上所述可以看出，狭义的农业推广概念的提出是一个国家处于传统农业发展阶段，农业商品生产不发达，农业技术水平是制约农业生产主要因素的产物。在此种情况下，农业推广首先要解决的是技术问题，因此势必形成以技术指导为主的"技术推广"。广义的农业推广则是一个国家在由传统农业向现代农业过渡时期，农业商品生产比较发达，农业推广所要解决的问题除了技术以外，还有许多非技术问题，由此便产生了以教育为主要手段的"农业推广"。而现代农业推广是在一个国家实现农业现代化以后，农业商品生产高度发达，往往是市场供求等成为农业生产和经营限制因素，信息与咨询成为农业推广主要手段的产物。可以这样理解，狭义的农业推广以技术指导为主要特征，广义的农业推广以教育为主要特征，而现代农业推广则以信息传播和咨询为主要特征。

4. 中国特色的农业推广 进入 21 世纪以后，我国农业开始由传统农业向现代农业转变，农业技术不断进步，数量型农业逐步向质量和效益型农业提升，客观上要求农业技术推广的概念也必须拓展。结合我国国情并借鉴国外农业推广发展的历史经验，我们既不能停留在技术推广这种农业推广的初级形式阶段，也不能完全照搬国外的农业推广模式，应该探索具有中国特色的、符合中国国情的以公益性农业推广组织为主导，各类社会组织广泛参与的多元化农业推广模式。在这样一段时期内，比较适合中国国情的农业推广内涵应该是：采取教育、咨询、开发、服务和大众媒体传播等方式，采用示范、培训、技术指导等方法，将农业新成果、新技术、新知识及新信息，扩散、普及应用到农村、农业、农民中去，从而促进农业生产、新农村建设走上依靠科技进步和提高劳动者素质的轨道。

（二）与农业推广有关的几个概念

1. 农业科技成果转化 农业科技成果转化是指把农业科研单位、大专院校在小范围、限制条件下取得的科研成果，经过中间试验、技术开发、成果示范和宣传推广等一系列活动，应用于生产实际，在生产领域发挥作用，形成生产能力并取得社会、经济或生态效益的活动过程。科技成果转化更强调实现成果的产业化和商品化，在我国现实情况下，离开了科技成果转化，农业推广工作就失去基本内涵和根本动力。

2. 农业技术开发　农业技术开发是指利用农业应用研究成果，通过各种必要的、具有实用目的的实验，为生产开拓出新产品、新材料、新设备、新技术和新工艺的各种技术开发活动。农业推广人员与技术专家共同进行的技术开发活动是开展农业推广的前提条件。新技术研制成功后不可能立即广泛地投入生产，往往要进行成果的二次开发或进行技术的组装配套，以适应当地生产条件和农民的接受能力。而这一过程即为农业技术开发。因此，技术开发是农业推广的前期必经阶段。

3. 农村教育　农村教育是开发农村人力资源的活动，主要包括农村的扫盲教育、农村的基础教育、农村职业教育、农村生计教育以及延伸至为农村发展服务的全部教育活动。农业推广的对象是人而不是物，其基本目的在于开发民智，其性质属于教育。这种教育是以农村社会为范围，以全体农民为对象，以农民的实际需要为出发点，以新的经验和先进的科学技术、经营管理知识和技能为教材，以提高农业生产、改善农民生活质量、发展农村经济为目的的。因此，广义的农业推广可延伸为农村教育。

4. 农村发展　农村是一个包含社会、经济、技术、自然、文化等丰富内容的综合体，因而农村发展也可以理解为农村综合发展。在发展经济学中，“发展”主要是指从经济不发达走向经济发达的历史过程。狭义的农业推广是为了促进农业生产的目标而产生和发展的，而现代农业推广的内容包含社区发展、农村教育、农业经营、农村家政及资源开发与利用等。所以，农业推广是推动以教育为目的因素的农村发展的核心力量。从内容体系上看，农业推广是农村发展的一个重要组成部分；从动力机制上看，农业推广是农村发展的一种重要推动力量。

二、农业推广活动的产生、发展与创新

（一）从原始农业到传统农业的农业推广活动

农业是人们利用动物、植物、微生物有机体进行物质循环和能量转换，以获取人类所需产品的一个物质生产部门。人类的出现大约有100万年，但长期处于“食物采集”方式的原始社会。只是到了大约1万年前，人类才开始进入“食物生产”方式的原始社会。“食物生产”逐渐取代“食物采集”，成为人类获取食物的主要方式，这标志着人类开始进入粗放的农业社会。原始农业生产水平很低，劳动手段、技能落后，动植物的生长、发育以自然发展为主，人为控制能力较差，刀耕火种、广种薄收是其主要生产方式。

原始农业的进一步发展，不仅使种植业生产水平有了很大提高，生产工具制作和分工越来越细，劳动产品开始出现剩余，而且畜牧业开始快速发展，驯养的牲畜日益增多，出现了较大规模的畜群，特别是在适宜畜牧业发展的地区，一部分人开始以牧为主的生活。农业与畜牧业的分离，极大地促进了农业生产的发展。劳动产品日益增多，社会剩余产品出现，为手工业匠人最终从土地上解脱出来创造了条件。手工业与农业的分工，促进了农业生产工具的革新和应用。如铁犁和牛的结合，使土地得以深翻，可以灭杂草、去病虫、改良土壤、保持水分，从而提高生产效率和单产，同时可以大规模地开垦新农田，扩大生产规模；牛耕与其他耕作措施相结合，如合理施肥、灌溉、选种等，便有了科学种田的萌芽，我国精耕细作的传统由此而产生了。

传统农业生产利用的主要动力是人力、畜力和自然力，为了提高土地利用率，人们采用了轮作、混作、间作套种等精耕细作的种植方式，但生产技术还是以经验为主，生产的目的是自给自足。由于传统农业的投入是一种低水平的投入，所以物质、能量的循环只能是封闭式的有机农业，生产水平、生产效率较低，农业生产也始终处在一种简单的狭小规模状态。

在原始农业和传统农业社会，人类在与自然的斗争中所形成的一些技术、技艺、诀窍需要传播和扩散，通常的方式是父传子、师传徒，这就是最原始的农业推广活动。同时，由于农业生产力水平低下，农业成为部落首领和封建帝王的“立国之本”，重农思想为历代统治者所提倡。农民对土地的利用、工具改革、技术革新更加注意，进而带来技术和农业推广活动的进步。历代封建朝廷和地方政府，为了发展农业经济，沿袭不断地推行劝农政策，实行教育与行政相结合的方针，对农民进行劝导、教育和督导，借以达到推广农业技术、提高农业生产的目的。所以，在长期的奴隶社会和封建社会，农业推广活动带有浓厚的官办色彩和技术、技艺推广特征。这种既强调教育在农业推广中的作用，又用农业行政机构来推行劝农政策的做法，逐渐形成了我国教育与行政措施相结合的农业推广传统。

在我国的古书记载中，有后稷教民稼穑的故事。“后稷教民稼穑，树艺五谷，五谷熟而民人育”（《孟子·滕文公上》）。经古籍传颂，后稷便成为我国古代从事农业推广的第一位“农师”。据《周礼·地官司徒》论述，周代官制中主管农业的是“地官司徒”，其职责为“教民稼穑树艺”。可见，在周代我国就有了官办的劝农组织和官员。秦汉时期，我国就有了从中央到地方设置劝农官的制度。公元前100年，汉武帝任命赵过为“搜粟都尉”，改革和推广农业新技术，选择能工巧匠制作新田器，发明了三脚耧车。三脚耧，即耧车，下有三个开沟器，播种时，用一头牛拉着耧车，耧脚在平整好的土地上开沟进行条播。由于耧车把开沟、下种、覆盖、镇压等全部播种过程统于一机，一次完工，既灵巧合理，又省工省时，故其效率达到“日种一顷”。他改“缦田”（撒播）为“代田法”（条播沟种）。赵过推广“代田法”时，组织工作做得很细致，有计划、有步骤：①在“离宫”（正式宫殿之外别筑的宫室）内空地上试验，证实确比“旁田”多收一斛以上；②对县令长、乡村中的“三老”、“力田”和有经验的老农进行技术训练，“受田器，学耕种养苗状”，再通过他们把新技术逐步推广出去；③先以公田和“命家田”作为重点推广，然后普遍开展。“代田法”不仅对恢复汉武帝末年因征战、兴作、使用民力过甚致使凋敝的农村经济起过一定的作用，而且对后世农业技术的发展也有深远的影响。这不仅是历史上一次大规模的农业新技术项目推广活动，而且创造了试验、示范、培训、推广的成功经验。

公元9世纪后期，宋太宗下诏，在全国各地设“农师”，配合地方督导农业的农官，指导农民务农。“农师”是我国最早的农业技术人员。元代（1279—1368）颁布了劝农立社条例，50家农户为一社，社长承担“教劝本社农桑”的任务，农司还编辑了《农桑辑要》印发各地，用以推广各类种植、养殖技术。公元11世纪初，宋真宗实行养民政策，“推广淳化之制，而常平、惠民仓遍天下矣”。所谓淳化之制，就是宋太宗淳化年间（公元11世纪初），京畿农业丰收，朝廷派人在京城四门设置场所，收购粮食贮存，以备歉收时按平价出售。这种粮仓称为常平仓、惠民仓。这是我国“推广”一词用于农业活动的最早记载。

公元16世纪末，明朝宰相徐光启写成了《农政全书》。这是他用毕生精力，对我国农业生产政策和经验的总结。书中还介绍了一些西方科技知识，是最早传播西方农业科技的著作。

公元1594年，明代商人陈振龙从菲律宾引种甘薯回福建，在家试种成功后，由其子陈经伦向福建总督金学曾推荐。金学曾亲自撰文宣传，并下令全省推广种植甘薯，帮助福建人民度过了一次特大旱灾。福建人民修“先薯祠”以示纪念。继后，陈振龙家族7代人奋斗150年，终于使甘薯在我国各地传播开来，被后人誉为农业推广世家。

公元1715年，清康熙皇帝在丰泽园发现和亲自选育出了特早熟水稻品种，称为“御稻”，并将良种一石赐予苏州织造李煦，令其在江苏试验种双季稻。李煦亲自主持“御稻”和本地稻的栽培试验。经过3年试验，取得成功经验并向双季稻区域推广。从试验到推广，经历了8年时间，既有栽培试验记录，又有简洁的总结报告，创造了一套比较科学的试验、示范、繁育、推广程序。

（二）欧美国家的农业推广活动

欧美国家的农业推广活动是伴随18世纪中叶的产业革命而产生与发展的。开始于英国的产业革命促进了西方社会经济的发展，各国倡导学习农业科学技术。18世纪在欧洲出现了各种改良农业会社，1723年在苏格兰成立了农业知识改进协会，1761年法国有了农学家协会。这些由农民自己组织起来的团体，交流农业技术和经营经验，出版农业书刊，传播农业知识和信息，帮助会员改进工作，成为西方最早的农业推广组织。

在19世纪中叶的马铃薯大饥荒时期（由于马铃薯晚疫病大发生），爱尔兰于1847年成立了农业咨询和指导性的服务机构，派出人员到南部和西部受饥荒最严重的地区指导工作，这是近代推广史上的一次重大活动。1866年，英国剑桥大学、牛津大学一改贵族教育之传统，主动适应社会对知识、技术的需要，开始派巡回教师到校外进行教学活动，为那些不能进入大学的人提供教育机会，从而创立“推广教育”（Extension Education），其意义在于把大学教育扩展到校外，面向当地普通大众和农民。其后，推广教育被英国和其他各国接受并普遍使用。

1776年美国独立后，随着农业开发和农业资本主义经济的日渐发达，特别是西部开发运动对农业教育、农业科学试验和农业推广的需求日益迫切，因而相继通过立法程序，建立农业教育、科研、推广相结合的合作推广制度，使美国的农业推广迅速兴起。

1862年7月2日，美国总统林肯签署了《莫里哀法案》（Act of Morrill, 1862），亦称赠地学院法。该法案规定：拍卖各州一定面积的联邦公有土地来筹集资金，用于每州至少成立一所开设农业和机械课程的州立学院。这个法案促进了农业教育的普及。1878年，美国国会通过《哈奇法》（Act of Hatch，1878）。该法规定：为了获取和传播农业信息，促进农业科学研究，由联邦政府和州政府拨款，建立州农业试验站。试验站是美国农业部、州和州立大学农学院共同领导，以农学院为主的农业科研机构。农学院的教师在同农民的接触中，了解到农民对技术和信息的渴求，促使1890年美国大学成立了推广教育协会。1892年，芝加哥大学、威斯康星大学开始组织大学推广项目。在此之后，依阿华州农学院农学系主任霍尔登教授，用一个“玉米种子车厢”沿铁路线到处展出，由教师和高年级学生示范和讲解。到1907年，39个州的42所学院都参加了农业推广活动。

1884年，南伯（S. A. Knapp）担任依阿华州农学院院长（后任美国农业部长），强调通过亲自实践来学习，通过示范教育，让农民根据自己农场的条件进行耕种。1903年，他亲自在德克萨斯州创建合作示范农场，推广良种和新技术，后来他被称为“美国农业推广之父”。巴特裴尔德（K. L. Butterfield）曾任马萨诸塞州农学院院长，主张由农学院搞农业推广，后被美国农学院协会委任为推广委员会主席。该委员会举办农民学校，巡回教学，出版刊物，举办展览。他坚持把农业推广作为农学院工作的一部分，把推广同教学、科研置于同等地位。1914 年 5 月 8 日，威尔逊总统签署了《史密斯—利弗法案》（Act of Smith-Lever, 1914），即合作推广法。该法案规定：由联邦政府拨经费，同时州、县拨款，资助各州、县建立合作推广服务体系。推广服务工作由农业部和农学院合作领导，以农学院为主。这一法案的执行，奠定了美国赠地学院教学、科研、推广三位一体的合作推广体系。

（三）清末至民国时中国的农业推广活动

当西方国家进入资本主义社会时，我国仍停滞于封建社会，到 19 世纪时成为西方列国的掠夺对象。鸦片战争后，逐步沦为半殖民地半封建国家。清朝末年，洋务派和维新派开始向欧、美、日学习，创建农事试验场。1898 年，湖广总督张之洞在广州设纺织局，开始从美国引进陆地棉良种。19 世纪末，维新派主张创办农务学堂，到 1909 年全国办高等农学堂 5 所、中等农学堂 31 所、初等农学堂 59 所，培养农业技术和推广人才。1905 年，清政府设农工商部掌管全国实业，下分四司，农司居首，并在北京创办农事试验场。1906 年，清政府制定农会简章，要求各省设立农会。1907 年，清政府正式颁布推广农林简章 23 条，规定奖励垦荒，设立农事学堂、农事试验场、农村讲习所等。

20 世纪 20～30 年代，我国各高等农业学校纷纷仿效美国大学农学院成立农业推广部，开展防虫治病，编印资料。它们举办讲习会，建设示范田，指导农民组织合作社。1923 年在北京成立了中华平民教育促进会等社团，这些社团开始到农村建立实验区，以农民为对象进行乡村社会调查、乡村教育和农业推广。

国民党政府时期，农业推广工作主要制定和公布了一系列有关推广的法规，建立各级农业推广机构。如 1929 年 1 月由农矿、内政、教育三部共同公布《农业推广规程》，提出农业推广的宗旨为：“普及农业科学知识，提高农民技能，改进农业生产方法，改善农村组织、农民生活及促进农民合作”。同年 12 月，成立中央推广委员会，隶属实业部，其主要职责为：制订方案、法规，审核章程、报告，设置中央直属实验区，检查各省农业推广工作，编印推广季刊。1940 年，农产促进委员会组织农业推广巡回辅导团，分设农业推广、农业生产、作物病虫害、畜牧兽医、农村经济及乡村妇女等组，采取巡回辅导方式以促进地方推广事业。但由于历年战乱，民不聊生，推广体制混乱，推广人员少、素质差，经费短缺，推广工作成效不大。当时的一些学者也效法西方编写了农业推广书籍，如 1935 年陆费执、管义达、许振合著了《农业推广》一书；1936 年金陵大学农学院章之汶、李醒愚合著了《农业推广》一书；1940 年廖崇真著《农业推广之原理与实施》一书。这些著作虽然多以吸收西方知识为主，但对农业推广之重要、农业推广之研究、农业推广之实施已有了详细论述。

（四）新中国农业推广事业的发展

1949 年新中国建立，使我国农村生产关系发生了重大改变，农民生产积极性高涨，给推广事业发展带来生机。1952 年，农业部制订了 1953 年的《农业技术推广方案》，要求各级政府设立专业机构和配备干部开展农业技术推广工作。1955 年农业部发布《关于农业技术推广站工作的指示》，规定农业技术推广站的任务是：①推广新式农具，传授使用和维修技术；②推广作物优良品种，改进耕作栽培技术；③改进牲畜饲养管理方法，推广家畜繁殖和防疫工作；④宣传农村政策，帮助农业生产合作社改善管理；⑤培养农民技术骨干，帮助农民建立技术组织；⑥总结农民增产经验等。到1957年，全国的农业技术推广站已达13 669个，有农业技术推广人员9.3万名，为恢复农村经济、提高农业生产作出了巨大贡献。

20世纪50年代后期，由于“左”的错误影响和三年自然灾害，推广事业受到冲击，直至1962年后才开始恢复。到1965年，全国恢复农村推广站14 460个，共有农业技术推广人员76 560名，各地县农技站还出现了专业分工，设置了农技、种子、土肥、植保、农机、畜牧等站。“文化大革命”时期，农业技术推广机构瘫痪，人员思想混乱，没有正常的工作秩序。在动乱的形势下，湖南省华容县从1969年开始创造了县办农科所、公社办农科站、生产大队办农科队、生产队办农科小组的实践经验，1972年得到农林部肯定，决定在全国推广。到1975年，全国已有1 140个县建立了农科所，26 872个公社建立了农科站，332 233个大队建立了农科队，224万个生产队建立了农科小组。“四级农科网”在传播农业科技知识、培训农民技术员、推广农业技术、提高农业生产等方面起了一定的作用。但它过分强调群众搞科研，贬低专家和科研与推广机构的作用，造成了一些不良影响。

1978年，中共十一届三中全会以后，随着农村经济体制改革的深入、联产承包责任制的实行，农民生产积极性高涨，产生了依靠科技致富的愿望，我国的农业推广工作也逐步进行了一系列改革。1980年，中共中央“1号”文件决定“要恢复和健全各级农业技术推广机构，重点办好县一级机构，逐步把技术推广、植保、土肥等农业技术推广机构结合起来，实行统一领导。”1982年农业部决定建立农业技术推广中心，到1985年，全国建立“县中心”共500个，到20世纪80年代末，县级中心已发展到2 000多个。至此，从中央到地方的各级农业技术推广体系已完全建立起来，从事技术推广的人员近100万人。在农村基层还有了74 000多个农民协会，拥有农民技术员十几万人。这支宏大的队伍，长期在农村推广科学技术，做了大量工作，为发展农业生产、振兴农村经济发挥了重要作用。

1993年7月，我国正式颁布实施《农业技术推广法》，对推广工作的原则、推广体系的职责、推广工作的规范和国家对推广工作的保障机制等重大问题做出了原则规定，是我国农业推广事业的一个里程碑。1995年，农业部将全国农业技术推广总站、全国植物保护总站、全国土壤肥料总站、全国种子总站合并，组建了全国农业技术推广服务中心，使其成为全国种植业技术推广的龙头。目前，我国乡以上共有种植业、养殖业、农机、农经农业推广机构22.2万个，推广人员125万余人，还有15万个农民专业服务组织。

随着商品经济的发展和政府机构的改革，农业推广机构也面临改革的挑战。1998年，中共中央办公厅、国务院办公厅联合发出《关于当前农业和农村工作的通知》（中办发[1998] 13号文件），明确在机构改革中推广体系实行“机构不乱，人员不散，网络不断，经费不减”的政策。同年10月14日，中共十五届三中全会通过《中共中央关于农业和农村工作若干重大问题的决定》，指出：“加强县乡村农业技术推广体系建设，扶持农村专业技术协会等民办专业服务组织。鼓励科研、教学单位开发推广农业技术，发展高技术农业企业。”1999年，国务院办公厅发出《转发农业部等部门关于稳定基层农业技术推广体系意见的通知》，努力减少机构改革对农业技术推广体系的影响。

进入21世纪以后，我国农业发展进入一个新的历史阶段，形势发生了深刻的变化：

①农业发展的主要矛盾已由产量与数量转向质量与效益；②我国加入了世界贸易组织（WTO），农业发展面临国际市场的挑战与机遇；③随着经济发展，人口增长、耕地减少、环境恶化日益突出，实现农业可持续发展的任务艰巨而紧迫；④全面建设小康和推进农业现代化建设，农业和农村工作目标实现了转移。这种形势表明，现有推广体系及其工作方式、管理方式和运行模式，已不适应新形势发展的要求。

2006年，《国务院关于深化改革加强基层农业技术推广体系建设的意见》（国发〔2006〕30号）明确规定了基层农业技术推广机构承担的公益性职能，主要是：关键技术的引进、试验、示范，农作物和林木病虫害、动物疫病及农业灾害的监测、预报、防治和处置，农产品生产过程中的质量安全检测、监测和强制性检验，农业资源、森林资源、农业生态环境和农业投入品使用监测，水资源管理和防汛抗旱技术服务，农业公共信息和培训教育服务等。同年，《农业部关于贯彻落实〈国务院关于深化改革加强基层农业技术推广体系建设的意见〉的意见》（农经发［2006］29号）出台，全国各省市都先后出台了具体的实施办法、方案等。

2008年，《中共中央国务院关于切实加强农业基础建设进一步促进农业发展农民增收的若干意见》指出：切实加强公益性农业技术推广服务，对国家政策规定必须确保的各项公益性服务，要抓紧健全相关机构和队伍，确保必要的经费。通过3～5年的建设，力争使基层公益性农技推广机构具备必要的办公场所、仪器设备和试验示范基地。国家可采取委托、招标等形式，调动各方面力量参与农业技术推广，形成多元化农技推广网络。

2009年，《中共中央国务院关于2009年促进农业稳定发展农民持续增收的若干意见》指出："按照3年内在全国普遍健全乡镇或区域性农业技术推广、动植物疫病防控、农产品质量监管等公共服务机构的要求，尽快明确职责、健全队伍、完善机制、保障经费，切实增强服务能力。"

2009年8月，农业部出台《关于加快推进乡镇或区域性农业技术推广机构改革与建设的意见》，对乡镇或区域性农业推广机构的改革和建设以及探讨村级服务站点建设模式做出了更为具体的规定。

随着这场改革的深入，一个以国家公益性农业技术推广机构为主导，农村合作经济组织为基础，农业科研、教育等单位和涉农企业广泛参与，分工协作、服务到位、充满活力的多元化创新型基层农业技术推广体系逐渐构建起来。

三、学习研究农业推广的目的与意义

（一）认识农业推广工作的重要作用

农业科研、农业教育、农业推广是推动农业和农村发展的"三驾马车"，三者有效结合才能实现推动农业和农村发展的目标。长期以来，受传统习惯的影响，与科研、教育相比，农业推广的地位往往被人所轻视，推广人员水平、素质较低，其待遇也较差，尤其是县级以下推广人员的地位、工作条件、薪酬水平都较低，这也是我国农业科技成果转化率低的重要原因。农业科研、农业教育的成果必须要经过当时、当地的实践检验，这种检验受农民素质的影响，不可能是农民的自发行为，必须依靠农业推广人员的帮助。农民的生产、生活、市场信息一定要获得农业推广人员的咨询服务，否则其行动一定是盲目行为。那种认为推广低人一等的观念是绝对错误的。此外，农业推广是一门科学，其规律与科研和教学完全不同。农业推广在科研与生产、生产与市场之间起着不可替代的桥梁和纽带作用。

（二）认识、掌握农业推广的本质和规律

辩证唯物主义的认识论认为，人们对于客观世界的认识，有感性认识和理性认识两个阶段，而认识事物的真正任务和根本目的在于经过感觉达到思维，达到逐步了解客观事物的联系和内部矛盾，了解它的运动规律。从事农业推广工作，必须要懂得农业推广的基本原理，否则就不能从纷杂的农业推广现象中把握它的发展规律。农业推广的本质规律是农业创新成果的扩散规律和农民的采纳规律。牢牢把握这一规律，就可以认为：不管政治、经济和社会环境如何变换，农业推广只是方式和方法的变化，农业推广活动的本质没有发生根本改变。

（三）指导我国农业推广实践

通过农业推广理论与实践技能的学习，可以使农业推广工作者了解农业推广也是一门科学，做农业推广工作必须按农业推广规律办事，没有理论指导的实践必然是盲动的，也是低效的。我国的农业推广工作由于长期处于技术推广的狭窄范畴，政府行为和行政推动风味较浓，忽视了农民的主体地位和农村人力资源的开发，生产指导多于信息传播和咨询，造成某些工作失误。市场经济条件下的农业必须融入全球经济一体化，了解市场，掌握农业创新动向，探索农业推广的有效组织形式等。理解了这些，农业推广人员才会由必然王国跃向自然王国。

（四）掌握农业推广研究方法

农业推广研究方法的基础是辩证唯物主义和历史唯物主义。采取实事求是的科学态度、理论联系实际的工作作风，进行调查研究，总结历史经验，利用有关学科的先进成果与研究方法来丰富本学科的内容，完善学科体系，这是发展农业推广学科研究的基本要求。农业推广是一门同实践密切联系的应用学科，因此深入农村，面向农业生产，了解农民并参与农业推广实践活动，进行调查研究，了解情况，收集第一手材料和数据并加以分析和归纳，是研究这一学科的基本方法。具体来说包括以下三个层面：

第一个层面，农业推广的理论研究方法，如实证的方法，归纳、演绎的方法等。

第二个层面，各种具体的研究方法，如观察法、实验法、调查法、案例研究法等。

第三个层面，各种研究技术，如调查技术、抽样技术、统计方法与技术、计算机应用技术等。

这些研究方法是农业推广学科的基本研究方法。它们像一把把钥匙，掌握了就能顺利地打开解答问题的大门，找到解决问题的方法和途径。

四、农业推广的学科性质与研究对象

（一）农业推广的学科性质

农业推广学科是农业推广实践经验、推广研究成果及相关学科有关理论渗透而形成的一门边缘性、交叉性和综合性学科。从学科的发展过程来看，实际工作经验在其早期发展历史

上占有主要成分，在后期的发展历程中，其他社会学科渗透又有重要贡献。尤其是20世纪行为科学的产生与发展，对农业推广学科的发展产生了重大影响。1966年，孙达（H. C. Sanders）主编《合作推广学》，其与早期出版的农业推广学书籍的不同之处是增加了“行为科学的贡献”一篇，正式承认农业推广学是行为科学的一种，同时强调从社会科学、心理学的角度去探讨农业推广学的理论基础。

农业推广工作若从其工作内容来讲，主要是农业信息、知识、技术和技能的应用，应属于自然科学或农业科学。但从其工作过程及形式来看，是研究如何采用干预、试验、示范、教育、沟通等手段来诱发农民自愿改变其行为。农业推广学所要研究的是组织与教育（或沟通）的方法，而不是直接讨论农业知识本身。所以，农业推广学是研究组织与教育（或沟通）农民的原理和方法的一门学问，又属于社会科学的范畴。它虽然属于社会科学，但并不就意味着它是传统的社会科学的一个门类，它的内容还具有农业科学的特性。因此，农业推广学具有边缘性、交叉性和综合性的学科特点。

（二）农业推广的研究对象

农业推广学的学科性质确定了农业推广学的研究对象。任何一门学科都有其特定的、不能被其他学科所取代的研究对象，否则便不能成为一门单独的学科，这对农业推广学来说也是如此。农业推广活动的产生主要是由两个方面决定的：一方面，由于各地区自然、技术、经济条件不相同，因此新的农业创新成果由小区试验成功到大面积运用，必须有一个在当地条件下试验、观察、鉴定以及判定适合当地示范推广的过程；另一方面，广大农民由于生活在不同的农村社区，受社会文化条件的影响，在接受新的农业创新成果时也存在一个认识、估价、试用、采用的过程。实践证明，农民从认识到行为的改变，必须借助于农业推广的力量。推广是加速科学技术向生产转移的客观要求，是科学技术转化为现实生产力的重要环节，也是广大农民依靠科学技术致富的迫切要求。这一点在我国现阶段更具有突出的意义。因此，农业推广学的研究对象可以作如下概括：农业推广是研究农业创新成果传播、扩散规律，农民采纳规律及其方法论的一门科学。用通俗的语言讲，就是研究如何向农村传播和扩散新的信息、成果和知识，如何用教育、沟通、干预等的方法促使农民自觉采用创新成果，如何使农业、农村的发展尽快走上依靠科技进步和劳动者素质提高轨道的一门学科。

（三）农业推广学的内容

从农业推广的性质、特点和任务以及农业推广学科的研究对象，可以了解到这门学科的内容十分广泛，它不仅继承了传统的农业推广经验，也广泛吸收了许多有关学科的理论与方法。因此，可以说农业推广学是建立在多种学科基础上的一门综合学科，它的研究领域相当宽广，它所涉及的内容十分丰富。其主要内容有以下几个方面：

1. 农业推广的原理　包括农业的创新扩散、科技成果转化、推广心理、推广行为、推广沟通、推广教育、推广组织等。

2. 农业推广的方式与方法　包括集体指导方法、个别指导方法、大众媒体宣传方法等。

3. 农业推广的技能　主要包括试验与示范、信息服务、项目管理、经营服务、语言与演讲、推广工作评价等。

4. 农业推广学的研究方法　包括理论研究方法、案例研究方法、社会调查方法等。

第一章 农业创新扩散与采纳原理

创新是一种被某个特定的采用个体或群体主观上视为新的东西，它可以是新技术、新产品或新设备，也可以是新的方法或思想。只要是有助于解决问题的、与推广对象生产和生活有关的各种实用技术、知识与信息，都可以理解为创新。我国农业推广学者认为，农业创新是应用于农业领域内的各方面新成果、新技术、新知识及新信息的统称，而农业创新的扩散与采纳则是农业推广的本质规律。

第一节 农业创新的扩散规律

创新的扩散是指一项创新由最初采用者或采用地区向外扩散，扩散到更多采用者或采用地区，使创新得以普及应用的过程。这种扩散可以是由少数人向多数人的扩散，也可以是由一个单位或地区向更多的单位或地区的扩散。研究农业创新扩散规律，对于提高推广工作效率具有重要的意义。

一、创新的概念及特征

（一）创新的概念

"创新"（Innovation）的经典概念最初由美国经济学家约·阿·熊彼得（J. A. Schumpeter）在《经济发展理论》（1921）一书中提出。熊彼得从经济学的角度认为，所谓创新就是要"建立一种新的生产函数"，生产函数即生产要素的一种组合比率 $P=f(a,b,c,\cdots,n)$，也就是"生产要素的重新组合"，就是要把一种从来没有的关于生产要素和生产条件的"新组合"引入生产体系，以实现生产要素或生产条件的"新组合"。他认为创新存在五种形式：①引进新产品或提供一种产品的新质量；②采用新技术或新生产方法；③开辟新市场；④获得原材料的新来源；⑤实现企业组织的新形式。同时，他明确指出创新与发明的区别，创新不等于技术发明，只有当技术发明被应用到经济活动中时才成为创新；又指出创新者专指那些首先把发明引入经济活动并对社会经济活动发生影响的人，这些创新的倡导者和实行者就是企业家。

技术创新是创新的一种类型。《中共中央国务院关于加强技术创新、发展高科技实现产业化的决定》（1999 年 8 月 20 日）对技术创新的定义为："技术创新，是指企业应用创新的知识和新技术、新工艺，采用新的生产方式和经营管理模式，提高产品质量，开发生产新的产品，提供新的服务，占据市场并实现市场价值"，并指出企业是技术创新的主体，技术创新是发展高科技、实现产业化的重要前提。

（二）创新的特征

美国学者罗杰斯（E. M. Rogers）在《创新的扩散》（Diffusion of Innovations）一书中

提出了创新的五个特征。

1. 相对优越性 相对优越性是指人们认为某项创新比被它所取代的原有创新优越的程度。相对优越程度常可用经济获利性表示，也可用社会方面或其他方面的指标来说明。至于某项创新哪个方面的相对优势最重要，不仅取决于潜在采用者的特征，还取决于创新本身的性质。

2. 一致性 一致性是指人们认为某项创新同现行的价值观念、以往的经验以及潜在采用者的需要相适应的程度。某项创新的适应程度越高，意味着它对潜在采用者的不确定性越小。

3. 复杂性 复杂性是指人们认为某项创新理解和使用起来相对困难的程度。有些创新的实施需要复杂的知识和技术，有些则不然。根据复杂程度可以对创新进行归类。

4. 可试验性 可试验性是指某项创新可以小规模地被试验的程度。采用者倾向于接受已经进行了小规模试验的创新，因为直接的大规模采用有很大的不确定性，有很大的风险。可试验性与可分性是密切相关的。

5. 可观察性 可观察性是指某项创新的成果对其他人而言显而易见的程度。在扩散研究中，大多数创新都是技术创新。技术通常包括硬件和软件两个方面。一般而言，技术创新的软件成果不那么容易被观察，所以某项创新的软件成分越大，其可观察性就越差，采用率就越慢。

二、农业创新的扩散模式

农业创新的扩散模式是多种多样的，在农业发展的不同历史阶段，由于生产力水平、社会及经济技术条件特别是扩散手段的不同，使创新扩散表现为多种模式，大体上可归纳为以下4种：

1. 传习式扩散模式 主要采取口授身教、家传户习的方式，由父传子、子传孙、子子孙孙代代相传，连续不断，使创新逐渐扩散到一个家族、若干山寨、一群村落。这种扩散方式在原始农业社会阶段最为普遍，由于生产力水平低下，科学文化落后，所以主要采用此种模式。由于是代代连续不断往下传，故又叫“世袭式”。在这种模式中，经扩散后创新几乎没有发生变化或只有微小的变化［图 1-1（a)］。

2. 接力式扩散模式 在技术保密或技术封锁的条件下，创新的扩散有严格的选择性与范围。在传统农业社会，一些技术秘方，以师父带徒弟的方式往下传，如同接力赛一般。师父所带的徒弟是由师父严格挑选的。这种扩散模式虽然也是代代相传，但呈单线状，不是辐射状，故又称为“单线式”［图 1-1（b)］。

3. 波浪式扩散模式 由科技成果中心将创新成果呈波浪式向四周辐射、扩散，一层一层向周围扩展。这种情形可用“一石激起千层浪”来描述，故称为“辐射式”。我们平常所说的“以点带面”、“点燃一盏灯，照亮一大片”指的就是此种模式，这是当代农业推广普遍采用的模式。其特点是：辐射力与距科技成果中心的距离成反比，即距中心越近的地方，越容易也越早获得创新，“近水楼台先得月”；而距中心越远的地方，则越不容易得到或很晚才得到创新成果，“远水不解近渴”，长此以往，就出现了边远地区技术落后现象［图 1-1（c)］。

4. 跳跃式扩散模式　在市场经济条件下，竞争激烈，信息灵通，交通便利，扩散手段先进，创新的转移与扩散常常呈跳跃式发展，即科技成果中心一旦有新的成果和技术，不一定总是按常规顺序向四周一层一层地扩散，而是打破了时间上的先后顺序和地域上的远近界限，直接在同一时间内引进到不同地区。例如地膜覆盖技术从日本引进中国后，可以直接引进到不同类型地区。这种扩散模式可以使创新发生飞跃变化，所以又称为“飞跃式”。随着扩散手段的现代化程度的不断提高，这种模式将得到广泛的应用［图 1-1（d）］。

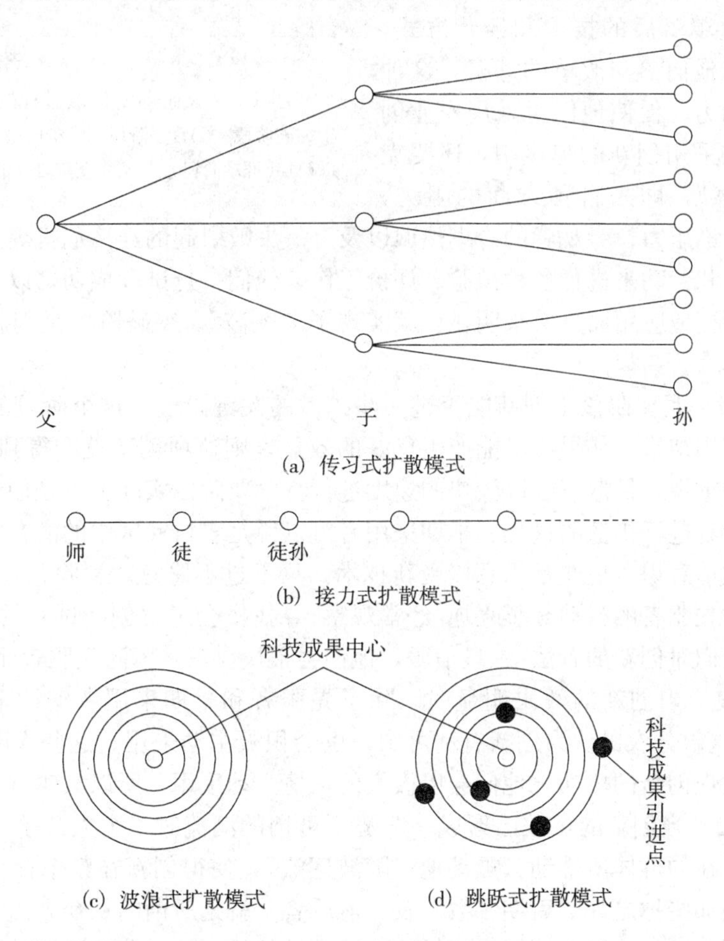

图 1-1　农业创新的 4 种扩散模式

（资料来源：郝建平等．1998. 农业推广原理与实践．北京：中国农业科技出版社）

三、农业创新的扩散过程

农业创新的扩散过程是指在一个农业社会系统（或叫社区，如一个村、一个乡）内人与人之间创新采纳行为的扩散，即由个别少数人的采纳，发展到多数人的广泛采纳。这一过程是创新在农民群体中扩散的过程，也是农民的心理、行为变化的过程，是“驱动力”与“阻力”相互作用的过程。当“驱动力”大于“阻力”时，创新就会扩散开来。专家研究表明，典型的创新扩散过程具有明显的规律可循，一般要经历 4 个阶段（图 1-2）。

1. 突破阶段　农村社区中的创新先驱者（如科技示范户、科技带头人等）与一般农民相比，他们的科学文化素质较高，外界联系较广，生产经营较好。同时，他们信息灵通，思维敏捷，富于创新，勇于改革。他们有强烈的改革要求，感到要发展生产、改善生活，就必须改革落后的技术和经营方式。这些需要激发起他们参与改革的动机，这种动机是一种驱动力，促使他们对采用农业创新跃跃欲试。在采用创新的起步中，还要克服各种"静摩擦"，即来自各方面的阻力，如传统观念的舆论压力、旁观者的冷嘲热讽以及万一失败引起的经济危机等。还有，他们必须付出大量心血和劳动来进行各种试验、评价工作。他们一旦试验成功，以令人信服的成果证明创新可以在当地应用而且效果明显，就实现了"突破"。突破阶段是创新扩散必不可少的第一步。

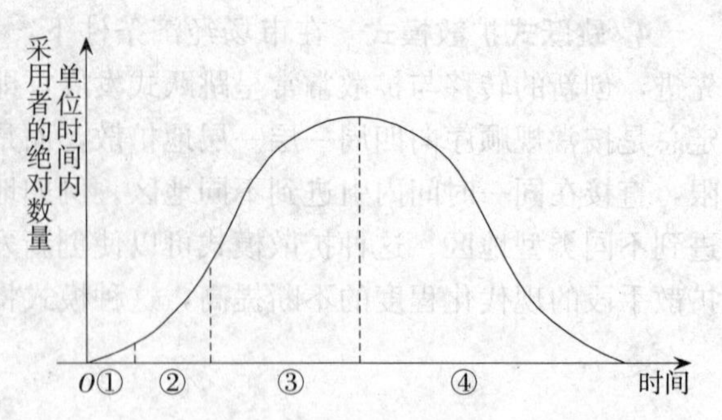

图 1-2　农业创新扩散过程的 4 个阶段

①突破阶段　②紧要阶段（关键阶段）　③跟随阶段（自我推动阶段）　④从众阶段（浪峰减退阶段）

2. 紧要阶段　紧要阶段是创新能否进一步扩散的关键阶段。这个阶段的特点是人们都在等待创新的试用结果，如果确实能产生良好的效益，则这项创新就会得到更多的人认可，引起人们更高的重视，扩散就会以较快的速度进行。紧要阶段实际上就是创新成果由创新先驱者向早期采用者进行扩散的过程。早期采用者可以说是农村社区中的潜在的改革者，这些人也有较强的改革意识，也非常乐意接受新技术，只不过不愿意"冒险"，比先驱者更稳妥一点。这些人对先驱者的行动颇感兴趣，经常观察，寻找机会了解创新试验的进展情况，也从各个方面征询人们对创新的看法。一旦信服，他们会很快决策，紧随先驱者而积极采用创新。

3. 跟随阶段　当创新的效果明显时，除了先驱者和早期采用者继续采用外，被称为"早期多数"的这部分农民认为创新有利可图，也会积极主动采用。这些人刚开始可能不理解创新，一旦发现创新的成功，他们会以极大的热情主动采用，所以又叫自我推动阶段。

4. 从众阶段　当创新的扩散已形成一股势不可挡的潮流时，个人几乎不需要什么驱动力，而被生活所在的群体所推动，被动地"随波逐流"，使得创新在整个社会系统中广泛普及采用。农村中那些称之为"后期多数"及"落后者"就是所谓的从众者。在农业创新扩散过程的速率曲线上，此阶段的扩散速率呈不断减小的趋势，故又称为浪峰减退阶段。

以上的阶段是根据学者们的研究结果人为地划分的，但实际上每项具体的创新的扩散过程除基本遵循上述扩散规律外，还具有各自的扩散特点。另外，不同扩散阶段与不同采用者之间的关系也不是固定不变的，应具体问题具体分析。农业推广人员应研究掌握创新扩散过程规律，在不同阶段采用不同的扩散手段，对不同类型的采用者运用不同的沟通方法，提高农业创新的扩散速度和扩散范围。

四、农业创新 S 形扩散曲线及扩散理论

（一）S 形扩散曲线及其成因

1. 农业创新 S 形扩散曲线　农业创新总体的发展在时间序列上的无限性与每项具体的

农业创新在农业中应用时间的有限性，使农业创新的扩散呈现明显的周期性，而某项具体的创新成果的扩散过程就是一个周期。

大量研究表明，一项具体的农业创新成果从采用到衰老的整个生命周期中其扩散趋势可用S形曲线来表示。这是一条以时间为横坐标、以创新采用累计数量（或累计百分数）为纵坐标绘成的曲线，由图1-3可看出，扩散曲线为S形曲线。扩散速率曲线则可以用常态或近似常态分布曲线来表示（图1-4）。

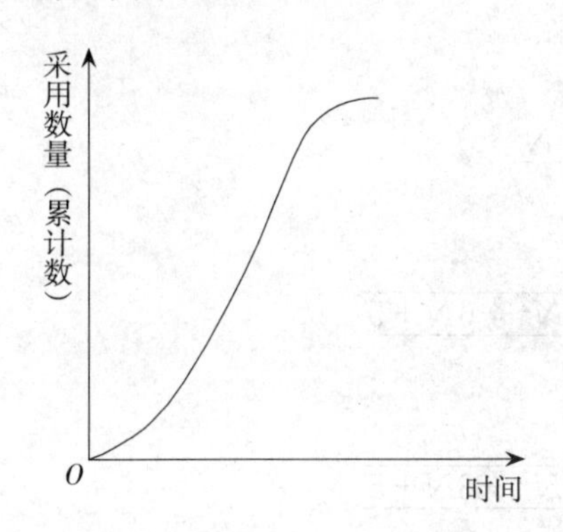

图1-3　农业创新S形扩散曲线
（资料来源：郝建平等.1998.农业推广原理与实践.北京：中国农业科技出版社）

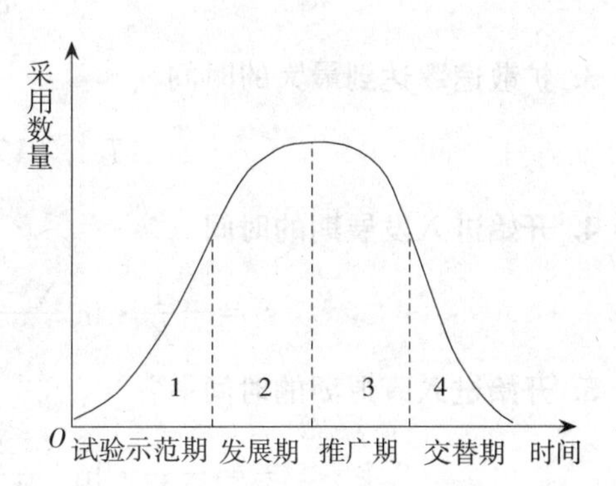

图1-4　农业推广工作时期
（资料来源：郝建平等.1998.农业推广原理与实践.北京：中国农业科技出版社）

2. S形扩散曲线的成因　农业创新扩散之所以呈S形曲线，是由于一项农业创新刚开始推广时，多数人对它还不太熟悉，很少有人愿意承担风险，所以一开始扩散得比较慢，采用数量也不多；当通过试验示范，看到试验的效果，感到比较满意后，采用的人数就会逐渐增加，使扩散速度加快，扩散曲线的斜率逐渐增大；当采用者数量（或采用数量）达到一定数量以后，由于新的创新成果的出现，旧成果被新成果逐渐取代，扩散曲线的斜率逐渐变小，曲线也就变得逐渐平缓，直到维持一定的水平不再增加，这样便形成了S形曲线（图1-3）。表示农业创新扩散速率的常态曲线（图1-4）则表明了创新扩散速度前期慢、中期快、后期又慢的特点。

（二）S形扩散曲线的数学模型

农业创新S形扩散曲线可以用数学模型来表示。我国学者杨建昌对江苏省经济发展水平不同的6个县（市）的893个农户进行抽样调查，了解了杂交水稻、浅免耕技术及模式化栽培三种农业创新在当地自开始引进至技术被95%以上农户所采纳这段时间内的扩散和采用情况。利用所得数据，以创新采用的累计数（或累计百分数）为依变数（Y），创新扩散的时间为自变数（t），用非线性最小平方法配成理查德（Richards）方程：

$$Y=\frac{A}{(1+Be^{-Kt})^{\frac{1}{N}}}$$

式中：B，K，N——参数；

A——一项创新在扩散范围内最大可能采用数量，以累积频率表示时，$A=100$；

e——自然对数底。

根据上述方程可导出：

1. 单位时间创新扩散数量（扩散速率）

$$V=\frac{AKB\mathrm{e}^{-Kt}}{N\ (1+B\mathrm{e}^{-Kt})^{\frac{(N+1)}{N}}}$$

2. 起始扩散势

$$R_0=\frac{K}{N}$$

3. 扩散速率达到最大的时间

$$T_{\max},\ V=\frac{\ln B-\ln N}{K}$$

4. 开始进入发展期的时间

$$t_1=-\frac{1}{K}\cdot\ln\frac{N^2+3N-N\sqrt{N^2+6N+5}}{2B}$$

5. 开始进入衰退期的时间

$$t_2=-\frac{1}{K}\cdot\ln\frac{N^2+3N-N\sqrt{N^2+6N+5}}{2B}$$

6. 扩散终止期（假定 $A=99$ 时扩散停止）

$$t_3=-\frac{1}{K}\cdot\ln\frac{(1-0.99)^N}{B}$$

现以创新项目在当地开始采用的前一年的扩散速度为 0，即 $t_0=0$，那么可以把整个扩散曲线划分为 4 段。也就是农业创新扩散周期的 4 个阶段。它们分别为：

第一阶段为投入阶段，时间范围 $t_0\sim t_1$；

第二阶段为发展阶段，时间范围 $t_1\sim T_{\max}$，V；

第三阶段为成熟阶段，时间范围 $T_{\max}$，$V\sim t_2$；

第四阶段为衰退阶段，时间范围 $t_2\sim t_3$。

本研究所得出的三种类型农业创新的扩散曲线、扩散速率曲线及数学模型的各种参数分别见图 1-5、图 1-6 及表 1-1。

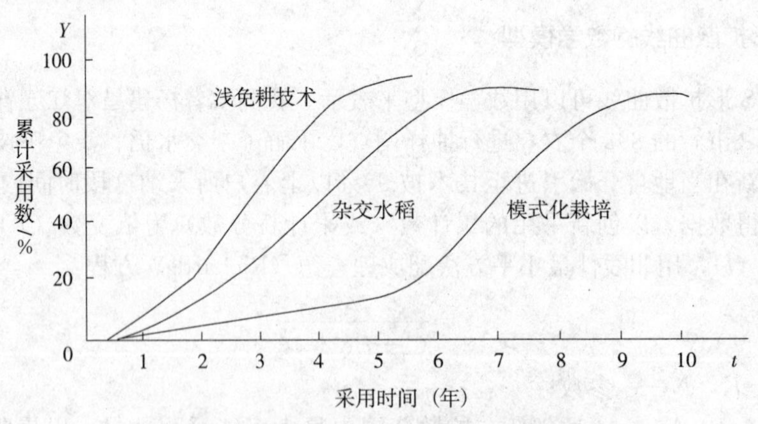

图 1-5 不同类型农业创新的扩散曲线

（资料来源：杨建昌 . 1995. 农业革新传播过程的数学分析 .

见：李立秋编 . 社会主义市场经济与农业推广 . 北京：中国农业科技出版社）

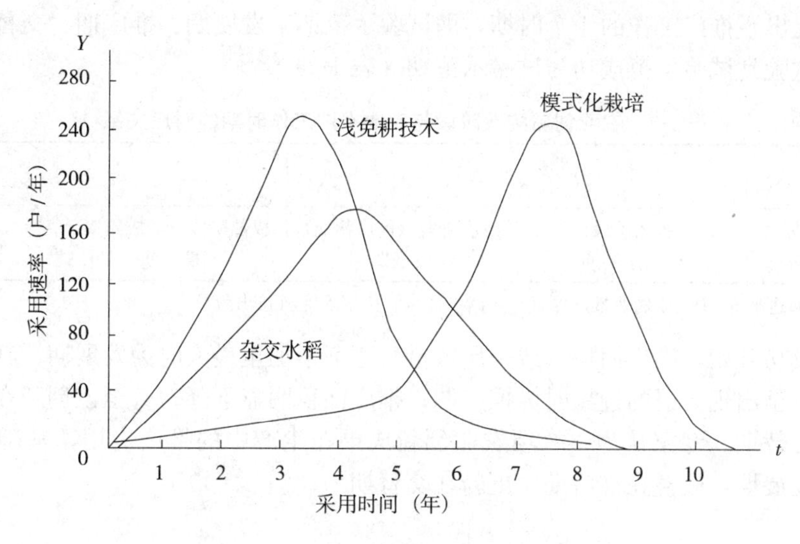

图 1-6 不同类型农业创新的扩散速率

（资料来源：杨建昌．1995．农业革新传播过程的数学分析．见：李立秋编．社会主义市场经济与农业推广．北京：中国农业科技出版社）

分析表 1-1 资料可知，不同创新项目中，起始扩散势（R_0）以浅免耕技术为最大，杂交水稻次之，模式化栽培最小。起始传播势的大小反映了一项创新被农民掌握的难易程度和开始推广（扩散）的速度。在本研究中，浅免耕技术复杂程度较轻，而且能节省工本，农民容易掌握，接受采用较快，因此它进入扩散发展期的时间和达到最大扩散速率的时间均较早，分别为 1.7 年和 2.7 年，仅 6 年时间就已经被 99％的农户所采用；而模式化栽培技术是一项综合性很强的技术，它涉及品种特性、作物生长发育动态及肥水运筹等多种知识，因此农民不易很快掌握，起始传播势较小，进入扩散发展期和达到最大扩散速率的时间均较长，分别为 5.5 年和 6.4 年，用了将近 10 年时间才被 99％的农户所采用；杂交水稻则介于上述两者之间。

表 1-1 农业创新扩散曲线数学模型的参数

项　目	A（％）	B	K	N	R_0	T_{max}，v（年）	t_1（年）	t_2（年）	t_3（年）
模式化栽培	100	9 724.9	1.03	1.43	0.70	6.4	5.5	7.3	9.6
杂交水稻	100	32.99	0.99	1.00	0.99	3.5	2.2	4.9	7.8
浅免耕技术	100	22.98	1.24	0.83	1.51	2.7	1.7	3.7	6.4

资料来源：杨建昌．1995．农业革新传播过程的数学分析．见：李立秋编．社会主义市场经济与农业推广．北京：中国农业科技出版社）

（三）S 扩散理论及其应用

在农业推广学中，S 形扩散曲线所揭示的规律称为 S 扩散理论。郝建平等（1989）归纳并系统提出了 S 扩散理论所包含的农业创新扩散阶段性规律、时效性规律及交替性规律。这些规律对指导农业推广工作有较大的作用。

1. 阶段性规律及其应用 根据扩散曲线中不同时间扩散速率的特征性变化，可把其分为 4 个不同时期，即投入阶段、发展阶段、成熟阶段、衰退阶段。与此 4 个阶段相对应，农业推广学家提出了推广工作的4个时期，即试验示范期、发展期、推广期、交替期，从创新引进、开始试验到试验示范成功为试验示范期（表1-2）。

表1-2　农业创新扩散阶段与农业推广工作时期的对应关系

阶段顺序	1	2	3	4
创新扩散阶段 推广工作时期	投入阶段 试验示范期	发展阶段（前成熟期） 发展期	成熟阶段（后成熟期） 推广期	衰退阶段 交替期

资料来源：郝建平等．1998．农业推广原理与实践．北京：中国农业科技出版社

从示范成功开始，推广面积（或采用数量）逐渐增加至最大时为发展期；其后推广面积基本稳定，直至出现衰退的迹象时为推广期；推广面积明显下降，直至该创新在生产中基本停止使用为交替期。专家认为，一项农业创新成果在生产中的推广应用，基础在试验示范期，速度在发展期，效益在推广期，更新在交替期。

［案例1-1］

张掖市奶牛胚胎移植技术推广历程

（1）试验示范期。试验、示范是建立信任和使推广对象直接接受信息的最佳方法，是创新应用的基础。为了最大限度的发挥“创新者”的先驱作用，张掖市在试验示范期，技术上求助专家，严把质量关，提高受胎率，争取做到万无一失；组织上争取项目支撑，免费移植，使其最大限度地受惠，降低风险。实施了“张掖市奶牛品种改良及规范化饲养综合配套技术示范”项目，邀请家畜繁育中心的专家采用其提供的胚胎进行移植。由于路途遥远，需要组织牛群进行同期发情处理，专家分次赶到进行移植。为了保证质量，不浪费专家的精力和胚胎，这一时期的同期发情处理采用二次注射PG法，严格筛选受体母牛是这一时期的关键。从建立规范化养殖户、加强饲养管理、推广高产奶牛冻精开始，广泛选择受体牛，完成移植母牛56头，受胎33头，受胎率达到58.9%，产活30头，移植范围从临泽倪家营开始，辐射到甘州、高台和山丹的奶牛养殖户。

（2）试行采用期。依靠智力开发、服务配套，培养自己的专家，增强服务能力，组织实施了“张掖市动物胚胎移植站建设”和国家外专局立项的“张掖市奶牛胚胎移植技术推广”两个项目，邀请胚胎移植资深专家在进行移植的同时，培训当地技术人员，并成立了胚胎移植站和建成3个移植实施点。由于自己培养的专家逐步成熟，同期发情处理由肌注二次PG陆续过渡到1次或自然发情，这样可以达到降低成本、避免应激、提高受胎率的目的。

（3）推广扩散期。突破瓶颈，改进提高，缩短推广周期，延长创新生命。切实采取各种有效措施，将其加以推广普及，以缩短试验示范和发展期的时间，减少创新的磨损，使之在“青壮年时期”发挥作用，保持其在畜牧业持续健康发展过程中的技术优势。积极引进和开发推广新项目，引进性控胚胎和冻精，将胚胎移植技术与性控技术（XY精子分离技术）相结合，充分利用当前的改良技术推广体系，加强人员培训，使人工授精和胚胎移植技术效率得到双倍的提高，将胚胎移植技术发展到推广扩散期。

（4）衰退期。展望产业发展前景，普及应用，各取所需。随着科技的进步，牛的品种改良工作将经历三个阶段：第一个阶段是冻精配种，第二个阶段是胚胎移植，第三个阶段是性

控技术的应用。这三步依次递进，互为基础，互相结合。到 2009 年，冻精配种技术已经非常成熟了，引进推广 20 多年，带动了肉牛产业的崛起，普及率达 90%以上，并且形成了完备的改良技术推广体系。其后，利用胚胎移植技术进行品种改良，速度将更快，效果将更显著。

2. 时效性规律及其应用 S 理论表明一项创新的使用寿命是有限的，因为创新进入衰退期是必然的，只不过早晚而已，人们无法阻止它的最终衰退，但是可以设法延缓其衰退的速度。

造成农业创新衰退的原因是多方面的，主要是各种磨损所致：①无形磨损，创新不及时推广使用，就会被新的创新项目取而代之从而过期失效；②有形磨损，创新成果本身的优良特性由于使用年限的增加而逐渐丧失，从而失去了推广价值，如优良品种的混杂退化、种性退化或抗病性的丧失等均为有形磨损；③政策性磨损，指国家农业政策、法规法令及农业经济计划的变化与调整所造成的农业创新的早衰；④价格磨损，指由于生产资料价格上涨和农产品比较效益下降而造成的创新的磨损；⑤人为磨损，指由于推广方法不当所造成的磨损。

农业创新的时效性说明一项创新的应用时间不是无限的，具有过期失效和过时作废的特点。因此，创新出现后，必须尽早组织试验，果断决策，进入示范；加快发展期速度，使其尽快从早期试验阶段进入成熟期，让其在“青壮年”时期充分发挥效益；要尽可能延长成熟期，延缓衰退，特别要防止过早衰退。

3. 交替性规律及其应用 一项具体的农业创新寿命有限，不可能长盛不衰，而新的研究成果又在不断涌现，这就形成了新旧创新的不断交替现象（图 1-7），如紧凑型玉米高产品种代替平展型玉米品种。新旧交替是永无止境的，只有这样，科学技术才能不断发展、不断进步。根据交替性规律，推广工作者要不断地推陈出新，就是说在一项创新尚未出现衰退的迹象时，就应该不失时机地、积极地引进、开发和储备新的项目，保证创新交替的连续和发展，也要选择适当的交替点，既要使前一项创新充分发挥其效益（不早衰），又要使后一项创新及时进入大面积应用阶段（无断桥）。

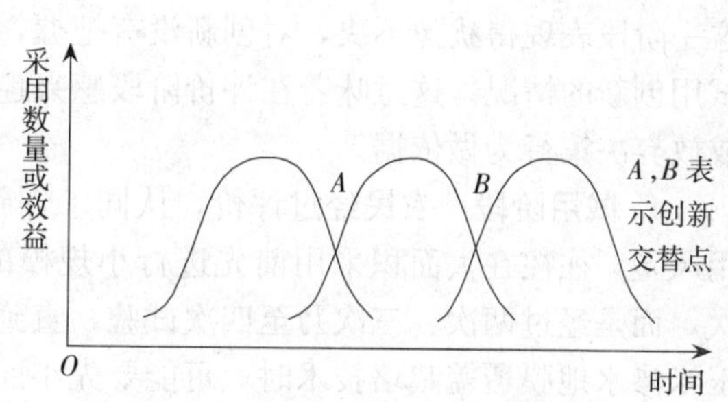

图 1-7 农业创新更新交替示意

第二节 农业创新的采纳规律

一、农业创新的采纳过程

农业创新的采纳是指农民从获得新的创新信息到最终在生产实践中采用的一种心理、行为的变化过程。农业推广学家从行为心理学角度分析认为，农民在采用创新的过程中，一般情况下需要经过认识阶段——接触新技术新事物，但知之甚少；兴趣阶段——发生兴趣，并寻求更多的信息；评估阶段——联系自身需求，考虑是否采纳；试用阶段——观察是否适合自己的情况；采纳（或拒绝）阶段——决定在大范围内是否实施 5 个阶段。

1. 认识阶段 认识阶段是农民采纳农业创新的最初阶段。农民通过各种途径获得比他过去所用更好的新成果、新技术信息，这些信息包括物质形态的成果，如新品种、新农药、新肥料、新植物生长调节剂，非物质形态的技术，如棉花简化整枝技术、水稻直播栽培技术，但还没有获得与此项创新有关的详细信息。因此，他对创新成果持迟疑态度。

2. 兴趣阶段 兴趣阶段是部分农民在初步认识到这项创新可能会给自己带来一定的好处时，表现出对这项创新的关心和感兴趣，想进一步了解并伴有学习行为出现。一些农民会主动地向邻里打听，或者阅读相关资料，或者找推广人员进行咨询。

3. 评估阶段 农民一旦对创新产生兴趣，就会联系自己的实际情况对该创新的优点、缺点进行评价，对采用创新的利弊得失加以分析、判断。

例如，在玉米渗水地膜覆盖栽培技术的推广应用中，农民在采用渗水地膜（渗水地膜是以“小雨资源化”理论为基础，基于半干旱与半湿润地区设计的一种可使水分下渗的新型地膜）这一新产品时，往往是采用过普通地膜的农民先考虑是否采用渗水地膜，这些农民一般要对渗水地膜新产品的功能优势、成本、增产增收效果等方面进行权衡比较。在评价过程中，农民通过朋友、邻居、报纸、杂志、推广人员等途径获取渗水地膜的有关信息，自己进行评价或请邻居、朋友、推广人员协助评价。在同一地区，会出现部分农民由于正确掌握了玉米渗水地膜覆盖配套栽培技术获得增产，而有的农民则由于不能正确掌握这一技术，采用玉米渗水地膜覆盖后增产不明显或大大增加劳动力投入的现象。这时，对于玉米渗水地膜覆盖栽培技术这一创新，各位农民的评价就会不同。有的对这一创新评价很高，另一部分则在这一阶段表现得犹豫不决，对创新没有把握，他或者想试验一下，或者想观察一下其他农民试用创新的情况。这意味着在评价阶段感兴趣的农民需要了解该创新的详细信息，为其采用或放弃决策行为做依据。

4. 试用阶段 农民经过评价，认同了创新的有效性，但为了减少投资风险或新技术采用风险，往往在大面积采用前先进行小规模的试用。在试用过程中，农民常常不是经过一次，而是经过两次、三次乃至四次试验，直到对创新成果完全满意为止。如有的农民在采用玉米渗水地膜覆盖栽培技术时，可能要先小面积试验，通过与普通地膜相比较，可能试验一年效果不明显，再试验一年或几年，经过亲自试验，农民取得了成功的经验和掌握了渗水地膜覆盖栽培技术，就会确信这项创新的优越性。

5. 采用（或拒绝）**阶段** 农民经过自己试验得出结论，决定是否采用创新。如果该创新增产、增收效果显著，农民便会根据自己的生产条件和经济能力进行决策，如安排采用计划。这一过程可能持续几个小时或几年的时间，一般农业生产周期长，有代表性的创新如新品种的采用过程需要几年时间。

由农业创新采纳过程的 5 个阶段来看，在认识和感兴趣阶段实现的是知识层面的变化，在感兴趣与评价阶段实现的是态度层面的变化，在试用和采用（或拒绝）阶段实现的是行为层面的变化。当然，作为农业推广工作者，应该知道在特定的创新采用阶段需要采用的推广策略，即根据创新采用阶段选择特定的推广沟通渠道，以达到预期的创新扩散效果。

上面把创新采纳过程分为 5 个阶段，表示一种农民采纳创新的心理、行为变化顺序，但不一定每一项创新的采纳或每个农民在采纳某项创新时都必须经过以上 5 个阶段，不同的创新或不同的农民群体可以跳过一个或几个阶段，有的创新可以不经过其他阶段而直接进入采用阶段。

二、创新采纳者的类型

（一）创新采纳者的分类及其分布规律

上述农业创新采用的5个阶段是指农民个人对某项创新的采纳过程而言，但对于不同的农民个人来说，即使对于同一项创新，开始采纳的时间也是有先有后的，并不是整齐划一地从同一时间开始采纳的。有的是从获得信息不久就决定采用，有的则要经过若干年后才肯采用，这是普遍存在的现象。美国学者罗杰斯（E. M. Rogers）研究了农民采用玉米杂交种这项创新过程中开始采用的时间与采用者人数之间的关系，发现两者的关系曲线呈常态分布曲线（图1-8），他采用数理统计方法计算出了不同时间采纳者人数比例的百分数，并根据采纳时间早晚，把不同时间的采纳者划分为5种类型并加以命名。第一种类型叫创新先驱者（Innovator），第二种类型叫早期采用者（Early Adopters），第三种类型叫早期多数（Early Majority），第四种类型叫后期多数（Late Majority），第五种类型叫落后者（Laggards）。也就是说，当一项农业创新出台后，总是先有个别少数人试着采纳，以后逐渐有更多的人愿意接受这项创新。在心理性格上把那些最早采用创新的人称为“创新先驱者”，因为他们富于冒险及创造精神，承担着较大的风险，一旦采用成功就会优先受益，而万一失败则会蒙受不少损失。当创新继续被较多的人采用时，称这些人为“早期采用者”。如果继续被更多的人仿效采用，根据采纳时间的早晚把他们分别称为“早期多数”及“后期多数”。把最后才接受创新和拒绝接受创新的人称为“落后者”。

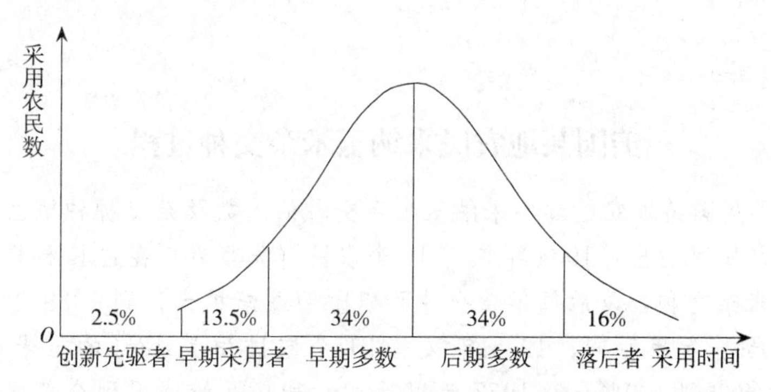

图1-8　创新采用者分类及其分布曲线

（二）不同采纳者在采纳过程中不同阶段的表现差异

大量研究表明，不同采纳者在采纳过程中不同阶段的心理、行为表现有较大差异，这里以两个农业推广学经典案例加以说明。

［案例1-2］

日本某地农民采纳番茄杂交种的过程

根据日本的一项研究（图1-9）可以看出，不同采纳者在采用番茄杂交种的过程中，各阶段的时间及整个采纳过程所用的时间存在着明显的差异并呈规律性的变化。

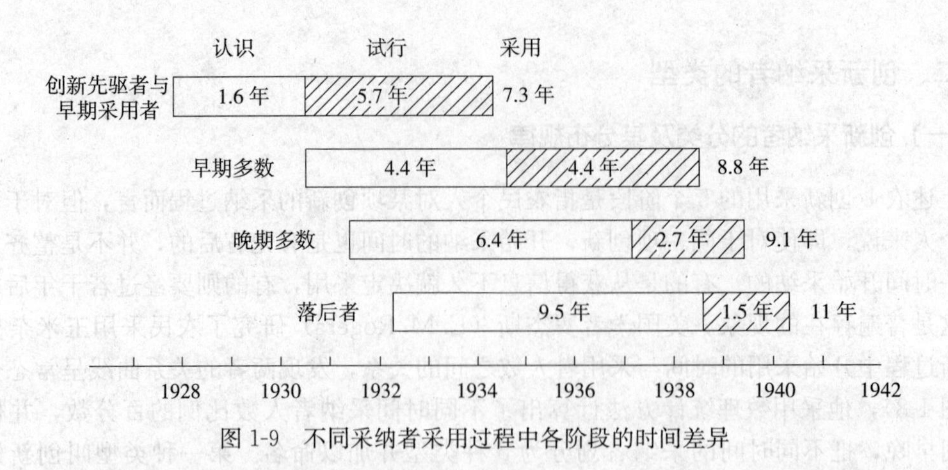

图 1-9　不同采纳者采用过程中各阶段的时间差异

从认识到试行所用时间：创新先驱者和早期采用者＜早期多数＜后期多数＜落后者。

从试行到采用所用时间：创新先驱者和早期采用者＞早期多数＞后期多数＞落后者。

从认识到采用所用时间：创新先驱者和早期采用者＜早期多数＜后期多数＜落后者。

以上现象说明，先驱者和早期采用者接受新事物很快，但要使一项创新真正实现采纳，他们必须花相当长的时间来进行一系列的试验、评价工作，经过多年重复试验证明确有良好的效果，才能最终采用；落后者则与此相反，他们从认识到试行花了 9.5 年时间，约为先驱者的 6 倍，说明他们对新事物接受太慢，既不亲自试验，又不轻易相信别人的结果，只是在当地多数人均已采用的情况下才随大流采用，试行期仅 1.5 年。

［案例 1-3］

美国某地农民采纳玉米杂交种过程

表 1-3 列出了美国某地农民逐年采纳玉米杂交种的人数及杂交种种植面积占玉米总播种面积的百分比，从中可看出：1934 年仅有 16 个农民（先驱者）在占其玉米总面积 20％的土地上开始试种玉米杂交种，以后每年杂交种面积比例逐渐扩大，到 1939 年已全部采用杂交种，这个过程经历了 5 年时间；1935 年又有 21 个农民用其 18％的玉米田开始试种，到 1938 年杂交种面积占到 100％……1937 年以后，都是从开始试用到全部采用仅用不超过 2 年时间，特别是 1940 年仅用 1 年时间就全部采用了。可以看出，开始试用时间越早，则其试用时间越长，且开始试用的面积比例越小，以后才逐年增加；而开始试用时间越晚，则试用期越短，且开始试用面积比例也较大。这种规律性与［案例 1-2］相同。

表 1-3　美国某地农民采用玉米杂交种开始年度和播种面积百分比

开始年度	采用人数（个）	各年度玉米播种面积占总播种面积比例（%）							
		1934	1935	1936	1937	1938	1939	1940	1941
1934	16	20	29	42	67	95	100	100	100
1935	21		18	44	75	100	100	100	100
1936	36			20	41	62.5	100	100	100
1937	61				19	55	100	100	100
1938	46					25	79	100	100
1939	36						30	91.5	100

（续）

开始年度	采用人数（个）	各年度玉米播种面积占总播种面积比例（%）							
		1934	1935	1936	1937	1938	1939	1940	1941
1940	14							69.5	100
1941	3								54

三、创新采纳规律的应用

（一）信息来源对创新采纳的影响

农业推广中不同来源的信息具有不同的特点和功能，对农民采纳过程中不同阶段的作用和影响是不同的。表 1-4 列出了我国台湾大学农业推广系的一项研究结果。

表 1-4　不同沟通渠道在采纳各阶段所占比例

单位：%

阶段	邻居朋友	小组接触	个别接触	大众接触	商人	自己经验	其他
认识	29.6	24.1	23.9	14.9	4.4	0.3	2.8
兴趣	38.0	25.4	23.6	10.0	2.4	0.3	0.3
评价	46.9	26.2	17.2	5.6	3.5	0.3	0.3
采纳	21.6	21.0	44.2	8.0	4.7	0.5	0.0
平均	34.0	24.2	27.2	9.6	3.8	0.4	0.9

表 1-4 资料可作纵向、横向比较。纵向表示在不同采用阶段中，不同来源信息的百分比分布，也可知道哪种信息来源在本阶段较为普遍；横向比较可知各种信息来源在哪一阶段作用较大。现具体说明如下：

1. 认识阶段　由于多数农民受教育程度不高，一般来说尚未形成从大众媒介获得信息的习惯，只是把它作为欣赏性媒介，其教育性价值尚未引起农民足够重视；不少地区广播、电视尚未普及，也不能普遍订阅报纸杂志。在认识阶段中，从大众媒介获取信息的机会要比其他阶段为高。从信息来源讲，在认识阶段，邻居朋友是农民获取信息的主要渠道，其次是小组接触（推广人员组织进行的小组讨论）和个别接触（如推广人员对农民的个别指导）。

2. 兴趣阶段　农民认为此阶段的信息常来自邻居朋友，大众媒介的作用已被邻居朋友及小组接触所进一步代替，后两者的作用开始上升。

3. 评价阶段　邻居朋友及小组接触的影响最大，这说明本阶段个人交流对评价决策具有重要作用。

4. 采纳阶段　个别接触作用最大，其次是邻居朋友、小组接触……同时商业信息的地位有所上升，因为采纳阶段必须有一定的物资配套，农民还要根据自己的经验来决定是否采纳。

据唐永金、陈见超等（1998）研究，在四川省分山区、丘陵及平原地区调查了 7 个县共 820 户农民家庭，了解到当地农民采用创新的信息来源途径大体可归纳为 5 类，即乡镇农技推广站、大众传播媒介、集市贸易、亲朋邻里及家庭成员从外地带回。其中，以乡镇农技推广站作为农民采用创新的第一信息来源，占71.03%，其次是亲朋邻居，占17.47%，第三是集市贸易，占7.78%，外地带回及大众传播媒介则分别仅占2.1%和1.63%（表1-5）。

表1-5 不同地区农民采纳创新的信息来源

单位：%

地区	乡镇推广站	大众媒介	集市贸易	亲朋邻居	外地带回	合计
山区	45.25	7.78	4.22	35.22	7.25	100
丘陵	80.76	0.84	3.60	13.24	1.56	100
平原	62.15	1.12	16.02	19.34	1.36	100
平均	71.03	1.63	7.78	17.47	2.10	100

从农村不同行业采用创新的信息来源看，种植业创新的第一信息来源为乡镇推广站，其次是亲朋邻居，再次为外地带回、集市贸易及大众传播媒介；养殖业创新的第一信息来源是集市贸易，其次为乡镇推广站，再次为亲朋邻居、大众传播媒介及外地带回；外出打工的第一信息来源为亲朋邻居，其次为集市贸易，再次为大众传播媒介、乡镇推广站及外地带回（表1-6）。关于信息来源对农民采用阶段的作用，详见表1-7。

表1-6 农村不同行业农民采纳创新的信息来源

单位：%

行业类型	乡镇推广站	大众媒介	集市贸易	亲朋邻居	外地带回	合计
种植业	81.86	0.47	2.20	13.18	2.21	100
养殖业	24.01	12.25	59.93	19.54	0.83	100
外出打工	3.69	4.36	9.06	81.21	1.68	100
其他	38.68	2.01	17.48	38.68	3.15	100

表1-7 信息来源的职能、沟通特点及对农民的作用

信息来源	主要职能	沟通特点	对农民的作用
大众传播媒介	提供广泛的信息，广告性宣传，在认识阶段作用大	缺乏个人接触，传播次数多，则被接受的机会也多；单向沟通，适合一般性内容	给予初次信息
农民接触	互相帮助，取长补短，在评价阶段作用较大	双向沟通，信息内容适合当地情况，直接接触	帮助决策，指导行为改变
推广人员	传播特定信息，传授技术技能，提供咨询服务，在各阶段均起作用	双向沟通，信息种类多，有权威性，内容具普遍性、特殊性、地方性，可利用其系统进行传播	帮助决策，指导行为改变
商业机构	买卖商品，职业性服务和技术指导，在采用阶段作用大	双向沟通或间接接触，内容视买卖情况而定，与各自的经济利益有关	给予信息，指导行为改变

（二）采纳过程中推广方法的选择

从创新采纳过程可知，一般从认识到采用要经历5个阶段。对农业推广人员来说，对于不同的阶段，推广工作的重点不同，所采用的方法也不同。一般情况下，需要在每个阶段都给予农民一定的指导，但在某些情况下则不一定都做，可能集中做好一两个阶段的指导就够

了，同时还要研究各个阶段常用的、有效的方法。

1. 未曾推广过的技术 假如某种作物或品种过去从未在本地区种植过，经过试种后发现可以适应当地条件，这种情况下，推广人员首先要帮助农民充分认识、了解该作物或品种的特点和优越性，通过大众媒介向农民提供这方面的信息；同时，可以进行巡回访问，同农民个别交谈，组织参观成果示范，使农民发生兴趣，并帮助他们试种、评价。

2. 曾经推广过的技术 假设某个玉米单交种曾经在当地种植过，并已有不少农民采用了这个品种，但其他农民仍没有采用，这就要仔细分析这些人为什么不采用？如果是大家愿意种，但种子供不应求，这只要解决种子供应就可以了；如果是人们对它的效益有怀疑，这时就要把注意力放在引导这些人进行试种并协助他们搞好评价。总之，要分析推不开的原因，是认识问题还是技术问题？或者是支农服务问题？根据问题的性质分别采取个别访问、技术指导或与其他服务部门配合工作，问题就不难解决。

（三）不同阶段采用不同的方法

不同的推广方法在采纳过程中要灵活应用，在不同阶段采用适合本阶段的最有效的方法。

1. 认识阶段 大众传播是本阶段最常用的方法。应通过广播、电视、报纸、简报、成果示范、展览会、举办报告会和组织参观等方法，尽快让更多的农民知道，加深认识和印象。

2. 感兴趣阶段 农民发生兴趣的信息不一定都来自大众传播，也可能来自其他渠道。成果示范和个别访问是帮助农民增强兴趣的有效方法。

3. 评价阶段 农民对创新有了初步了解后，是否采用尚在犹豫之中，应尽可能为农民提供先期试验结果和组织参观，协助他们正确地进行评价，促使他们尽快做出决策。该阶段以小组讨论效果较好，集中大家的智慧和经验，以增强信心，促使其采用。

4. 试用阶段 推广机构应鼓励农民做试验以验证原来的试验结果，使该结果更可靠，农民更放心。也要注意使用方法示范，加强对农民试验的指导，避免发生人为的试验偏差，降低试验误差。

5. 采纳阶段 方法示范和技术指导为主要方法。

第三节 影响农业创新扩散与采纳的因素

一、农业创新的技术特点

一般的说，农业创新自身的技术特点对其采用的影响主要取决于三个因素：①技术的复杂程度。技术简便易行就容易推广；技术越复杂，则推广的难度就越大。②技术的可分性大小。可分性大的如作物新品种、化肥、农药等就较易推开；而可分性小的技术装备（农业机械）的推广就要难一些。③技术的适用性。如果新技术容易和现行的农业生产条件相适应，经济效益又明显时就容易推开；反之则难。具体地讲，有以下几种情况：

1. 立即见效的技术和长远见效的技术 立即见效是指技术实施后能很快见到效果，在短期内能得到效益。例如，化肥、农药等是比较容易见效的，推广人员只要对施肥技术和安全使用农药进行必要的指导，就不难推广。但有些技术在短期内难以明显看出它的效果和效益（如增施有机肥、种植绿肥等），其效果是通过改良土壤、增加土壤有机质和团粒结构、维持土壤肥力来达到长久稳产高产的目的，不像化肥的效果那样来得快。所以，此类技术推广的速度就要相对慢一些。

2. 一看就懂的技术和需要学习理解的技术 有些技术只要听一次讲课或进行一次现场参观就能掌握实施的，这样的技术很容易推开；有些则不然，还需要有一个学习、消化、理解的过程，并要结合具体情况灵活应用。例如病虫化学防治技术，首先要了解药剂的性能及效果，选择最有效的药剂品种和剂型，了解使用方法和安全措施；其次要了解喷药效果最好的时间、次数、浓度及用药部位等；最后要对病虫害的生态生活习性、流行规律等也应有所了解，才能达到较好的防治效果。

3. 机械单纯技术和需要训练的技术 例如蔬菜温室栽培、西瓜地膜覆盖技术、拖拉机驾驶等，都需要比较多的知识、经验和实践技能，需要经过专门的培训才能掌握。而机械喷药技术，只要懂得如何配方、喷药数量及部位，注意安全措施，其余就是单纯的机械劳动，不需要很多训练就可掌握。

4. 安全技术和带有危险性的技术 一般来说，农业技术都是比较安全的，但有些技术带有一定危险性。例如，有机磷剧毒农药虽然杀虫效果极佳，但使用不当难免发生人畜中毒事故，所以一开始推行时比较困难，因为农民对此常有恐惧心理。

5. 单项技术和综合性技术 例如实施某项单项技术（如合理密植或增施磷肥），由于实施不复杂，影响面较窄，农民接受快；而综合性技术（如作物模式化综合栽培技术），同时要考虑多种因素（如播种期，密度，有机肥、氮、磷、钾肥的配合，水肥措施等），从种到收各个环节都要注意，比单项技术的实施要复杂得多，所以推广的速度就快不了。

6. 个别改进技术和合作改进技术 有些技术涉及范围较小，个人可以学习掌握，一家一户就能单独应用，如果树嫁接、家畜饲养等。而有些技术则需要大家合作进行才能搞好，如作物病虫防治，只一家一户防治不行，需要集体合作行动，因为病菌孢子可以随风扩散，昆虫可以爬行迁徙，只有大家同时防治才会奏效。

7. 先进技术和适用技术 先进技术对某个地区来说并不一定是适用技术，所以有些先进的却不适用或至少在现实条件下不适用的技术是难以推广的。而有些看起来并不先进的技术却很适合一个地区的现实条件，是容易推开的。

二、生产者经营条件

农业企业及农户的经营条件对农业创新的采用与扩散影响很大。经营条件比较好的农民，他们具有一定规模的土地面积，有比较齐全的机器设备，资金较雄厚，劳力较充裕，经营农业有多年经验，科学文化素质较高，同社会各方面联系较为广泛。他们对创新持积极态度，经常注意创新的信息，容易接受新的创新措施。美国曾对 16 个州的 17 个地区10 733家农户进行了调查，发现经营规模对创新的采用影响很大。经营规模主要包括土地、劳力及其他经济技术条件。经营规模越大，则采用新技术越多。这说明经营规模与农民采用创新的积极性呈正相关（表 1-8）。

表 1-8 经营规模与采用创新的关系

单位：项

经营规模	每百户农民采用农业创新技术数	每百户农民采用改善生活创新技术数
小规模经营	185	51
中等规模经营	238	73
大农场经营	293	96

从表 1-8 看出，中等规模经营农户采用的农业新技术比小规模经营农户增加 28.6%，采用改善生活新技术数增加 43.1%；大农场经营比小规模经营的两种新技术采用分别增加 58.3%和 88.2%。日本的一项调查也反映了同样的趋势（表 1-9）。

表 1-9 经营规模对采用创新数的影响（日本）

经营规模	调查个数（户）	采用创新数量（件/户）
小于 $1hm^2$	9	14.9
1～$1.5hm^2$	13	15.0
$1.5hm^2$ 以上	11	23.6

在我国，就种植业来说，以全国 0.94 亿 hm^2 耕地、1.87 亿户农户计算，平均每户 $0.56hm^2$ 耕地，每户平均 9.7 块土地，土质不同，土地分散。这种很小规模的生产，从采用创新方面来看显然是一种制约因素。

三、生产者自身条件

在农村中，农民的知识、技能、要求、性格、年龄及经历等都对接受创新有影响。农民的文化程度、求知欲望、对新知识的学习、对新技术的钻研、是否善于交流等，都影响创新的采用。

1. 农民的年龄 年龄常常反映农民的文化程度、对新事物的态度和求知欲望、他们的经历以及在家庭中的决策地位。据日本（1967）的报道，100 位不同年龄的农民采用创新的数量，最多的是 31～35 岁年龄组（表 1-10）。处在这一年龄段的农民，对创新的态度、他们的经历及在家庭中的决策地位都处于优势。而 50 岁以上的人采用创新的件数随着年龄的增加越来越少，说明他们对创新持保守态度，同时也与他们的科学文化素养及在家庭中的决策地位逐渐下降有关。唐永金等（2000）在四川省的一项调查表明，不同地区平均来说，一般户主年龄在 31～60 岁的中壮年家庭采用创新数量相对较多，而户主年龄在 30 岁以下和 60 岁以上的家庭则采用创新的数量较少。

表 1-10 农民年龄与采用创新的关系

年龄（岁）	采用创新数量（件）	年龄（岁）	采用创新数量（件）
30 以下	295	46～50	301
31～35	387	51～55	284
36～40	321	56～60	283
41～45	320	60 以上	223

2. 户主文化程度 据四川省的调查（唐永金等，2000），户主文化程度越高的家庭，采用创新的数量越多，一般是高中＞初中＞小学＞半文盲和文盲。日本新潟县曾对不同经济文化状况地区的农民进行调查，发现不同地区的农民对采用创新的独立决策能力是不同的（表1-11）。平原地区经济文化比较发达，农民各种素质较高，独立决策能力比山区农民高出一倍。独立决策能力越强，则越容易接受、采用创新。

表 1-11 不同经济文化状况地区农民独立决策能力（日本）

类别	调查个数（户）	能自己决策的比例（%）	不能自己决策的比例（%）
山区农民	22	36.4	63.6
半山区农民	15	40.0	60.6
平原地区农民	17	70.6	29.4
合计	54	48.1	51.9

3. 家庭关系的影响

（1）家庭的组成。如果是几代同堂的大家庭，则人多意见多，对创新褒贬不一，意见较难统一，给决策带来一定难度；如果是独立分居的小家庭，则自己容易做出决策。

（2）户主年龄与性别。家庭中由谁来做经营决策也非常关键。一般来说，中、青年人当家的接受创新较快，而老年人当家的则接受较慢。对于户主性别，一般来说，男性户主家庭采用创新数量多于女性家庭（唐永金等，2000）。

（3）农业经营和家庭经济计划。家庭收入的再分配、家庭发展计划和家务安排计划，都对采用新技术有一定影响。

（4）亲属关系和宗族关系。采用新技术改革的过程中，特别是在认识、感兴趣及评价阶段，有些信息来自亲属，决策时需要同亲属商量研究，这些亲属或宗族关系的观点、态度有时也影响农民对创新的采用。

四、社会、政治及其他因素

1. 社会价值观的影响 旧的农业传统和习惯技术，如“盘古开天几千年，没有科学也种田”、“粪大水勤、不用问人”等，排斥采用新的科学技术。更有极少数人相信命运和神的主宰，满足于无病无灾有饭吃就行，“宿命论”影响了人们采用科学技术。

2. 社会机构和人际关系的影响 农村社会是由众多子系统组成的一个复杂系统，各子系统之间的互相关系能否处理得好，各级组织机构是否建立和健全，贯彻技术措施的运营能力，各部门对技术推广的重视程度，都影响新技术的有效推广。另外，农民之间的互相合作程度，推广人员与各业务部门的关系、与农民群众的关系，也都影响推广工作的开展。

3. 政治因素的影响 如国家对农业的大政方针，农村的经营体制、土地所有制及使用权，农业生产责任制的形式等。国家的农业开发项目和目标与农民的目标是否一致；政府对推广新技术增产农副产品的补贴和价格政策，生产资料、电力能否优先满足供应。政府的农村建设政策，道路交通设施的建设，邮电通信网的建设。综合支农服务体系的建设，供销和收购站点的建设；农产品加工和销售新技术推广的鼓励政策、优惠政策；对农业科研、教育和推广机构的经费投资；对科研、教学、推广人员的福利政策等。

第二章　农民行为改变原理

农业推广的基本目标是要改变农业生产者的行为，只有农业生产者（主要是农民）生产经营行为、创新采纳行为的改变，所推广的科技成果才会变成现实生产力，所推广的农业创新才会发挥增产增收的作用。了解行为科学基本原理，熟悉农民心理与行为的关系，理解农民行为转变规律，掌握改变和干预农民行为的方法，可以有的放矢地促进农民行为的改变，提高农业推广的效率和效益。

第一节　行为科学的基本原理

一、行为的概念与模式

1. 行为的概念与特点　行为（Behavior）是人在意识支配下一切有目的的活动。行为的主体是人，无论是个人行为还是团体行为，都是由具体的人所表现出来。行为是有意识的活动，这种活动受意识所支配，具有一定的目的性、方向性、预见性和能动性。行为总是要产生一定的结果，其结果与行为的动机、目的有一定的内在联系。人的行为具有以下主要特点：①起因性。人的行为一般都是有原因的。内在需要在外在条件刺激下产生了行为动机，这是行为的根本原因。②目的性。人们为达到一定目的，就采取一定行为。③调控性。人能思维，会判定，有情感，可以用一定的世界观、人生观、道德观、价值观来支配、调节和控制自己的行为。④差异性。人的行为受个体生理、心理特征和外部环境的强烈影响，人与人之间的行为常表现出很大的差异。⑤可塑性。人的行为是在社会实践中学得的，受着家庭、学校、社会的教育与影响，人的行为会发生不同程度的改变。

2. 行为的一般规律　人的行为多种多样。根据需要划分，有本能行为（如避险、母爱等）、生理性行为（饮食、睡眠等）、心理性行为（如爱、恨等）和社会性行为（如学习、交往等）。根据活动领域划分，有经济行为、政治行为、文化行为、道德行为等。不同行为有不同的规律。

德国心理学家勒温（Lewin）用一个公式表示人的行为的一般规律，即

$$B=f\ (P\cdot E)$$

式中：B——行为；

P——个体变量（遗传、能力、个性、健康状况等）；

E——环境变量（指自然、社会条件）；

f——它们的内在关系。

公式说明，人的行为是人的个体因素与外在环境相互作用的结果。

3. 行为产生模式　行为科学研究表明，人的行为是由动机引起而指向一定目标的，动机是内在需要和外界刺激下产生的。当一个人产生某种需要未得到满足时，就会处于一种紧

张不安的心理状态，当受到外界刺激（如具有满足需要的可能或条件），就会引起寻求满足的动机。在动机驱使下，产生满足需要的行为，向着能够满足需要的目标行动。当达到目标时，需要得到满足，紧张不安的心理状态就会消除，这时又有新的需要和刺激，引起新的动机，产生新的行为……如此周而复始，这就是人的行为不断产生的模式（图 2-1）。

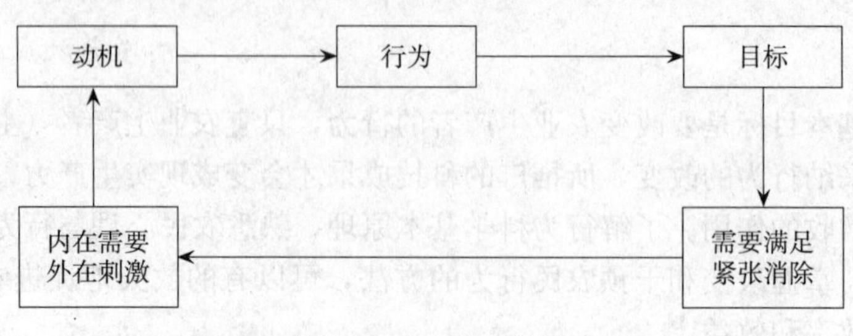

图 2-1 行为产生模式

二、需要理论

1. 需要的类型与特点 需要（Needs）是人对必需而又缺乏事物的欲望或要求。人的需要是多种多样的。根据需要的起源，可分为自然性需要和社会性需要。

自然性需要主要是指人们为了维持生命和种族的延续所必须的需要，主要表现为对衣、食、住、行、性等方面的需要。它具有以下特点：①主要产生于人的生理机制，与生俱有；②从外部获得物质以满足；③多见于外表，易被人察觉；④有限度，过量有害。

社会性需要是在自然性需要的基础上形成的，是人所特有的需要，主要表现为人对理想、劳动道德、纪律、知识、艺术、交往等的需要。它具有以下特点：①通过后天学习获得，由社会条件决定；②比较内含，不易被人察觉；③多从精神方面得到满足；④弹性限度大，连续性强。

农业创新的增产增收结果，一定要在某种程度上满足农民的自然性需要，否则农民不会采用所推广的创新。在农业创新传播过程中，增加农民的科技文化知识，增加对创新的认识和了解，传授创新的操作方法，尊重农民的人格、风俗习惯、社会规范，与农民建立良好的人际关系，满足农民社会性需要，有利于他们态度和行为的改变。

2. 需要的层次 美国心理学家马斯洛把人类的需要划分为 5 个层次，按其重要性和发生的先后顺序，由低到高地排列，即生理需要→安全需要→社交需要→尊重需要→自我实现需要（图 2-2）。

（1）生理需要。这是人类最原始、最低级、最迫切也是最基本的需要，包括维持生活、延续生命所必需的各种物质上的需要。

（2）安全需要。当生理需要得到满足后，安全的需要就显得重要了。它包括心理上与物质上的安全保障需要。农村社会治安的综合治理，农村养老保险、医疗社会统筹、推广项目论证等，都是为了满足农民的安全需要。

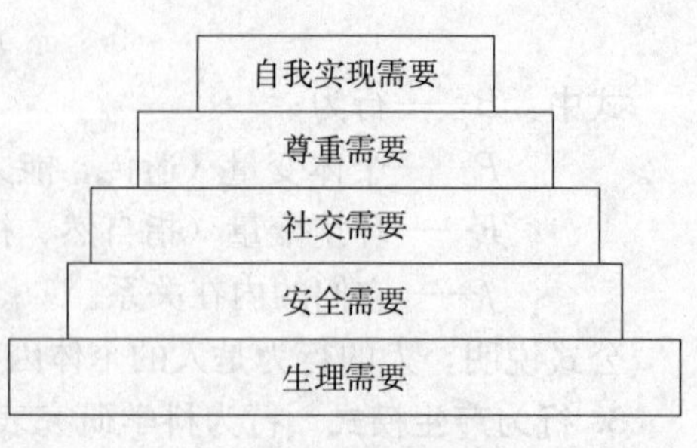

图 2-2 需要的层次

（3）社交需要。包括归属感和爱情的需要，希望获得朋友、爱人和家庭的认同，希望获得同情、友谊、爱情、互助以及归属某一群体，或被群体所接受、理解、帮助等方面的需要。在农村，家庭、邻里、群团组织、文娱体育团体、专业技术协会等，都是满足农民社交需要的组织或群体。

（4）尊重需要。它是自尊和受别人尊重而带来的自信与声誉的满足。这是一种自信、自立、自重、自爱的自我感觉。在农村，农民希望尊重自己的人格；希望自己的能力和智慧得到他人的承认和赞赏；希望在社会交往中或团体中有自己的一席之地。在推广中，一定要注意到农民的尊重需要，不要伤害了农民的自尊心。

（5）自我实现需要。它是指发挥个人能力与潜力的需要。这是人类最高级的需要。在农村，农民希望做与自己相称的工作，以充分表现个人的感情、兴趣、特长、能力和意志，实现个人能够实现的一切。

3. 需要的阶段与差异

（1）需要的阶段。由于社会经济发展的阶段性，导致人们需要结构出现阶段性变化的特点。在我国短缺经济年代，食品需要是主要需要，其他需要是次要需要。在社会物质条件丰富后，增加经济收入的需要是主要需要，其他需要变成次要需要。我国农户的需要也出现阶段性变化的特点。胡继连等（1992）的研究表明，按照需要强度的大小，我国农民在1952—1957年，粮食需要＞其他生活资料＞合作需要＞其他需要；1958—1978年，粮食需要＞经营自主权需要＞其他生活资料需要＞其他需要；1979—1991年，货币需要＞就业需要＞口粮保障需要＞其他需要。在农业推广上，要根据农民需要结构的阶段性特点，在不同阶段选择不同的推广项目，充分满足农民各阶段的第一需要。

（2）需要的差异。因自然生态和社会经济条件差异很大，农民之间的需要差异也很大。据于敏（2010）对浙江宁波511户农民的培训需要调查，需要农业生产技术的占43.0％，市场营销知识占26.0％，政策法规占13.0％，创业知识占11.0％，进城务工技能占5％。据刘海燕等（2010）对江西瑞金山区196个农村居民的培训需求调查，需要农业实用技术的占64.28％，法律知识等文化素养占27.04％，市场营销知识占17.86％，绿色证书培训占16.84％，人力资源转移培训占11.73％，其他知识占1.02％。因此，农业推广要针对农民需要的差异性，对不同农民推广不同的内容。

三、动机理论

1. 动机的概念　动机（Motive）是行为的直接力量，是指一个人为满足某种需要而进行活动的意念和想法。动机的产生要满足两个条件：①内在条件，即内在需要。动机是在需要的基础产生的，但它的形成要经过不同的阶段。当需要的强度在某种水平以上时，才能形成动机，并引起行为。当人的行为还处在萌芽状态时，就称为意向。意向因为行为不明显，还不足以被人们意识到。随着需要强度的不断增加，人们才比较明确地知道是什么使自己感到不安，并意识到可以通过什么手段来满足需要，这时意向就转化为愿望。经过发展，愿望在一定外界条件下就可能成为动机。②外在条件，即外界刺激物或外界诱因。它是通过内在需要而起作用的环境条件。设置适当的目标途径，使需要指向一定的目标，并且展现出达到目标的可能性时，需要才能形成动机，才会对行为有推动力。所以，动机的产生需要内在和外在条件的相互影响和作用。

2. 动机的特性与功能 由于人的需要是多种多样的，因而可以衍生出多种多样的动机。动机虽多，但都有以下特征：①力量方向的强度不同。一般来说，最迫切的需要是主导人们行为的优势动机。②人的目标意识的清晰度不同。一个人对预见到某一特定目标的意识程度越清晰，推动行为的力量就越大。③动机指向目标的远近不同。长远目标对人的行为的推动力比较持久。

动机对行为具有以下作用：①始发作用。动机是一个人行为的动力，它能够驱使一个人产生某种行为。②导向作用。动机是行为的指南针，它使人的行为趋向一定的目标。③强化作用。动机是行为的催化剂，它可根据行为和目标的是否一致来加强或减弱行为的速度。

3. 社会动机 社会动机是由于人的社会物质需要和精神需要而产生的动机。社会动机与其他动机一样，是引起人们社会行为的直接原因。社会动机是有目标指向性的意识活动。意识性是社会动机的主要特点。

社会动机可以分为：①交往动机。交往动机表现为个人想与他人结交、合作和产生友谊的欲望。沙赫特（S. Schachter）的研究表明，交往动机与焦虑有关。威胁性的情境使人产生焦虑，而个人在焦虑的时候交往动机也较强烈，交往动机的满足可以增加安全感。在农村，当某个农民在农业生产中遇到困难时，与他人交往的动机就会增加，就会产生参加技术培训活动、参加专业技术协会、参加专业合作社的欲望。②成就动机。成就动机是指个人或群体为取得较好成就、达到既定目标而积极努力的动机。成就动机是在与他人交往的社会生活中，在一定的社会气氛下形成的。在农村，营造一种科技致富的社会气氛，有利于农民成就动机的提高，有利于农村的发展。③社会赞许动机。如果做了事情得到别人的认可、肯定和称赞，就会感到满足，这种动机称为社会赞许动机。为了取得别人的赞许，人们便会力图做好工作，减少错误。研究表明，通过赞许可以强化良好行为、消退不良行为。社会赞许动机给人带来巨大动力，促使人们做出可歌可泣的英雄事迹。在农业创新传播中，对农民每一个正确的理解、每一次正确的操作方法或做法给予表扬和赞许，会强化他们对创新的采用动机。④利他动机。以他人利益为重，不期望报偿，不怕付出个人代价的动机叫利他动机。在农村，利他动机促使许多先掌握创新技术致富的农民，有意识地帮助贫困落后的农民掌握创新技术，使后者通过创新技术的采用摆脱了贫困，这也使创新在农村得到了扩散。

四、激励理论

行为改变的基本内容就是行为的强化、弱化和方向引导，而行为激励（Motivation）就是实现行为强化、弱化和方向引导的主要手段。所谓行为激励，就是激发人的动机，使人产生内在的行为冲动，朝向期望的目标前进的心理活动过程，也就是通常所讲的调动人的积极性。

1. 操作条件理论 该理论认为，人的行为是对外部环境刺激的反应，只要创造和改变环境条件，人的行为就可随之改变。该理论的核心是行为强化。强化就是增强某种刺激与某种行为反应的关系，其方式有两类，即正强化和负强化。正强化就是采取措施来加强所希望发生的个体行为，其方式主要有两种：①积极强化。在行为发生后，用鼓励来肯定这种行为，可增强这类行为的发生频率。②消极强化。当行为者不产生所希望的行为时给予批评、否定，使其增强该行为的发生频率。负强化就是采取措施来减少或消除不希望发生的行为，主要方式有批评、撤销奖励、处罚等。

2. 归因理论 该理论认为，人对过去的行为结果和成因的认识对日后的行为具有决定性影响。可以通过改变人们对过去行为成功与失败原因的认识来改造人们日后的行为，因为不同的归因会直接影响人们日后的态度和积极性，进而影响未来的行为。一般来说，如果把成功的原因归于稳定的因素（如农民能力强、创新本身好等），而把失败的原因归于不稳定因素（如灾害、管理未及时等），将会激发日后的积极性；反之，将会降低日后这类行为的积极性。

3. 期望理论 期望理论认为，确定恰当的目标和提高个人对目标价值的认识，可以产生激励力量，即

$$激励力量（M）=目标价值（V）\times期望概率（E）$$

式中：激励力量——调动人的积极性、激发内部潜能的大小；

目标价值——某个人对所要达到的目标效用价值的评价；

期望概率——一个人对某个目标能够实现可能性大小（概率）的估计。

目标价值和期望概率的不同组合，可以产生不同强度的激励力量：①$E_{高}\times V_{高}=M_{高}$，为强激励；②$E_{中}\times V_{中}=M_{中}$，为中激励；③$E_{低}\times V_{高}=M_{低}$，为弱激励；④$E_{高}\times V_{低}=M_{低}$，为弱激励；⑤$E_{低}\times V_{低}=M_{低}$，为极弱激励或无激励。这些公式表明：①同时提高目标价值和实现目标的可能性，可以提高激励力量；②由于不同的人对目标价值的评价和实现目标概率的估计不同，同一目标对不同人的激励力量不同。

第二节 农民心理与行为

一、农民个性心理与行为

（一）个性的概念与特点

个性指一事物区别于他事物的特殊品质。农民的个性心理是指农民在心理方面所表现出的特殊品质。从推广上讲，农民的需要、动机、兴趣、性格、能力等个性心理成分直接影响对创新的态度及采用创新的积极性。

个性具有以下特点：①独特性与共同性的统一。独特性指每个人都有不同的个性倾向性和个性心理特征。共同性是某类人具有的共同的典型的特征，如民族的、区域性居民都具有的特征。②稳定性与可变性的统一。个性具有稳定性的特点。稳定性的特点是指较持久的、一再出现的、定型化的特点。正是这个特点，才能表现具有个性的人。但现实的多样性和多变性，常使人们发生个性上的适应性变化，特别是青少年个性的可塑性较大。③社会性与个体性的统一。人的个性是在具体的社会历史条件下形成的，个性是人的社会化的产物。但人是一个积极的社会活动者，在学习社会经验、适应社会现实的同时，有目的地、自觉地改变现实，从而在这种积极的活动中形成自己的个性。

（二）农民的性格与能力

1. 农民的性格 性格是指一个人在个体生活过程中所形成的对现实稳固的态度以及与

之相应的习惯了的行为方式方面的个性心理特征。性格特征是指那些一贯的态度和习惯了的行为方式中所标明的特征。这些性格特征包括：①性格的态度特征。人对事物的态度特点是性格特征的主要方面，可以为对社会、对集体、对他人的态度的性格特征。②性格的意志特征。性格的意志特征是指人对自己的行为进行自觉调节方面的特征。③性格的情绪特征。性格的情绪特征指一个人经常表现的情绪活动的强度、稳定性、持久性和主导心境方面的特征。④性格的理智特征。它是指人在感知、记忆、想象、思维等认识过程中所表现出来的个人的稳定的品质和特征。以上各种性格特征在每个人身上都以一定的独特形式结合成为有机的整体，其中性格的态度特征和意志特征占主要地位，其中态度特征显得尤其重要。

在农业推广上，要了解受传者农民的性格特征，寻找那些热情、诚实、勤劳、主动、稳定、具有创新精神性格特征的农民作为科技户或示范户；对理智型和情绪型、内向型和外向型、独立型和顺从型等性格反差大的农民，应该采取不同的推广策略和方法。

2. 农民的能力 能力是与顺利完成某种活动有关的个性心理特征。能力只能在完成活动中表现出来，而且是经常表现出来。根据对完成活动的作用不同，能力分为一般能力和特殊能力。一般能力指在一切活动中所必需的基本能力，如感知能力、记忆能力、思维能力、语言表达能力等。特殊能力是与完成某种特殊活动有关的能力，如农民掌握某种新技术的能力。农民与农民之间能力差异很大，确定推广项目和内容要考虑农民的接受能力。在加强农民能力培训的同时，重视推广简便化、傻瓜化技术。

（三）农民的兴趣与选择性心理

1. 农民的兴趣 兴趣是人积极探究某种事物的认识倾向。兴趣是需要的延伸，是人的认识需要的情绪表现。对事物或活动的认识愈深刻、情感愈强烈，兴趣就会愈浓厚。兴趣与爱好是十分类似的心理现象，但二者也有区别。兴趣是一种认识倾向，爱好则是活动倾向。

兴趣是以一定素质为前提，并通过后天实践活动中的培养训练而发展起来的：①兴趣是在需要的基础上产生和发展的。要使农民对你传播的创新感兴趣，传播的创新就要能满足他们的需要，解决他们面临的问题。②胜任和成功能增强信心、激发兴趣，而一再的失败则会降低兴趣。一般来说，创新的实施难度与农民现有的能力和条件相适应，则易使他们产生兴趣。③兴趣与人的知识、经验有密切联系。提高农民的科技文化素质，可以增加对农业创新的认识理解能力，有利于科技兴趣的培养。④人们对有经历的事物因怀旧而产生兴趣，也对特殊事物因好奇而产生兴趣。在农业创新传播时，从农民经历的或利益相关的事件说起，或从某些稀奇事物说起，都可能引起他们的兴趣。⑤不同的感觉方式，产生兴趣的程度不同。一般来说，看比听、做比看易产生兴趣。农业推广中，采用示范参观和亲自操作的方式，容易使农民产生兴趣。

2. 农民的选择性心理 受传者的个性心理特点会影响对信息的接受，具体表现为对信息进行选择性注意、选择性理解和选择性记忆。

选择性注意，指受传者会有意无意地注意那些与自己的观念、态度、兴趣和价值观相吻合的信息或自己需要关心的信息。这种现象在农村很常见，如西瓜专业户的农民会对西瓜的技术、价格、销路等信息特别注意。因此，我们在传播农业创新信息时，一定要重视当地农民的需要，重视他们对信息的选择性注意。

选择性理解，指不同的人，由于背景、知识、情绪、态度、动机、需要、经验不同，对同一信息会做出不同的理解，使之与自己固有的观念相协调而不是相冲突。不少农民在采用新技术时会“走样”，“走样”的原因大多是他们的选择性理解。他们对创新信息的理解是在原有技术和经验的基础上进行的，选择性理解使新信息与旧经验和谐协调，结果常常会产生许多“误解”。

选择性记忆，指受传者容易记住对自己有利、有用、感兴趣的信息，容易遗忘相反的信息。当然，选择性记忆并不全面，如生活中某些特别重要的信息（对己并非有利、有用或感兴趣）也会记得很牢。但就一般信息而言，选择性记忆还是反映了人们的某些记忆特征。许多农业创新信息属一般的农业生产经营信息，它们必须要能引起农民的兴趣，使农民感到有用并给自己带来好处，才可能促使农民对它们的选择性记忆。

二、农民社会心理与行为

（一）社会认知

认知（Cognition）就是人们对外界环境的认识过程。在这个过程中，人们通过感觉、知觉、记忆而形成概念、判断和推理，这就是从感性认识到理性认识的过程，也就是一个认知过程。如果是对社会对象的认知，就称为社会认知。社会对象是人和由人组成的群体及组织，所以社会认知还可分为对人的认知、对人际关系的认知、对群体特性的认知以及对社会事件因果关系的认知等。在农业推广中，农民对推广人员、推广组织有一个认知过程，对推广内容也有一个认知过程。他们认知的正确与否直接影响着对推广人员和推广内容的态度，也影响到推广工作的成败。

人的社会认知一般具有以下特点：

1. 认知的相对性 每个人对社会事物的认识并不是完全清楚的，有的认识到事物的一些特性，有的认识到事物的另一些特性。人们往往根据自己对事物的认识来做出看法和评价。

2. 认知的选择性 人们对社会事物的认识是有选择的。每个人主要注意到他感兴趣的或要求他注意的事物。

3. 认知的条理性 人们在认知过程中，总试图把积累的经验、学到的知识条理化，也试图把杂乱无章的知识变成有意义的秩序。因此，我们进行推广教育时，要条理清楚、层次分明，以便农民理解掌握。

4. 认知的偏差 这是人们在认知过程中产生的一些带有规律性的偏见：①首因效应，指第一印象对以后认知的影响。这个最初印象“先入为主”，对以后的认知影响很大。②光环效应，又称以点概面效应，是指人或事物的某一突出特征或品质，起着一种类似光环的作用，使人看不到他（它）的其他特征或品质，从而由一点做出对这人或事物整个面貌的判断，即以点概面。③刻板效应，指人们在认知过程中，将某一类人或事物的特征给予归类定型，然后将这种定型的特征匹配到某人或某事上面。具有这种偏见的人常常不能具体问题具体分析。④经验效应，指人们凭借过去的经验来认识某种新事物的心理倾向。⑤移情效应，指人们对特定对象的情感迁移到与该对象有关的人或事物上的心理现象，如爱屋及乌。认知的偏差存在于农民的社会认识过程中。作为农业推广人员，一方面要克服自己的认知偏差，另一方面要帮助农民克服认知偏差。同时，还要善于推广，避免农民认知偏差对推广人员或推广内容的误解，从而产生推广障碍。

（二）社会态度

社会态度（Attitude）是人在社会生活中所形成的对某种对象的相对稳定的心理反应倾向，如对对象（人或事物）的喜爱或厌恶、赞成或反对、肯定或否定等。人的每一种态度都由 3 个因素组成：①认知因素。这是对对象的理解与评价，对其真假好坏的认识。这是形成态度的基础。②情感因素。指对对象喜、恶情感反应的深度。情感是伴随认识过程而产生的，有了情感就能保持态度的稳定性。③意向因素。指对对象的行为反应趋向，即行为的准备状态，准备对他（它）做出某种反应。在对某个对象形成一定的认知和情感的同时，就产生了相应的反应趋向。

一个人的社会态度通常具有以下特征：①社会影响性。一个人的态度受到社会政治、经济、道德及风俗习惯诸方面的影响，还包括受他人的影响。②针对性。每一个具体的态度是针对着一个特定的对象的。③内潜性。态度虽有行为倾向，但这种行为倾向只是心理上的行为准备状态，还没有外露表现为具体的行为。因此，人们不能直接观察到别人的态度，只有通过对他的语言、表情、动作的具体分析，推论出来。④态度转变的阶段性。人们社会态度的转变一般要经过服从、同化和内化 3 个阶段。服从是受外来的影响而产生的，是态度转变的第一个阶段。外来的影响有两种，一种是团体规范或行政命令的影响，一种是他人态度的影响，主要是“权威人士”或多数人的影响。同化比服从前进了一步，它不是受外界的压力而被迫产生的，而是在模仿中不知不觉地把别人的行为特性并入自身的人格特性之中，逐渐改变原来的态度。它是态度转变的第二个阶段。内化是在同化的基础上，真正从内心深处相信并接受一种新思想、新观点，自觉地把它纳入自己价值观的组成部分，从而彻底地转变自己原来的态度。这是态度转变的第三个阶段。

（三）人际关系

人际关系是人与人之间在直接交往中形成的心理关系。人际关系是在人际交往基础上产生的，它的外延是角色关系，内涵是心理的亲疏关系。人际关系影响个体的活动效率，影响团体气氛和内聚力。影响人际关系的主要因素为：①接近性。一般来说，生活中经常接近的人们比较容易发生人际交往关系。②相似性。人们之间在兴趣、志向、态度等方面的相似性或一致性，容易引起思想上的共鸣，感到情投意合、相互喜欢，从而形成密切关系。③互补性。双方在需要、性格特征方面的相互补充，容易形成密切关系。④相互性。人们容易与那些喜欢自己、自己也喜欢的人交往并建立密切关系。⑤个人特征。外貌、品德、能力、特长等个人特征，也影响人际关系。我国学者乐国安等人将人际关系作用规律归纳为态度相似、需求互补、外貌吸引、喜欢回馈（要使自己被人喜欢，先向人表示喜欢）、熟悉优先、时空接近、能力崇尚 7 个原则。在农业推广中，根据人际关系影响因素和作用原则，在了解推广对象人际关系特点的基础上，与之建立良好的人际关系，有利于搞好推广工作。

三、影响农民心理的因素与方法

（一）影响农民心理的因素

1. 权威效应 传播者的专长和威望是影响传播效果的重要因素，这就是权威效应。传播者专长与威望理论的基本观点是：如果传播者是某一方面的专家、权威，由他来传播某一方面的信息，可望获得较好的效果。这是利用人们相信、崇拜或迷信专业人士、专家和权威的心理特点，来影响人们的心理状态。在农业新品种传播中，不少种子公司就是利用一些育种界的名人、专家和权威的威望来进行宣传推广的。在农业推广上，要正确地利用权威效应。“权威”应该是农民认可或知道的权威，应该是相应专业的权威。“权威”的宣传要恰如其分，不可吹嘘拔高，更不能以假权威冒充真权威。

2. 自己人效应　人们更容易接受与自己相似的人的影响，这种效应被称为自己人效应。运用自己人效应来达到推广目的的策略，叫做认同策略。“自己人”多指在信仰、民族、兴趣、志向、态度、外貌、专业、个性、情趣、价值观、距离等方面接近或相似的人。这是利用人们对“自己人”不设防或不怀疑的心理特点，来影响人们的心理状态。人们总是喜欢与自己相似的人，进而喜欢他传播的信息。在农业推广上，推广人员入乡随俗、衣着简朴、平易近人，语言通俗易懂，寻求与受传者农民的共同点或相似点，如籍贯、经历、背景、个性、爱好、家庭等，可以拉近与农民的距离，增强农民的信任。许多情况下，农民因信任推广人员而信任其所推广的创新。

3. 劝服效应　美国心理学家多温·卡特赖特总结出劝服公众的两条原则：①要影响人们，你的信息必须进入他们的感观；②信息达到对方感观之后，必须使之被接受，成为他的认知结构。第①条原则是要求传播的信息具有一定的刺激度，能引起受传者的注意。只有有了足够的刺激，才能将人们不集中的注意力集中起来，或使其注意力转移过来。第②条原则要求传播的信息能被受传者所接受，因为只有被接受，才能改变其认知结构。推广的内容只有满足农民的需要，适应他们的能力水平，才会被农民接受并改变其认知结构。

（二）认知农民心理的方法

1. 通过外部特征认知农民心理　外部特征主要指面部、体型、肤色、服饰、发型等方面的特点。根据这些外部特点，可以推测农民的性格、兴趣等心理特征。如农村中面色和肤色黝黑、体型中等偏瘦、手茧多的农民，具有诚实、勤劳的心理品质。

2. 通过言谈举止认知农民心理　言谈举止主要包括言语、手势、姿态、眼神、表情等。通过言语行为可以了解人的性格特点。如喜欢说的农民常具有性格外向的特点；一被揭短就发火骂人的农民具有情绪性的性格特点；说话不慌不忙，待别人说完后才一一道来的农民，常是理智型农民；不喜欢发言，一说话脸就红，言语结巴的农民，多具性格内向特点。

3. 通过群体特征认知农民心理　物以类聚，人以群分。同一群体往往具有共同的特点，通过这些共同特点可以推测其成员所具有的共同心理。如青年农民热情好学，喜欢交往，喜欢新事物，但许多人不安心农村和农业，不喜欢见效慢的长效技术。当然，通过群体特征认识农民心理，这是从一般到特殊的认识方法，不能肯定你面对的农民个体就一定具有这些心理特征。

4. 通过环境认知农民心理　人的心理受遗传和环境因素的影响。通过环境状况，可以间接认知农民的心理状况。如在一个乐善好施的家庭熏陶下，许多成员会助人为乐；在一个科技致富的家庭环境中，成员感受到采用创新的好处，对创新常持积极态度。

（三）与农民心理互动的方法

农业推广活动是推广者与农民的双边活动。在这个活动中，双方在认知、情感和意志等方面都有相互影响，不断调整自己的心态和行为，使交往活动中断或加深。

1. 认知互动 认知互动是双方都有认识、了解对方的愿望，并进行相互询问、思考等活动。农业推广者需要认识和了解农民以下三个层次的情况或问题：第一层次，农民的生产情况、采用技术情况、生产经营中的问题、目前和以后需要解决的问题等；第二层次，农民的家庭人口、劳力、农业生产资料、经济条件及来源等；第三层次，农民的身体、子女上学或工作、父母亲的身体、生活习惯等。推广农业创新的直接目的是解决农民第一层次的问题，但农民第二层次的问题又常常影响到创新的采用及其效果。第三层次是生活方面的问题，也间接影响创新的采用。农民希望认识和了解推广人员以下三个方面的情况或问题：第一方面是所推广的创新的情况，如创新的优点与缺点，别人采用的情况，所需条件等；第二方面是农业推广员的情况，如诚实与虚伪、热情与冷漠、为民与为己、经验与技术、说做能力、吃苦精神等；第三方面是其他情况，如推广人员的单位、其他创新或技术、目前生产中问题的解决办法等。第一、第三方面的问题可以从推广人员的谈话中加以认识和了解，第二方面的问题更多的是从推广人员的举止表情中加以认识和了解。

2. 情感互动 农业推广人员与农民的关系不同于售货员与顾客的关系。在我国，一个推广机构的推广人员常相对固定在一个县的一个片区（一个或几个乡镇）或试验示范基地从事推广活动，与农民的感情距离越近，越有利于以后开展推广活动。即使是一次性创新技术推广活动，也必须与农民建立良好的情感关系，因为有了情感就能拉近双方的距离，有了情感就能增加农民对你及你推广的创新的信任程度。

3. 信念互动 信念表现为个人对其所获得知识的真实性坚信不疑并力求加以实现的个性倾向。在推广上，信念互动就是推广人员与推广对象都要坚信创新的优越性并能获得成功。推广人员要通过自己对推广内容的坚定信念，来促使推广对象树立相应的坚定信念。为此，推广人员应该注意以下几点：①认真选择创新，坚定成功信念。只要事先选择的创新符合农民、市场需要和政府导向，只要制订的实施方案合理可行，就一定要坚持下去，让农民采用成功。②努力克服自身困难，不要让农民感到你已经对他采用创新失去信心。③帮助农民提高认识水平和技术能力，增强他的成功信念。④帮助农民解决具体困难。及时帮助农民解决创新采用上、生产上或生活上的困难，他就会对推广人员产生信赖感，坚定采用的信念。

（四）影响农民心理的方法

1. 劝导法 劝导就是劝说和引导，使被劝导者产生劝导者所希望的心理和行为。劝导主要有以下几种方式：①流泻式。这是一种对象不确定的广泛性的劝导方式，把信息传遍四面八方，让人们知晓和了解。一旦传递的信息与接受者的需要相吻合，就会引起他们的兴趣，激发他们的动机，使其心理发生变化。②冲击式。向明确的对象开展集中的专门性劝导，具有对象和意图明确、针对性强、冲击力大等特点。③浸润式。这是一种通过周围环境和社会舆论来慢慢影响传播对象的方法，作用缓慢而持久，使传播对象在周围环境的慢慢熏陶下，心理和行为发生变化。

2. 暗示法 暗示是用含蓄的言语或示意的举动，间接传递思想、观点、意见、情感等信息，使对方在理解和无对抗状态下心理和行为受到影响的方法。在推广人员明确告诉农民自己的看法而不起作用时，或在不方便明说时，常采用暗示的方法来表达自己的意见，从而影响农民心理。暗示是间接传递信息，要使农民理解推广人员的真实意思，必须做到以下几点：①暗示的方法对方能够理解。如一个眼神、一个表情等，对方知道代表什么意思。②暗示的事物对比性强，能够被对方认识。如你暗示农民采用的新技术，农民能够看出它明显好于其他技术。③暗示的内容与对方的知识经验相吻合，才易被理解、接受。因此，要针对不同的对象采用不同的暗示内容和方法。

3. 吸引法 在传播农业创新时，引起农民的注意、兴趣等心理反应的方法称为吸引法。常见的有：①新奇吸引。好奇之心，人皆有之。用农民不常见的传播方法和创新内容来吸引农民。②利益吸引。推广的创新能给农民增加实在的经济收益，能够满足农民的需要，就能够长期、稳定地吸引农民采用创新。用创新的直接利益和比较利益来宣传创新的优越性，就是通过利益吸引来影响农民心理。③信息吸引。农民如果能够从推广人员那里得到许多有用的信息，并帮助他们分析问题，提供解决问题的建议，他们会对推广人员产生信息依赖心理，增加对推广机构和推广人员的吸引力。④形象吸引。推广人员热心服务、技术水平高，传播的创新效果好，在农民心中有强力的形象吸引力，就会产生崇拜和敬重心理。

第三节 农民行为改变策略

改变农民行为，将不良行为改变为良好行为，将落后行为改变为先进行为，这是农业推广的重要任务。认识农民行为特征和行为改变规律，采取正确的推广方法，有利于农业创新的推广。

一、农民行为的特征

（一）农民的社会行为

1. 社会交往行为 社会交往行为指农民个人与个人、个人与群体或群体之间的信息交流和相互作用过程。农民交往行为常常具有以下特点：①浓厚的感情色彩。交往活动多在亲朋好友之间进行，请客和送礼是农民交往的重要形式，这多建立在感情之上。②全面互动。农民之间的交往包括了生产、生活和日常活动，交往的农民相互之间全面了解。③重视伦理。农村交往多以亲属和辈分为基础，以自己在人伦中的位置为前提与他人交往。关系越密切的人，交往越密切，多按家庭、家族、邻里、朋友、同龄群体的次序交往。④非契约性。在农民的合作中，无论是借钱、借物还是合作买卖，口头承诺多，契约合同少，常因合作失败而影响人际关系。

2. 社会参与行为 农民社会参与行为指农民参加国家、地方、乡村的管理，社会经济决策等活动，包括选举投票、村民自治、发表意见、公益活动等。农民社会参与行为分制度性参与和非制度性参与。制度性参与是由法律规定的参与，根据《中华人民共和国全国人民代表大会和地方各级人民代表大会选举法》，农民要参与基层人大代表的选举活动；根据《中华人民共和国村民委员会组织法》，农民要参与村组的自我管理活动。非制度性参与是农民自愿参与社会公益活动或公共服务活动以及与自己利益相关的群体性活动。参与行为是农民热爱国家、热爱社会、热爱家乡、热爱群体（集体）的重要表现。农民是农业和农村发展的执行者，是农业技术的采纳者和受益者，农村和农业发展的重大事项、农业推广项目的决策在农民的参与下制定，既能充分反映民意，又能尊重农民的参与意识，调动农民的主动性和积极性，有利于农村和农业的发展，也有利于农业科技推广。

（二）农民的生产经营行为

我国农民的农业生产经营行为多以农户为单位表现出来。农户既是生产者，又是经营者。农户生产经营行为以家庭、市场和国家需要为基础，以实物和经济收入为目标组织进行。由于小生产和大市场的矛盾，货币需要和实物需要并存，农民的生产经营行为常表现出以下特点：①自给性与商品性并存。我国农户生产规模小，常在满足家庭食物需要后才到市场上销售。②经济目标与非经济目标并存。增加经济收入是农民生产经营行为的第一目标，但家庭生活的稳定和保障、荣誉与地位等也对农民生产经营行为产生影响。③趋同性与多样性并存。因生态生产条件相似、获得市场信息途经相同、照搬别人成功经验等原因，许多农民表现出趋同的生产经营行为。同时，由于地区之间、农户之间的自然生态、社会经济条件、生产技术水平和经营决策能力等存在差异，农户之间的生产经营行为又具有多样性的特点。

（三）农民的科技行为

1. 农民的科技采用行为　农民的科技采用行为是农民为满足生产生活需要采用新技术、新技能和新方法的活动。农民是农业创新的采用者，一项农业创新能否推而广之，主要看农民是否采用。对实用性强、增产增收效果显著、投资少、风险小、见效快、获利高的技术，农民会主动接受、积极采用。农民科技采用行为主要表现为：①反映对创新的需求；②实际应用创新；③评价应用效果；④决定是否继续采用。

农民科技采用行为依赖于采用决策。农民的采用决策分为理性决策和非理性决策。理性决策具有条理性、程序性、道理性（或科学性）、先进性的特点，而非理性决策具有随意性、冲动性、易变性、落后性的特点。一个理性决策行为一般由多个环节所组成。例如，诸培新等（1999）的研究表明，农民在是否采用土壤保持技术的决策上要经过 7 个步骤：①农民要明白土壤侵蚀的症状，如土层变薄、增加投入等；②要了解土壤侵蚀的后果，如肥力下降、产量降低等；③对土壤侵蚀的反应，是认真对待还是采取无所谓的态度；④农民要知道采取哪些技术可以防止土壤侵蚀；⑤农民有进行土壤保持的能力；⑥农民对土壤保持的态度；⑦是否已准备采取措施。这一抉择主要取决于投入回报率的高低。因此，农民科技采用行为受多种主客观因素影响，如创新本身的优越性，农民科技文化素质、家庭经济条件、生产条件、经营规模、家庭劳动力等均影响农民科技采用行为。

2. 农民的科技扩散行为　农民的科技扩散行为指一项创新被传播到农村之后，农民之间对创新的交流沟通和模仿学习的过程。正是农民的科技扩散活动，促使农业科技成果在农村得到推广。农民的科技扩散可以分成有意识扩散和无意识扩散。

有意识扩散受利他动机驱使，如有些科技示范户或科技致富能手，将自己采用成功的新技术无偿传授给他人，带动一群人或一村人采用新技术。有意识扩散一般具有方向性。从社会学的角度看，一个农民采用某项创新后，如果效果很好，他首先要将该创新技术告诉和传授给与他关系最好的农民，使其“有福共享”，然后向亲密群体的其他成员传递。

无意识扩散常在信息交流中进行。农民之间的信息交流是满足自身需要和维持人际关系的一个重要途径。农业创新信息许多是作为人际交流的内容而被扩散的。如果创新有非常显著的增产增收效果，有些采用者农民由于某种原因，不会轻易告诉外人，但当亲朋好友询问时，若不告诉他们，心里又会紧张不安，只有说出来心里才会平静。

农民无意识科技扩散行为具有随机性的特点。在农村社会系统中，农民之间除了约定和探望式见面外，其他见面带有很大的随机性和偶然性，因而创新的扩散也就带有很大的随机性。根据概率理论，系统内农民流动的频率越高，彼此见面机会越大，创新扩散的几率越大。因此，农民流动率大，增加了创新扩散的机会，农民的科技意识就较强，科技水平也较高。不过，创新扩散的随机性，主要针对那些不需专门学习的创新，如新观念、新品种、新农药、新肥料等，而对需要专门培训的技术，如模式化栽培、水稻抛秧、杂交制种等而言，随机扩散主要是提高知情率，难以提高采用率。

3. 农民的科技购买行为

（1）农民科技购买行为的概念与动机。农民的科技购买行为是指农民对实物型农业科技产品的购买活动或对知识型农业技术的有偿使用活动。农民的科技购买行为是农民有偿采用创新的行为，是农民的一种生产性投资行为，也是农业创新传播、有偿推广服务的一种重要形式。农户的购买动机来源于自身需要及政策和市场等外部环境的诱发。但对不同创新的购买行为又具有不同的购买动机，主要有求新购买动机、求名购买动机、求同购买动机以及出于对推广人员的信任等。

（2）农民科技购买行为的过程。根据认知、态度和行为理论，农民对科技的购买常常要经过五个阶段：①知晓阶段，知道有某种科技产品存在；②了解阶段，认识、了解产品的作用；③喜欢阶段，对产品产生良好印象；④确信阶段，确信自己需要，产生购买愿望；⑤购买阶段，进行实际的购买活动。根据需要、动机和行为理论，农民的科技购买行为也有五个发展阶段：①需求的发现；②寻找目的物；③做出购买决定；④科技产品的购买和使用；⑤对产品的使用效果进行评价。

（3）农民科技购买行为的类型。农民是一个异质群体，不同的农民在进行科技购买时具有不同的心理、心态和行为特点，因而可以分为以下类型：①理智型。这类农民对技术产品的性能、用途、成本、收益等询问得很仔细，有自己的见解，不易受他人的影响。②冲动型。这类农民易受外界刺激的影响，对产品的情况不仔细分析，常常在头脑不冷静的情况下做出购买决定。③经济型。这类农民重视技术的近期效益和产品的价格，喜欢“短、平、快”技术和购买廉价商品。④习惯型。这类农民喜欢自己用惯了的东西，喜欢购买自己经常使用的技术产品，其购买行为通常建立在信任和习惯的基础上，较少受广告宣传的影响。⑤不定型。这类农民没有明确的购买目标，缺少对技术商品进行选择的常识，缺乏主见，易受别人影响。

二、农民行为改变规律

（一）行为改变的一般规律

1. 行为改变的层次性　在一个地区，人们行为的变化有一个过程，在这个过程中需要发生不同层次和内容的行为变化。据研究，人们行为改变的层次主要包括四个层次（图 2-3），这四个层次改变的难度和所需时间是不同的：①知识的改变，就是由不知道向知道的转变。一般来说比较容易做到，改变比较容易。②态度的改变，就是对事物评价倾向的改变，是人们对事物认知后在情感和意向上的变化。态度中的情感成分强烈，并非理智所能随意驾驭的。另外，态度的改变还常受到人际关系的影响，因此它比知识的改变难度较大，而且所需时间较长。但态度的改变又是人们行为改变的关键一步。③个人行为的改变，就是个人在行动上发生的变化。这种变化受态度和动机的影响，也受个人习惯的影响，同时还受环境因素的影响。④群体行为的改变，就是某一区域或群体内全部或多数人们行为的改变。农民群体行为的改变难度最大，所需时间最长。

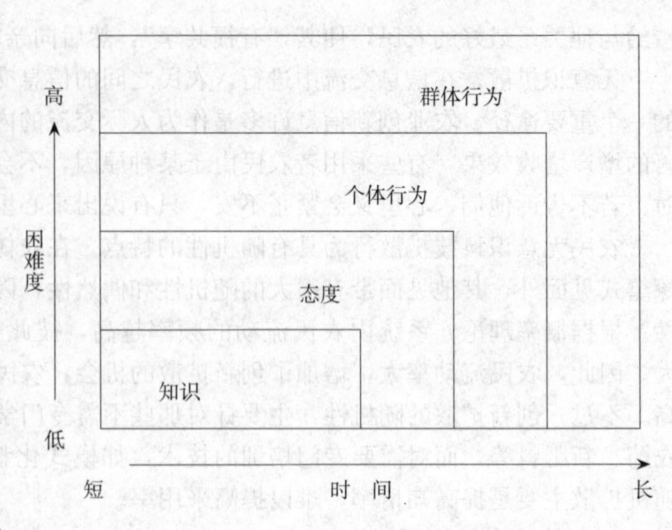

图 2-3　不同行为层次改变的难度及所需时间

2. 行为改变的阶段性　管理心理学的研究发现，个人行为的改变要经历解冻、变化和冻结三个时期：①解冻期，就是从不接受改变到接受改变的时期。解冻又称醒悟，就是认识到应该破坏个人原有的标准、习惯、传统的行为方式，应该接受新的行为方式。解冻的目的在于使被改变者在认识上感到需要改变，在心理上感到必须改变。②变化期，就是个人旧的行为方式越来越少，而被期望的新行为方式越来越多的时期。这种改变先是“认同”和“模仿”，学习新的行为模式，然后逐渐将该新行为模式“内在化”，离不开这种新行为。③冻结期，就是将新的行为方式加以巩固和加强的阶段。这个时期的工作就是在认识上再加深，在情感上更增强，使新行为成为模式行为、习惯性行为。

（二）农民个人行为的改变

1. 农民个人行为改变的动力与阻力　农业推广要引导和促进农民行为的改变，而农民行为的改变既有动力又有阻力。推广人员要善于借助和利用动力，分析和克服阻力，才能搞好推广工作：①农民行为改变的动力。农民行为改变受三大动力因素的作用：农民需要——原动力；市场需求——拉动力；政策导向——推动力。其中，农民需要最重要，它是行为改变的内动力。②农民行为改变的阻力。农民行为改变的阻力因素包括两个方面：农民自身和他们所属文化传统的障碍；农业环境中的阻力。任何先进的农业技术，如果在经济上不给农民带来好处，都不可能激励农民的行为。另外，某项新技术即使可以使农民得到经济上的刺激，如果缺乏必要的生产条件，农民也难以实际利用。这些阻力在经济状况落后的地方往往同时存在。只有改变生产条件，增加经济上的刺激，才能激励和推动农民采用新技术。

2. 动力与阻力的互作　在农业推广中，动力因素促使农民采用创新，而阻力因素又妨碍农民采用创新。当阻力大于动力或两者平衡时，农民的采用行为不会改变；当动力大于阻力时，行为发生变化，创新被采用，达到推广目标，出现新的平衡。在这之后，推广人员又推广更好的创新，调动农民的积极性，帮助他们增加新的动力，打破新的平衡，又促使农民行为发生改变（图 2-4）。

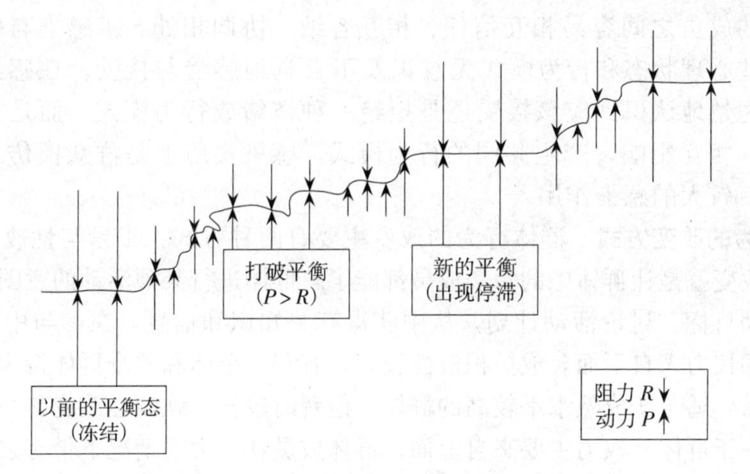

图 2-4　农民行为改变动力与阻力的相互作用

（三）农民群体行为的改变

1. 农民群体的概念与类型　农民群体是指农民之间通过一定社会关系联系起来的农民集合体。联系农民的社会关系有血缘关系、姻缘关系、地缘关系、业缘关系、趣缘关系、志缘关系等。根据不同的标准，可以把农民群体划分成不同的类型：①初级群体和次级群体。初级群体是那些人数少、规模小、成员间经常发生面对面交往、具有比较亲密人际关系和感情色彩的群体，如农民家庭、家族、邻里、朋友、亲戚等。次级群体是在初级群体基础上，因兴趣爱好或业务联系而组成的农民结合体，如农村的文体团队、专业技术协会等。②正式群体和非正式群体。正式群体是那些成员地位和角色、权利和义务都很明确，并有相对固定编制的群体，如专业合作社、村民小组等。非正式群体是那些无规定，自发产生，成员地位与角色、权利和义务不明确，也无固定编制的群体，如农村的家族、朋友、亲戚、一些农民技术协会等。③松散群体、联合群体与集体。松散群体是指人们在空间和时间上偶然联系的群体，如农村专业技术协会。联合群体是以共同活动内容为中介的群体，如农村的“公司＋农户”、“批发市场＋农户”等。集体是成员结合在一起共同活动对成员和整体都有意义的群体。这是群体发展的最高阶段。尽管农民群体类型多样，但家族群体、邻里群体和专业群体（专业合作社或专业协会）是基本的农民群体。

2. 农民群体的特点　农民群体由于长期居住在农村，受农村自然生态、历史传统和生产组织等条件的影响，他们具有与学生、工人等群体不同的特点，主要表现在组成上的异质性、居住上的分散性、联系上的松散性、生产上的模仿性、行动上的从众性和交往上的情感性。

3. 群体成员的行为规律　群体成员的行为与一般个人的行为相比，具有明显的差异性：①服从。遵守群体规章制度、服从组织安排是群体成员的义务。②从众。群体对某些行为（如采用某项创新）没有强制性要求，而又有多数成员在采用时，其他成员常常不知不足地感受到群体的“压力”，而在意见、判断和行动上表现出与群体大多数人相一致的现象。“大家干我就干”就是从众行为。③相容。同一群体的成员由于经常相处、相互认识和了解，即使成员之间一时有不合意的语言或行为，彼此也能宽容待之。一般来讲，同一群体的成员之间容易相互信任、相互容纳、协调相处。④感染与模仿。感染指群体成员对某些心理状态和行为模式无意识及不自觉地感受与接受。在感染过程中，某些成员并不是清楚地认识到应该接受还是拒绝一种情绪或行为模式，而是在无意识之中发生情绪传递、相互影响，产生共同的行为模式。感染实质上是群众模仿。群体中的自然领袖一般具有较大的感染作用。

4. 群体行为的改变方式 群体行为的改变主要有两种方式：①参与性改变；②强迫性改变。参与性改变就是让群体中的每个成员都能了解群体进行某项活动的意图，并使他们亲自参与制定活动目标、讨论活动计划，从中获得有关知识和信息，在参与中改变知识和态度。这种改变的权力来自下面，成员积极性较高，有利于个体和整个群体行为的改变。这种改变持久而有效，适合于成熟水平较高的群体，但费时较长。强制性改变是一开始便把改变行为的要求强加于群体，权力主要来自上面，群体成员在压力的情况下带有强迫性。一般来说，上级的政策、法令、制度凌驾于整个群体之上，在执行过程中使群体规范和行为发生改变，也使个人行为发生改变，在改变的过程中，对新行为产生了新的感情、新的认识、新的态度。这种改变方式适合于成熟水平较低的群体。

三、改变农民行为的策略与方法

（一）改变农民行为的基本策略

由于人的行为是人的个体因素与外在环境相互作用的结果，因此改变农民行为的策略可以分为改变农民、改变环境以及农民和环境同时改变三种策略（图 2-5）。

1. 改变农民策略 提高农民科技文化素质，增加农民的认识、理解、鉴别、判断、思

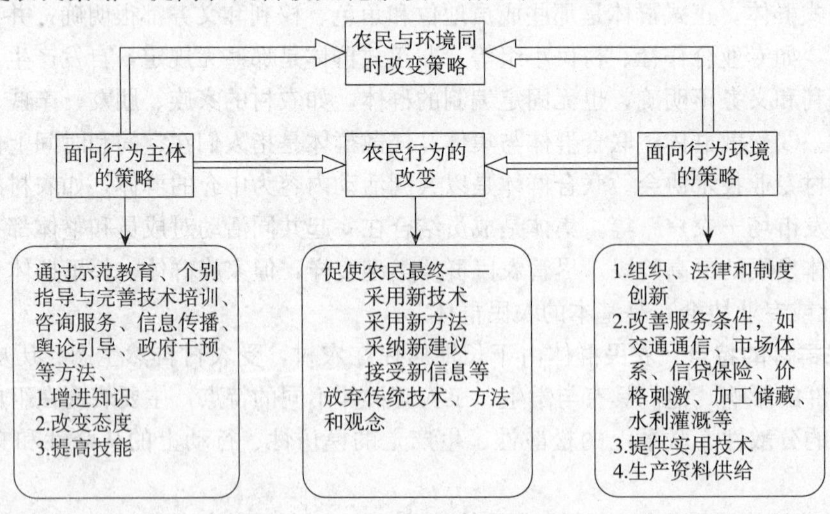

图 2-5 改变农民行为的三种策略

（资料来源：高启杰 . 2008. 农业推广理论与实践 . 北京：中国农业出版社）

维能力，从兴趣、信念、理想、世界观等个性心理上影响农民，从激发需求、目标诱导等方面去刺激农民，从知识、态度、技能等方面去改变农民。

2. 改变环境策略

（1）改变家庭条件。如改变农民家庭的生活状况，增加农民经济收入，可以促进农民个人行为的改变。

（2）改变生产环境。如改善灌溉条件，可以促进农民生产经营行为的改变。

（3）改变科技环境。如营造科技种田致富的氛围，为农民提供方便的科技服务，可以促进农民科技购买和科技采用行为的改变。

（4）改变交通和通信环境。便利的交通和通信条件，可以促进农民交往行为、生产经营行为和科技采用行为的改变。

3. 农民与环境同时改变策略 在改变农民自身素质的同时，改变农民不利的家庭条件、生产环境、科技环境、交通环境、通信环境，从内因和外因两个方面同时促进农民行为的改变。

（二）改变农民态度的方法

1. 影响态度改变的因素

（1）农民需要状况的变化。农民的需要在不断变化，凡是能直接或间接满足农民需要的事物，农民都会产生满意的情感和行为倾向，否则反之。因此，需要的变化会引起价值评价体系的变化，是态度变化的深层心理原因。

（2）新知识的获得。知识是态度的基础，当人接受新知识后，改变了态度的基础，其情感因素和行为倾向有可能发生变化。

（3）个人与群体的关系。个体对群体的认同度越高，就越愿意遵守群体规范，群体态度转变，个体态度也可能跟着变化，否则反之。

（4）农民的个性特征。性格、气质、能力等个性特征，作为主观的心理条件，经常影响态度的改变。

2. 改变态度的方法

（1）引导参与活动。引导农民参加到采用农业科技的活动中，使其尝到甜头。一方面通过行为方式的改变和习惯化，促使认知、情感、行为倾向之间出现失调而发生态度变化；另一方面通过行为结果的积极反馈，促使认识和情感的改变，进而改变态度。

（2）群体规定。通过村规民约、群体要求等，形成群体压力，逐渐改变农民态度。

（3）逐步要求，“得寸进尺”。将大改变分成若干小改变，在第一个小改变的要求被接受后，逐步提出其他改变的要求。

（4）“先漫天要价，后落地还钱”。先提出使对方力所难及的态度改变要求，再提出较低的态度改变要求，权衡之下，较低的要求会很容易被接受。

（5）说服宣传。利用威信高的媒介或个人，传播真实、符合农民需要、有吸引力的信息，从理智和情感两个方面去影响农民，容易促进农民态度的改变。

（三）改变农民行为的方法

1. 改变农民个人行为的方法

（1）强制改变。根据法规和政策，明确要求改变危害社会和他人的犯罪行为或不良行为。如耕地、森林等农业资源受国家法规保护，凡有破坏行为，均需强制改变。

(2) 自愿改变。自愿改变是农民内心深处需要和主动积极的行为改变。根据农民的迫切需要，选择推广项目，激发和利用农民的采用动机；加强创新的宣传刺激，增加农民的认识，改变他们的态度，通过创新的目标来吸引他们的采用行为。这是适应农民需要、促进农民自愿改变的方法。

(3) 建议改变。许多情况下，农民没有改变行为是因为他们不知道需要改变。如在采用免耕栽培前，农民不知道免耕栽培的优越性，也就不需要免耕栽培。建议改变可以让他们认识到需要改变，也能够改变。这是让农民先产生改变的需要，再改变知识、态度和行为的方法。

(4) 培训教育。通过改变农民的知识和技能，让农民认识到改变的必要性和可能性，逐步改变态度和行为。

(5) 创造改变条件。创造农民行为改变的环境条件，就是要在农村建立健全各种社会服务体系，向农民提供与采用创新配套的人力、财力、物质、运输、加工、市场销售等方面的服务。同时在舆论导向等方面鼓励采用创新，形成采用创新光荣的社会氛围。

2. 改变农民群体行为的方法

(1)“二六二”分化改变。一个群体一般是保守性强的人占 20%（A 型），开放性强的人占 20%（C 型），中间状态的人占 60%（B 型），当中间状态者偏向保守时，就形成一个保守型群体。推广人员应该通过各种方法，鼓励、支持、发展 C 型农民，如培养先驱者农民、科技示范户等；团结、争取 B 型农民，如宣传、示范、参观等；分化、瓦解 A 型农民，如有针对性地家访说服、帮助解决实际困难等。变以 A 型为中心的保守、落后的群体为以 C 型为中心的开放性群体，有利于农业创新的传播、扩散和采用。

(2) 讨论。当群体意见不一致时，很难改变群体行为。通过讨论，让不同意改变的人充分发表意见，了解不愿意改变的主客观原因，帮助他们寻求和分析解决办法，使多数人达成需要改变和可以改变的共识。

(3) 示范参观。对采用创新有怀疑的群体，组织他们去参观，通过参观创新效果好的事实，来改变他们对创新的认识和态度，从而促进行为改变。

第三章　农业推广系统框架与沟通理论

农业推广活动是由农业推广组织系统（辅导系统）与农业推广对象系统（目标系统）的互作活动而构成的。这种互作活动的双向性以及外界环境因素对两个系统的影响，构成了一个新的系统，新的系统又要受到新的环境因素的影响。这种两个系统的互作活动及其影响因素可以用系统框架理论来解释。

第一节　农业推广系统框架理论

一、农业推广系统框架理论的含义

（一）框架理论的提出

框架理论是20世纪70年代末80年代初西方兴起的传播理论，其概念最早可追溯至人类学家贝特森（Gregory Bateson），“框架”这个术语首先由贝特森在人类学中使用，指个人交换信息的一种方式，是信息传递的抽象形式。1974年，加拿大美籍社会学家高夫曼（Erving Goffman）在其《框架分析》中将框架概念引入文化社会学，逐渐引起社会学、传播学、语言学等其他学科的注意。20世纪80年代以后，框架分析逐渐受到国内外传播者的重视并得到了广泛应用。

高夫曼首先将框架作为阐释个认知框架，从心理学“基模”中引入，应用于传播情景。他认为人们通过已有的认知结构，从一套框架转到另一套框架来建构社会真实，并指出框架一方面是源自过去的经验，另一方面受到社会文化意识的影响。高夫曼认为，对一个人来说，真实的东西就是他或她对情景的定义，人们对某一情景的定义是建立在与组织原则的协调一致上的，这种原则操纵着事件以及人们对这些事件的主观卷入，这种定义可分为条和框架。条是指活动的顺序，框架是用来界定条的组织类型。他同时认为框架是人们将社会真实转换为主观思想的重要依据，也就是人们或组织对事件的主观解释与思考结构。人们按照这种解释与思考结构，产生各种言论和行为，这种解释和思考结构影响人们接受和认识其他事物。

框架理论并不否认“情景定义”的改变。高夫曼确信日常生活比看上去复杂，他认为人们会在不同的时间和空间里，经常性地、大幅度地改变对逆境、行为和他人的定义或典型化。

（二）农业推广系统框架理论的内涵

框架理论目前还是一项相对模糊的研究范式，这为研究者提供了更多的研究视野、方法。框架理论不是简单的理论认识，更多地表现为多学科、多背景的交叉与结合，因此能汲取不同的营养。

框架理论被引入农业推广学研究领域，用于考察推广目标团体和推广服务组织及其所处的情境，便形成了农业推广的框架理论。按照框架分析的观点，作为农业推广对象的农民，他（她）对农业推广的“情景定义”直接影响到农业推广的效果。同时，除了推广对象的框架以外，农业推广组织也有自己的框架或“情景定义”，其影响因素是宏观政策、市场、单位的考核与管理、个人成就、愿望等，这就形成了农业推广服务和农业推广目标两个系统，两个系统互相影响，构成一个农业推广工作的大系统。

二、农业推广系统框架模型

农业推广工作过程是一个完整的系统，它包括两个基本的子系统，即推广服务系统和目标团体系统（亦称目标群体系统）。前者由推广人员、推广机构及其所处的生存空间所组成，后者由农民（农村居民）、农民家庭及其所处生存空间所组成，沟通与互动是这两个子系统的联系方式，使他们相互作用、相互渗透、缺一不可，形成了农业推广的工作范围；而推广服务工作的开展又离不开相应的外部宏观环境，包括政治法律环境、经济环境、社会文化环境以及农村区域环境等。这些环境因素直接或间接地影响两个子系统的相互作用与渗透、工作绩效和产出。要想使推广工作获得成功，就需要尽可能地多交叠同处于一种关系场中的两个子系统，而沟通是这种交叠的手段。人们又称组织化的农业推广框架模型为农业推广框架理论或关联理论。

组织化的农业推广工作可用图 3-1 所示的框架模型来表示。

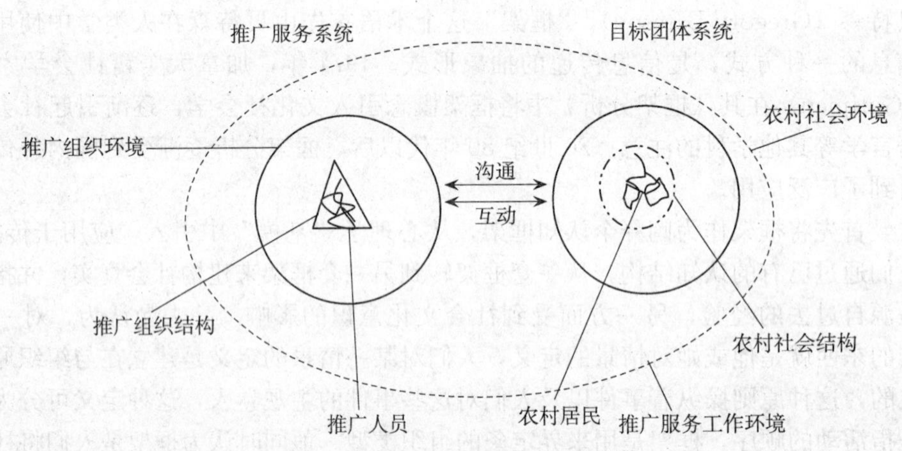

图 3-1　组织化的农业推广框架模型

（资料来源：高启杰．2008．农业推广理论与实践．北京：中国农业出版社）

由农业推广框架模型，可以认为整个农业推广服务工作效率的高低取决于以下几个因素：①推广服务系统的扩散效率；②目标团体系统的接受效率；③两个子系统之间的沟通与互动效果；④农业推广工作的外部宏观环境。这些因素可以具体表现为推广组织的资源、组织机构的组成和运行，目标团体、个人和决策环境，推广的目标和策略，推广的内容与方法以及其他的环境变量。

（一）目标团体系统的组成要素及其特征

目标团体系统是农民、农民家庭以及所处的生存空间。目标团体系统的接受效率主要受到农民个人特征、农村社会结构和农村居民（农民）所处的生存环境的影响。

目标团体系统在农业推广框架模型中处于十分重要的位置：①推广组织机构的沟通干预活动的目标是目标团体系统；②推广策略和方法的制定要根据目标团体系统而定。因此，农业推广组织机构和人员的任务就是认识农民的"情景定义"，改变农民的"情景定义"，即改变他们的认识，改变知识结构，形成有利于实现推广目标的情景，同时还要了解农村的社会结构和农民的生存环境，为改变农民的"情景定义"创造良好的环境条件。

1. 农村居民及其心理特征 我国广大贫困农村受农耕文化禁锢时间久、程度深，不少农民习惯了墨守成规、循规蹈矩的生活方式，他们对土地有严重的依赖意识，安于现状、小富即安，而对科技知识、商品经济的渴望淡薄，不愿接受新鲜事物。但是，随着农村的改革开放，农民开始经受市场经济的洗礼，农民的思想观念潜移默化地改变着，旧有的传统观念逐渐被淘汰，新的与市场经济发展和现代化建设要求相适应的思想观念日渐进入农民的头脑，社会日新月异的变化也给农民和农村社会带来了巨大的冲击，促使着农村社会的转型，诱发农民心理呈现新的特征。

（1）流动意识与乡土主义并存。近年来，越来越多的农民开始走出狭小的农村，到繁华城市里闯天下，外出务工已经成为我国农民增加收入和脱贫致富的主要途径。一些在发达地区经过市场经济洗礼的农民工返乡后，带回了先进的生产技术和思想观念，使这些地区获得了发展的外源力量和造血功能，这正是农民流动意识强化的体现。然而，知足常乐、顽固僵化、不思进取等乡土主义表现在现代农民中并没有被完全清除。

（2）开拓精神与保守思想并存。随着计划经济向市场经济的转轨，市场意识也逐渐取代了小农经济思想，大部分农民群众尤其是青年农民从过去安于现状的惰性和因循守旧的惯性中觉醒，他们不再像过去一样接受农村贫穷落后的现实，外出"淘金"闯天下的意识不断增强。同时在农业生产中，很多农民都敢于采用新的现代化生产方式、耕作方式，科学技术在农民致富中的贡献日渐提高。但是，从整体来看，农民的开拓精神和风险意识还是有限的，更多地停留在一种想象性的模糊意识中，仍然没有完全摆脱传统保守的观念和思维方式的束缚。

（3）效益观念与小农意识并存。在市场经济中，广大农民越来越感到竞争的巨大压力，紧迫感、危机感日益增强，竞争意识初步确立。大多数农民都能积极地投身于生产生活中去追求和创造经济效益，农民的自信心有了很大的增长。然而，由于农民自身所固有的小农意识难以根除，时常会渗透到农民生产生活中去，束缚农民的头脑，成为发展生产的巨大障碍，如急功近利、目光短浅的思维，致使农民只见眼前利益，不见长远利益；只见局部利益，不见整体利益。这种小农意识是中国农村和农民走向现代化的根本阻力。

2. 农村社会结构 改革开放后农村经济社会的发展，首先促成了农民"经济自主权"意识的产生与扩展。经济共同体的解体一方面使农民失去了"保护"，另一方面也使农民作为经济利益独立主体的角色逐渐明晰。经济交往中的中国农民开始小心翼翼地探索"最大化"自身利益的有效途径。而在经济基础设施及市场机制非常不完善的农村，依靠熟人或结成"互助组"的形式可以解决农民发展的诸多问题，如资金、信息等。具体来讲，中国农村社会结构的变化主要体现在以下几个方面：

（1）生产方式的变革。在农村经济结构中起决定性作用的因素，当属农业的生产方式。由于家庭联产承包责任制的实施和社会主义市场经济体制的建立，农民的地位由单一被动的生产者转向具有独立自主生产权的经营者，市场主体意识不断增强，他们不再满足自给自足的生产目的，不再采用落后的生产方式，而面对的是具有竞争性、联系性、开放性的市场。

这就促使农民以更加积极主动的姿态去面向市场，不断捕捉市场的信息，从而去安排生产经营，以提高其经济效益。农村经济体制改革的深入发展，首先使农民在经济收入上出现了大幅度的提高。但是，长期维持的一家一户耕作小块零碎土地的分散生产模式，在市场经济环境中，显然从根本上制约了农业现代化进程和农村社会的发展。

（2）农村社会阶层分化及利益群体多元化。经济的发展还使农村社会呈现出相对高的分化：①在经济上，以前那种"平均的贫困"不复存在。由于拥有了经济自主权，农民的生产积极性被极大地激发出来，一部分农民在党的富民政策鼓励下，利用自己的勤劳与智慧富了起来，农村社会成员的收入差距迅速扩大。②在职业结构上，随着农业生产技术的改进及劳动生产率的提高，我国农村劳动力发生了较大的产业转移，外出打工已成为农民发家致富的主要途径。同时，乡镇企业的异军突起彻底打破了农业生产单一的就业结构，一批乡镇企业家脱颖而出，吸纳了一批"不脱离农村"的乡镇企业工人。

农村群体的分化和经济的发展，使农村形成了不同利益需求的群体，不同利益群体的独立意识也都在加强。这种不同的利益诉求必然要求在政治上通过制度化渠道予以体现。但在传统制度构架下，不同利益之间的整合很难实现均衡。因为在传统体制下，乡村干部工作的核心是直接领导他们的乡镇政府，而乡镇政府则把农村干部作为完成自己财政汲取目标和计划生育任务的工具。在这种情况下，农村干部被置于广大农民的直接对立面。农民的合理要求不能得到应有的重视，由此造成村民与乡村干部之间持久的冲突。

（3）农民观念的变革。经济的飞速发展使农村文化教育事业得到极大的发展，农村科技、教育、文化及娱乐基础设施建设有了突飞猛进的发展，农民的文化水平与知识水平均有了相当大的提高。在这种情况下，农民能够在错综复杂的事务面前保持理性的头脑，并能够理性地对信息进行选择，做出最符合自己利益的决策。同时，随着电视、广播、收音机等现代化传媒工具在农村的普及，一些现代化思想意识开始冲击传统的观念。公民意识、法制观念、平等观念等现代意识开始成为新一代农民的主导观念，他们对政治事务特别是涉及自身利益的乡村政治事务表现出了强烈的参与意识。

3. 农村社会环境与农民行为 生存环境或社区环境对一个地区经济的发展和农民生活的改善具有重要影响。新中国成立前的农村，社会发育程度普遍低下，社区环境落后；新中国成立以后，农村居民除大力发展生产、增加收入外，还采取各种措施大力兴办各种集体福利事业，逐步改善农村居民落后的社区环境，尤其是党的十一届三中全会以来，我国农村的面貌发生了翻天覆地的变化，广大农民依靠党的富民政策和勤劳的双手，走上了脱贫致富之路，绝大部分农村的物质文化生活已达到或即将达到小康水平。但在老、少、边、穷地区，受地域、气候、人文等因素的影响，信息闭塞，文化生活单调，封建落后的文化仍然盛行，小富即安、好逸恶劳、缺乏自律和宗派亲族观念等消极落后的价值观形成了一种特定的文化心理，僵化和束缚了人们的手脚，阻碍了整个社会文明的进步与发展，制约着整体国民素质的提高速度，从而影响农民的创新精神和接受新事物的能力。

（二）推广服务系统的组成要素及其特征

农业推广服务系统是农业推广框架模型中诱导农民行为自愿变革的核心部分，包括推广人员、推广组织机构及其所处的空间。农业推广服务系统的扩散效率取决于两个变量的影响：①农业推广人员本人的特征、素质；②他所处的农业推广组织和工作环境的优劣。

1. 农业推广人员 农业推广人员居于农业推广服务系统中的核心层次，他们肩负着传播农业科技知识、提高农民科技文化素质、促进科技成果转化的历史使命。推广人员各自特点的集合，使农业推广组织表现出不同的特点，推广人员的素质高低是决定推广工作成败的主要因素。在农业推广过程中，农业推广人员的任务主要有以下几个方面：

（1）了解推广对象已形成的“情景定义”及其影响因素。销售商品需要了解顾客的特点和思想行为规律，具有推销性的农业推广工作比起商品销售来情况更复杂，现代农业推广的任务包含了人的素质、技术水平、经济收入、生活质量等全方位的提高。因此，深入了解与农民思想行为有关的一切因素是十分重要的。

（2）改变已有的“情景定义”。在农民所有的思想和行为中，总有一些与社会发展需要、推广目标的实现不一致的东西，即已形成的框架。农业推广人员的任务就是逐渐改变原有的框架，而这种改变不是强行的，而是循序渐进式的或顺水推舟式的。

（3）创设环境，促使推广对象形成新的“情景定义”。充分利用大环境中的有利因素，大胆地改变工作思路，创新工作方案，创设有利于农业推广的环境，利用科技手段和传播手段，通过改变农村居民的知识结构、技能水平、目标定位等，调动他们的积极性，实现双方目标的协调一致。

（4）创设自身良好的组织环境。为实现农业推广的目标，农业推广组织自身的环境也必须是健康的、积极向上的、有诱惑力的，并且拥有能够根据社会环境的变化和目标团体的特点随机应变的组织运行机制。组织良好的人际关系，人人向上的气氛，互相帮助、互相补台的合作精神，都是一个良好的农业推广组织所必需的。

2. 农业推广组织结构 推广组织的结构是农业推广人员为实现机构本身的目标而进行分工协作，在职务范围、责任、权利方面所形成的结构体系，包括推广成员的专业结构、年龄结构、学历及知识结构、性别结构等。不同的组成结构会对成员的思想和行为产生潜移默化的影响，因此农业推广组织结构是否合理直接影响推广任务的贯彻和落实。没有完善的组织结构，就没有畅通的成果转化通道，农业科技成果就很难进入生产领域从而转化为生产力。当今世界各国都十分重视农业推广的组织建设，而在组织建设上，又非常注意组织结构。

市场经济体制下经济的多元化发展，催生了对农业技术需求的多元化，也孕育了农业推广组织的多元化。当前，我国已经形成了以国家农业推广机构为主导，农民专业合作组织为基础，农业科研、教育机构和涉农企业等组织广泛参与，专兼结合、专群结合，充满活力的多元化农业推广体系的整体框架，并逐步建立良好的运行机制和配套措施，加强各组织间的协调与配合。

3. 农业推广组织的环境 组织环境是组织系统所处的环境，这种环境是与组织及组织活动相关的、组织系统之外的一切物质和条件的统一体。推广组织的环境包括组织的管理制度、组织的目标、组织的凝聚力和向心力、组织内人际关系、组织的风气等。

任何组织都不是孤立存在的。组织和外部环境每时每刻都在交流信息。组织环境对组织的形成、发展和灭亡有着重大的影响。组织环境调节着组织结构设计与组织绩效的关系，影响组织的有效性。

由于全球化的影响，组织赖以生存的外部环境越来越趋于多变、剧变，因此管理者必须非常重视对环境因素的了解和认识。要主动了解环境状况，获得及时、准确的环境信息，通过调整自己的目标，避开对自己不利的环境，选择适合自己发展的环境；通过自己的力量控制环境的状况和变化，使之适应自己的活动和发展；可以通过积极的活动，创造和开拓新的环境，并主动调整战略以适应环境。总之，在当代和未来，组织的目标、结构及其管理等只有变得更加灵活，才能适应环境多变的要求。

（三）农业推广服务系统与目标团体系统的互动

在任何自觉行为之前，总有一个审视和考虑的阶段，我们可以称之为“情境定义”。“情境定义”属主观活动，但这种主观活动所产生的结果却是客观的。人们的“情境定义”一经确定，相应的客观行为也就随之产生，尤其是一种定义得到社会成员某种程度的认可或成为社会共同定义后，情况更是如此。农业推广服务系统与目标团体系统的互动，实际上是通过农业推广人员与农民的沟通，了解和认识农民的“情景定义”，改变他们的认识，改变他们的知识结构，使其形成有利于实现推广目标的“情景定义”。

第二节　农业推广沟通理论

一、沟通的概念及其要素

（一）沟通的概念

“沟通”一词是由英文 Communication 翻译而来的，传播学者译为“传播”，社会学者译为“沟通”。它是指在一定的社会环境中，人们借助共同的符号系统，如语言、文字、图像、记号及手势等，彼此交流各自的观点、思想、兴趣、情感、知识、愿望等各种信息的过程。沟通的核心是信息，因此沟通也可以说是信息在人与人之间交流、理解和互动的过程。通过沟通，可以影响别人和调整自己的态度和行为。沟通比信息更重要，因为信息是一种客观存在，但人们对信息的接收、理解、感应程度却是多种多样的。英国文豪萧伯纳曾说过“假如你有一个苹果，我也有一个苹果，我们彼此交换这个苹果，你和我仍然只有一个苹果；如果你有一种思想，我也有一种思想，而我们彼此交换这些思想，那么我们每个人就会有两种思想。”这生动形象地说明了沟通的重要性。

（二）沟通的过程和要素

沟通是推广、培训和信息传播的基础，也是农业推广工作中的一个重要环节。通过与农民的沟通，推广人员可以更好地了解农民的多样化需求，为农民提供信息、传授知识和技能，改变农民的态度和行为。

从单向信息沟通来看，信息的传递和接收就构成了沟通的过程。但是从双向沟通的特点来看，信息被接收到以后，还包括一个接收者主动反应和理解的阶段。因此，沟通过程可以用下面的式子来表示：S-M-C-R-F。其中，“S”为传送者或信息源（Sender），“M”为信息（Message），“C”为途径或渠道（Channel），“R”为接收者（Receiver），“F”为反馈（Feedback）。因此，传送者、信息、渠道、接受者和反馈就构成了沟通过程的要素。

1. 传送者（信息源）　传送者在沟通中居于主动的地位，他要确定沟通的目标、内容，考虑采用什么形式进行传递，负责把要传递的信息内容转化成接受者所能理解的信息，并经过一定的渠道传递给接收者。信息传播人员在信息准备和编码方面需要掌握以下要点：

（1）信息的准备。确定信息内容，信息接收者，信息传递的时间、方式。

（2）信息的编码。信息表达要准确无遗漏，考虑接收者的接收能力，把所要传送的内容通过转换变成对方所能理解的信息。

（3）信息的传送。把编码的信息经过一定的渠道传送给信息接收者。

2. 接收者 传送者和接收者共同构成沟通主体。在沟通中，传送者和接收者的划分也是相对的。当接收者将自己的反应或问题反馈到传送者那里的时候，二者的位置就互换了。

3. 信息 传递过程中的内容称作信息。内容能够成为信息被传送，需要转变为传送者与接受者都能理解的符号即语言、文字等。传递的信息与传送者、接收者是紧密联系的统一体。

4. 渠道 渠道是由发送者选择的并借此传递信息的媒介，包括直观、口头、书面及感官等。它是传递社会意识的直接物质载体。渠道的选择直接关系到信息传递或反馈的效果。

5. 反馈 指接收者对传送者信息的反应。这种反应有认识、说服、证实、决定、实行等多种表现。通过反馈，传送者可以了解接受者对传送信息的要求、愿望、评价、态度等。

此外，传送者与接受者之间的亲密关系、接受信任程度以及相互间的结合力和沟通环境也会影响信息的传播。

因此，沟通的要素可以概括为：传送者、接收者、信息、渠道、反馈、关系、环境。只有这些沟通要素有机地结合在一起的时候，才能构成沟通的有效体系，实现信息的有效交流(图3-2)。

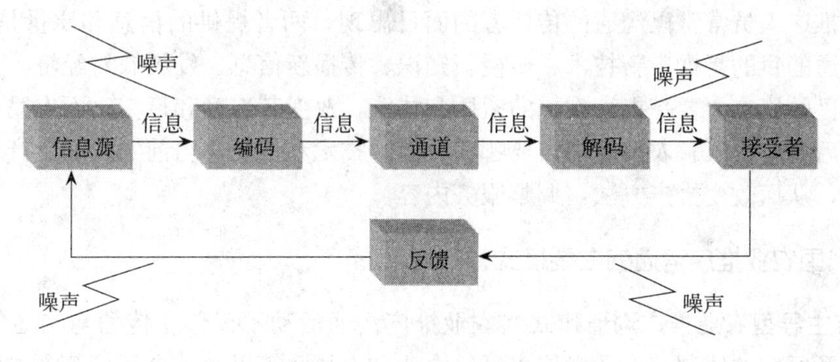

图 3-2 信息的沟通过程

（资料来源：http：//wiki. mbalib. com/wiki）

二、农业推广沟通

（一）农业推广沟通的概念

农业推广沟通是指在推广过程中农业推广人员向农民提供信息、了解需要、传授知识、交流感情，最终提高农民的素质与技能，改变农民的态度和行为，并根据农民的需求和心理不断调整自己的态度、方法、行为等的一种农业信息交流活动。沟通贯穿于农业推广的全过程，体现在各种推广方法的具体应用之中。

（二）农业推广沟通的特点

1. 农业信息具有不确定性 农业信息具有不确定性主要体现在三个方面：①农业创新

技术本身具有不确定性和风险性，需要在应用中不断摸索和调整；②农民和科技人员对技术效果的认识存在差异；③农业生产本身具有不确定性，受自然环境和市场规律的制约。

2. 农业信息具有社会性和公共性 许多农业技术难于物化，不宜利用市场垄断和专利手段推广，从而具有开放的特征，使农业推广工作中含有不可回避的公益性传播与沟通任务。

3. 农业信息具有指导操作性 农业技术信息一般应同时提供指导操作信息，相对优越的、简单的、可试验的、成本低的技术信息会增加沟通的效果。

4. 沟通媒介相对单薄和脆弱 农村经济相对落后，交通不便，居住分散，环境封闭，现代传媒介入困难，社会变动缓慢。有线广播是农民获得农业信息的首选或次选。个别地方仍然存在着“报纸不到、喇叭不响、电视收不着”的状况。2008年5月中旬，国家广播电影电视总局科技司发布了《中国广播电视直播卫星“村村通”系统技术体制白皮书》，宣布了直播卫星的政策，中星9号定位于“村村通”。我国的直播卫星面向广大20户以上已通电但不能收听收看到广播电视节目的偏远农村地区，这在一定程度上将会缓解偏远地区传媒介入困难的局面。

5. 接收者思维具有局限性，个体差异大 不同地区、不同个体的农民，认知和接受能力存在较大的差别。因此，要改变农民长期形成的传统习惯，接受新的思想和技术变革，必须深入了解农民的知识、态度和社会背景，充分利用客观的、农民熟悉的信息源，调整信息至受众的差别最小的程度，以便于沟通。

6. 沟通主体间关系的多面性 推广人员和农民都是沟通的参与者，两者的关系是平等的。但是，推广人员常常以沟通的传播者的面目出现，两者提供的信息和质量是不对称的。农业推广沟通的目的是推广新技术、传授新知识、传播新信息、发展农村经济，推广人员在沟通中对农民的影响主要是提高农民的素质和技能，改变其态度和行为；而农民对推广人员的影响是使后者充分了解农民迫切需要哪些方面的技术和信息，当前农民的生产和经营中存在哪些问题，从而改变推广方法，调整服务内容。

（三）我国农业推广沟通的主要模式

1. 政府主导型农业推广沟通模式 农业推广沟通活动不仅包含传播与沟通的一般性理论，同时涉及国家的体制、农业发展水平、农业和农村政策以及社会环境等方方面面。我国的政府主导的农业推广组织形式所构成的是一种自上而下的沟通模式，即农业科研单位、大专院校所产生的信息，通过一定的沟通渠道到达农业推广部门，经过行政机关的过滤后再进行编码制作，以政府组织的各种文件、会议、培训为主，传达到农业推广员，结合大众传播、人际交流的作用，最终到达农民（图 3-3）。

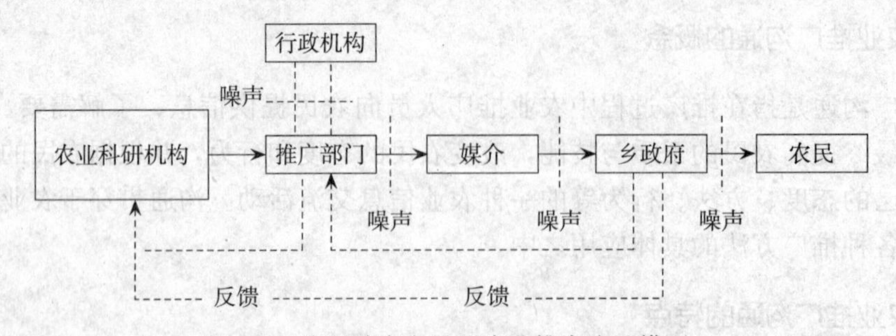

图 3-3 我国政府主导型农业推广沟通模型

（资料来源：高启杰．2003．农业推广学．北京：中国农业大学出版社）

2. 参与式农业推广沟通模式 参与式农业推广沟通是一种吸收农民代表参与推广项目的选择、推广计划的制订与实施和推广效果的评价的农业推广沟通方式。

通过农民代表，可以把农民需要的技术信息及所要解决的问题提供给农业推广单位，把农业推广组织获得的新成果、新技术和市场信息及时传递给农民，从而起到在政府推广组织和农民之间牵线搭桥的作用，形成有效的联系与反馈机制。

（四）影响农业推广沟通的因素

农业推广沟通是农业推广服务系统与目标团体系统之间的沟通和互动，是农业推广人员向农民提供信息、了解需求、传授知识、交流感情的信息交流活动。农业推广沟通的目的是改变农民的“情景定义”，使其形成有利于实现推广目标的情景。因此，影响两个子系统沟通互动的因素主要有影响农民“情景定义”形成的农民自身因素、社会环境因素，沟通渠道，推广组织机构、运行机制及其用于改变农民“情景定义”的策略和方法等。

1. 农民的参与和互动 农民在农业推广沟通中并非是一个被动的接受者，而是一个具有充分的选择性和一定参与能力的主体。因此，应该积极采用参与式模式进行沟通，由农民提出问题，农民根据需要有选择、有针对性地学习相关知识和技能，自己解决自己的问题。但是，由于文化水平的限制，农民的认知能力和思维方式有限，认识事物往往局限于浅层、片面，阻碍了他们对现代科技的吸纳和对新观念、新思想的接受。同时，文化水平不高也限制农民心理素质和观念的发展。在长期自然经济和计划经济影响下，农民对新生的市场经济很难适应，面对诸多的社会贫富差距、歧视等不公正现象，可能会心存不满而又申诉无门，久而久之会形成社会逆反心理，这些不健康心理扭曲了农民的经济和社会行为，束缚了农村经济的发展。

2. 农业推广人员的素质及其结构 农业经济增长方式的转变以及高产、优质、高效和可持续发展的现代农业发展目标，对农业推广人员的素质提出了更高的要求。但是，目前我国农业推广人员整体素质偏低，人员断层与知识老化问题严重，农技站的环境及待遇较差，基层农业推广部门很难吸引高知识、高学历人才，很难进行一些高新技术或高新品种的推广应用工作，影响了新技术、新产品的推广力度。高知识、高学历人数减少及在职进修的人数比例过低，导致了新一轮的农技推广队伍知识断层及知识老化现象。

中国科学院农业政策研究中心（2005年）的调查研究数据显示，基层农业推广人员有87%具有中专以上的文凭，但有40%以上的人所学专业与农技推广无关（如体育、文艺、文秘等非相关专业）。同时，农技人员的知识更新十分匮乏，县乡级农技员接受半个月以上培训的人员比例仅为6%，而接受1个月以上培训的仅占2%（乡级的比例为1%）。同时，推广人员的专业结构也与目前我国农业的内部生产结构不相适应。在市场需求的诱导下，我国农业的内部结构不断调整，粮食播种面积下降，经济作物、蔬菜等的比重显著提高，“以粮为纲”的格局发生了根本变化。农户多种经营要求技术多样化。但是，农村的现状是乡镇农技人员的专业结构与当前的产业结构极不协调。

3. 沟通渠道 沟通渠道是指由信息源选择和确立的传送信息的媒介物，即信息传播者传递信息的途径。自由开放的多种沟通渠道是使有效沟通得以顺利进行的重要保证。但是，由于我国推广组织体系的构成，信息沟通的正式渠道单一，而层次过多往往会造成信息失真。非正式沟通渠道的农业信息传递、交流沟通，不拘形式，速度很快，容易及时了解到正式沟通难以提供的信息。但是，非正式沟通难以控制，传递的信息不确切，易于失真，有时还会影响团体的凝聚力。

4. 推广组织结构和社会结构 推广人员的计划能否实现，与推广人员所面对的推广组织结构以及推广对象所面对的农村社会结构密切相关。组织结构是在具有不同职责的诸多个体之间形成的各种关系的集合。受传统文化的影响，在农村社会里，种种固有的行为模式同一定的准则相适应，并且保持相对稳定。这些行为模式存在于实际生活之中，受社会行为规范的维护和道德的约束。由于不同个体接受和遵守规范的意愿是不相同的，社会规范会随着时间的推移而改变。同时，农村社会的权力结构和意见领袖关系也会影响个体行为。

5. 社会文化环境 推广人员和农民（农村居民）所处的社会文化环境是有差异的。农村社会中的绝大多数成员都是年复一年地居住在同一地区，形成了固定的社会文化模式，其文化取向主要是偏向于传统和农村。推广人员到农村去的时间有限，不会真正属于这个集体，也难以适应这种已经形成的生活方式，其文化取向相对而言是趋于现代和城市。推广人员常常是作为一种“外来者”同推广对象以及从事支农服务工作的其他人员（信贷人员、生产资料供应人员等）打交道。推广人员要很好地利用各种机会，了解有关农村社会文化的一般知识与情况，懂得在所服务的农村社区怎样建立起与各种人特别是不同类型目标团体的关系，认真对待他人的价值观念，设身处地理解他人，不断地寻找一致区和联系点。只有这样，才能尽可能多地交叠推广服务系统和目标团体系统，使其所处的社会文化环境趋于一致；两个系统可能交叠的程度主要取决于推广沟通的方法以及推广组织的结构。

6. 信息内容和沟通方法 农业推广活动实质上就是通过适宜的沟通方法，向农民提供信息，交流感情，了解需要，传授知识和技能，以改变农民的态度和行为。因此，有效的沟通应包括两大要素，即推广内容（信息）和推广方法（沟通）。内容与方法的有效结合是推广工作成败的关键，也是影响推广工作效率的主要因素，即

推广内容（信息）×推广方法（沟通）＝推广效果

内容（10）×方法（0）＝0

内容（0）×方法（10）＝0

内容（5）×方法（5）＝25

内容（3）×方法（8）＝24

农业推广的内容是为农民服务的，必须切中农民的需要、有现实意义、能被农民所接受；而沟通则是信息传递的必然过程，没有沟通，再好的信息也不能起任何作用。从某种意义上说，沟通往往比信息更为重要。这是由于信息（技术、方法、经验等）为一种客观存在，但农民对信息的感受、理解、态度、接受则是多种多样的，要受到多种主客观因素的影响；对于同一推广内容，农民可能会有不同的态度和看法。所以推广人员要根据不同推广对象的实际情况，有针对性地采用有效的沟通方法，才能达到预期的效果。

三、农业推广沟通的方法与技巧

（一）农业推广沟通的一般准则

1. 维护和提高信息源的信誉 沟通能否成功在很大程度上取决于信息接受者对待信息源的态度和方式。如果一个农民认为某个推广人员是一个可信赖的信息源，那么他对这个推

广人员提出的建议就会抱积极的态度从而加以采纳。如果他对报纸或其他信息源抱消极或否定的态度，他就倾向于忽视这些信息源提供的信息。但是，如果他后来发现报纸等信息源也提供了有用的信息，他会及时地转变态度的。

2. 沟通的内容要及时、适用　推广人员需要根据推广对象的兴趣、需要与问题，有针对性地提供技术和信息咨询服务。同时，选定的项目既要考虑当地的自然和生产条件，能够发挥资源、技术优势，又要考虑当地农民传统的生产经营习惯和产业结构调整的需要，以调动农民的积极性，提高沟通效果。

3. 信息的组织与处理应简明　首先，要求在信息传播中正确选用媒介，编码简单易懂，适合推广对象的接受能力。多运用图片、图表通常比只用语言文字符号效果更好。其次，在传播每一个新的概念之前需要指明其意义，因为对传播者而言可能是很简单的术语，但对接受者而言可能意思不明。最后，组织信息时要注意信息的逻辑顺序和结构安排，使接受者更易理解。例如，制定技术操作规程、农业设施建造或主要作物病虫草害的综合防治流程等，要尽可能的简单、直观化、傻瓜化，也可以将推广技术编成群众好学易记的“顺口溜”，均能收到较好的效果。

4. 沟通语言要通俗易懂　要尽可能采用适合农民的简单明了、通俗易懂的语言。如解释遗传变异现象时，可用“种瓜得瓜、种豆得豆”等形象化语言；解释杂种优势时，可用马与驴杂交生骡子为例来说明等。切忌总是用科学术语的“学究腔”、“书生腔”。同时还要注意自己的语调、表情、情感及农民的反应，以便及时调整自己的行为。

5. 强化信息反馈　推广沟通不只是单向地传播技术和信息，而是一种双向的信息交流。推广人员和推广对象都是沟通的参与者，他们之间是互教互学、相互促进的关系。因此，推广人员要与农民保持密切的关系，倾听他们的意见，并注意吸收和使用“乡土知识”开展双向沟通。只有加强信息反馈，才能增进理解、实现互动。反馈渠道有田间访问、随机调查、组织农户座谈等形式，也可以通过经营服务窗口赶科技大集和开通服务热线等方式得到反馈信息。

6. 重视沟通网络　在农业推广过程中，农业推广人员与农民、农业企业组织、政府部门和农业科研教育机构共同构成沟通网络，在这种沟通网络中，推广人员是关键的一员。农业推广人员要加强同网络中其他成员的沟通，建立畅通的沟通渠道，以形成高质量的信息流，为农村发展提供更好的服务。

（二）农业推广沟通的技巧

1. 摆正“教”与“学”的关系　在沟通过程中，推广人员应具备教师和学生两种身份，既是教育者，向农民传递有用信息，又是受教育者，向农民学习生产经验，倾听农民的反馈意见。要明白农民是“主角”，推广人员是导演。因此，农民需要什么就提供什么，不是推广人员愿意教什么，农民就得被动接受什么。推广人员与农民两者是互教互学、互相促进、相得益彰的关系，应与农民共同研究、共同探讨。

2. 正确处理好与农民的关系　在双方的互动中，掌握主动权的一方是农业推广组织。农村居民群体的形成是自发的和自然的过程，群体发展缺乏主动性和自觉性，而农业推广组织是有目的地建立的；农村居民的生产经营活动带有自发性、盲目性，而农业推广组织的活动有严格的计划性；农村居民在推广活动中基本处于被动的、受教育的地位，农业推广组织则是处于主动的教育地位。在推广中，推广人员一定要同农民打成一片，了解他们的生产和生活需要，与他们一起讨论所关心的问题，帮助他们排忧解难，取得农民信任，使农民感到你不是“外来人”，而是“自己人”。

3. 善于启发农民提出问题 推广沟通的最终目的是要为农民解决生产和生活中的问题。农民存在这样那样的问题，但由于各种原因，如文化素质、知识智能等，使其形不成问题的概念，或提的问题很笼统。这样，就要善于启发、引导，使他们准确地提出自己所存在的问题。例如，可以召开小组座谈会，互相启发、互相分析，推广人员加以必要的引导，这样就可以较准确地认识到问题之所在，形成问题的概念。

4. 善于利用他人的力量 由于目前推广人员数量较少，不可能直接面对千家万户，把工作“做到家”。因此，要善于利用农民中的革新先驱者，把他们培养成“义务领袖”、科技示范户等，作为科技的“二传手”，借助他们的榜样作用和权威作用，可产生“倍数效应”与“辐射效应”。同时还要注意发挥非正式组织的积极作用，使农业科学技术更快更好地传播，取得事半功倍的效果。

5. 注意沟通方法的结合使用和必要的重复 研究表明，多种方法结合使用常常会提高沟通的有效性，所以要注意各种沟通方法的结合使用，如大众传播媒介与成果示范相结合、家庭访问与小组讨论相结合等。行为科学指出，人在单位时间内所能吸收的信息量是有限的，而在一定的时间加以重复则可使信息作用加强。所以在进行技术性较强或较复杂的沟通时，必须进行重复才能增强沟通效果。例如大众传播媒介，需要多次重复才能广为流传，提高传播效率。

（三）提高沟通效果的方法

1. 加强信息强度，提高信息的清晰度 在与农民的交往中，自己说什么并不重要，重要的在于农民听到的是什么。要站在农民的角度进行理解沟通，这就要求信息的语言一定要经过事先的编码，把复杂的、农民难以理解的信息简单化、通俗化，提高农民的接受能力，同时在信息传播过程中要注重传播媒介的选择和综合利用，提高信息的强度和清晰度。

2. 提高沟通双方的信任度 信任是提高沟通效果的前提。在与推广对象的沟通中，如果坦诚相待，就会赢得对方的信任，形成一种良好的人际关系，为有效沟通奠定良好的感情基础。农民接受了推广人员，对于他们推广的内容就容易接受，即使不理解的也会采纳。没有信任，即使再好的创新也会被农民拒之门外。

3. 积极倾听与互动 我们知道，交流是双向的。早已有人注意到“听”在双向交流中的作用。中国有句俗话说“会说的不如会听的”。交流沟通的大师卡耐基也说过“倾听就是说服的开始”。首先，要全神贯注和洗耳恭听，不仅成功地接收对方传递的信息，而且要给说的人以回馈，鼓励并引导农民表达自己的意愿或要求，在说话人情绪不佳说气话时，要设身处地，表示出理解说话人的境况，使双方互动，真正实现双向交流。其次，倾听就是要了解推广对象的真实需求，因此在倾听的时候必须开动脑筋，务求了解说的人要表达的真正意愿。最后，提倡主动地、积极地倾听，强调倾听在交流中所起的作用。同时在听的时候，还要传达感情，让对方快乐，让对方喜欢你，为你下一步的说服或交际打基础。

4. 及时获得沟通的反馈信息 及时获得反馈信息，是为了核实信息接收者对所发信息的理解程度和态度。接受者真诚的反馈是表达者调整沟通行为的重要依据。另外，反馈是信息接受者的一种自我表现，是一种沟通的需要和满足。反馈本身也是一种重要的沟通技能，它的作用有二重性：一方面是接受者对所接受的信息的理解确认或检验，另一方面也是帮助对方准确地传递信息。因此，反馈不应该是一种被动的反应，而是一种对沟通过程的主动参与。

5. 利用当地的民俗为农业推广服务　了解当地的风俗习惯、风土人情，努力做到入乡随俗，是推广人员与当地农民建立良好的人际关系、提高推广效果的前提。如果不了解当地的风土人情，往往会出笑话，甚至影响推广工作。了解了风俗习惯，有时候也能为农业推广服务。如利用农村赶集的习惯，借助于人多、集中的特点，可以采取“科技赶集”的推广方法进行科技宣传和技术普及，能够收到良好的效果。在有的地方，人们有到教堂做礼拜的习惯，农业推广人员也可将教堂作为技术传播的场所，进行信息发布、技术传播等活动，也能收到好的效果。这些方法既符合当地的风俗习惯，顺其自然，又生动活泼，涉及人员多，推广面大，推广效果好。

6. 改善沟通环境，畅通沟通渠道　沟通环境不仅包括沟通参与者的社会、文化及心理等方面的因素，还包括外部的物理环境。其中，改善农村科技传播的媒介环境尤为重要：①调整传播类型，通过加强组织传播，特别是政府和涉农企业的组织传播，扩大文字媒介的覆盖率和传播率；②整合科技传播媒介环境，广泛地开展和利用科技示范户、绿色证书、农广校、农函大和科技下乡等途径，加强农科教的结合，营造讲科技、学科技、用科技的环境和氛围；③增设传媒设施，尤其要重视发展有线广播、有线电视、电话、互联网等电子媒介，力求较快地增加农村社区信息总量，提高科技传播速度。

随着科技的发展，沟通手段不断进步，沟通渠道也越来越广泛。自由开放的多种沟通渠道是使有效沟通得以顺利进行的重要保证。在农业推广沟通中，应该注重正式沟通的良好沟通效果和保持信息沟通的权威性，同时，也不可忽视非正式沟通不拘形式、直接明了、速度很快、容易及时了解到正式沟通难以提供的信息的优点。

第四章 农业推广教育与培训

农业推广活动是一种广义的教育活动，农业推广人员在传播创新与信息的过程中必须使用教育手段，农民在采纳创新、接受信息的过程中必然受到教育。农业推广教育不同于一般的基础教育和成人教育，也不纯粹是农民教育，有其特殊的内涵和外延。推广程序离不开培训，培训是农业推广人员必备的基本技能，在农业推广活动中起着至关重要的作用。

第一节 农业推广教育理论

一、农业推广教育的特点与理论

（一）农业推广教育的特点

农业推广教育在教育对象、教育内容、教育方法等方面与学校教育不同，具有以下特点：

（1）普及性。具体包括：①对象上的普及性。农业推广教育以广大农民为对象，如成年农民、农村基层干部和农村青少年，他们在年龄、文化水平、经济条件、职业内容、学习环境、爱好要求等方面与在校学生不同。②内容上的普及性。农业推广教育内容在知识层次和技术层次上属于科普性内容，与学校教育的专门性、学术性内容也不同。

（2）实用性。农民学习的目的不是储备知识，而是解决他们生产经营中的问题。因此，农业推广教育的内容主要是农业生产技术和经营管理方法。这些技术和方法必须实际、实在、管用，能够解决农民的问题，能够取得良好的经济效益、社会效益或生态效益。

（3）实践性。农业推广教育不需要传授较多的理论知识，在教育方法和内容上，根据农民“干中学”和“看中学”的特点，推广教育具有操作性强、生产性强的特点。

（4）时效性。在教育内容上，一方面要选择新知识、新技术，不能选用过期失效的知识和技术，另一方面农业生产的季节性强，要选择农民当前需要、学了能够及时应用的知识和技术。

（5）综合性。农业推广教育涉及农、林、牧、副、渔的生产、储藏、加工、运销、管理等方面的知识、技术和信息，综合性强。

（二）农业推广教育的终身教育理论

构建中国特色的农村成人终身教育体系，是提高农民素质、科教兴农、建设现代农业的重要措施。终身教育思想是著名教育家保罗·朗格朗在20世纪50代首先提出来的。黄秋香等（2009）认为，终身教育是指人们在一生中所受的各种教育的总和，包括从婴幼儿、青少年、中年到老年的正规及非正规教育和训练的连续过程。它打破了“一次教育定终身”的传统观念及其所垄断的教育格局，其核心要义就在于人们终生持续不断地学习，以适应不断变化的社会需要和满足日益上升的个人需要。农业推广教育与培训满足了农业推广人员和农民在生产中对农业新知识、新技术的不断需求，通过提高农民科技素质来促进农业科技的应用，促进现代农业建设。农业推广教育与培训是一种非连续的长期的科技教育，既是现代农业推广的重要方式，又是农业推广人员和农民终身教育的一种重要形式，为我国建设学习型农村、培养新型农民提供了一种教育资源保障。

（三）农业推广教育的人力资本理论

美国经济学家西奥多·舒尔茨是现代人力资本理论的创始人，他把对人的投资形成并体现在人身上的知识、技能、经历、经验和熟练程度等称为人力资本。在经济增长中，人力资本的作用要大于物质资本的作用。舒尔茨在长期的研究中发现，农业产出的增加和农业生产率提高已不再完全来源于土地、劳动力数量和物质资本的增加，更重要的是来源于人的知识、能力、健康和技术水平等人力资本的提高。他还测定，美国第二次世界大战后的农业增长，只有20%是物质资本投资引进的，其余80%主要是教育及与教育密切相关的科学技术的作用。白菊红（2003）认为，农村人力资本积累越高，农业生产率就越高，农民收入增长就越快；教育和培训构成了农村人力资本的核心内容，两者对提高农民收入起着决定性的作用。农业推广教育既是农民科技培训，又是农业推广人员的培训，是将农村人力资源变成人力资本的一种重要手段。

（四）农民学习的元认知理论

元认知（Metacognition）就是对认知的认知。具体地说，是关于个人自己认知过程的知识和调节这些过程的能力，对思维和学习活动的知识和控制。它包括了三个方面的内容：①元认知知识，是个体关于自己或他人的认识活动、过程、结果以及与之有关的知识，是通过经验积累起来的。②元认知体验，即伴随认知活动而产生的认知体验或情感体验。积极的元认知会激发主体的认知热情，调动主体的认知潜能，从而影响其学习的速度和有效性。③元认知监控，是个体认知活动进行的过程中，对自己的认知活动积极进行监控，并相应的对其进行调节，以达到预定的目标。在实际的认知活动中，元认知知识、元认知体验和元认知监控三者是相互联系、相互影响和相互制约的。元认知过程实际上就是指导、调节个体认知的过程，选择有效认知策略的控制执行过程。

元认知和认知的区别主要表现在以下几个方面：①活动内容。认知活动的内容是对认知对象进行某种智力操作，元认知活动的内容则是对认知活动进行调节和监控。②对象。认知活动的对象是外在的、具体的事物，元认知的对象是内在的、抽象的认知过程或认知结果等。③目的。认知活动的目的是使认知主体取得认知活动的进展，元认知的目的是监测认知活动的进展并间接地促进这种进展。元认知和认知活动在终极目标上是一致的，即使认知主体完成认知任务，实现认知目标。④作用方式。认知活动可以直接使认知主体取得认知活动的进展；而元认知只能通过对认知活动的调控，间接地使主体的认知活动有所进展。因此，从本质上来讲，元认知是不同于认知的另一种现象，它反映了对于自己认知的认知，而非认知本身。但同时也应看到，元认知与认知活动在功能上是紧密相连的，不可截然分开，两者的共同作用促使个体实现认知目标。

农民学习是成人学习，除了具有认知学习的方式外，比学生具有更多的元认知学习。他们具有较多的经验积累、实践体验和较强的调节控制能力，元认知对农民学习活动起着控制、协调、反馈和激励作用。认识这些元认知特点，对搞好农业推广教育十分重要。

（五）成人转化学习理论

梅兹若（Jack Mezirow）认为，转化学习（Transformational Learning）是使用先前的解释，分析一个新的或者修订某一经验意义的解释并作为未来行动向导的过程。作为已经习得一种观看世界的方式，拥有一种诠释自身经验的途径以及一套个性的价值观的成人，他们在获取新的知识和技能的过程中，往往会持续不断地把新的经验整合到先前的学习中。当这种整合过程中产生矛盾冲突时，先前的学习必定会受到检验，并进行若干的调整以修正自己先前的看法。这个转变不是一般的知识的积累和技能的增加，而是一个学习者的思想意识、角色、气质等多方面的显著变化，其本人和身边的人都可以明显感受到这类学习所带来的改变。因此，成人转化学习的发生过程是成人已有经验与外部经验由平衡到不平衡再到更高层次的平衡的一个螺旋式上升的过程，是通过不断的质疑、批判性的反思，接受新观点的过程。

农民是有一定知识、经验、技能的成人，他们在学习新知识、新技术时，这些知识和技术常与他们已有的知识和经验进行整合，在整合中不断检验、评判和修正过去的知识和经验，从而使自己的思想观念、科技水平、生产技术和经营方法等得到不断的提高。

二、农民学习的特点与方式

（一）农民学习的心理特点与期望

1. 农民学习的心理特点 这些特点为：①学习目的明确。农民学习通常是把学习科学技术同家庭致富、改善生活、提高社会经济地位等紧密联系在一起，通常每次参加学习都带有具体的期望和解决某种问题的目的。②较强的认识能力和理解能力。农民在多年的生产、生活中形成了各种知识与丰富的经验，从而产生了较强的认识能力和理解能力。他们常常能够联系实际思考问题，举一反三，触类旁通。③精力分散，记忆力较差。农民是生产劳动者，也是家务负担者，还有社会活动，精力容易分散，许多人年龄较大，记忆力较差。这使他们学得快忘得也快。只有不断学习、重复学习，才能帮助记忆，提高学习效果。

2. 农民学习的心理期望 在农业推广教学过程中，农民对农业推广人员的期望并不是为了获得求知感或好奇心的满足，而是有着更殷切的心理期望：①期望获得好收成。当农民在生产上遇到了问题，或想改革又没有办法，想致富又没门路时，就抱着很大希望来找推广人员。这时，农民首先需要得到推广人员的热情接待，期望推广人员能关心他的问题、了解他的心情、细心倾听他的问题。农业推广人员必须使教育的目标与农民致富的要求相一致，从而激发农民学习的动机。②期望解决实际问题。农民向推广人员请教，是为了解决实际问题，期望推广人员能够针对他们的需要解决问题，而不是空发议论。另外，农民还期望推广人员所提的建议是他们能够做到的，而不是增加更多的困难。③期望平等相待与尊重。农民是生产劳动者，期望帮助决策分析。农民有自己在生产实践中积累的经验，对农业生产有自己的看法和安排，他们不愿别人围着自己说教，特别是对一些年轻人和经验不多的人。他们不愿意别人指手画脚替他们做主，期望推广人员对他们平等对待，能提出几种可行性建议，帮助自己做决策分析，同时尊重他们的经验和看法。④期望主动关心和鼓励他们学习新的知识技术。一些年纪较大的农民，对学习新技术缺乏信心，或感到年纪大了还当学生，心理有“屈就”的情绪，因为产生自卑感而不会主动表示对推广人员的期望。这些农民希望推广人员能主动关心他们的问题，同他们亲切地、平等地讨论问题，并且鼓励他们学习新的知识技术。因此，在组织和促进学习的过程中，推广人员要为他们创造适宜的学习环境，激发、唤起和保护他们的学习兴趣，教学内容要能激发他们的好奇心，使所学知识能学以致用。

（二）影响农民学习的因素

1. 个人因素　具体包括：①学习需要与动机。如果农民对学习内容迫切需要，学习意愿强烈，学习的主动性和积极性就高。②学习兴趣。如果农民对学习的内容、学习的方式方法感兴趣，学习的积极性就高。③文化水平。文化水平影响农民对培训内容的理解程度，从而影响农民的知识掌握和学习兴趣。④年龄。农民是异质群体，不同农民之间年龄差异很大，记忆能力、理解能力、心理和生理素质差异很大，学习的积极性和学习效果也不同。

2. 客观环境因素　具体包括：①家庭因素。农民家庭的经济收入水平、产业结构、在家劳动力、老人和小孩情况等，均影响学习时间、学习精力。一般来说，家庭负担重的农民，学习时间有限，学习精力不足。②教学因素。教学内容、教学方法的合理性、适宜性，教师的个性特征、教学水平和业务能力等，影响农民的学习效果和学习积极性。③学习氛围。社区学习氛围、群体学习气氛会影响学习积极性。农民的学习行为也具有从众性和模仿性的特点。④学习条件和要求。学习条件如就近就时的学习班、图书室、现场技术指导与咨询等，常能满足农民的学习需要，激发学习热情。政府倡导、乡村要求与鼓励，也能在一定程度上影响农民学习的积极性。

（三）农民学习的主要方式

1. 自我学习　自我学习是农民利用自身条件获取知识、技能和创造能力的过程。这些条件包括生产劳动、生活经历、书刊、广播电视、电脑网络等。国家和地方建立乡村图书室，送科技图书下乡，广播电视“村村通”工程，都有助于农民自我学习。随着青年农民文化水平的提高，自我学习科学技术将是农民自我学习的重要内容。在农业推广上，张贴标语、办黑板报、散发小册子和明白纸，都是利用农民自我学习来传播农业创新。

2. 相互学习　相互学习是农民之间在社会交往、生产技术、生活经验等方面的相互交流，常在闲谈、询问、模仿等活动中进行，不少农民喜欢向那些科技示范户、种田能手、“土专家”或某方面的“大王”学习技术。在推广人员把一项农业创新传播到农村后，主要是农民之间相互学习，使创新在当地得到扩散。

3. 从师学习　从师学习是青年农民拜技术精湛的农民为师，学习专门技术的过程。如农村中的木匠、石匠、砖匠、泥瓦匠、理发匠等专门技术技能的学习，多是以师父带徒弟的方式进行。从师学习的技术比较专业化或专门化，一般的相互学习难以学会，需要较长时间的专门学习。

4. 培训学习　培训学习是农民参加集会、培训班、现场指导等，学习科技、政策、法律等知识和技术的过程。农业推广教育是农民培训学习的重要形式。农业广播电视学校、农民成人学校、县乡党校、农村职业技术学校、妇联、共青团、农业技术推广部门举办的各种培训班，为农民提供了大量的培训学习机会。

三、农民学习的类型与过程

根据学习的动机和目的，农民学习可以分为知识学习、技能学习和创造性学习三种类型。其中主要是知识学习和技能学习，创造性学习较少。

（一）知识学习

在推广教育中，农民知识学习分为知识的获取、知识的保持和知识的应用三个阶段：

1. 知识的获取 又分为摄取和理解两个阶段。知识的摄取是农民运用各种感知听取口头语言，阅读文字符号，观察行为表现，进行生产实践操作等，以获得丰富的感性知识。在获得感性知识后，农民就要分析、考虑、琢磨推广人员语言和非语言的含义、文字信息的含义、事物内部外部特点、因果关系、逻辑关系。知识的理解一般是在现有感性知识、过去知识和经验的基础上进行。由于农民学员在生活和生产中见多识广，已积累不少认识事物的知识，因而较青少年学生理解得快。

2. 知识的保持 就是记住所学的知识。农民一般年龄较大，记忆力较差，根据农民选择性记忆的心理特点，结合科学的教学方法，可以帮助农民保持知识：①促使农民多种感觉器官（眼、耳、口、手、脑）并用。实验表明，单纯视觉的记忆效果为70%，单纯听觉记忆的效果只有60%，而视听结合的效果是86.3%。②多强调和重复，帮助农民复习。有研究表明，人们在学习20分钟后，在不复习的情况下会遗忘41.8%。在推广教育上，对重点和要点进行必要的重复，帮助农民复习，可以降低遗忘速度。③每次要求农民记忆的内容不要太多。研究表明，每次记忆材料过多，遗忘的也多，记忆的效果差。因此，每次教学结束前，要把教学内容进行归纳，用少量、顺口的语言把重点和要点总结出来，方便农民记忆。

3. 知识的应用 农民学习知识的目的在于应用，即运用到实践中去解释生产中的现象，或者形成相应的技能和技巧。这也是加深理解和巩固知识的重要方式。农民应用知识的方式，可以是用言语去解释某种现象，回答自己或别人的问题，如"这种现象原来是缺锌引起的"；也可以用操作的方式去应用所学的知识，如讲了嫁接技术后，让农民亲自操作，促使其知识的应用。

（二）技能学习

所谓技能，是个体在活动中顺利完成具体任务时表现出来的一种显性活动方式或客观存在的一种隐性心智活动方式。根据技能本身的性质和特点，可将农民技能分为操作技能（如嫁接、耕地、施药等）和心智技能（如计算能力、观察能力、分析问题和解决问题的能力）。不同技能的形成过程是不同的，但都表现出由不会到熟练、由低级到高级、由简单到复杂的特点。

1. 操作技能的形成 操作技能的形成过程有三个阶段：分解动作或局部动作的学习和掌握阶段；连贯动作或完整动作的学习和初步掌握阶段；连贯动作或完整动作的协调、完善、熟练阶段。在推广教育中，要注意各阶段的内容和重点以及各操作动作的协调和完整。

2. 心智技能的形成 心智技能的形成也大体分为三个阶段：发现问题；寻找原因（假设、演绎、证明、实验）；解决问题（思考方法、比较方法、确定方法）。在推广教育中，要提高农民的认识能力、分析能力、思维能力和表达能力，多用生产事例或现象，引导农民发现问题，启发农民分析问题，帮助农民解决问题。

（三）创造性学习

创造性学习是学习和培养以奇异的构想、崭新的创见、鲜知的观点去解决问题、发现事物新的本质和新的关系的能力的过程。一般认为，人的智能最佳结构分为三层并呈金字塔分布，下层是知识，中层是技能，上层是创造能力。在掌握知识和技能的基础上，开展创造性学习，是成人学习的重要内容。农村不少青年农民外出打工几年，积累了不少经营管理经验，有一定的资金和技术积累，回乡自己创业，这是创造性学习的重要形式。

创造性学习是在创造性思维的基础上进行的。创造性思维发展过程有四个阶段：①准备阶段，敏感地发现问题，收集解决问题的资料；②酝酿阶段，冥思苦想问题的原因和解决的方法；③明朗阶段，经过长期的潜伏酝酿，问题的原因和解决方法均豁然开朗；④修正阶段，进一步验证和完善解决方案。

在创造性培养与学习中应注意以下问题：①不迷信教材和教师。要敢于突破教材和教师的观点与方法，有自己独立的思考和想法。②善于发现问题。学起于思，思起于疑。培养从不同侧面全面观察和分析事物，找出疑点，提出问题。③养成超常思维的习惯。要加强求异思维、变通思维、发散性思维和逆向思维训练，并用这些思维方法试着解决问题。④尊重自己与众不同的观点，想方设法证明自己观点和方法的正确性。

四、农业推广教学原则与方法

（一）农业推广教学原则

根据农业推广教育的特点，在进行推广教学时应该坚持以下原则：

1. 理论联系实际原则 例如，在讲合理密植的增产原因时，既要讲当地主要作物的合理密度和株行距配置方法，又要讲没有合理密植引起倒伏减产的现象，这能使农民既知道怎么做，又知道为什么要这样做。

2. 学用结合原则 农民学习农业科技的目的是解决生产中的实际问题。学用结合就是传授给农民的技术能够及时用于生产、用于实践，满足农民的实际需要。

3. 直观易懂原则 用农民看得见、想得到的方式进行教学，用农民听得懂、易理解的语言讲解，包括影像、实物、模型、图表等辅助教学工具的使用，也包括通俗、具体、生动、形象的描述和比喻等语言工具的使用。

4. 启发诱导原则 在教学中要充分调动农民学习的积极性和主动性，启发他们思考和发表意见，通过对话和交流，启迪思路，让他们自己发现问题并寻找解决问题的答案。例如，某农民把一高秆大穗型玉米按照中秆紧凑型玉米的方式栽培，没有发挥出大穗的优势，推广人员让他去看示范户的种植方法，比较自己的方法，就知道原因和该怎么办了。

5. 沟通参与原则 在制定教育计划时与基层干部和农民交流沟通，了解农民的学习需要，让他们参与制定推广教育计划。在实施教学中，让农民反馈学习中的问题，参与教学现场准备，介绍自己的成功经验，变农民被动学习为主动学习，让他们既是受教育者又是教育者，可以极大地提高农民的学习积极性和学习效果。

6. 因人施教原则 农业推广教育在每次教学过程中，无论受教育人数有多少，都要调查了解受教育者的情况，根据他们的能力层次、个性差异、兴趣、需要以及文化程度的不同，选择不同的教学内容和教学方法。对那些学习热情不高的农民，不能要求过高，操之过急；对那些学习困难较多的农民，要坚定他们的学习信心，给予个别帮助；对学习热情高、接受能力强的农民，要增加理论知识的传授，使他们不仅知道怎样做，还知道为什么要这样做。

7. 灵活多样原则 教学内容和教学方式方法要根据生产、农民和地区特点，做到因人、因时、因地制宜，灵活多样。内容上要适应农事季节和农民需要的变化；方式上可集中、可分散，可在田间、可在教室；方法上可讲解、可观看、可讨论、可操作。总之，要把讲、看、干结合起来。

在实践中，以上原则是相辅相成的，只有将它们密切配合、协调运用，才能获得良好的教学效果。

（二）农业推广教学的基本方法

1. 语言方法

（1）讲授法。就是推广教师用口头语言向农民传授知识和技能的教学方式。其优点是能在短时间内向农民传授大量、系统的知识，缺点是不能及时了解农民理解和掌握的情况。采用此法时要注意：①熟悉所讲技术的全部内容和与该技术有关的情况；②要写好讲稿；③要富有启发性，促进农民思考，引导他们自己得出结论；④要讲究教学艺术，做到语言生动、姿势优美、板书整洁、形式灵活、气氛活跃。

（2）谈话法（又称问答法）。这是推广教师根据农民已有的知识经验，精心设计提出一系列问题，激发农民积极思考，通过他们自己的分析、比较、判断，在他们答题的过程中或在他们不能回答由教师解答的过程中，使他们获得新知识的教学方法。其优点是可以引起农民的兴趣和注意，针对实际进行个别指导，沟通推广人员与农民的感情；缺点是谈话进度慢，耗时多。采用此法应注意：①所提问题要有启发性；②提出的问题要明确、适时、巧妙、有趣、严密，不要模棱两可、似是而非；③提出的问题难度适中，适合农民的知识水平；④因人因材施教，鼓励就同一个问题提出不同解答方法，最后归纳总结，给出正确的答案。

（3）讨论法。这是在农民已掌握知识的基础上，由推广教师根据某些重要的、有一定深度和难度的内容，围绕一个中心，让农民做好准备，写出发言提纲，进行专题讨论的教学方法。其优点是发扬教学民主，活跃农民思想，通过讨论、集思广益，使农民的思路更开阔，认识更全面，解决问题更彻底；缺点是费时较多。

2. 直观的方法 包括演示法、参观法和电化教学法。演示法是推广教师把实物、模型或图片展示给农民看，或者就某些技术方法操作给农民看，以增强农民的感性认识。其优点是直观性强、便于理解、印象深刻。参观法是根据教学目的，组织农民观看与教学内容有关的试验地、示范田或生产现场，从而验证、巩固已学的知识，并且获得课堂上学不到的新知识。参观前要有明确的目的和要求，选择适宜的参观点；参观中要妥善组织，积极引导，让农民集中注意所要观察的问题或有启发性的问题；参观后学员要写出体会，教师要做好总结。电化教学法就是利用幻灯、电影、录像、电视等各种电化教学设备，向农民传授知识和技能的方法。其优点是声图并茂，形象生动，可突破时间、空间的限制，传递信息丰富，非常适合农民的学习特点。

3. 实践的方法 包括实验法和实习法。实验法是在推广教师的指导下，让农民运用一定的仪器设备和原材料，在一定控制条件下，人为地引起事物或现象的变化，从观察、操作和研究中获得新的知识或操作能力。其优点是既可验证、巩固已学的理论知识，又可培养农民观察、操作、测试、记录、计算、分析的能力。实习法是在推广教师的指导下，学员运用已有的知识、经验，就地从事一定的实践工作。实习法一般是在生产中或室外进行，通过较长时间的操作实习，使学员熟练掌握某项技术的操作技巧。

（三）农业推广常用教学方法

1. 集体教学法 集体教学是在同一时间、同一场所面向较多农民进行的教学。组织集体教学的方法很多，包括短期培训班、专题培训班、专题讲座、科技报告会、工作布置会、经验交流会、专题讨论会、改革讨论会、农民学习组、村民会等多种形式。这些形式要灵活应用，有时还要重叠应用两三种。

集体教学最好是对乡村干部、农民技术员、科技户、示范户、农村妇女、农村青年等分别进行组织。可以请有经验的专家讲课，请劳模、示范户、先进农民讲他们的经验和做法。集体教学的内容要适合农民的需要，使农民愿意参加，占用时间不能太长，要讲究效率。无论是讲课还是讨论，内容要有重点，方法要讲效果，注意联系实际，力求生动活泼，使参加听讲和讨论的农民能够明确推广目标、内容及技术的要点，并能结合具体实际考虑怎样去实践。同时，注意改进教学手段，提高直观效果。

2. 示范教学法 示范教学法是指对生产过程的某一技术的教育和培训。如介绍一种果树修剪、机械播种或水稻抛秧等技术时，召集有关的群众，一边讲解技术，一边进行操作示范，并尽可能地使培训对象亲自动手，边学、边用、边体会，使整个过程既是一种教育培训的活动，又是群众主动参与的过程。这种形式一般应以能者为助手，做好相应的必需品的准备，以保证操作示范的顺利完成。要确定好示范的场地、时间并发出通知，以保证培训对象能够到场。参加人数不宜太多，力求每个人都能看到、听到和有机会亲自做。有的成套技术，要选择在应用某项技术措施之前的适宜时候，分若干环节进行。对技术方法的每一步骤，还要把其重要性及操作要点讲清楚。农民操作后，要鼓励提出问题来讨论，发现操作准确、熟练的农民，可请他进行重复示范。

3. 鼓励教学法 鼓励教学法是通过农业竞赛、评比奖励、农业展览等方式，鼓励农民学习和应用科研新成果、新技术，熟练掌握专业技能，促进先进技术和经验的传播。这种方式可以形成宣传教育的声势，有利于农民开阔眼界、了解信息和交流经验，能够激励农民的竞争心理，开展学先进、赶先进的活动。

各种鼓励性的教学方式，要同政府和有关社会团体共同组织。事前要认真筹备，制定竞赛办法、评奖标准或展品的要求及条件，并开展宣传活动。要聘请有关专家进行评判，评分应做到准确、公正，评出授奖的先进农民或展品，奖励方式有奖章、奖状、奖金、实物奖等。发奖一般应举行仪式，或通过报纸、广播等方式，以扩大宣传效果。

4. 现场参观教学法 组织农民到先进单位进行现场参观，是通过实例进行推广的重要方法。参观的单位可以是农业试验站、农场、农业合作组织或其他农业单位，也可以是成功农户。通过参观访问，农民亲自看到和听到一些新的技术信息或成功经验，不仅增加了知识，还会产生更大的兴趣。现场参观教学，应由推广人员和农民推举出的负责人共同负责，选择适宜的参观访问点，制定出目的、要求、活动日程安排计划。参观人数不要太多，以方便参观、听讲、讨论。参观过程中，推广人员要同农民边看边议边指导。每个点参观结束时，要组织农民讨论，帮助他们从看到的重要事实中得到启发。每次现场参观结束，要进行评价总结，提出今后的改进意见。

第二节　农业推广人员培训

一、概述

（一）农业推广人员培训的意义与必要性

农业推广人员培训，是指农业推广人员参加工作前后的短期教育和训练过程。在农业推广中，农民是最终的培训教育对象，而培训教育农民的是农业推广人员。对推广人员进行教育和培训，提高推广人员的素质和能力，是保证和提高农民教育培训效果的重要措施，也是提高农业科技推广效果的重要措施。

农业发展的根本出路在科技进步。我国十分重视农业推广人员培训，在不同年代，针对新知识、新技术的发展，进行了不同内容的针对性培训，如在20世纪80年代初对省、县、乡各级农业推广人员开展系统知识培训，20世纪90年代对生态农业技术的培训，21世纪初对农业标准化生产技术的培训等。目前，我国总体上已进入加快改造传统农业、走中国特色农业现代化道路的关键时刻。面对当前国内外经济形势和基层农技人员的素质状况，迫切需要依靠科技改善农民生产经营能力，转变农业生产经营方式，提高农产品市场竞争力和农民收入水平。这需要农技推广人员发挥良好的“二传手”作用。

农技推广人员为促进农业科技成果转化应用，实现农业增效、农民增收作出了巨大贡献。但是，与新时期农业发展面临的艰巨任务和赋予的历史使命相比，农技推广人员的业务素质亟待提高，尤其是基层农技推广人员。据统计，2007年底，基层农技推广人员中具有大专及以上学历的只占45.9%，具有专业技术职称的只占59.7%。随着科学技术和社会经济的发展，即使受过高等教育的推广人员，也需要随时补充新的农业科学知识和技术、新的经营管理理念和方法。2003—2007年，我国每年仅有约8.7%的县乡农技推广人员参加过培训，其中培训时间在3个月以上的仅为2%。因此，迫切需要加强基层农技人员教育培训，促进知识更新和结构改善，努力建立起一支功能强大、理念先进、技能优良、作用明显的基层农技推广队伍。

（二）农业推广人员的职前培训

职前培训是对准备专门从事农业推广工作的人员进行的就业前职业教育。

1. 职前培训的层次　我国农业推广人员的职前培训有以下层次：①农民技术员的培训。我国不少地区的乡镇和村农业技术员多是聘任初、高中毕业，有一定实践经验的农民担任，常由市县级推广机构组织他们系统地进行农业科技培训。②大中专学生及专业硕士的教育与培训。内容包括：学校的农科知识与专业教育，使其系统掌握专业知识和技术；推广单位的工作培训，使其适应当地的推广工作。

2. 职前培训的内容　具体包括：①农业推广人员应具备的专业素质；②农业推广人员

应具备的职业道德素质；③农业推广人员应具备的推广素质。

（三）农业推广人员的在职培训

1. 在职培训的原因 在职培训是推广组织为了保持和提高推广人员从事本职工作的能力所组织的教育和学习活动。在职培训的主要原因是：①推广人员职前所学的专业与现实工作所需的专业不吻合；②由于专业知识和技术的不断发展，过去所学的东西已经过时；③随着社会、经济和技术的发展，农业领域不断引入新知识、新技术和新方法，推广人员过去根本没有学过。

2. 在职培训的类别 农业推广人员在职培训根据培训内容可分成系统培训、专题培训和更新知识培训。系统培训时间较长，一般为 3 个月至 1 年，内容是某方面系统的专业知识和技能，如农业信息技术的培训等；专题培训时间较短，常在几天之内完成，如一个推广项目的知识与技术培训；更新知识培训的时间一般随学习内容的多少而发生变化。

3. 在职培训的方式 我国农业推广人员培训采取分工负责、逐级培训的原则，一般是国家培训到省级，省级培训到地（市）级，地（市）级培训到县级，县级培训到乡镇，乡镇培训到村级，跨层次培训主要是上级对下级的示范性培训、师资性培训和重点性培训。

二、农业推广人员继续教育

根据 1989 年农业部、人事部和中国科学技术协会发布的《农业专业技术人员继续教育暂行规定实施办法》，以及 2006 年人事部和农业部发布的《农业专业技术人才知识更新工程实施办法》，国家对农业专业技术人员实行继续教育，简称农业继续教育。农业推广人员是农业专业技术人员的重要组成部分，通过农业继续教育的方式，使农业推广人员的素质和能力得到培训和提高。

1. 继续教育的对象和任务 农业继续教育是农业教育体系中的一个重要组成部分。其对象是具有中专以上文化程度或初级以上专业技术职务，从事农业生产、技术推广、科研、教育、管理及其他专业技术工作的在职人员，重点是具有中级以上（含中级）专业技术职务的中、青年骨干。

农业继续教育的任务是使受教育者的知识、技能不断得到补充、更新、拓宽和加深，以保持其先进性，更好地满足岗位职务的需要，促进农业科技进步、经济繁荣和社会发展。

2. 继续教育的目标 农业继续教育按照不同层次确定培养目标：初级农业专业技术人员主要是学习专业基本知识和进行实际技能的训练，以提高岗位适应能力，为继续深造、加快成长打好基础；中级农业专业技术人员主要是更新知识和拓宽知识面，结合本职工作学习新理论、新技术、新方法，了解国内外科技发展动态，培养独立解决复杂技术问题的能力；高级农业专业技术人员要熟悉和掌握本专业、本学科新的科技和管理知识，研究解决重大技术课题，成为本行业的技术专家。

3. 继续教育的组织管理 农业继续教育根据统筹规划、专业对口的原则，分级组织实施。农业部各有关业务司、局、站、院负责所属行业（或单位）高级专业技术人员的继续教育。省（区、市）农业部门负责中级和部分高级专业技术人员的继续教育。地（市）县农业部门负责初级和部分中级专业技术人员的继续教育。

高等农业院校、科研院所、培训推广中心是实施继续教育的重要基地，也是开展继续教育的重点单位。中级以上专业技术人员的培训一般应在高等院校、省级科研院所或培训中心进行。中高级专业技术人员脱产学习时间平均每年累计不少于15天，初级专业技术人员不少于7天，学习时间可跨年集中使用。在规定的脱产学习期间，工资及其他待遇不变。

4. 继续教育的内容与方式 农业继续教育的内容要紧密结合农业技术进步、技术成果推广以及管理现代化的需要，按照不同专业、不同职务、不同岗位的知识结构和业务水平要求，注重新颖、实用，力求做到针对性、实用性、科学性和先进性四统一。

农业继续教育以短期培训和业余自学为主，广开学路，采取多渠道、多层次、多形式进行：①参加高等院校、科研单位、学术团体或继续教育部门举办的各类进修（培训、研究）班；②到教学、科研、生产单位边工作、边学习；③参加科研部门举办的学术报告会、专题研讨会，听学术讲座；④有计划、有指导地自学；⑤通过广播、函授、网络、电视、录像、刊授等途径接受远距离教育；⑥结合本职工作或研究项目，进行专题调研和考察；⑦出国进修、考察，参加学术会议；⑧在职攻读硕士、博士学位等，我国21世纪初开展的在职农业推广专业硕士教育就是推广人员继续教育的重要方式。

三、基层农技推广人员培训

为整体增强基层农技推广人员的业务素质和综合技能水平，农业部2009年制定了基层农技推广人员普通班培训大纲。该大纲共安排现代农业新技术、农业推广新方法与实践、农业信息化服务和考察与交流4个培训环节，总计42学时。

（一）培训目标

通过培训着力提高基层农技推广人员的业务素质和综合技能水平，培养和造就大批具有一定素质、会沟通、懂技术、能推广的基层农技推广人员，增强科技对农业农村经济发展的支撑能力，促进现代农业发展和社会主义新农村建设。

（二）培训对象

县、乡及区域性农技推广机构中从事农业技术推广工作的技术骨干人员，高中以上学历，年龄50周岁以下，有一定的工作经验，没有职称要求。

（三）培训内容及学时分配

1. 现代农业新技术 包括现代农业发展概况，现代农业新技术的特点和模式，本区域新品种、新技术、新机具的发展动态（理论学习12学时）。

2. 现代农业推广服务 包括现代农业推广服务的理论、方法及模式，现代农技推广服务的基本技巧与途径（理论学习6学时、实践操作6学时）。

3. 现代农业信息化服务 包括农产品市场与农民对信息的需求，互联网应用技术，现代农业信息化服务技能与实践（理论学习3学时、实践操作3学时）。

4. 考察与交流（选修） 根据培训主题就近进行一次考察与交流（实践操作12学时）。

（四）能力要求

1. 现代农业新技术

（1）了解现代农业产业发展的概况，了解现代农业的基本特点；

（2）熟悉本区域农业新品种、新技术及农业标准化集成技术的推广应用；

（3）掌握主导品种和主推技术的技术要点；

（4）能指导专业农民按技术操作规程和模式图开展标准化生产。

2. 现代农业推广服务

（1）了解现代农业推广理论与实践的一些新进展；

（2）能利用农民专业合作组织开展推广工作；

（3）掌握现代农技推广的基本技巧和推广模式；

（4）能在高一级农技人员的指导下开展农业新品种、新技术的区域试验；

（5）能组织开展农民科技培训。

3. 现代农业信息化服务

（1）了解农业信息化服务的概念、作用、内容、模式与应用；

（2）掌握几种农业信息服务的方法；

（3）能及时报送和发布农事信息，完成有关调查统计；

（4）能通过信息服务宣传国家有关农业补贴政策和其他法律、法规、技术标准及规范。

4. 考察与交流　围绕农业新技术、现代农业推广工作安排一次专题考察与交流，并提交心得报告。

（五）培训与考核

1. 培训实施

（1）培训方式与要求。授课期内要少讲理论，多讲案例，避免纯理论式教学，提倡学员自讲、互动、交流等参与式或模拟式培训方式，并在技能培训学时中设置实地考察交流的时间，切实提高培训质量与效益。培训应由“具有一定理论水平、实践经验丰富、语言表达能力强”的教师（专家）承担。

（2）培训时间。按照当地农业产业发展实际和基层农技人员培训需求，一般按 7 天时间培训。可根据培训大纲“建议培训学时”，结合当地实际，适当调整、安排相应的培训学时。

（3）培训教材。农业部农民科技教育培训中心和中央农业广播电视学校组编、王慧军等编写的《基层农业技术推广人员培训教程》，本教材由中国农业出版社 2010 年 10 月出版。

2. 考试考核

（1）考试考核重点。基层农技人员的考试考核重点是现代农业新技术、农技推广方法和农业信息化服务的技能，注重农技人员的能力培养和实践考核。

（2）考试考核方式。结合各培训模块，分阶段进行考试考核。考试考核要理论与实践相结合，能力测试与考察报告相结合，力求简单易行。

（3）考试考核结果。考试考核结果分为“通过”和“未通过”两种。经考试考核通过者，可获得由人力资源和社会保障部和农业部颁发的《专业技术人才知识更新工程培训证书》，并记入继续教育学时；考试考核未获通过的参训学员，不能获得证书。

四、基层农技推广负责人培训

针对基层农技推广负责人的培训，农业部2009年制定了基层农技员重点班的培训大纲。该大纲共安排现代农业产业发展、现代农业新技术、现代农业推广方法、农业信息化服务、市场营销和考察与交流6个培训环节，总计90学时。基层农技推广负责人与农技推广人员具有不同的推广任务和责任要求，因而具有不同的培训目标和内容要求。

（一）培训目标

通过培训，着力提高基层农技推广人员的业务素质和综合技能水平，培养和造就大批高素质、善沟通、精业务、懂政策、会推广、能示范的基层农技推广负责人，增强科技对农业农村经济发展的支撑能力，促进现代农业发展和社会主义新农村建设。

（二）培训对象

县、乡及区域性农技推广机构首席专家、主管业务的局长或高级农艺师（高级畜牧师、高级兽医师）及以上职称的技术人员，中等以上学历，年龄55周岁以下，10年以上工作经验。

（三）培训内容及学时分配

1. 现代农业产业发展　包括国内外现代农业产业发展理论以及我国农业产业化发展的现状和趋势，农产品贸易及产业政策概况，如何制定农业产业发展规划（理论学时15学时、实践操作3学时）。

2. 现代农业新技术　包括现代农业新技术的特点，农业科技新动态，农业新品种、新技术、新机具的发展动态，农产品质量安全与农业生态保护，农产品产后技术（理论学时6学时、实践操作6学时）。

3. 现代农业推广服务　包括现代农业推广服务的理论、方法及模式，现代农技推广服务的基本技巧与途径（理论学时6学时、实践操作6学时）。

4. 现代农业信息化服务　包括农产品市场与农民对信息的需求，互联网应用技术，现代农业信息化服务技能与实践（理论学时6学时、实践操作6学时）。

5. 农产品市场营销　包括农产品市场营销的基本特点、基本理论，如何进行农产品营销（理论学时9学时、实践操作3学时）。

6. 考察与交流　按上述培训内容就近确定相应的考察与交流内容（实践操作24学时）。

（四）能力要求

1. 现代农业产业发展

（1）了解国内外现代农业产业发展概况；

（2）熟悉国家有关农业的产业政策、技术标准及规范；

（3）熟悉现代农业生态区划、主要产业生产方式及当地农业产业发展中存在的主要问题及对策；

（4）能参与制定本地区现代农业产业发展规划；

（5）能帮助指导农民专业合作组织因地制宜制定具体产业发展计划。

2. 现代农业新技术

（1）了解现代农业新技术的特点及要求；

（2）了解当前国家农业重大关键技术（机具）的引进、试验、示范和集成技术推广；

（3）了解所在区域的农业主导新品种、主推技术和主要措施；

（4）了解主要农产品的产后技术；

（5）能组织落实农产品质量安全控制的相关技术措施，指导专业合作组织、专业农民按照农业标准、技术操作规程开展标准化生产。

3. 现代农业推广服务

（1）了解现代农业推广理论与实践的一些新进展；

（2）能利用农民专业合作组织开展推广工作；

（3）掌握现代农技推广的基本技巧和推广模式；

（4）能独立完成农业新品种、新技术的区域试验设计；

（5）能组织开展农民科技培训，独立完成一项产业技术设计。

4. 现代农业信息化服务

（1）了解农业信息化服务概念、作用、内容、模式与应用；

（2）掌握几种农业信息服务的方法；

（3）能及时报送和发布农事信息，完成有关调查统计；

（4）能通过信息服务宣传国家有关农业补贴政策和其他法律、法规、技术标准及规范。

5. 农产品市场营销

（1）了解农产品市场营销的基本特点、基本理论；

（2）掌握农产品市场调查和分析方法；

（3）知道如何进行农产品营销。

6. 考察与交流 结合现代农业产业发展、现代农业新技术、现代农业推广方法、农业信息化服务和农产品市场营销等环节，安排2次专题考察和若干次课堂交流，并提交心得报告。

（五）培训与考核

1. 培训实施

（1）培训方式与要求。授课期内要少讲理论，多讲案例，避免纯理论式教学，提倡学员自讲、互动、交流等参与式或模拟式的培训方式，并在技能培训学时中设置实地考察交流的时间，切实提高培训质量与效益。培训应由“具有一定理论水平、实践经验丰富、语言表达能力强”的教师（专家）承担。

（2）培训时间。按照当地农业产业发展实际和基层农技人员培训需求，一般按15天时间培训。

（3）培训教材。王慧军等编写的《基层农业技术推广人员培训教程》。

2. 考试考核

（1）考试考核重点。基层农技人员的考试考核重点是现代农业新技术、农技推广方法和农业信息化服务的技能，注重农技人员的能力培养和实践考核。

（2）考试考核方式。结合各培训模块分阶段进行考试考核。考试考核要理论与实践相结合，能力测试与考察报告相结合，力求简单易行。

（3）考试考核结果。考试考核结果分为“通过”和“未通过”两种。经考试考核通过者，可获得由人力资源和社会保障部和农业部颁发的《专业技术人才知识更新工程培训证书》，并记入继续教育学时。考试考核未获通过的参训学员，不能获得证书。

五、基层农技推广人员培训的方式与机构

（一）培训方式

根据基层农技推广人员和农民技术人员的不同需求，分层分类开展培训，分行业分县组织实施，主要采取异地研修、县乡集中办班和现场实训三种方式。

异地研修主要是将县级农业技术人员骨干集中到现代农业产业技术体系综合试验站、农业大学、高中等农业职业院校和农业科研单位进行研修，以提高农技推广人员对先进实用技术的掌握水平、开展技术推广的业务能力和综合素质。

县乡集中办班主要是在县、乡两级集中办班，重点培训当地生产急需的关键适用技术和推广方法，以提高县乡两级农技人员的推广能力和服务水平。

现场实训主要是对科技示范户、村级动物防疫员、植保员、农机手、沼气工、农民专业合作组织带头人和种养大户等农民技术人员，通过开展手把手、面对面的现场实训，重点提高他们的生产技能水平和实际操作能力。同时，要针对农民工返乡所提出的技能需求，大力开展就地转移培训。

（二）培训机构

各级农业行政、推广、科研、教育单位，产业体系各综合试验站是开展农技人员培训的主要机构。

省级农业部门所属科研、推广机构，充分发挥面向全省的区位优势，有针对性地重点培训骨干农技人员尽快掌握重要、重大生产技术，推动科研成果及时转化、应用。

高中等农业院校依托自身科研、人才和信息资源优势，充分利用贴近“三农”的办学特色，通过农科教结合、产学研协作等方式，面向基层开展技术培训和学历教育。同时，动员广大学生利用寒暑假开展社会实践活动，广泛进行形式多样的技术培训。

现代农业产业技术体系各综合试验站和岗位专家所在单位，根据产业技术体系的特点和发展需要，对体系延伸所涉及县、乡的核心技术人员进行业务提高培训。

第三节　农业推广对象培训

一、农业推广对象培训的程序

农业推广教育培训是农业创新集群传播的一般表现形式，是农业创新推广的重要手段，同其他推广方法一样，它也有特定的程序。

（一）制定推广教育培训计划

农业推广教育培训计划是推广机构对一定时间内要进行的教育培训工作进行的部署和安排。例如，农业部制定的《2003—2010 年全国新型农民科技培训规划》，试图通过建立健全农民科技教育培训体系，全面提高农村劳动者的综合素质。目前已实施“绿色证书”、“跨世纪青年农民科技培训”、“新型农民创业培植”、“农村富余劳动力转移就业培训”（在 2004 年后称农村劳动力转移培训——阳光工程培训）、“农业远程培训”五大工程。培训内容不仅包括提高农民生产技术水平的农业新知识、新品种、新技术，而且包括提高农民环保和食品安全意识的农业环境保护、无公害农产品、食品安全、标准化生产等知识，提高农民经营管理水平和适应市场经济能力的经营、管理和市场经济知识与技能，提高农民职业道德、法律和有关政策水平以及转岗就业能力所需的知识和技能。

基层农业推广教育培训计划的时间较短，通常为 1～3 年。在计划安排上应当与当地农民教育计划和创新推广计划紧密配合。一个基层推广教育培训计划一般包括以下内容：

1. 内容与对象　推广教育包括以下内容：①推广创新的内容。当地正在或准备推广创新技术的知识和方法的培训，一般接受教育的对象是先驱者农民、早期采用者农民、科技示范户和乡村干部。②科技知识普及的内容。提高科技素质和常规农业技术采用能力的内容，接受教育的对象是愿意参加的广大农民。③乡村管理方面的内容。当地有关部门为使乡村干部发挥更好的带头作用和管理作用，针对乡村干部进行专门的教育培训，一般包括生产技术、经营管理和乡村行政管理方面的内容。每一次推广教育，针对不同的教育对象，应有不同的教学内容。

2. 规模与方式　确定每次接受教育对象的数量与教育方式。一般来说，一次推广教育的规模越大，成本越低，效果越差；规模越小，成本越高，效果越好。根据规模的大小和教育方式，可以采取集会培训式教育、组班培训式教育、示范指导式教育。

3. 时间与地点　确定每次教育的大致时间和地点。因为农业生产周期长，应较早确定时间与地点，以便对教学所需的示范现场或生产现场及早进行布置。

4. 设备与费用　根据教育内容和方式，需要哪些设备，如扩音器、幻灯机、电脑、投影仪等。进行经费预算，并制定经费筹措计划。

（二）推广教育培训的实施

1. 落实教师人选和教学方法　根据教学内容和方式，提前落实教师人选。推广教师既要有一定理论知识，又要有很强的实践能力；既善于表达，又善于操作。教师人选落实后，与之协商拟采取的教学方法，如室内教学法、操作教学法、现场参观法等。

2. 落实教学场所和设备　根据教学内容和方法，落实室内场地、操作场地和参观场地，准备好教学仪器设备。

3. 教学内容的安排和通知　若是多门课程，应对每门课程的时间作出具体安排。准备工作做好后，对参加教育培训的人员，提前半个月进行书面通知或提前 1 周进行电话通知。通知太早，学员容易忘记；通知太晚，学员可能发生时间冲突，不能按时参加。

4. 教学过程的管理　授课教师经过精心准备后组织教学，具体的方法在本教材后面的内容中介绍。教育组织管理人员要检查学员的出勤情况、教师的授课情况和学生的听课情况，并进行适当的信息反馈，以便教学工作的顺利进行。

（三）推广教育培训的总结

每一次推广教育结束后，要组织学员座谈，了解培训时间和内容是否合适?培训场所、设备、后勤保障是否满意?教师的方式方法、知识能力是否胜任?组织工作的经验教训等。通过调查了解、分析评价，写出总结报告，既作为向上级汇报的依据，又作为以后改进提高的凭证。

二、培训的对象与内容

根据建设社会主义新农村的需要，我国农业推广教育培训的对象除了采用创新的农民外，也对新型农民进行教育培训。新型农民指有文化、懂技术、会经营的农民。新型农民培训是“政府推动、部门监管、机构（学校）实施、农民受益”的民生工程，内容包括四大培训项目：①阳光工程培训；②农业专业技术培训；③农民创业培训；④农民科技示范培训。

1. 农村劳动力转移培训——阳光工程培训 主要培训面向农村二、三产业和城市转移就业的农民。重点围绕现代农业、农村服务业和农产品加工业等涉农工业、农村特色二、三产业从业人员，重点包括农机手、沼气工、植保机防手、乡村旅游服务员、村级动物防疫员、无公害农产品检查员、奶站质检员、从业渔民、农村建筑工匠、农产品加工从业人员、农民专业合作社管理人员、农民专业合作社社员、农村财会人员、农技协会负责人以及有外出就业意愿的农民和返乡农民工。培训内容主要是职业技能、政策和法律法规、安全常识等知识。培训时间一般为20～180天。

2. 农业专业技术培训 主要培训从事农业生产经营的专业农民，基层农技农机、畜牧、水产推广人员，农经辅导员，渔船检验人员等。培训内容主要是农业科学知识、实用生产技术、特色农产品开发及农业政策、法律法规等知识。培训时间为12～15天，现场指导12～15次。

3. 农民创业培训 主要对在农村有创业愿望并有创业基础的人员，包括外出务工返乡人员、种养大户、农机大户、农民创业带头人、科技带头人、农村经纪人、农民专业合作组织领办人、农业企业经营创办人和有志于在农村创业的大、中专毕业生等，开展创业必备知识和能力培训。要求参训学员具有初中以上文化程度，年龄一般不超过50岁，并具有与创业项目相适应的投资能力或技术。培训内容主要是政策法规、创业理念、创业技巧、市场营销、人力资源管理、农产品品牌创建、循环经济、农产品质量安全、农民专业合作组织等知识。培训时间不得少于1个月。

4. 农民科技示范培训 围绕当地主导产业、主导品种、主推技术，对科技示范户及辐射户，以现场指导为主，采取集中培训、分户指导等方式，指导其应用、推广新品种、新技术，提高自我发展能力和辐射带动能力，使之成为农技推广体系的农情调查员、技术推广员和政策宣传员。

三、农民职业培训——“绿色证书”制度

（一）“绿色证书”、“绿色证书”制度与“绿色证书”工程

“绿色证书”是指农民达到从事某项农业技术工作应具备的基本知识和技能要求，经当

地政府或行业管理部门认可而颁发的从业资格凭证，是农民从业的岗位合格证书。

"绿色证书"制度是指通过法律、行政、经济等手段，对农民从业的技术资格要求、培训、考核、发证等作出规定，并制定相关的配套政策，作为农民从业和培训的规程，确保提高从业人员的文化科技素质，推动农业和农村经济的发展。

"绿色证书"工程是按工程的组织形式，对广大农民开展"绿色证书"培训，逐步建立和完善符合中国国情的"绿色证书"制度，培养千百万农民技术骨干，并通过他们的示范作用，将农业科技成果辐射到千家万户。农业部自1990年开始在全国组织实施"绿色证书"工程。

（二）"绿色证书"工程的实施范围和对象

"绿色证书"制度的实施范围包括种植、畜牧兽医、水产、农机、农村合作经济管理、农村环保和能源等行业。农业机械驾驶、操作、维修以及农村会计、审计、合同仲裁、渔业船员等岗位实行的培训、考核、发证的有关规定应继续执行，并使之逐步完善；凡从事这些岗位工作的农民，达到农业部规定要求，获得的资格证书可视同专业类"绿色证书"，并具有同等效力。

取得"绿色证书"的对象，主要是具有初中以上文化程度的乡（镇）、村农业社会化服务体系的人员、村干部、专业户、科技示范户和一些技术性较强岗位的从业农民。

（三）"绿色证书"的资格标准

取得"绿色证书"的农民，必须达到岗位规范规定的标准。农民技术资格岗位规范包括政治思想、职业道德、岗位专业知识、生产技能、工作经历、文化程度等方面的要求。岗位专业知识和技能是技术资格岗位规范的重要内容。要求"绿色证书"获得者比较系统地了解本岗位的生产和经营管理基础知识，每个岗位的专业知识包括3～5门课程，300学时左右；种植业、养殖业等生产周期较长或技术性较强的岗位，至少要通过一个以上本岗位生产周期的实践，掌握本岗位的生产技能并达到熟练程度。

（四）"绿色证书"培训的教学计划

1. 培训目的　提高农民素质，把农业科技知识和技术传授给农民，使其成为合格的农民，并在农业科技推广中起带头和示范作用。

2. 培训对象　具有初中以上文化程度并从事本岗位规范生产的农民，均可报名参加培训。

3. 课程设置　一般为3～4门：第一门，本岗位的基础知识；第二门，本岗位的专业技术课；第三门，本岗位的产品市场动态、营销与对策。

4. 培训时间及学时分配　一个岗位培训实践在300学时左右，其中理论课与实践课的学时比例在1∶1左右。每门课程的具体时间和学时分配，要根据课程内容要求确定。

5. 考核、考试　申请取得"绿色证书"的农民，须参加"绿色证书"培训，通过县级以上（含县级）"绿色证书"制度工作领导小组办公室或农业部门统一组织的考试（凡农村职业中学毕业生、其他农民中专及农广校中专毕业生申请同专业类"绿色证书"可免于培训和理论考试），并经过本岗位规定期限的实践考核，在生产中起到示范、带头作用，由本人申请、村民委员会推荐、乡（镇）政府审查，报县“绿色证书”制度工作领导小组办公室审核后，由县政府发给“绿色证书”。

四、新型农民科技培训工程

新型农民科技培训工程是进一步深化实施科教兴农和人才强农战略思想、建设社会主义新农村的具体措施。该项工程从 1999 年开始，由农业部、财政部和团中央共同组织实施。2003 年以前称跨世纪青年农民科技培训工程，2004 年至今称新型农民科技培训工程，从 2006 年开始由农业部和财政部共同组织实施，资金实行报账制管理。

（一）项目目标与总体要求

新型农民科技培训工程的目标主要是对务农农民开展农业生产技能及相关知识培训，提高农民的务农技能，培养新型农民，为社会主义新农村建设提供智力支撑和人才保障。项目实施按照“围绕主导产业，培训专业农民，进村办班指导，发展‘一村一品’”的思路，以村为基本单位组织培训。项目管理按照“择优确定培训机构，根据需要进村培训，农业部门负责监管，财政资金报账管理”的管理机制组织实施。

（二）项目的基本原则

1. 分类培训原则 面向农村基层干部、青壮年农民、农村妇女、后备农民以及农民企业家等不同培训对象，按照不同区域、不同产业、经济发展不同程度，采取形式多样、内容各异的分类培训。

2. 服务主导产业 按照主导产业的发展要求和农民实际需求制订培训计划，设计培训课程，加强技术指导和跟踪服务。每个项目村原则上围绕一个主导产业开展培训。粮油高产创建县中的项目村要围绕高产创建活动开展培训。

3. 尊重农民意愿 要坚持以农民为本，主导产业确定、基本学员选择、培训课程设置以及培训时间安排、方式方法等都要广泛听取农民的意见和建议，充分调动农民的积极性和主动性，避免行政命令、一厢情愿、脱离实际。

4. 规范项目管理 严格按照《新型农民科技培训工程项目管理办法》和《中央财政新型农民科技培训补助资金管理暂行办法》要求，注重过程管理，落实项目管理环节。重点要落实项目公示、资金使用和检查验收环节。

5. 突出培训实效 坚持培训、指导、服务三位一体，采取面对面、手把手、零距离等行之有效的方式方法。用农民容易接受的语言，因人施教开展培训，切实提高培训质量。

（三）培训要求

1. 培训对象 以从事农业生产经营的专业农民以及种养业能手、科技带头人、农村经纪人和专业合作组织领办人等农村实用人才为重点，主要是从事农业生产的专业农民。每个示范村的培训工作要在实行整村推进的基础上，确定 50 名以上主要从事农业生产和经营、农业生产经营收入作为家庭主要收入的专业农民，作为新型农民科技培训工程的基本学员，登记注册，开展系统培训。重点培养 2～3 名种养业能手、科技带头人、农村经纪人和专业合作组织领办人等农村实用人才。项目实施县、村和基本学员原则上两年不变。

2. 培训内容 专业农民从事主导特色产业的产前、产中、产后的生产技能及相关知识；无公害农产品、绿色食品和有机食品的生产技术与经营管理；“一村一品”、“一村一业”生产技术与经营管理知识；农业专业化、产业化、规模化、现代化生产与经营理念和技术等。

3. 培训形式 采取集中培训、现场指导和技术服务相结合，实行培训、指导、服务三位一体。集中培训由村里提供教室，组织农民参加。现场指导由培训教师在田间地头对农民进行面对面、手把手的技术指导。

4. 培训时间 培训组织实施单位对各示范村开展集中培训的时间累计不少于15天，集中授课每天不少于3个小时，根据农时季节进村现场指导不得少于15次。

5. 教材 培训组织实施单位要编写或选用适合农民技能培训、经营管理、政策法规等方面的教材（讲义），确保受训专业农民人手一本。

6. 要与“绿色证书”培训紧密结合 通过对基本学员进行系统培训，使基本学员能够掌握从事主导、特色产业的生产技能及其相关知识，达到“绿色证书”岗位规范要求，并经考核后发放“绿色证书”。

五、农民科技培训的方法

（一）集会宣传式培训

1. 集会宣传式培训的概念与要求 集会宣传式培训，是将众多接受培训的农民集中在大会堂或开阔地带，以宣讲或发言的方式培训农民的方法。集会的农民一般在100～500人，人数过多则传播效果较差。

集会宣传式培训的主题是当地准备推广或正在推广的创新，目的是希望与会者增加认识、改变态度、采用创新，作用是宣传鼓动、营造氛围、增加了解。因此，会场上应多挂醒目的横幅，张贴相关标语，具有功能良好的扩音设备，让与会农民能被现场气氛所感动。

集会宣传式培训的内容主要是推广人员宣传创新的优越性和主要技术要点、科技示范户介绍采用创新的过程和效果。对于复杂的具体技术，集会宣传式培训一般不能解决，只涉及技术要点，在集会后再采取组班培训或小规模培训的方法解决。

农村集会宣传式培训多在户外开阔地带进行，农民多自带凳椅或席地而坐，天气的晴阴、冷热常影响农民情绪。因此，一次培训的时间不宜太长，一般不超过2个小时。要做好发言稿的准备工作。

2. 集会宣传式培训发言准备 集会宣传式培训的发言与组班培训讲课的内容不大一样。组班培训讲课在突出重点的同时，讲究系统性、完整性和操作性；而集会宣传式培训的发言要突出重点、概括要领、简短有力、引人注意、鼓动性强。

（1）主题。主题是集会宣传式培训发言的中心论题。每次培训一般只选择一个主题，几个发言者可以从不同角度围绕主题发言。在农业创新集会传播中，发言的主题就是拟推广的创新。

（2）提供信息的原则。发言稿在撰写上应该坚持以下原则：①智力激励。就是要提供农民比较陌生、认为需要了解的信息，可以启迪智力，增加认识。②新颖性。在发言稿中，要提供农民感兴趣、可能倾听的新信息，这是利用信息的新奇性吸引农民来倾听。③相关性。

提供与农民利益相关的信息。根据选择性心理，农民容易倾听和关注与自己相关的信息。④重点突出。在提供众多信息的同时，突出重点，这样农民容易理解和记住被发言者强调的信息。⑤目标性。明确你的目标是希望听众相信或做什么时，你就有可能说服听众。因为你的侧重点是使农民认同你的看法，你要收集和使用相应的信息来解释和说明。⑥针对性。当你讲话的目标和信息是针对听众的态度时，就有可能说服听众。对持赞成态度的农民，你的任务是要强化他们的信念或激发他们去行动；对没有看法或态度的农民，要引发他们赞成和支持你的观点；对持反对态度的农民，给出你的理由和根据，帮助他们思考你的立场。⑦充分的理由和合理的根据。农民是明辨事理的，合情合理的解释、有根有据的事实，容易获得农民的赞同。

（3）提供信息的方法。说明性或解说性发言提供信息的方法如下：①定义，让农民明白是什么，定义的词语要准确、具体；②过程解释，让农民知道是怎样做的；③说明，让农民知道为什么要这样做。劝说性发言提供信息的方法如下：①提出问题。让农民知道目前采用技术有哪些问题？使他们认识到需要改变。②解决措施。让农民认识到有哪些方法可以解决现存问题，刺激他们产生动机。③效果对比。用试验、示范结果比较新旧技术的增产增收效果。④采用实例。用农民身边的几个采用实例，进一步说明该技术在当地的实用性。

（4）选用材料。根据提供信息的原则和提供信息的方法，选用相应的理论依据和事实材料来说明主题。

（二）组班教学式培训

组班教学式培训，是将农民适当集中起来，比较系统地传播农业创新，有利于理解知识、掌握技能的农业推广方法。集会宣传式培训的知识是粗浅的知识，农民只能有初步的认识；技能是简单的过程，农民只能初步的了解。在有些农民决定采用后，就必须让他们对相关知识深入认识，对相关技能完全掌握，这就必须开展组班教学式培训和小规模培训。

1. 组班教学式培训的要求 组班教学式培训是落实农业推广教育计划的主要方式，培训的内容和对象一般是教育计划的内容和对象，即当前当地推广的创新和愿意采用创新的农民。因此，每一次培训，要具体落实培训内容和培训对象。培训的人数在20～100人，一般50人左右的培训成本较低、效果较好。人数较多，可以降低成本，但效果较差；人数较少，培训效果较好，但成本较高。

组班教学式培训的场地有教室和现场。教室要有相应的辅助教学工具，如电脑、投影仪、幻灯机、挂图、实物、标本等，光线充足，桌椅齐全。室外场地如参观现场、操作场地及其材料等要提前准备就绪。

组班教学式培训的教师对教学内容应十分熟悉，能够熟练应用相应的教学方法。一般来说，组班教学式培训的方法主要有三种，即讲授传播法、操作传播法和参观传播法。

2. 组班教学式培训的讲授传播法 讲授传播法就是推广教师用口头语言向农民传授知识和技能的教学方式。优点是能在短时间向农民传授大量、系统的知识，缺点是不能及时了解农民理解和掌握的情况。采用此法时要注意：①熟悉所讲知识技术的全部内容和与该技术有关的情况；②要写好讲稿，但不照本宣科；③要富有启发性，促进农民思考，引导他们自己得出结论；④要讲究教学艺术，做到音量适当、速度适中、抑扬顿挫，眼光有神、姿势优美、语言生动、板书整洁、形式灵活、气氛活跃；⑤合理利用教具，根据教学内容，在适当时候利用挂图、照片、实物、模型影像等，帮助增加感性认识。

3. 组班教学式培训的操作传播法 操作传播法又称方法示范，是对某些技术边操作、边讲解的教学传播方法，如果树嫁接、修枝，水稻旱育秧等技术的传播。操作传播法可分为三个阶段：简单介绍、详细操作、扼要小结。简单介绍就是说明选择该题目的动机及其对大家的重要性。要使农民对新技术产生兴趣，感到所要传播内容对他们很重要并且很实际，自己能够学会和掌握。详细操作就是将操作分成几个步骤，一步一步地操作，让大家看得清楚。同时要一步一步地交代清楚，做到解释和操作密切配合。扼要小结就是在整个操作完成后，将操作中的重点提出来，重复说明，引起大家的重视。教师小结后，让学员操作，教师检查指导。

4. 组班教学式培训的参观传播法 这是组织参加培训的农民到科研生产现场参观，通过实例进行创新传播的方法。参观的单位可以是农业试验站、科技示范场、科技试验户、示范户、专业户、专业合作组织、成果示范基地等。通过现场参观，农民亲自看到和听到新技术信息及其成功经验，既增加农民的知识，又引发他们的兴趣。参观传播法要注意以下几点：①制订计划。包括目的、要求、地点、日程、讲解人员等。②边参观边指导。对参观中农民不懂或不清楚的地方，请当事人解说，或推广教师给予指点、引导。③讨论总结。参观结束时，组织农民讨论，帮助他们从看到的重要事实中得到启发。进行评价总结，提出今后的改进意见。

（三）小规模培训

小规模培训是推广人员对少数推广对象或农民传播创新的推广方法。小规模培训的人数一般在1～20人。小规模传播是由推广人员组织的向小规模人群传播创新的活动。小规模培训的方式主要有科技咨询、现场指导和小规模座谈。

1. 科技咨询 这是农业推广人员或农业专家接受农民访问，回答农民的问题，帮助农民决策的活动。主要有：科技下乡，集市咨询；广播电视，定时咨询；经营门面，定点咨询；电话询问，随时咨询。科技咨询通过回答、解决个别农民的问题来培训教育其他具有类似问题的农民。

2. 现场指导 现场指导是推广人员或专家在生产现场，指导农民认识生产问题、解决生产问题和正确采用新技术的传播方法。现场指导包括一般技术指导和新技术的指导：①一般技术指导。在推广人员下乡过程中，一些农民的作物出现不正常现象，这些农民可能三五成群地围着推广人员询问，推广人员现场指导、寻找原因，并提出解决办法，如是什么病、应该施什么药、缺什么元素、应该施什么肥等。②新技术指导。推广人员在科技示范现场（如示范户家）指导新技术采用时，常有附近少数农民自愿来观看学习，接受指导。

3. 小规模座谈 小规模座谈是推广人员与少数农民座谈，传播农业创新的方法。座谈的主题是农民对创新的认识、态度及他们关心的问题。座谈的目的是让他们加深认识、改变态度。座谈的人数较少，每个农民都能发表意见，也能进行相互讨论，可以消除误解、增加理解。推广人员可以有针对性地回答农民的咨询，解答疑问，在认识明确、理解正确的基础上，让他们转变态度。小规模座谈可以在室内进行，也可以在农家附近进行。小规模座谈一般应注意以下几点：①参加人员。参加人员可以是采用创新的农民，帮助他们解决采用中的问题，或总结采用经验；也可以是没有采用创新的农民，帮助他们转变态度。在与没有采用创新的农民座谈时，要请个别采用效果好的农民参加，让他们来帮助回答未采用者的相关问题。②说明座谈内容，让农民先发言。先简要介绍此次座谈会的目的和主要内容，然后让农民依次或随便发言。要调动大家的发言积极性，不要冷场，消磨时间。③不要随便插话，打断发言。如果确实要插话进行解释或询问，插话结束后要让被打断发言的农民继续发言。④注意倾听和分析判断。认真听取每个人的发言，让每个人都感到被重视。做必要的记录，以便记忆，并对每人的发言进行分析，判断其认识和态度是否与自己一致。⑤总结性发言，解释疑问，阐明看法。归纳发言中提出的问题、看法，逐一解决问题，并就哪些看法正确、哪些看法错误提出自己的认识，对大家应该怎样认识和看待创新以及应该注意什么进行总结归纳。最后，在征求大家意见的基础上，形成共同或一致的意见，成为座谈的结果或结论。

(四) 自我学习培训

随着农民文化水平的提高，农民自我学习农业科技的能力大大增强，农业推广教育部门要为农民的自我学习培训提供条件：①积极开办县乡广播电视农业技术节目，传播适应当地产业发展的农业科技，促进农民的自我学习教育；②积极建设村图书室或农家书屋，为农民自我培训创造学习条件；③积极建设乡村农业计算机网络，方便农民上网自我学习农业科技；④积极开展农业科技成果示范，让农民在随时观看学习中受到教育。总之，通过农民自我学习，使其受到教育，这是农业推广教育应该重视的问题。

第五章　农业科技成果与转化

农业科技成果一般指农业科技人员通过脑力劳动和体力劳动创造出来并且得到有关部门或社会认可的有用的知识产品的总称。它是一个内涵丰富的综合性概念，其转化过程在运作时更具有复杂性。只有将科技成果潜在的生产力转化为现实的生产力，才能加速推动我国农业生产的发展和农村社会的进步。

第一节　农业科技成果及其类型

一、农业科技成果的定义

科技成果是科学与技术的统一体，它既含有认识自然的一面，又含有改造自然的一面。科技成果必须具有新的发现和学术价值，具备发明创新和应用价值，这就是科技成果的本质内涵。科技成果外延的界定有一定的相对性。对客观自然界一个新现象、新规律的发现，一项新的发明创造，一项取得重大经济和社会效益的劳动成果，是不是科技成果，以什么形式被承认，取决于不同国家的政策、法规、惯例和人们的价值观念。在许多国家，对科技劳动成果的承认有两种形式：①通过申请专利权予以承认；②通过发表论文的形式被承认。对那些在基础研究领域获得重大突破的发现、发明创造，由国家或国际上有重要影响的学术团体授奖。对那些一般性的科学成就或应用创新，往往由一些一般性的学术团体或专门研究协会授奖。至于发明创造者的经济利益，主要通过市场而获得。我国除了参照国际通行的评价标准实行专利制度外，对那些按照规定程序经过立项的科研项目（也有极少量为业余研究项目），通过一系列的科研劳动，取得显著经济效益和社会效益，经科技管理部门组织有关专家鉴定（审定），被充分肯定的劳动成果，均可称为科技成果。

我国农业的科技成果主要包括：为阐明与农业生产密切或间接相关的某些自然现象、生命运动规律而取得的具有一定学术价值和理论意义的应用基础性科技劳动成果；为了解决生产实际问题而取得的具有一定新颖性、先进性和实用性的应用科技成果；在重大农业科学技术问题研究过程中取得的有一定创新性、先进性和独立应用价值或学术意义的阶段性科技成果；在引进、消化、吸收和应用国外先进技术过程中所取得的成就，对某些应用性成果的开发、推广过程中所取得的成果；为农业管理、决策服务的软科学成果；发明专利，实用新型专利等。

二、农业科技成果的分类

由于农业科学诸多分支学科研究的领域、对象、任务和目的不同，所获科技成果的特点和表现形式亦不相同，评价的标准、应用方式和转化规律也不尽相同。为了正确判定、有效管理和推广应用，一般对农业科技成果进行以下分类：

（一）按照成果的表现形式分类

在农业科技成果的推广应用过程中，一项成果有无物质载体，既影响该成果的扩散速度和效果，又影响推广方式、方法的选择。从这种意义上讲，农业科技成果一般可分为物化类有形科技成果和技术方法类无形科技成果两大类型。

1. 物化类有形科技成果 该类成果是借助或直接采用相关学科的技术工艺或途径，把基础性成果的科学知识赋予在一些有直接应用价值的载体中，形成新的物质形态的成果。如农业动物、植物、微生物的新品种，新农药，新的植物生长调节剂，新的肥料，新的农机具，新的节水或节能设备，新的疫苗，新的塑料薄膜等。

2. 技术方法类无形科技成果 该类成果是将认识自然特别是协调生物与自然关系的途径、方法，控制和改造自然的技能等知识，以研究报告、论文、图纸、音像、配方、技术规程以及如何既唯物又辩证地把握各项农艺措施的时机和数量的技巧等形式表现。这些无形的东西之所以成为科技成果，恰恰与那些有形成果的转化直接相关。例如，各种农作物的栽培技术，果树的栽培和修剪技术，畜禽和鱼类的高效饲养技术，病虫害综合防治技术，风沙盐碱综合治理技术，维持良好生态的耕作制度以及生态区划、宏观规划等，均属无形科技成果。

上述两种形态的科技成果，在推动农业科技进步和社会发展过程中均具有重要的应用价值，但在推广应用时的难易程度、在技术市场中交换的方式等方面存在差异。

（二）按照成果的性质分类

根据农业科技成果形成过程中相互关联的不同发展阶段及其社会职能与生产的联系程度，并与科学研究的分类相对应，可把农业科技成果分为基础性研究成果、应用性研究成果、开发性科技成果三大类。

1. 基础性研究成果 农业基础研究的目的和任务主要是探知农业科学领域中客观自然现象的本质、机理及其生物体与环境进行物质和能量交换的变化规律，主要指在生物学、土壤学、免疫学、物质代谢、能量转换、农业新材料、新能源、农业气象学等领域，通过大量的反复的观察、实验所捕捉的信息和数据，经过科学的分析、归纳、抽象、概括，最后形成能够反映事物的本质特征、运动机理、运动规律的理论知识体系。它一般比较抽象和微观，是一种以定理或运动过程规律来描述的知识化理论体系，不借助于相关科学的先进技术进行应用研究，很难被生产直接应用。这类成果虽不能直接解决生产实际问题，但它创造性地扩大了人类认识自然的视野，其意义和价值正如江泽民同志指出的"人类近代文明史已充分证明，基础研究的每一个重大突破，往往都会对人们认识世界和改造世界能力的提高，对科学技术的创新，新技术产业的形成和经济文化的进步产生巨大的不可估量的推动作用。"基础性科技成果是应用性成果和开发性成果的源泉，如生物遗传规律、光合作用机理、脱氧核糖核酸（DNA）双螺旋分子结构的发现等均属此类。

2. 应用性研究成果 应用性成果是为了某种实用目的，运用基础性成果的原理，对一些能够预见到应用前景的领域进行研究，开辟新的科学技术途径和行之有效的新技术、新品种、新方法、新工艺等。这类成果是在基础性研究成果进一步转化为物质技术或方法技术过程中取得的，它既蕴涵有认识自然的成分，又具有改造自然的潜在功能，是理论联系实际的桥梁。在科学地利用和保护自然资源，协调农业生物与环境之间关系，优化配置各种自然资源，防止有害生物和不良环境对农业的侵害，提高劳动和土地生产率，改善产品质量等方面，主要依靠应用性成果。据统计，1979—1988年的10年中，农业系统获得国家级和有关部委奖励的成果有2 373项，其中绝大部分属于应用性研究成果。特别是在263项重大成果中，除“中国农学史”和“2000年全国农业科技、经济、社会发展规划”等7项外，其余256项均属应用性成果，占97.3%。

3. 开发性研究成果　开发性研究就是对应用性研究成果寻求明确、具体的技术开发活动，主要是研究解决应用成果在不同地区、不同气候和生产条件下推广应用中所遇到的技术难题，结合具体情况对应用成果的某些技术指标或性状，通过调试、试验，加以改进和提高，或根据多项应用成果核心创新成分，组装配套成综合技术，实现各种资源和生产要素的高度协调和统一，使潜在的生产力变成现实的生产力。例如，一个新选育的农作物品种，只有通过引种并做适应性试验，了解并掌握了它在丰产、抗逆、品质等方面的特征，如株高、抗冻性、抗病性、成熟期、分蘖力、结实性、肥水吸收规律等，根据其特点研究组装成配套技术，才能更好地发挥其增产潜力。

三、农业科技成果的特点

农业生产是自然再生产和经济再生产相叠加的统一体，生物生产需要遵循生物生长发育规律。受自然生态环境和社会因素的双层制约，与其他科技成果相比，农业科技成果研究产出和推广应用周期均较长。不同形态的成果都具有自身的特点，其转化过程也有着特殊的规律。了解了这些特点，对于正确选择制定转化机制、促进推广具有重要意义。

（一）物化类有形科技成果的特点

1. 商品性　物化类有形科技成果有较强的商品性。物化成果本身既有科技含量和应用价值，又有物质含量和一般商品价值，在交换过程中易于量化、看得见、摸得着，购买者乐于接受。在应用过程中见效快，效果虽有弹性，但变化底线较高。在技术市场中购、售双方均能获利，具备较强的商品属性。这一属性在我国现行小规模生产体制下，又极易派生出农业科技成果应用的分散性。

2. 特异性　物化成果作为一种特殊的商品，应用时有较强的特异性。面对庞大的农业生产系统，研究者很难将多项基础成果聚集在一个科技产品中，以表现出多种应用价值和普遍的适应性。如杀虫螨农药只能针对红蜘蛛等螨类害虫起作用，目前还没有一种广谱农药可以用来防治真菌、细菌、病毒引起的各种病害。

3. 时效性　任何一项农业科技成果的科学性、先进性都是相对的，随着科技的不断发展，新的科技成果必将代替旧的成果。与无形成果相比，物化类有形科技成果的时效性更为突出。这是因为物化成果的科技含量赋予在一定的载体中，这种载体一旦被新的载体所取代，它的作用也随之消逝，无法将其中有价值的部分剥离出来。例如一台农机具或一个新品种，一旦被新的农机具或品种取代，就不会再发挥作用。

（二）技术方法类无形科技成果的特点

1. 生态区域性 农作物生产的实质是植株在气候、土壤和人为农艺措施的综合影响下，与生态环境进行物质和能量交换的复杂过程，因而无法彻底摆脱环境的制约。我国幅员辽阔，不同地区的地理位置、地形、地貌不同，光、热、水、土等自然环境条件差异甚大。在特定生态条件下产生或形成的科技成果，在相同生态区域应用可能行之有效，而在生态环境相差较大的地区应用则不一定成功。

2. 效果的不稳定性 农业生产是一个"露天工厂"，处于开放的系统中，具有明显的季节性和地域性，在漫长的生长发育期间，可能受到偶然的多种不可控气象因素的影响，技术效果不像封闭系统的工业成果那样稳定，常出现"同因异果"或"异因同果"现象。例如某一灌溉技术成果，上一年增产效果显著，但下一年由于降水、气温等条件的变化，增产效果可能大打折扣。技术效果不稳定性，主要是不可控气象因子所致，随着人们改造自然能力的提高，技术稳定性将会大大提高，如设施栽培，厂房下的动物、微生物生产等技术的稳定性一般高于大田。

3. 综合性和相关性 农业科技成果的应用可以是单项技术措施，也可以是多项技术组装的综合技术，综合技术效果一般低于各单项技术效果的简单累加，但任何一项单项技术都不能像综合技术那样使农业生产提高到一个崭新的高度。农作物新品种的育成和推广应用，总是与整个农业科学技术的发展密切相关，只有科学地运用相应配套的栽培技术、科学的耕作制度、灌溉技术、新农药和化肥等新成果，良种的内在潜力才能得到充分表达。

4. 不可逆转的时序性 植物、动物生产需严格按时序性发展，不可跳跃或逆转，虽具有一定自我调节的能力，但受时序性特点的限制，这种自我调节能力是有限的。某一发育阶段所受的影响会影响终生，不可逆转。例如播种过晚，错过农时，个体瘦弱，生产力下降，即使中后期的一切措施良好，也很难弥补；受精后母体营养不良，会影响子代终生。所以农业科技成果转化在生产过程中的操作技能十分重要，应不违农时，各项技术的应用要环环扣紧。只有这样，才可使整个系统发展趋于良性化。

5. 持续性和应用的分散性 相对物化类成果而言，技术方法类成果有明显的持续性特点，具体体现在两个方面：①在应用时间上有较长的持续性。当某项技术成果经过反复试验、示范，被人们认可并采用后，随着对各技术环节掌握程度的逐渐提高，相关工具相继配套，技术的最大潜在增产效果可以得到最有效的发挥，该技术在当地将会持续使用较长时间，一般很难被其他更先进技术取代。有时也会将新技术的关键创新部分移植嫁接到原技术中，使原技术更为完善，并继续在生产过程中发挥作用。②在技术效果和表现方面，它不仅表现在当季或当年，而且往往会体现在参与生产过程后的若干年。例如土壤改良与培肥、农田基础设施建设，不但当时有效益，其长远效益有时会超出人们的想象；生态防护林建设、生物多样性保护区建设、污染治理类技术的效果表现得更为长远。这些特点启示我们，在技术成果的推广时不应盲目追求一时的短期效益，因而忽视长远效益。

我国农业生产经营规模小且分散，新成果的应用取决于分散劳动者的决策或随机反应，情况复杂，某一成果是否被应用，与成果类型、劳动者的认识和管理水平及生态生产条件等多种因素相关。这是造成农业科技成果应用分散的主要原因，也是我国农业实现规模化生产的困难所在。

第二节　农业科技成果转化及与农业推广的关系

一、农业科技成果转化的概念

1. 科技成果转化的定义　1996年5月15日第八届全国人民代表大会常务委员会第十九次会议通过的《中华人民共和国促进科技成果转化法》(以下简称《促进科技成果转化法》),从法律上给出了科技成果转化的定义:“本法所称科技成果转化,是指为提高生产力水平而对科学研究与技术开发所产生的具有实用价值的科技成果所进行的后续试验、开发、应用、推广直至形成新产品、新工艺、新材料,发展新产业等活动。”从这一定义可以看出,科技成果转化是一个从科技成果到产业的长过程,其中包括后续试验、开发、应用、推广,最后形成新产品、新工艺、新材料直至新产业。

2. 农业科技成果转化的定义　根据《促进科技成果转化法》对科技成果转化的定义,我们可以将农业科技成果转化表述为:将农业科技创新生产部门形成的有应用价值的成果,经过后续试验、开发、应用、推广,转化成农民可直接利用的新技术、新品种、新农药、新机械或新的生产设施等,以提高原有产业的规模、效益或发展成新产业的活动。其表现形式是把农业科技成果由潜在的、知识形态的生产力转为现实的、物质形态的生产力。

二、农业科技成果转化与农业推广的关系

(一)农业科技成果转化与农业推广的区别

1. 二者侧重点不同　农业科技成果转化侧重的是对成果“所进行的后续试验、开发、应用”,形成新技术、新品种、新农药、新机械和新的生产设施等,推广则以前面这些环节为基础,进行后续工作,即农业科技成果转化重点要解决的问题是如何使已有成果达到可推广程度,关键是要解决从成果产生到成果可推广的连接机制和运行机制问题,而农业推广则更注重推广的过程和推广的目的,其主要任务是扩大新技术、新品种、新农药、新机械和设施的应用规模,实现经济效益和社会效益的提高。

2. 二者实施方式不同　农业科技成果转化一般只针对一项成果,目的性比较明确;而农业推广可以同时推广几项新成果,如新品种的推广中,可以同时采用新的施肥技术、灌溉技术、栽培技术等。

3. 实施程序不同　农业科技成果转化必须经过农业推广,才能形成规模和效益;而农业推广不一定必须经过科技成果转化过程,因为有些技术型成果无需再进行转化,直接进行推广便可以实现其目的。

(二)农业科技成果转化与农业推广的联系

1. 农业推广是农业科技成果转化的一个环节　对“具有实用价值的科技成果所进行的后续试验、开发、应用、推广”,说明推广是科技成果转化的一个环节,而在形成新产品、新工艺、新材料到发展为新产业的过程中,农业推广活动更是占据重要地位。因为科技成果转化的最终目标是形成产业,这就要求在生产和经营上达到一定的规模,并实现良好的经济

效益乃至社会效益。而扩大规模和提高效益就是农业推广的任务。因此，加强农业推广成为促进农业科技成果转化的动力。

2. 科技成果转化是农业推广的一种途径或方式 对农业推广来说，已经发展为多种途径或方式，项目式、教育式、试验示范式、行政干预式、参与式农业推广等是经常采用的；而转化是针对某一成果的专门活动，主要是解决某个成果如何形成产业并占领市场问题，只是农业推广的途径或方式之一。

（三）农业科技成果转化与农业推广活动相互交叉

1. 成果推广过程需要试验、开发 农业科技成果的推广，其过程往往涉及多项技术。例如一个农作物新品种的推广，还需要配套的栽培技术，包括灌溉、施肥、定苗、除虫、除草等；一个动物新品种的推广，必须了解其生活习性，掌握其饲养规律，常见病、多发病的预防等。农业科技成果的载体，多数是鲜活的动植物，其生长发育规律具有多样性，加上容易受多种环境因素的影响，在甲地取得良好效果的成果，在乙地可能不适应，这是因为甲乙两地的土壤、水分、光、气、热等条件有差别，而这些差别在生产中的表现是难以十分精确地掌握的。因此，推广的过程还需要进行综合性试验、适应性试验等，这些工作应属于转化工作。

2. 成果转化伴有推广活动 农业科技成果不能像工业新产品那样，转化就是将知识型成果变成技术型成果，再将技术型成果变成产品，推广过程主要是复制（扩大生产）和营销过程。而农业科技成果在鉴定或评审时就要求一定的试验范围、种植面积、养殖数量等，因此转化中经常伴有农业推广活动。在具体实施中，科研单位或科技企业往往将多个环节作为一个完成的过程来实施，并不区分哪些属于转化、哪些属于推广。因此，这两个词常常被放在一起使用，如“农业科技推广和成果转化模式”、“农业科技推广和成果转化的方式、方法”、“农业科技推广和成果转化的运行机制”等。

综上所述，农业科技成果转化与农业推广既有区别，又互相联系，互相交叉，因此研究农业推广必须研究农业科技成果转化。

第三节 农业科技成果转化的条件和有效机制

一、农业科技成果转化的条件

1. 高质量和熟化的成果 目前，中国农业科技成果的类型比较庞杂，而能够转化的成果只能是既具有创新性又具有实用价值的成果。因此，简单地认为我国农业科技成果转化率低是不全面的。农业科技成果要实现有效转化，必须具备下列条件：①成果必须具有创新性，这种创新不单单体现在新理论或新概念上，而是更多的强调解决问题的新途径、新方法；②成果必须是成熟的，成熟的标志不仅仅是实验室的成果，而是经过中试，各项技术指标稳定、效果可靠的成果；③成果预期可产生显著的经济、社会和生态效益，这些效益必须由用户评价，而非由专家评价；④成果有一定的适用范围和时段，农业科技成果具有明显的区域性和时间性，通用的很少；⑤成果的复杂程度，越是技术简单、容易掌握的成果，越容易转化，反之则难。

2. 政策环境与资金投入能力 国家的产业政策对农业科技成果转化的影响非常重要。如国家重视粮食安全，匹配相应的政策措施，增产技术就会得到方方面面的重视，此类技术容易转化；国家强调提高人民生活质量，注重食物安全时，有关优质化技术、无害化技术、标准化技术、储运保鲜技术就容易转化。

农业科技成果转化以资金投入为经济前提。发达国家的经验证明，研发与转化的投入之比应为1∶10。而中国目前对转化投入的认识还不足，表现在科研人员重研究、求学术、讲水平轻转化，论文性成果多，物化性和能直接面向市场的成果少。各类农业企业和生产组织受自身资金能力影响和短期利益驱动，愿意取得成熟技术和可直接利用成果，不愿在转化上进行投入。政府在转化环节的投入量小，农业公共产品的购买力差。这些构成了我国农业科技成果转化率低的内在原因。

3. 健全的联结与运行机制 农业科技成果转化需要成果产出系统、成果评价系统、成果熟化系统和成果应用系统的有效联结与明确分工。而中国的农业科技成果转化至今还未能形成利益共享、风险共担的利益共同机制，这几个系统分散于不同的部门和市场主体中，联结不紧密，断点较多。从转化的角度看，科研、教学部门产出的知识型成果，需要第三方做经济与可行性评价，企业做中试，财政金融部门提供资金支持，专业合作组织做中介，高素质农民来接受。目前，做到这一点还有很大距离。因此，构建一种适合中国国情的、从成果产生到成果推广实现有效连接的运行机制成为提高农业科技成果转化率之关键。

二、农业科技成果转化的有效机制

我国农业科技成果转化机制经过半个世纪的建设和发展，特别是经过改革开放30多年来的不断改革与完善，已基本形成了与具有中国特色社会主义市场经济体制相适应的转化机制，这种机制是以公益性农业科技推广机构为主体，各种社会组织广泛参与的多元化转化体制。

（一）以项目为纽带的科、教、推结合模式

1. 以推广项目为黏合剂的合作推广形式 对于重点推广项目，组织由科研、教学、推广三方面单位科技人员参加的协作组共同进行成果推广。

2. 以生产指标为主线的集团承包形式 根据不同地区生产任务的要求，组织由农业院校、科研单位专家教授，基层推广人员、农用物资供应部门、地方行政领导组成的承包集团，联合承包地区各年度的生产任务指标。

3. 根据生产需要进行联合攻关的形式 农业推广部门和生产部门根据生产需要，针对一些生产上的主要障碍因素，邀请科研、教学部门联合攻关。

4. 推广部门建立技术依托单位的形式 各级推广部门通过各种渠道，采取各种方式，以科研、教学部门为技术依托单位，引进人才和技术。

5. 以聘请顾问为主的技术咨询服务形式 农业推广部门聘请由教学、科研单位专家、教授组成的顾问团，在生产关键阶段进行巡回考察指导和产前、产中、产后的咨询服务，帮助解决生产中的技术问题。

（二）农业高新技术园转化模式

农业高新技术园是在我国传统农业创新技术已经基本上被广大农民群众所掌握，而以现代生物工程技术、自动化设施栽培技术为核心的现代农业技术尚未得到应用普及之际，国家为了促进传统农业向现代农业的快速过渡，借鉴我国传统农业技术推广阶段所采用的试验（示范）点、样板田及国外工业孵化器的经验，在"九五"期间涌现出的新事物。由于农业高新技术园大多在苗木工程、生物制剂（如生物农药、饲料添加剂、疫苗等）、绿色农产品深加工等方面从事以生物工程为核心的现代化生物技术的开发与应用，不但科技含量高、产业特色鲜明，而且示范带动作用良好，避免了新产品的研发与推广应用两种功能相分离的弊端，因而是农业科技成果转化的崭新机制，呈现出旺盛的生命力。

根据我国现阶段的发展现状，农业高新技术园所从事的研究、开发、生产内容大致可分为3个方面：①以标准化、智能化为目标的设施生产。例如，智能温室的花卉、蔬菜、果树栽培（或无土栽培），畜禽和鱼贝类的高效饲养，转基因和脱毒苗木的快繁，食用菌类的种植等。②以生物技术为核心的农业技术新产品的研发与生产。包括名特优稀植物、动物、微生物新品种的驯化改良和生产，生物农药、饲料添加剂、疫苗的研发和生产等。③以绿色环保和可持续发展为目标的研发和生产。包括无污染应时新鲜蔬菜的生产技术，节能灶具，生物净化处理污水技术，以秸秆为原料的可分解餐具的研发，废弃垃圾物的综合利用等良性生态循环技术。

因建立农业高新技术园的初衷体现并代表着国家快速提高农业现代化水平的意志，所以各级农业高新技术园的建设一般由政府出资，而当建成以后，通常情况下均移交给具有独立法人主体地位的企业集团管理，并按照自主经营、自负盈亏这种与市场经济体制相适应的机制运作。农业高新技术园在研发经营过程中充分利用《中华人民共和国技术合同法》、《促进科技成果转化法》及减免税收等优惠政策，视市场需求及时调整研发和生产方向，受行政干预少，可灵活独立应对市场的挑战，在人才的聘用及利益分配方面利用企业管理办法，引入竞争机制和责权利挂钩的奖惩激励机制，调动了职员的创新积极性，冗员少，机构精干，工作效率高，具有自我组织、自我积累扩展的功能，是与市场经济相适应的良好的转化机制，具有广阔的发展前景。但就目前现状看，还存在着诸如创新人才缺乏、研发项目效益不高、资金缺口往往需要政府的扶持等不足，需要进一步完善。

（三）现代农业产业技术体系

2007年，农业部、财政部为了提升国家和区域层面的农业科技自主创新能力，为发展现代农业和建设社会主义新农村提供强有力的科技支撑，在实施优势农产品区域布局规划的基础上，经研究决定建立现代农业产业技术体系，印发了《现代农业产业技术体系建设实施方案（试行）》。这是中国政府在发展现代农业新时期推进农业科技成果有效转化的新探索。

1. 目标和原则体现以转化为重点

（1）这一体系目标取向在于服务于产业发展。现代农业产业技术体系建设的基本目标是按照优势农产品区域布局规划，依托具有创新优势的现有中央和地方科研力量、科技资源，围绕产业发展需求，以农产品为单元，以产业为主线，建设从产地到餐桌、从生产到消费、从研发到市场各个环节紧密衔接、环环相扣、服务国家目标的现代农业产业技术体系，提升农业科技创新能力，增强农业竞争力。

（2）现代农业产业技术体系建设原则体现了围绕转化的机制创新：①合理划分责任，强化协同配合。中央主要负责体系建设的统一规划、区域布局和管理协调，指导和帮助地方落实产业发展任务，支持地方间建立区域农业产业优势互补、利益共享的合作机制，组织全国优势力量开展共性与关键技术研发、集成和示范等，并收集和提供产业相关信息。地方充分利用中央和地方各类科技资源，落实统一规划和区域布局下的相关任务，做好涉及本地的机构、设施、人员等相关条件保障工作；地方与地方之间加强沟通和协作，本着优势互补、利益共享、分工明确的原则，共同推进本区域内的农业产业发展。②遵循农业产业规律，推动协调发展。以农业产业需求为导向，按照产业发展的内在规律，合理配置遗传育种、栽培与养殖、病虫害防治、营养、产后处理与加工、设施设备和产业经济等各个环节的科技资源和研发力量，为产业发展提供全面系统的技术支撑。③强化了制度设计，建立起内在机制。农业产业技术体系从各个产业发展的整体性出发，在内容设计、任务分解、协作方式和组织管理等方面做了系统化、制度化设计，确保决策、执行和监督三个层面权责明晰、相互制约、相互协作。通过基地、人才、项目相结合，产学研相结合，政府与市场相结合，建立起了规范化、标准化的管理和运行机制。④稳定经费渠道，提高资金效益。按照农业产业发展和技术进步规律的要求，在明确中央和地方以及依托单位投入责任的基础上，建立起了相对稳定的经费支持渠道，并且与国家科技计划、产业基地建设、地方政府和依托单位资金等有机衔接的机制，避免了重复交叉，提高了资金使用效益，解决了研发、转化和推广链上的资金投入断点问题。

2. 体系任务、结构和职责体现为农业产业服务 现代农业产业技术体系的基本任务是：围绕产业发展需求，集聚优质资源，进行共性技术和关键技术研究、集成、试验和示范；收集、分析农产品产业及其技术发展动态与信息，系统开展产业技术发展规划和产业经济政策研究，为政府决策提供咨询，向社会提供信息服务；开展技术示范和技术服务。

针对每一个农产品，设置一个国家产业技术研发中心和一个首席科学家岗位。每一个国家产业技术研发中心由若干功能研究室组成，每个功能研究室设一个研究室主任岗位和若干个研究岗位。其主要职能是：从事产业技术发展需要的基础性工作；开展关键和共性技术攻关与集成，解决国家和区域农业产业技术发展的重要问题；开展技术人员培训；收集、监测和分析产业发展动态与信息；开展产业政策的研究与咨询；组织相关学术活动；监管功能研究室和综合试验站的运行。

根据每一个农产品的区域生态特征、市场特色等因素，在主产区设立若干综合试验站。其主要职能是：开展产业综合集成技术的试验、示范；培训技术推广人员和科技示范户，开展技术服务；调查、收集生产实际问题与技术需求信息，监测、分析疫情和灾情等动态变化并协助处理相关问题。

3. 管理体制突破部门和单位的限制 现代农业产业技术体系设立了管理咨询委员会、执行专家组和监督评估委员会。管理咨询委员会由相关政府部门、产业界、农民专业合作组织代表及有关专家组成。执行专家组由各产业技术研发中心首席科学家和功能研究室主任共同组成。监督评估委员会由行业管理部门、主产区政府主管部门、相关学术团体、推广机构、行业协会、产业界、农民专业合作组织代表以及财务和管理专家组成。

4. 实行“开放、流动、协作、竞争”的运行机制

(1) 任务的确定。由各产业技术研发中心和首席科学家组织本体系内的人员，全面调查、征集本产业技术用户包括中央和主产区政府部门、推广部门、行业协会、学术团体、进出口商会、龙头企业、农民专业合作组织提出的技术需求问题，经执行专家组讨论梳理，提出本产业技术体系未来五年研发和试验示范任务规划与分年度计划，报经管理咨询委员会审议后，由农业部审批。

(2) 任务的执行。产业技术研发中心和首席科学家根据批准的五年研发和试验示范任务规划和分年度计划，制订自己的五年研究和试验示范任务分解方案，经执行专家组讨论通过后，分解落实到本体系内的每个功能研究室和研究岗位、综合试验站和站长岗位。然后分别签订任务委托协议，并由产业技术研发中心及其建设依托单位和首席科学家与农业部签订任务书。

(3) 任务的考核。每一年度，由首席科学家根据任务委托协议内容指标，组织对功能研究室和研究室主任及各研究岗位专家、综合试验站和站长进行考核，考核结果报管理咨询委员会。监督评估委员会根据任务书的内容指标，对产业技术研发中心和首席科学家进行年度考核，考核结果报管理咨询委员会。每五年还要进行一次综合考核。

2007 年，农业部已在全国选择水稻、玉米、小麦、大豆、油菜、棉花、柑橘、苹果、生猪、奶牛 10 个产业，开展了建设试点，针对每一个大宗农产品设立一个国家产业技术研发中心，启动了 56 个功能研究室，同时在产品优势主产区建设 229 个综合试验站。2008 年，农业产业技术体系扩大到了 50 个农产品。现代农业产业技术体系建立两年多来，已在主要农产品前瞻性研究，基础性工作，共性和关键技术攻关，新技术、新成果转化，应急性、突发性灾害应对，基层推广人员和农民培训等方面发挥了重要的作用，显现出强盛的生命力。

(四) 现代农业产业化经营模式

随着农业现代化水平的提高，供求关系发生了根本性变化，农民从事农业生产不再是为了自给，而是变成了一种经营。它要追求利益的最大化，必然要求农产品商品率有大幅度的提高。以专业化生产为特色的企业为龙头，聚集、带动众多分散生产单元走规模化、标准化、专业化生产经营的道路，是提高商品率和经营效益的最佳途径。

企业、基地、农户相结合产业化经营的形式多种多样，根据性质的不同可归纳为 3 种类型：①有一定经济实力和相应的生产设备，拥有自己的研发机构和独立研发能力并具有一定的销售渠道和网络的大、中型农副产品加工企业。他们主要是依靠基地农户所生产的粮、棉、油、肉、蛋、奶、果、药、蔬等农产品为初级原料，进行粗加工、深加工直至精包装等生产，从而实现商品的市场竞争力和农产品产值的同步提高。②大专院校、科研院所（含部分民营）的育种单位，为了既保证良种质量，又能扩大繁殖规模，提高市场占有率，结合本专业成果的特点而建立的各种生产基地。③一些虽不具备独立研发能力，但具有一定资金和独立销售网络渠道的公司，通过基地政府组织分散农户从事某种专业化生产，并提供产、供、销一体化服务及产品销售。这种形式在全国各地的数量多，形式也不尽相同。

企业、基地、农户相结合的产业化经营模式之所以称为一种科技成果转化的运行机制，关键在于龙头企业本身具备某些产品的研究开发（或引进）功能。即使没有研发能力的中、小型企业，它们所推广应用的新技术或动物、植物、微生物的新品种，也是首先由企业通过引进、购买等多种形式取得经营权，然后按企业生产销售能力对各类原料的需求量，通过基地与农户签订合同，安排规模不等的专业化生产。企业负责产中的技术辅导，产品则按合同的标准及契约价格回收。这种经营模式的运作过程，对具有独立研发能力的大企业而言，具备了应用科技成果的生产和推广应用直至生产过程完成两个转化阶段的功能。对不具备独立研发能力的中、小企业而言，它们承担并履行了技术的筛选、引进，产中的技术指导及其产品销售的义务。这种模式具备了科技成果的推广应用条件，促进了科技成果向现实生产力的转化，不仅为国家节约了资金，还吸纳了部分推广人员，更重要的是销售渠道的沟通，促进了农民对创新技术采纳应用的积极性，因而是一种市场经济体制下农业科技成果转化的良好运行机制。

企业、基地、农户相结合的运行机制具有两个突出的优点：①通过订单生产合同为利益纽带，使企业和农户结成了风险共担、利益分享的共同体，既延伸了农业生产的产业链条，增加了农产品的附加值，又调动和加强了整个产业链条中生产、加工、销售等不同利益集团的生产积极性和责任心。这种以共同利益为纽带的内部驱动力，为企业、基地、农户相结合能够实现自组织、自适应提供了有力的保障。②通过订单生产的形式，解决了产、供、销相分离的问题，实现了小规模分散经营与大规模产业化生产的有机结合，提高了规模效益和产品的商品率。企业、基地、农户相结合的运行机制在实践中也暴露出一些缺点：①受市场供求关系特别是外贸形势的影响较大，当市场价格高于契约价格时农民不愿履行合同；反之，企业不愿履行合同，特别是当某些产品受到国外技术壁垒或倾销等因素阻碍时，企业受损失较大，甚至导致企业倒闭，具有一定的风险性。②企业承担着产前预测、产中技术服务和产后销售的义务，在运行过程中始终掌握着主动权，而作为被动一方的农户在产品质量界定和价格约定方面受制于企业一方，所获得的利益一般较小。

第六章　农业推广制度

中国的农业推广制度，作为国家经济社会管理制度的重要组成部分，产生于夏代，经历了不同历史时期的发展逐步走向完善。随着中国农业推广制度的不断发展和国家依法治国的推进，农业推广逐渐走上法治化。了解农业推广制度，是学习农业推广理论与实践的重要内容。

第一节　农业推广制度的变迁

一、农业推广制度的含义

（一）农业推广制度概念的表述

在古代对农业推广制度的表述中，一般包括各级农官的设置及其职责，还有朝廷及农官的活动惯例、农事活动的时令等。宋希庠所著《中国历代劝农考》（中正书局，1936年）一书中，使用了“劝农制度”一词，如“周代劝农制度，观上述而允之详尽。以一稼穑之教，司徒既教之，遂人又教之；一耕耨之趋，酂长既趋之，里宰又趋之；一穜稑之种，舍人既悬之，司稼又辨之。凡有可以佐百姓力农者，罔不设官而教导之，有似今日农业推广制度下之农业指导员。”在近现代农业推广制度的表述中，则多指推广机构的设置及推广体系、推广组织、推广方式方法等。廖崇真所著的《农业推广理论与实施》（商务印书馆，1940年）一书中使用了“农业推广制度”一词；第六章为“各国农业推广制度概况”，介绍了世界上8个国家的农业推广，内容包括政府机构、推广组织、推广方式、推广教育。罗伟雄、丁振京等著的《发达国家农业技术推广制度》（时事出版社，2001年）一书，研究了美国的合作农业推广制度、日本的农业科技普及制度、以色列科技文化传播制度、加拿大的农业科技推广服务、英国的农业咨询推广制度、法国的农业发展制度、德国的农业教育推广咨询制度、丹麦的农业咨询服务制度、澳大利亚的农业科技咨询制度、荷兰的农业科技传播制度、波兰的农业咨询服务、印度的农业科技文化传播、泰国的农业科技文化传播制度。我国台湾学者吴聪贤所著的《农业推广学原理》（台湾省联经出版事业公司，1988年）一书，将农业推广制度看成农业发展系统的一个次系统。该书认为：“农业推广工作执行单位或机构为有效达成任务或企业目标，乃逐渐地添加组合各种人员和资源、建立法律、规定以统御之，于此一个推广制度乃告成立。”

新中国从1949年成立至改革开放前，农业推广制度主要体现为政策的制定和执行，包括党中央和国务院下发的文件，还有各级地方政府制定的地方性文件以及依此组建的农业推广体系。改革开放以来，随着国家依法治国方略的推进，农业推广逐渐走向法治化，农业推广法律制度在农业推广制度中居最高位置。王慧军、刘秀艳著的《中国农业推广发展与创新研究》（中国农业出版社，2010年）一书中，按照当前农业推广的实际状况，将中国农业推广政策和法律法规、农业推广体系、农业推广组织和人员纳入农业推广制度的研究范畴。

（二）农业推广制度的形式与内容

综合文献对农业推广制度的表述可以看出，农业推广制度的含义应从制度的表现形式和制度包含的内容两个层面上进行理解：①农业推广制度的形式是农业推广政策和法律法规，它们往往以成文的形式表现出来；②农业推广制度的内容包括农业推广体系、推广机构、推广组织和人员的设置及其职责、推广方式方法等，它们以组织和人员的行为、物的流动形态表现出来。

农业推广制度的形式和内容互相依存，形式将内容制度化，内容是制度的具体体现。具体表现为：①政策和法律法规是推广体系、推广机构、推广组织建立及行动的依据。农业推广体系、推广机构、推广组织和人员的设置必须依据政策和法律法规；这些部门的业务活动必须依据政策和法律法规；这些部门的管理和绩效考核必须依据政策和法律法规。②政策和法律法规的制定依赖于推广体系、推广机构、推广组织的发展状况及其实践效果，在实际需要中发展和完善。

农业推广制度的形式和内容又有区别，具体表现在：政策和法律法规是相对稳定的，短时间内不易变更，而推广体系、推广机构、推广组织等则是相对灵活的，根据需要可以随时调整；政策和法律法规是相对抽象的、概括的，而推广体系、推广机构、推广组织等则是由人员及其活动组成，是具体而生动的。

二、中国古代的劝农制度

中国的农业推广制度与国家制度同时建立，甚至还可能更早。相传在夏王朝建立以前，中国就有了农官制度。传说中的后稷先是被尧帝奉为农师，后被舜帝奉为农官，也就是历史上第一位农官。商周时期，国家机构设置渐趋完备，农官的设置更为明确，分工也逐渐清晰。据《周礼·地宫》记载，大司徒就是分管农业技术的高级官员，在大司徒的职责中，就有“辨十有二壤之物，而知其种，以教稼穑树艺”的规定，即辨别十二种土壤所宜种植的作物，熟悉作物种类，以教导民众种植谷物和果树。大司徒以下还有分管专门农业项目的官员，其中直接指导农业生产的职位有草人、稻人和司稼等。

春秋战国时期，农官制度又有了新的发展。一些优秀的农业经营与生产者擢升为田官或其他官吏，打破了以前的农官世袭制度。被称作庶长的官职，身兼军事、农政二任，正是庶人兵农兼务的具体反映。商鞅变法以后，农官开始从民间选拔，有许多官吏以啬夫称之。啬夫多选拔于民间，其职责较多地与农事管理相关。在唐代，中央设有司农卿一人、少卿二人，负责农事；地方道、州、县的副长官，主要职责是劝课农桑；在基层，每百户设里正一人，专掌按比户口和课殖农桑。宋元时期的农业推广制度进一步完善。宋太宗元年，下诏在全国各地设农师，这是配合地方督导农业的农官，指导农民务农。农师是中国早期的农业技术人员。

中国的农业推广活动虽有几千年的历史，但中国的社会政治制度长期停滞在封建社会，一切活动均以帝王的诏旨办事，农业推广活动也不例外，难以形成法制化的农业推广制度。

三、中国近代的农业推广制度

中国依靠法制管理农业推广的尝试开始于近代，一批洋务派和维新派在学习西方先进科技成果的同时，也引进了西方的法制管理方式。

（一）清朝末期的农业推广制度

1898年，湖广总督张之洞在广州设纺织局，开始从美国引进陆地棉良种。1905年清政府设农工商部，内设农务司，综理农业行政。并在北京设立中央农业试验场，分树艺、园艺、蚕丝、化验及虫害等科，这是我国第一个具有近代雏形的全国农业试验场，推动了当时的农业推广工作。各省设劝业道，各州县设劝农员。"清地亩，辨土宜，兴水利，设农务学堂及农事试验场，通饬各省举办。此时直隶保定首先创立农会，树中国农民组织之先声。"1906年清政府制定《农会简章》23条，要求各省设立农会。1907年订立《推广农林简章》22条，规定了奖励绅士垦荒，办理农林事业，设立农业学堂、农事试验场、农林讲习所以及讲求水利畜牧等事项。至辛亥元年，各省已开办的试验场、讲习所、农业学校、农会、木植局、垦务所等机关，据统计不下百处。

（二）北洋政府时期的农业推广制度

张謇在出任民国北洋政府农商总长时期，十分重视对传统农业的现代化改造，开创了近代中国改造传统农业的新阶段。他把改造传统农业与民族工业建设紧密结合在一起，提出了"欲求制造额之加多，必先扩张其原料之数量，并改良其品质"的理念，建立了许多有利于用西方先进科技改造传统农业的制度。

1. 制定奖励农家制度，促进农业技术推广　农商部颁布《植棉制糖牧羊奖励条例》，规定：宜选细子未核及其他优良之棉种；改良植棉，宜选埃及或美洲之棉种；甜菜种宜采之德国；甘蔗种宜采之爪哇；羊种宜采美利奴羊。《植棉制糖牧羊奖励条例施行细则》规定："改良羊种者，自第一传起至完全改良种，每传均得适用植棉制糖牧羊奖励条例之规定奖励……并得并计之。"对品种改良的奖励力度大于对扩种扩养的奖励力度，如对"改良植棉者"的奖励是"扩充植棉者"的3倍；对牧羊业的奖励只奖励"改良羊种者"。

2. 颁布《劝农员章程》　不仅中央政府颁布了《劝农员章程》，各县也颁布《劝农员章程》，明确劝农员必须为"勤朴坚实、谙习农事、经营业务在二十五年以上者"，劝农员分赴各地，从事"巡回演讲、分布苗种、教用农具、调查天灾虫害和其他改良农事一切事项"。

3. 政府直接开办试验场　农商部开办各种试验场，其主要任务就是从事优良品种的征集、引进、培育、试植、试养和传播。如棉业试验场"得将历经试验成绩优良之棉种，分给民间种植"，"每年应征集民间新收获之棉产物，开棉业品评会一次"；种畜试验场的技术员所掌管的事项有"家畜繁殖改良"、"纯良种畜养护"、"中外畜种比较试验"、"种畜品评会"等。

（三）国民党政府时期的农业推广制度

北洋政府统治结束之后，国民党政府在农业推广方面制定和公布了不少法规，建立了各级农业推广机构。1927—1934 年，颁布中央级涉农法规及计划达 76 件。各省也都有相应的法规出台，光山西省就有 29 项。其中比较重要的文献是《农业推广规程》和《全国农业推广计划》。

1.《农业推广规程》　1929 年 1 月，由农矿、内政、教育三部共同公布《农业推广规程》。这个规程共 6 章 24 条，提出农业推广的宗旨为："普及农业科学知识，提高农民技能，改进农业生产方法，改善农村组织、农民生活及促进农民合作。"

根据《农业推广规程》规定，各省应建立以下三种农业推广组织之一种："一、国立或省立专科以上农业学校与各省农政主管机关，会同有关系之机关、团体，组织一农业推广委员会"，管理关于省内农业推广事务，其委员会组织章程另定之。二、国立或省立专科以上农业学校内，设一农业推广处，管理该省内之农业推广事务，为辅助其进行并得设农业推广顾问，其委员会组织章程另定之。三、省农政主管机构内设一农业推广处或推广委员会，管理该省内之农业推广事务，其组织章程另定之。

《农业推广规程》还对农业推广机构的管理、农业推广业务范围、农业推广委员会的人员组成、农业指导员的资格等进行了规定。

1929 年 12 月，成立中央推广委员会，隶属实业部。其主要职责为：制订方案、法规，审核章程、报告，设置中央直属实验区，检查各省农业推广工作，编印推广季刊。

2.《全国农业推广计划》　1931 年编制了《全国农业推广计划》，计划分目标、原则、期限、指导人员、农业研究及试验、经费预算等部分。各省市及县和其他机关也制定了农业推广计划。当时的农业推广实施的内容和形式有：特约示范农田、蚕桑指导、防除病虫害、畜牧指导、询问指导或函询指导、文字图书指导。建立中央和省模范农业推广区。1940 年，农产促进委员会组织农业推广巡回辅导团，分设农业推广、农业生产、作物病虫害、畜牧兽医、农村经济及乡村妇女等小组，采取巡回辅导方式以促进地方推广事业。

国民党政府执政期间，在农业推广的相关法制建设方面留下了不少可贵资料。但是，由于战乱和多种原因，实践上未能达到组织机构和规章制度形成时所预想的目的，一些先进分子所设想的蓝图也并未实现。对于当时农业推广存在的问题，章之汶、李醒愚先生评论说："农业推广之障碍者，亦有数点：（一）无统一组织，难免偏枯或重复之弊。（二）从事推广，未能与研究机关切实联络，缺少可靠材料。同时研究机关过少，有成绩者更不多见。（三）推广人员未受相当训练，或难受训练，而为期过短。"

四、新中国成立后的农业推广制度

1949 年新中国成立，农业部作为中央政府领导和管理全国农业综合事务的行政部门即告成立。农业部成立伊始，便开始组建农业推广机构。历经 60 多年的发展，虽然有过曲折或失误，特别是"文化大革命"时期的严重冲击，但中国的农业推广事业在曲折中前进，农业推广制度不断完善，并逐渐走向法制化，形成了由农业推广政策、农业推广法律法规、农业推广组织及人员构成的完备的农业推广制度。

第二节　新中国农业推广政策的发展

一、新中国成立至改革开放前农业推广政策的制定与发展

（一）关于农业推广体系

1952年，农业部制订《1953年农业技术推广方案》。方案要求各级政府设立专业机构，配备专职人员，逐步建立起以农场为中心、互助组为基础、劳模和技术员为骨干的技术推广网。农业部在全国农业工作会议上提出的《关于充实农业机构，加强农业技术指导的意见》中规定：县级农林水利局设10～15名技术人员；区级设一个农林水利技术推广站，编制10人左右，按区的大小而定，负责进行具体的技术指导工作；乡或村级吸收技术能手参加农业合作生产委员会。1954年，农业部拟定《农业技术推广站工作条例》和《关于农业技术推广站工作指示》，对推广站的性质、任务、组织领导、工作方法、工作制度、经费、设备等都做了规定，明确规定农业技术推广站是农业部总结农民生产经验，推广农业科学技术，帮助农民提高产量、增加收入，促进农业合作化的基层组织，并对技术推广站的选址、人员编制、工作方法、隶属关系、干部培训、表彰奖励等作了具体规定，要求在对已有各站进行整顿提高的同时，根据具体条件积极稳步发展新站。至此，农业技术推广站的建设从试办进入普及阶段。但在“大跃进”时期，农业推广体系受到“左”的冲击，许多农业推广组织已经无法正常开展工作。1961年12月，农业部在全国农业工作会议上提出整顿“三站”（农技站、种子站、畜牧兽医站）的意见，开始在县级建立、恢复农业技术推广站，隶属县农业局领导。1962年底，农业部作出《关于充实农业技术推广站，加强农业技术推广工作的指示》，进一步对农技站的任务、工作方法、人员配备、生活待遇和奖励制度以及领导关系作出了明确指示，农业技术推广体系得以恢复。1966年，“文化大革命”在全国爆发，农技推广工作与其他技术工作一样再次受到严重冲击。大部分技术推广机构被撤销，技术人员有的下放到农村插队，有的改行转业，技术推广工作陷于停顿状态。即使在极“左”的环境下，基层干部群众为了提高粮食产量，保证基本生活需要，仍在探索农业推广的新制度。湖南省华容县创建的“四级农业科学试验网”制度，简称“四级农科网”，即县办农科所、公社办农科站、大队办农科队、小队办实验小组，对农业技术的普及推广起到了一定的积极作用。但由于不分层次地大搞群众性科学实验运动，混淆科研与推广的性质，以群众运动代替专业队伍，不仅许多科研、推广任务无法完成，也造成了人力、物力的浪费。

（二）关于农业推广工作的内容

由于农业在国民经济中的重要地位和实行计划经济体制等原因，农业推广工作的主要内容多次以中央政府文件的形式加以明确并贯彻实施。1952年2月，政务院第124次政务会议通过了《中央人民政府政务院关于1952年农业生产的决定》，指出：“有计划地总结和推广丰产模范的经验，对提高单位面积产量有极大的作用。农业技术部门和国营农场应做好科学技术和农民经验相结合的工作，及时地给农民以指导，打破农民‘生产到顶’的自满情绪和农业技术上的保守思想，普遍地建立起农村的技术研究组，推广优良品种，并从各方面改进耕作技术。”1953年开始实施的《中华人民共和国发展国民经济的第一个五年计划》中，

提出促进农业合作化和提高农作技术，保证农业生产计划的完成的主要措施包括：推广双轮双桦犁、双轮单桦犁或新式步犁；发展小型的农田水利；合理地和节约地使用肥料；有效地利用土地；提倡精耕细作和改进栽培技术；积极地推广优良种子；努力地同各种病虫害作斗争；加强水土的保持；积累机械耕作的经验，培养机械耕作的干部。1954 年，中共中央批转中央农村工作部的《中央农村工作部关于第二次全国农村工作会议的报告》，指出："在北方平原地区（也是两年内合作化发展最快的地区）大力推广马拉（或牛拉）双铧犁或新式步犁……还应积极发展小型农田水利，修小水库，设抽水机站，制造水车，帮助农民打井，在常闹水旱灾害的地区，要加强当地河流的治理工作。合理施肥是增产的可靠保证，除尽可能地扩大商品肥料供应量以外，主要依靠农家积肥造肥。养猪养羊，既可扩大肥源，又可增加肉食供应，必须积极发展。"1956 年，中央政治局提出《1956 年到 1967 年全国农业发展纲要（草案）》，增产措施的项目主要是：①兴修水利，保持水土；②推广新式农具，逐步实行农业机械化；③积极利用一切可能的条件开辟肥料来源，改进使用肥料的方法；④推广优良品种；⑤改良土壤；⑥扩大复种面积；⑦推广多种高产作物；⑧改进耕作方法；⑨消灭虫害和病害；⑩开垦荒地，扩大耕地面积。1958 年，毛泽东同志提出农业八项增产技术措施，简称"农业八字宪法"，即"土：深耕、改良土壤、土壤普查和土地规划；肥：合理施肥；水：兴修水利和合理用水；种：培育和推广良种；密：合理密植；保：植物保护、防治病虫害；管：田间管理；工：工具改革"。"农业八字宪法"根据我国农民群众的实践经验和科学技术成果而提出，将复杂的农业推广内容简单化，易学易记，通俗明白，是经典的农业推广文体，也是执政党领袖亲自抓农业推广的范例。

（三）关于农业推广的方式方法

在党和政府的文件中，多次对农业推广的途径方法进行指示。《中华人民共和国发展国民经济的第一个五年计划》中规定："地方国营农场应该同农业科学研究机关和技术推广站相配合，把当地先进的农业生产技术和经验同科学技术的研究结合起来，把增产的实验工作同推广工作结合起来，在当地农民中推广有效的先进的方法和经验。"1956 年，在中央政治局提出的《1956 年到 1967 年全国农业发展纲要（草案）》中，专门提出"推广先进经验的办法，主要是：①由各省、市、自治区把当地合作社中的丰产典型收集起来，编成书，每年至少编一本，迅速传播，以利推广。②举办农业展览会。③各省（市、自治区）、专区（自治州）、县（自治县）、区、乡（民族乡），都应当定期召开农业劳动模范会议，奖励丰产模范。④组织参观和竞赛，交流经验。⑤组织技术传授，发动农民和干部积极地学习先进技术。"1963 年，中共中央、国务院向全国批转谭震林、聂荣臻《关于全国农业科学技术工作会议的报告》，报告中称："农业生产的发展，不仅需要科学研究单位进行广泛而深入的研究工作，而且还要靠技术推广部门，因地制宜地在生产中广泛推广应用。任何新技术、新品种，都必须通过大量的区域试验、生产示范，明确推广的条件，并做出样板，才能为群众所接受。"

二、改革开放后农业推广政策的发展

1978 年，中国进入了改革开放的新的历史时期，随着思想解放运动的深入，党中央和国务院针对农业发展和农业科技推广问题推出一系列新的方针政策。1978 年 12 月中共十一届三中全会讨论并试行、1979 年 9 月中共十一届四中全会通过的《中共中央关于加快农业发展的决定》，总结了新中国国成立后 20 年农业发展的经验和教训，强调“我们一定要集中力量抓好农业的技术改造，发展农业生产力。在农业集体化的基础上实现对农业的技术改造，这是我们党在农业问题上的根本路线。”此后的 30 多年来，以“中央 1 号文件”的形式下发的文件就有 12 个，其中 20 世纪 80 年代 5 个，21 世纪初 7 个。每个文件中都有关于推动农业科技进步和农业推广的内容。党和政府对于农业科学技术的认识不断有新的突破，理论上不断升华，有关农业推广的方针政策也不断发展和创新。

(一) 对农业科技推广认识的深化和理论的升华

1. 实施科教兴农战略 1988 年 9 月，邓小平同志根据当代科学技术发展的趋势和现状，提出了“科学技术是第一生产力”的论断。“科学技术是第一生产力”，既是现代科学技术发展的重要特点，也是科学技术发展的必然结果。1989 年，《国务院关于依靠科技进步振兴农业加强农业科技成果推广工作的决定》指出：“农业的发展，一靠政策，二靠科技，三靠投入，但最终还是要靠科学解决问题。特别是在世界范围内科学技术迅速发展的今天，要从根本上解决关系到国家兴衰的农业问题，科技兴农尤为重要。”1991 年 11 月 2 日，中共十三届八中全会通过的《中共中央关于进一步加强农业和农村工作的决定》指出：“振兴农村经济，最终取决于科学技术的进步和科技成果的广泛应用。要牢固树立科学技术是第一生产力的马克思主义观点，把农业发展转移到依靠科技进步和提高劳动者素质的轨道上来。”1992 年《国务院关于积极实行农科教结合推动农村经济发展的通知》（国发［1992］11 号）指出：“农业发展靠科技，科技进步靠人才，人才培养靠教育，这是现代农业发展的客观规律。”1995 年 5 月，江泽民同志在全国科技大会上的讲话中提出了实施科教兴国的战略，确立科技和教育是兴国的手段和基础的方针。1998 年 10 月 14 日中国共产党第十五届三中全会通过的《中共中央关于农业和农村工作若干重大问题的决定》指出：“实施科教兴农。农业的根本出路在科技、在教育。”

2. 推动农业技术的综合化、集成化、资源节约化、信息化 1982 年“中央 1 号文件”指出：“农业可以吸收多学科的科学技术成就，成为知识密集的产业部门。在充分发扬我国传统农业技术优点的同时，广泛借助现代科学技术的成果，走投资省、耗能低、效益高和有利于保护生态环境的道路，将使我国的农村面貌发生巨大的变化。”2007 年“中央 1 号文件”——《中共中央国务院关于积极发展现代农业扎实推进社会主义新农村建设》中指出：“大力推广资源节约型农业技术，提高农业资源和投入品使用效率。大力普及节水灌溉技术，启动旱作节水农业示范工程。扩大测土配方施肥的实施范围和补贴规模，进一步推广诊断施肥、精准施肥等先进施肥技术。改革农业耕作制度和种植方式，开展免耕栽培技术推广补贴试点，加快普及农作物精量半精量播种技术。积极推广集约、高效、生态畜禽水产养殖技术，降低饲料和能源消耗。”，“用信息技术装备农业，加速改造传统农业”。2008 年“中央 1 号文件”——《中共中央国务院关于切实加强农业基础建设进一步促进农业发展农民增收的若干意见》又提出“加强先进实用技术集成配套”。农业技术的综合化、集成化、资源节约化、信息化的提出，是中国共产党和中国政府伴随科学事业的发展，对农业技术的认识不断深化的结果。

3. 提高农民的科技文化水平 1979 年《中共中央关于加快农业发展的决定》指出："要极大地提高广大农民首先是青年农民的科学技术文化水平。"1984 年"中央 1 号文件"——《中共中央关于一九八四年农村工作的通知》指出"加强对农村工作的领导，提高干部的素质，培养农村建设人才。"，"我们既需要合格的领导者，又需要大量的具有新素质的生产者和经营者。要从今年开始在全国有计划地普训人才。要政治政策教育、科学技术教育、经营管理教育并进，争取在三五年内把基层主要干部轮训一遍，把基层的各类技术人员轮训一遍，同时，轮训一部分农村知识青年、专业户成员和劳动能手，并选送其中的优秀者经过考试到大、中专学校，实行定向培养。要以县为单位做出训练规划，建立训练中心，兴办各类专业学校和训练班。要注意发现、大胆提拔优秀人才充实基层领导。"1992 年，《国务院关于积极实行农科教结合推动农村经济发展的通知》（国发［1992］11 号）指出："要逐步建立和完善农民技术员职称制度和农民技术资格证书（绿色证书）制度。对获得技术员资格和获得技术资格证书的农民，应优先安排项目承包和贷款，以及给予其他必要的支持。"2006 年"中央 1 号文件"——《中共中央国务院关于推进社会主义新农村建设的若干意见》指出："加快发展农村社会事业，培养推进社会主义新农村建设的新型农民。"，"大规模开展农村劳动力技能培训。提高农民整体素质，培养造就有文化、懂技术、会经营的新型农民，是建设社会主义新农村的迫切需要。继续支持新型农民科技培训，提高农民务农技能，促进科学种田。"当然，这里提出的"培养新型农民"的思想，已经不仅仅是从农业技术推广的角度出发，而是从社会主义新农村建设、构建和谐社会和贯彻以人为本的理念出发，是一个更高的境界和层次。

（二）关于农业技术推广体系恢复、发展与改革的政策

1. 恢复农业推广体系 根据 1978 年《中共中央关于加快农业发展的决定》精神，为了探索新形势下的农技推广体系的框架，农业部 1979 年率先在 29 个县试办了农业技术推广中心。推广中心在组织上把种植业各专业站合在一起，在功能上将试验、示范、培训和推广结合起来，以发挥综合优势。1980 年"中央 1 号文件"决定"要恢复和健全各级农业技术推广机构，重点办好县一级机构，逐步把技术推广、植保、土肥等农业技术推广机构结合起来，实行统一领导。"1982 年"中央 1 号文件"出台，同年农牧渔业部组建了全国农业技术推广总站。1984 年农牧渔业部颁发了《农业技术承包责任制试行条例》，号召广大科技人员开展技术承包，用经济手段推广技术。1989 年，《国务院关于依靠科技进步振兴农业加强农业科技成果推广工作的决定》指出：各地要进一步加强农业科技推广服务体系建设，在巩固和发展县（含县，下同）以下农业技术推广机构的同时，积极支持以农民为主体，农民技术员、科技人员为骨干的各种专业科技协会和技术研究会，逐步形成国家农业技术推广机构与群众性的农村科普组织及农民专业技术服务组织相结合的农业技术推广网络，以疏通科技流向千家万户和各生产环节的渠道。

2. 确保基层农业技术推广体系的稳定 20 世纪 90 年代中后期，针对全国机构改革对农业推广机构的冲击和影响，1998 年中共中央办公厅、国务院办公厅联合发出《关于当前农业和农村工作的通知》（中办发［1998］13 号），明确在机构改革中推广体系实行"机构不乱，人员不散，网络不断，经费不减"的政策。同年 10 月 14 日中国共产党第十五届三中全会通过的《中共中央关于农业和农村工作若干重大问题的决定》指出："加强县乡村农业技

术推广体系建设，扶持农村专业技术协会等民办专业服务组织。鼓励科研、教学单位开发推广农业技术，发展高技术农业企业。”1999年，国务院办公厅发出《转发农业部等部门关于稳定基层农业技术推广体系意见的通知》，努力减少机构改革对农业技术推广体系的影响。

3. 深化改革，加强基层农业技术推广体系建设 进入21世纪，农业和农村发展面临新形势、新任务，基层农业技术推广体系出现了体制不顺、机制不活、队伍不稳、保障不足等问题，党和政府出台一系列新的文件，推动农业推广体系改革向纵深发展。2006年，《国务院关于深化改革加强基层农业技术推广体系建设的意见》出台，就深化改革、加强基层农业技术推广体系建设提出意见。其指导思想是：以邓小平理论和“三个代表”重要思想为指导，贯彻落实党的十六大和十六届四中、五中全会精神，围绕实施科教兴农战略和提高农业综合生产能力，在深化改革中增活力，在创新机制中求发展。按照强化公益性职能、放活经营性服务的要求，加大基层农业技术推广体系改革力度，合理布局国家基层农业技术推广机构，有效发挥其主导和带动作用。充分调动社会力量参与农业技术推广活动，为农业农村经济全面发展提供有效服务和技术支撑。其基本原则是：坚持精干高效，科学设置机构，优化队伍结构，合理配置农业技术推广资源；坚持政府主导，支持多元化发展，有效履行政府公益性职能，充分发挥各方面积极性；坚持从实际出发，因地制宜，鼓励地方进行探索和实践；坚持统筹兼顾，与县乡机构改革相衔接，处理好改革和稳定的关系。其总体目标是：着眼于新阶段农业农村经济发展的需要，通过明确职能、理顺体制、优化布局、精简人员、充实一线、创新机制等一系列改革，逐步构建起以国家农业技术推广机构为主导，农村合作经济组织为基础，农业科研、教育等单位和涉农企业广泛参与，分工协作、服务到位、充满活力的多元化基层农业技术推广体系。

2009年党的十七届三中全会作出《中共中央关于推进农村改革发展若干重大问题的决定》，指出：“稳定和壮大农业科技人才队伍，加强农业技术推广普及，开展农民技术培训。加快农业科技成果转化，促进产学研、农科教结合，支持高等学校、科研院所同农民专业合作社、龙头企业、农户开展多种形式技术合作。继续办好国家农业高新技术产业示范区。发挥国有农场运用先进技术和建设现代农业的示范作用。”对今后一个时期内农业推广的途径和形式做出了明确指示。

第三节 农业推广法律制度的形成

1982年制定的《中华人民共和国宪法》（以下简称《宪法》）第十四条规定：“国家通过提高劳动者的积极性和技术水平，推广先进的科学技术……”第十九条规定：“国家发展各种教育设施，扫除文盲，对工人、农民、国家工作人员和其他劳动者进行政治、文化、科学、技术、业务的教育，鼓励自学成才。”第二十条规定：“国家发展自然科学和社会科学事业，普及科学和技术知识，奖励科学研究成果和技术发明创造。”《宪法》的上述明确规定，从根本上保证了农业推广活动在国家中的法律地位。

1993年7月2日，第八届全国人大常委会第二次会议通过了《中华人民共和国农业法》（以下简称《农业法》），1993年7月2日颁布《农业技术推广法》，1985年6月18日颁布《中华人民共和国草原法》，1986年1月20日颁布《中华人民共和国渔业法》，1988年10月8日颁布《中华人民共和国野生动物保护法》，1989年3月13日颁布《中华人民共和国种子管理条例》，1990年6月3日颁布《中华人民共和国乡村集体所有制企业条例》。此外，还有《中华人民共和国土地管理法》、《促进科技成果转化法》、《中华人民共和国农村土地承包法》、《中华人民共和国水法》、《中华人民共和国水土保持法》、《中华人民共和国水污染防治法》、《中华人民共和国防洪法》、《中华人民共和国防沙治沙法》、《中华人民共和国森林法》、《中华人民共和国植物检疫条例》、《中华人民共和国动物防疫法》、《中华人民共和国进出境动植物检疫法》、《中华人民共和国种子法》（以下简称《种子法》）、《中华人民共和国环境保护法》、《中华人民共和国乡镇企业法》、《中华人民共和国农业机械化促进法》、《中华人民共和国农民专业合作社法》（以下简称《农民专业合作社法》）、《中华人民共和国农业税条例》等20多部农业法律、50多部农业行政法规以及农业部制定的460多部部门规章，同时各省、自治区、直辖市也颁布了许多农业地方性法规和农业地方性规章。

从《宪法》的相关规定到部门法律的颁布实施，形成了一系列法律法规，农业推广基本实现了有法可依。上述法律构成了中国法律体系中一个新的法律部门——农业法部门，法学研究领域也多了一个新学科——农业法学。农业推广法律制度的研究也成为我国法学研究的一个新方向。本节只介绍《农业法》和《农业技术推广法》。

一、《农业法》

《农业法》于1993年7月经第八届全国人大常委会第二次会议通过并颁布实施，2002年12月28日经第九届全国人民代表大会常务委员会第三十一次会议修订，于2003年3月1日起施行。这部法律在保障农业在国民经济中的基础地位，发展农村社会主义市场经济，维护农业生产经营组织和农业劳动者的合法权益，促进农业的持续、稳定、协调发展，起了十分重要的作用。其中关于农业推广的规定，是《农业技术推广法》的立法依据，也是农业推广实践必须遵守的行动准则。

（一）《农业法》的立法目的

《农业法》第一条指出："为了巩固和加强农业在国民经济中的基础地位，深化农村改革，发展农业生产力，推进农业现代化，维护农民和农业生产经营组织的合法权益，增加农民收入，提高农民科学文化素质，促进农业和农村经济的持续、稳定、健康发展，实现全面建设小康社会的目标，制定本法。"第三条明确规定国家把农业放在发展国民经济的首位。第四条规定：国家采取措施，保障农业更好地发挥在提供食物、工业原料和其他农产品，维护和改善生态环境，促进农村经济社会发展等多方面的作用。

（二）农业的含义

《农业法》规定了农业的含义："本法所称农业，是指种植业、林业、畜牧业和渔业等产业，包括与其直接相关的产前、产中、产后服务。"农业推广的含义便依据农业内涵的拓展而丰富，农业推广的任务也依据农业的含义而拓展。

（三）《农业法》中关于农业推广的主要规定

2002年修订后的《农业法》共分13章99条。其主要内容有：第一章，总则；第二章，农业生产经营体制；第三章，农业生产；第四章，农产品流通；第五章，农业投入；第六章，农业投入与支持保护；第七章，农业科技与农业教育；第八章，农业资源与农业环境保护；第九章，农民权益保护；第十章，农村经济发展；第十一章，执法监督；第十二章，法律责任；第十三章，附则。

1. 国家扶持农业技术推广体系　《农业法》第五十条规定：国家扶持农业技术推广事业，建立政府扶持和市场引导相结合，有偿与无偿服务相结合，国家农业技术推广机构和社会力量相结合的农业技术推广体系，促使先进的农业技术尽快应用于农业生产。

2. 农业技术推广机构的性质和任务　《农业法》第五十一条规定：国家设立的农业技术推广机构应当以农业技术试验示范基地为依托，承担公共所需的关键性技术的推广和示范工作，为农民和农业生产经营组织提供公益性农业技术服务。这一规定明确了政府农业技术推广机构的依托是农业技术试验示范基地，主要任务是承担公共所需的关键性技术的推广和示范工作，政府农业技术推广机构服务的性质是公益性服务。

3. 农业技术推广经费和人员　《农业法》第五十一条第二款规定：县级以上人民政府应当根据农业生产发展需要，稳定和加强农业技术推广队伍，保障农业技术推广机构的工作经费。第五十一条第三款规定：各级人民政府应当采取措施，按照国家规定保障和改善从事农业技术推广工作的专业科技人员的工作条件、工资待遇和生活条件，鼓励他们为农业服务。

《农业法》的上述规定，将农业技术推广体系、农业技术推广机构、农业技术推广经费和农业推广人员都纳入了国家法律的范畴，为《农业技术推广法》奠定了立法基础。

二、《农业技术推广法》

1983 年，农牧渔业部颁发《农业技术推广条例（试行）》，该条例包括总则、机构任务、编制队伍、设备经费、奖励与惩罚、附则 6 章共 30 条。该条例的颁布，在农业推广法制化的道路上迈出了重要一步。1993 年，《农业技术推广法》正式颁布实施，明确了我国农业推广工作的原则、规范、保障机制等。该部法律的出台，对我国农技推广事业的发展具有里程碑意义。其后，先后有 24 个省、自治区、直辖市结合当地实际，制定并颁布了《农业技术推广法》实施办法，标志着我国农技推广事业发展逐步步入法制化轨道。

（一）《农业技术推广法》的主要内容

1. 《农业技术推广法》的立法目的及农业技术推广的含义　《农业技术推广法》第一条指出：为了加强农业技术推广工作，促使农业科研成果和实用技术尽快应用于农业生产，保障农业的发展，实现农业现代化，制定本法。

《农业技术推广法》第二条规定："本法所称农业技术，是指应用于种植业、林业、畜牧业、渔业的科研成果和实用技术，包括良种繁育、施用肥料、病虫害防治、栽培和养殖技术，农副产品加工、保鲜、贮运技术，农业机械技术和农用航空技术，农田水利、土壤改良与水土保持技术，农村供水、农村能源利用和农业环境保护技术，农业气象技术以及农业经营管理技术等。"

第二条第二款规定："本法所称农业技术推广，是指通过试验、示范、培训、指导以及咨询服务等，把农业技术普及应用于农业生产产前、产中、产后全过程的活动。”

2. 农业技术推广的原则　《农业技术推广法》第四条规定了农业技术推广应当遵循的原则：①有利于农业的发展；②尊重农业劳动者的意愿；③因地制宜，经过试验、示范；④国家、农村集体经济组织扶持；⑤实行科研单位、有关学校、推广机构与群众性科技组织、科技人员、农业劳动者相结合；⑥讲求农业生产的经济效益、社会效益和生态效益。

3. 农业技术推广体系　《农业技术推广法》第十条规定了农业推广体系的内涵：农业技术推广，实行农业技术推广机构与农业科研单位、有关学校以及群众性科技组织、农民技术人员相结合的推广体系。国家鼓励和支持供销合作社、其他企业事业单位、社会团体以及社会各界的科技人员，到农村开展农业技术推广服务活动。

根据《农业技术推广法》第十一条的规定，国家各级农业技术推广机构的职责是：①参与制定农业技术推广计划并组织实施；②组织农业技术的专业培训；③提供农业技术、信息服务；④对确定推广的农业技术进行试验、示范；⑤指导下级农业技术推广机构、群众性科技组织和农民技术人员的农业技术推广活动。《农业技术推广法》对农业技术推广服务组织、群众性科技组织、农业科研单位和有关学校、教育部门、供销合作社、其他企业事业单位、社会团体、农业集体经济组织、其他社会力量、社会各界科技人员的农业推广做出了规定。规定“农场、林场、牧场、渔场除做好本场农业技术推广工作外，应当向社会开展农业技术推广服务活动。”还对农民技术员的含义、技术推广工作、技术职称和培训等作了规定。

4. 农业技术推广规范

（1）农业技术推广项目的制定。根据《农业技术推广法》第十七条规定，推广农业技术应当制定农业技术推广项目。重点农业技术推广项目应当列入国家和地方有关科技发展计划，由农业技术推广行政部门和科学技术行政部门按照各自的职责，相互配合、组织实施。通过农业技术推广项目的编制，可将急需推广的农业技术列入推广计划，及时得以实施推广。

（2）农业技术推广的程序。农业技术推广首先应制定农业技术推广项目，对列入农业技术推广项目的技术向农业劳动者推广时，必须在推广地区进行试验，经过试验证明具有先进性和适用性的，才能进行推广。农业科研单位和有关学校应当把农业生产中需要解决的技术问题列为研究课题，其获得的研究成果可以交由农业技术推广机构推广，也可以由科研单位或有关学校直接向农业劳动者和农业生产经营组织推广。

（3）农业技术推广经费与服务收费。根据《农业技术推广法》第十二条规定，国家农业技术推广机构推广农业技术所需经费由政府财政拨给。国家农业技术推广机构向农业劳动者推广技术，除以技术转让、技术服务和技术承包等形式提供农业技术的可以有偿服务外，实行无偿服务。农业技术推广的有偿服务是指农业技术推广机构、农业科研单位、有关学校以及科技人员，以技术转让、技术服务和技术承包等形式，向农业劳动者提供技术获取一定的报酬以及农业技术推广机构利用自身优势和技术特长兴办经营实体，开展有偿服务的情况。根据《农业技术推广法》第二十二条规定，农业技术转让、技术服务、技术承包的合法收入受法律保护。进行农业技术转让、技术服务、技术承包时，当事人各方应当订立合同，约定各自的权利和义务。

（4）农业技术应用。农业技术应用是指农业劳动者和农业生产经营组织对推广的农业技术的采用。《农业技术推广法》第二十条规定：农业劳动者根据自愿原则应用农业技术。第二十一条规定：农业劳动者在生产中应用先进的农业技术，有关部门和单位应当在技术培训、资金、物资和销售等方面给予扶持。国家鼓励和支持农业劳动者参与农业技术推广活动。

（5）农业推广主体的相关法律责任。《农业技术推广法》第十九条第二款规定：向农业劳动者推广未在推广地区经过试验证明具有先进性和适用性的农业技术，给农业劳动者造成损失的，应当承担民事赔偿责任，直接负责的主管人员和其他直接责任人员可以由其所在单位或者上级机关给予行政处分。第二十条规定：强制农业劳动者应用农业技术，给农业劳动者造成损失的，应当承担民事赔偿责任，直接负责的主管人员和其他直接责任人员可以由其所在单位或者上级机关给予行政处分。

5. 农业技术推广保障措施

（1）资金保障。农业技术推广的投入是农业技术推广事业维持和发展的资金保证。农业技术推广工作目前存在的一个主要问题就是投入不足。为保障农业技术推广资金，《农业技术推广法》作了如下规定：①国家投入保障。《农业技术推广法》第二十三条规定："国家逐步提高对农业技术推广的投入。各级人民政府在财政预算内应当保障用于农业技术推广的资金，并应当使该资金逐年增长。"，"各级人民政府通过财政拨款以及从农业发展基金中提取一定比例的资金的渠道，筹集农业技术推广专项资金，用于实施农业技术推广项目。"，"禁止任何机关或单位截留或者挪用用于农业技术推广的资金。"②集体资金保障。依据《农业技术推广法》第二十五条的规定，集体资金保障的具体措施是由乡、村集体经济组织从其举办的企业的以工补农、建农的资金中提取一定数额，用于本乡、村农业技术推广的投入。③自筹资金保障。自筹资金是指农业技术推广机构、农业科研单位和有关学校通过自身经营服务创收筹集的资金。自筹资金可以弥补国家投入的不足，增加农业技术推广经费。《农业技术推广法》第二十六条规定："农业技术推广机构、农业科研单位和有关学校根据农业经济发展的需要，可以开展技术指导与物资供应相结合等多种形式的经营服务。对农业技术推广机构、农业科研单位和有关学校举办的为农业服务的企业，国家在税收、信贷等方面给予优惠。"

（2）人力保障。这是指农业技术推广必须要有一支高素质的稳定的农业技术推广队伍。其保障措施有：①稳定队伍，调动农业技术人员的积极性。《农业技术推广法》第二十四条规定："各级人民政府应当采取措施，保障和改善从事农业技术推广工作的专业科技人员的工作条件和生活条件，改善他们的待遇，依照国家规定给予补贴，保持农业技术推广机构和专业科技人员的稳定。对在乡、村从事农业技术推广工作的专业科技人员的职称评定应当以考核其推广工作的业务技术水平和实绩为主。"②不断提高农业技术推广人员的业务水平。对此，《农业技术推广法》第二十七条规定："农业技术推广行政部门和县级以上农业技术推广机构，应当有计划地对农业技术推广人员进行技术培训，组织专业进修，使其不断更新知识、提高业务水平。"

（3）物质保障。这是指为农业技术推广提供所必需的物质条件，如必要的工作条件、生产资料、试验基地等。《农业技术推广法》第二十八条规定："地方各级人民政府应当采取措施，保障农业技术推广机构获得必需的试验基地和生产资料，进行农业技术的试验、示范。地方各级人民政府应当保障农业技术推广机构有开展农业技术推广工作的必要条件。地方各级人民政府应当保障农业技术推广机构的试验基地、生产资料和其他财产不受侵占。"

（二）关于《农业技术推广法》的修订

随着农业经济、农业科技的发展，《农业技术推广法》的修订工作已经提上议事日程。现行《农业技术推广法》颁布于1993年，而它的上一级法律《农业法》已经于2002年进行了修订，经历了中国加入世界贸易组织、行政事业单位机构改革等情况，对《农业技术推广法》的修订提出了新的要求。根据《中共中央国务院关于进一步加强农村工作提高农业综合生产能力若干政策的意见》（中发［2005］1号）和《中共中央国务院关于推进社会主义新农村建设的若干意见》（中发［2006］1号）的精神，《国务院关于深化改革加强基层农业技术推广体系建设的意见》（国发［2006］30号）对农业技术推广特别是基层农业推广体系建设提出了一系列新的政策措施，这些都需要通过修订《农业技术推广法》来体现其权威性。近年来，全国人大代表多人多次提出议案修订《农业技术推广法》，《中国农业推广》杂志开辟专版进行了讨论，农业部也召开了相关座谈会。总之，《农业技术推广法》的修订工作已经启动并正在进行中。

三、国外农业推广立法简介

国外农业推广立法始于19世纪中期的美国，此后美国农业推广法律不断完善和发展，其他发达国家也相继制定和实施农业推广法律，值得我们借鉴和参考。

（一）美国农业推广立法

美国农业推广体系的特点是农业教育、农业科研、农业推广三位一体、紧密结合。虽然在一百多年的农业发展进程中，又不断制定新的法案或修正原有法案，但这种“三结合”的一体化农业推广制度至今仍在发挥着它的作用。美国的农业推广法律主要有以下三部：

1.《莫里哀法案》 1862年美国国会通过了《莫里哀法案》（Act of Morrill，1862），又叫赠地学院法。该法案规定，联邦政府依照每州参加国会的议员人数每人拨给3万英亩①土地，并将这些赠地所得的收益在每州至少资助开办一所农工学院（又称赠地学院），主要讲授有关农业和机械技艺方面的知识，为工农业的发展培养所需的专门人才。法案实施后，联邦政府共拨地1 743万英亩用以赠地学院的建设。其中有28个州单独设置了农工学院，其余的州将土地拨给已有的州立学院成立州大学或在州立大学内添设农工学院。截至1922年，美国共建立了69所赠地学院；至1926年，赠地学院的在校学生则接近40万人，为美国的农业推广事业奠定坚实的人才基础。《莫里哀法案》为农业教育和农业人才培养提供了法律的依据和保障。

2.《哈奇法案》 农工学院成立以后，学校发现学生们的许多生产中的实际问题仅靠课堂教学无法解决，迫使一些赠地学院在教学的同时，开始注重科学研究。1875年，作为赠地学院的威斯康星大学率先在美国建立了农业实验站，帮助所在州农民解决农业生产中遇到的实际问题，随后有12个州也相继设立了农业试验站。1878年，美国国会通过了《哈奇法案》（Hatch Act of 1878），又叫农业试验站法。由联邦政府每年向各州拨款1.5万美元，资

① 英亩为非法定计量单位，1英亩＝$4\times10^3 m^2$，下同

助各州在农工学院内设立农业实验站，专门从事与各州农业生产有关的农业科学技术研究。1893 年，全国共建农业实验站 56 个。农业实验站的设立，使得一系列与农业有关的良种、化肥、土壤改良、种植、饲料等农业科技和成果大量涌现，其研究成果使每年农产品的价值有千百亿美元的增加。

3.《史密斯—利沃法案》 随着学院教学水平的提高和研究成果的增多，如何把新知识新技术尽快传播到广大农民中去，以推广农业的迅速发展又成为新的问题。赠地学院只能接纳有限的学生，而不能面向全体农民，需要有一个专门组织把学校的推广活动延伸到校外去，向广大农民传递科技知识和技术信息，帮助农民解决生产中的实际问题，教育农民和农村青年提高科技文化水平。1908 年，美国农学院和试验站协会所属的推广工作委员会主席 K. L. 巴特菲尔德主持起草了一部有关农业推广工作及其管理体制的法律草案，明确建议联邦政府给赠地学院提供资金用于开展农业推广工作，并且主张使农业推广工作成为与常规教育、农业试验站平行的赠地学院的第三个有机组成部分。1911 年，国会众议员 A. F·利弗在众议院提出了一个由联邦政府资助成立农业推广体系的法案。后来，参议员 H·史密斯对利弗法案做了修改并提交给参议院讨论。1914 年，《史密斯—利弗法案》（Act of Smith-Lever，1914）颁布实施，又叫合作农业推广法。该法案规定：为帮助在美国农民中传播有用而实际的农业和家政知识，由联邦政府拨款和州、县政府拨款，资助各州、县建立合作推广服务体系，由农业部和农学院合作领导，以农学院为主。该法奠定了美国农业推广的基石，从此确定了美国教学、科研、推广三位一体的合作推广体制。自 1914 年《史密斯—利沃法案》通过后，美国农业推广体制至今没有大的改变，表明美国农业推广的立法具有很强超前性和可操作性。

（二）日本农业推广立法

1948 年日本颁布《农业改良促进法》，该法明确规定了国家针对农业发展和农民生活改善，农林水产省与各级政府协作促进农业合作推广事业发展的宗旨，从中央到地方各级政府给予相应的资金支持，用于农业推广事业。《农业改良促进法》共分 3 章，分别为总则、关于农业试验研究的促进和关于农业普及事业的促进。其中，第三章与农业推广工作的关系最为密切。

经过 50 年的实践，该法案经过了 6 次修订。在对《农业改良促进法》进行的几次重大修订中，按其内容主要包括以下 4 个方面：①关于农业技术推广经费的规定；②关于农业技术推广目标的规定；③关于农业技术推广组织、人员及其工资待遇的规定；④关于开展农村青少年培养的规定。

2005 年 4 月，日本正式颁布实施了新的《农业改良促进法》。新法在农业推广机构设置、农业推广人员管理等方面较之前有较大变化。它的颁布实施标志着日本农业推广事业进入了一个新的发展时期。新的《农业改良促进法》主要体现了以下几点：

1. 充分发挥地方能动性，自主推进农业推广事业 自 1948 年立法实施以来，日本的农业推广事业是基于《农业改良促进法》由国家和各地政府共同协作、在统一的方针指导下实施的，其行政性、规划性比较明显。后来，随着地方农业政策的调整，各地农业发展呈多样化趋势，特别是随着"地方分权化"、"地方自治"的推进，各地行政自主权逐渐增大。各地政府制定农业推广政策及其具体实施方案时，在符合国家宏观政策的前提下，开始更充分地考虑当地实际，更加注重推广项目效益和市场需求，在更大程度上自主确立并实施各项推广计划，以服务于当地农业、农村发展。新的《农业改良促进法》中有关推广机构的设置等规定也充分显示出国家鼓励各地自主推进农业推广事业的政策导向。

2. 推进税制改革，保证推广体系改革顺利进行　充足的经费是落实各项改革措施、维持农业推广体系正常运行的保障。新旧《农业改良促进法》中均明确规定中央政府应向各都、道、府、县支付协作农业推广事业交付金，即国家将通过有关国税税种征收的财政收入，以交付金形式支付给地方，地方以一定比例配套，共同作为地方推广事业经费，维持农业推广体系运行。

3. 精干人员，提高推广人员的素质　日本农业推广体系不但通过资格考试严把进人关，还通过有效的在职培训制度，不断提高推广人员业务水平，因此其人员整体素质较高。新的《农业改良促进法》取消了专门技术员和改良普及员的称谓，统一为普及指导员。有关部门重新制定了普及指导员资格考试方案，考试难度加大，并明确规定不同学历者要有相应年份的实践工作经验。进一步加强对普及指导员的在职培训工作，在普及指导员人员管理方面，除了继续加强对在职人员的日常工作监督管理和业务工作综合评价外，新的《农业改良促进法》取消了普及指导员津贴上限（旧法规定改良普及员工津贴不高于其工资的12%），各地可以根据本地实际自主确定津贴比例，以鼓励农业推广人员深入基层，安心工作。

（三）英国农业推广立法

英国农业技术推广立法旨在运用法律的效力促进农业技术推广。其基本内容包括农业咨询推广的范畴、技术规范和奖励方法等。同时，还根据农业组织方面的法律，设置必要的推广机构，明确规定其任务、职能权限以及编制。

关于农业技术推广立法的具体内容有：①成果推广程序立法。英国农业科技成果由专门机构鉴定验收，并须取得政府的许可证，才能推广应用。②繁育和推广立法。不论是自己培育的作物和牧草新品种，还是从国外引进的良种，都要经过国家指定机构多点、多世代和小区、大区、大田反复试验，有希望的良种还要进行独特性、一致性和稳定性试验，必须证明比原有良种提高产量10%以上，经过英国农渔食品部批准才能推广。③后裔测定制度。培育的家禽品种必须经过后裔测定站鉴定才能够推广。④家禽疫病检疫制度。英国农渔食品部农业发展咨询局在各作物的主产区都设有检疫机构，定期进行检疫，严格控制疫病传播。

第四节　农业推广法律制度的遵守

法律的遵守是指国家机关、社会组织和公民个人依照法律规定行使权利和权利以及履行职责和义务的活动。遵守农业推广法律制度，依法进行农业推广活动，是农业推广事业发展的保证，也是贯彻依法治国战略的必然要求。依法进行农业推广，包括推广机构和推广人员的活动必须在法律法规的框架内进行，不能侵犯国家、社会、其他社会组织和广大农民的利益，也包括依法保护农业推广机构和人员的合法权益。在农业推广活动中经常遇到的法律问题主要有以下几个方面：

一、保护农民专业合作社的发展

《农业法》专门规定了对农民专业合作经济组织的保护条款。农民专业合作经济组织是农民自愿参加，以农户经营为基础，以某一产业或产品为纽带，以增加成员收入为目的，实行资金、技术、生产、购销、加工等互助合作的经济组织。2006 年 10 月 31 日通过、自 2007 年 7 月 1 日起施行的《农民专业合作社法》，将农民合作经济组织称为农民专业合作社。该法规定："农民专业合作社是在农村家庭承包经营基础上，同类农产品的生产经营者或者同类农业生产经营服务的提供者、利用者，自愿联合、民主管理的互助性经济组织。""农民专业合作社以其成员为主要服务对象，提供农业生产资料的购买，农产品的销售、加工、运输、贮藏以及与农业生产经营有关的技术、信息等服务。"目前，我国农村各类农民专业合作社不断发展，广泛分布于种植业、畜牧业、水产业、林业、运输业、加工业以及销售服务行业等各领域，成为实施农业产业化经营的一支新生的组织资源。农民专业合作社权益保护问题成为农业推广组织及其人员经常遇到的问题，必须高度重视。

[案例 6-1]

农民专业合作社的合法权益受法律保护

一、案由

西部某省某县以盛产水果出名，基本上家家户户有果园，并拥有相当大的种植规模。随着种植规模的扩大，当地农民的人均收入水平成倍增长，农民发展果业的积极性更高。但是，在果业不断发展壮大的过程中，出现了许多新问题。早期发展果业的农民，果树挂果数量减少，经技术咨询，需要更新换代果树。果农们对于引进什么样的果苗品种存在一定的盲目性，有的果农甚至遭受经济损失，而有些果农则相对较成功。前些年，各地果业不断发展，水果市场竞争趋于激烈，市场对水果的品种和质量要求越来越高。一些果农们发现，对水果市场的适应性越来越差，需要更新果园管理知识，迫切需要节水灌溉、病虫害的防治、果品采摘储运甚至深加工等一系列的技术。在这种情况下，农民自发成立了×果业协会。×果业协会成立后的几年中，加入到协会的果农们增进了相互了解，掌握到更多的市场信息，解决了生产技术中的难题。由于果农会员体会到协会实实在在的帮助，当地越来越多的果农自愿加入到协会中来。随着协会会员的增多，一些协会会员提议由会员集资成立专门的咨询服务公司，为果品的产、供、销提供综合服务。农业咨询公司成立后，还聘请了 3 位科研单位、大专院校的专家学者和技术人员做技术顾问。农业咨询公司由于影响不断扩大，提供的服务质量水平高，其他地方的果农也提出了需要提供服务。

二、案例分析

由于农民自身所掌握的知识有限，对一些新产品、新技术并不是很了解，再加上果树生产具有生产周期长、受气候环境影响大的特点，如果不在专业技术人员的指导下盲目地选用某个新的品种，很可能会出现许多不可预见的技术问题，对于农户来讲存在着一定的风险，可能会造成一定的损失。根据《农业法》第十四条规定，果农们可以按照相关法律法规成立果业协会，即果业协会具有合法性。《农业法》第五十二条规定，果业行业协会属于农民专业合作经济组织，国家鼓励其积极参与农业技术推广工作。在该组织的基础上成立一个农业技术服务的公司，属于为农业服务的企业，可以享受国家在税收、贷款方面的优惠，可以向有关政府部门争取到这些优惠政策。由于有了经济收入，可以聘请高级专业技术人才，这样更有助于提高协会在技术推广服务方面的质量。

三、法规链接

《农业法》第十四条规定："农民和农业生产经营组织可以按照法律、行政法规成立各种农产品行业协会，为成员提供生产、营销、信息、技术、培训等服务……"，第五十二条第三款规定："国家鼓励农民、农民专业合作经济组织、供销合作社、企业事业单位等参与农业技术推广工作。"

《农民专业合作社法》第六条规定："国家保护农民专业合作社及其成员的合法权益，任何单位和个人不得侵犯。"第八条规定："国家通过财政支持、税收优惠和金融、科技、人才的扶持以及产业政策引导等措施，促进农民专业合作社的发展。"第八条第二款规定："国家鼓励和支持社会各方面力量为农民专业合作社提供服务。"

（资料来源：李国祥，靳文丽．2005．以案说法——农业法．北京：中国社会出版社）

二、保障农业生产资料的质量

农业生产资料是农作物种子、农药、肥料、饲料和饲料添加剂（含渔用）、种畜禽、牧草种子、食用菌菌种、兽药、农机及零配件、水产苗种、渔药、渔机渔具等农业投入品的总称。现实中出现的坑农、害农案件多发生在生产资料方面。据荆楚网 2010 年 2 月 26 日报道，湖北省消费者委员会公布的 2009 年消费维权 20 大案例中，农民种子肥料问题占两成。这说明生产资料质量侵权行为还比较严重，需要根据具体情况，运用具体法律来维护农民的权益。涉及农业生产资料质量保护的法律有很多，主要有《种子法》、《主要农作物品种审定办法》、《农业技术推广法》等。

[案例 6-2]

种子质量纠纷

一、案由

2009 年 6 月 28 日，崇阳县白霓镇农民庞先生等投诉："今年 3 月在白霓镇个体种子经营户王某门店购买'金优 899'杂交水稻种子，种植后不结谷，颗粒无收，怀疑种子质量有问题，要求工商、消委维权，挽回自己的经济损失。"随继有 109 户农民陆续投诉。

二、处理过程及结果

12315 消费者申（投）诉举报中心将此案移交县消委白霓分会，白霓分会进入调查阶段后，陆续接到 109 户农民的投诉。白霓分会及时向县工商局、县消委作了汇报。崇阳县工商局党组非常重视，立即组成消委、消保工作专班联合处理。

经调查，该"金优 899"水稻杂交种子由湖南中农种业有限公司怀化公司生产，于 2009 年 3 月以每千克 14 元的价格出售给咸宁市种子公司崇阳县种子批零经营部 360 千克，同年 3 月咸宁市种子公司崇阳种子批零经营部以每千克 16 元的价格全部出售给白霓镇个体种子经营户王某，王某将该批种子以每千克18元的价格全部销售给了白霓镇109户农民。该批种子经相关专家确定，属全系母本，不应流入市场。

事实查明后，工商、消委联合农牧种子管理部门，组织经营者、受害者农民代表协商调解，经营者王某承认以上事实，并积极配合赔偿，于2009年7月14日达成了调解协议：经营者根据购买种子数量，按每千克200元的赔偿标准，分别对109户农民受害者进行赔偿，共计7.2万元，使崇阳县白霓镇109户农民购买稻谷种子质量纠纷案圆满地得到了解决。

同时，工商行政管理部门对经营者王某擅自销售不合格种子违法行为，依据《种子法》及有关法律、法规规定，作出了没收违法所得720元、罚款2 300元的行政处罚。

三、法规链接

《种子法》第三十二条规定："种子经营者应当遵守有关法律、法规的规定，向种子使用者提供种子的简要性状、使用条件的说明与有关咨询服务，并对种子质量负责。"

（资料来源：http：//www.qzlyj.gov.cn）

三、保护农业生态环境

农业生态环境直接关系到农业和农村经济的发展，关系到人民群众的身体健康和生命安全，直接影响我国构建环境安全型、生态友好型社会的建设。《农业法》第六十五条规定了农业行政主管部门和农业生产者应采取措施避免农业生产中因使用化学品或者处理副产品不当给农业生态环境造成破坏。

［案例6-3］

养猪场可以污染生态环境吗

一、案由

2004年7月，正是盛夏时节，南方×县×村村民王某在山坡上的一个规模较大的养猪场养了500头猪，没有建设沼气池之类的无害化处理设施，每天清洗的猪尿等污水通过粪池管道直接排放至与村民饮用水和灌溉用水池塘相连的河渠中，污染了本村600多村民的饮用水和700多亩[①]农田的灌溉用水，引起了村民的不满，并向县农业执法大队投诉。农业执法大队经查实，该村村民投诉属实。王某经营的养猪场将猪的粪便和污水未经无害化处理直接排入×村的河渠，造成了农业生态环境的污染。根据该省农业生态环境保护条例第十二条规定，向农田、农业灌溉渠道排放工业、生活污水和养殖废水的，必须做到达标排放；对直接向农田、农业灌溉渠道排放不符合农田灌溉水质标准污废水的，由县级以上地方人民政府农业行政主管部门责令停止排放，没收违法所得；拒不改正的，可处以十万元以下的罚款。

据此，县农业局责令王某经营的养猪场必须对猪粪便进行无害化处理，并给予了处罚。

二、分析

王某发展规模化养猪，本身没有违法。但是，王某经营的养猪场所排粪便没有经过无害化处理，已经给×村村民的生活饮水和农业灌溉用水造成污染，损害了其他村民的权益，污

① 亩为非法定计量单位，1亩=667m^2

染了农业生态环境。《农业法》第六十五条第三款规定，从事畜禽等动物规模养殖的企业应当对粪便、废水进行无害化处理。因此，王某创办的养猪场有责任将动物粪便和废水等进行无害化处理后才能排放。因此，发展农业，除了要注意工业和服务业等对农业生态环境的损害，还要克服自身对环境的污染。

三、法规链接

《农业法》第六十五条第三款规定，从事畜禽等动物规模养殖的单位和个人应当对粪便、废水及其他废弃物进行无害化处理或者综合利用，从事水产养殖的单位和个人应当合理投饵、施肥、使用药物，防止造成环境污染和生态破坏。

（资料来源：李国祥，靳文丽．2005．以案说法——农业法．北京．中国社会科学出版社）

四、保护知识产权

知识产权是指对智力劳动成果依法所享有的占有、使用、处分和收益的权利。知识产权是一种无形财产，它与房屋、汽车等有形财产一样，都受到国家法律的保护，都具有价值和使用价值。知识产权包括著作权、专利权、商标权、发现权、发明权。在农业推广活动中经常会涉及这些权益的保障和维护问题。1997年3月20日发布、1997年10月1日施行的《中华人民共和国植物新品种保护条例》（以下简称《植物新品种保护条例》），是我国为了保护植物新品种权，鼓励培育和使用植物新品种，促进农业、林业的发展而制定的专门法。植物新品种权的保护，其实质是对发明权的保护。该法规定："植物新品种，是指经过人工培育的或者对发现的野生植物加以开发，具备新颖性、特异性、一致性和稳定性并有适当命名的植物品种。"，"国务院农业、林业行政部门（以下统称审批机关）按照职责分工共同负责植物新品种权申请的受理和审查并对符合本条例规定的植物新品种授予植物新品种权（以下称品种权）。"

［案例6-4］

四川农大高科农业有限责任公司诉绵阳市仙农种业有限责任公司侵犯植物新品种权案

一、案由

1998年6月3日，四川农业大学水稻研究所（以下简称"水稻所"）与绵阳市第二种子公司（本案被告绵阳市仙农种业有限责任公司的前身，以下简称"种子公司"）签订了一份合作协议书。协议书载明：①种子公司参加水稻所主持的四川杂交稻协作组……②水稻所优先向种子公司提供新育成的三系、两系组合及其亲本原种，经试验、示范计产后，种子公司按以下不同情况向水稻所交纳科研协作基金，作为支持科研和协作活动开支……后来种子公司相继交纳了有关费用。2000年7月和2001年4月，"冈优527"、"D优527"分别通过了四川省种子站的品种审定。

2001年7月4日，种子公司改制为绵阳市仙农种业有限责任公司。2001年12月4日，四川农业大学向四川农大高科农业有限责任公司（以下简称"高科公司"）出具了一份授权书，载明“自2002年1月起，将我校选育的杂交水稻新品种‘D62A’、‘D702A’、‘蜀恢527’及其配制的系列组合‘D优527’、‘冈优527’等和杂交玉米新品种‘川单25’授权给你公司独占生产、经营，并将上述品种权的维护权同时授予你们。”

2002年10月，高科公司与种子公司签订了一份协议，协议约定：种子公司对“冈优527”、“D优527”的处理仅限于2002年度的生产、销售；种子公司交纳“冈优527”种子3.5万千克、“D优527”种子60万千克的科技成果使用费，共计26 000元。后种子公司向高科公司支付了上述使用费。2003年1月1日，农业部将“D优527”的植物新品种权授予高科公司。

2003年度，种子公司在游仙区内安排水稻制种共3 693亩，其中包括“冈优527”、“D优527”。同年，种子公司向凤节县种子公司等共发货35 300千克的“冈优527”水稻种子，向重庆市万州区璞石农化有限公司等共发货11 400千克的“D优527”水稻种子。

高科公司认为，种子公司2003年未经其授权生产“D优527”、“冈优527”稻种构成侵权。据此，诉请四川省成都市中级人民法院判令：①种子公司停止侵权、消除影响，在《四川日报》、《四川农村日报》上向高科公司公开致歉；②将种子公司违法生产库存的“D优527”、“冈优527”稻种全部销毁；③种子公司就其违法所得向高科公司赔偿5万元；④种子公司承担高科公司维权所支出的所有费用。庭审中，高科公司撤回了其主张的第4项诉讼请求。

二、审判结果

一审法院认为，种子公司与水稻所签订的合作协议书中并无委托育种及合作育种的内容，不是对“蜀恢527”、“D优527”委托或共同育种的协议，且种子公司并无证据证明其是对“蜀恢527”、“D优527”的实质性特点作出了创造性贡献的单位，故被告认为其是出资人、共有人的理由不能成立。被告在2003年度生产“冈优527”、“D优527”水稻种子的行为侵犯了原告享有的“蜀恢527”独占生产权和“D优527”品种权，故依照《中华人民共和国民事诉讼法》（以下简称《民事诉讼法》）第一百三十四条第一款、第二款、第三款，《中华人民共和国民法通则》第一百三十四条第一款第七项、第九项，《植物新品种保护条例》第七条之规定，判决如下：①在本判决生效之日起，种子公司立即停止侵犯高科公司享有的“蜀恢527”独占生产权和“D优527”品种权的行为；②在本判决生效之日起十日内，种子公司将库存的“D优527”、“冈优527”稻种全部销毁；③在本判决生效之日起十日内，种子公司向高科公司赔偿经济损失50 000元；④在本判决生效之日起十日内，种子公司在《四川农村日报》上刊登公开声明，消除侵权影响。

原审被告种子公司不服，向四川省高级人民法院上诉称：上诉人是“D优527”、“冈优527”稻种的合作开发人，根据合作协议书的内容，上诉人享有两品种的合法使用权，原审第三人四川农业大学向被上诉人高科公司出具的授权书侵犯了上诉人的合法权利。一审法院认定合作协议书中无委托育种及合作育种的内容是错误的，被上诉人仅仅凭借四川农业大学一纸授权书就获得所谓的经营权，严重侵害了上诉人的合法权益。一审法院认定证据明显偏袒被上诉人，且认定事实不清。因此请求二审法院依法撤销一审判决，改判上诉人不承担责任，并判令本案一审、二审诉讼费用由被上诉人全部负担。

四川省高级人民法院依法对本案进行了二审，认为原判认定事实清楚、适用法律正确，根据《民事诉讼法》第一百五十三条第一款第一项之规定，判决如下：驳回上诉，维持原判。

三、法条链接

1.《中华人民共和国植物新品种保护条例》

第六条　完成育种的单位或者个人对其授权品种，享有排他的独占权。任何单位或者个人未经品种权所有人（以下称品种权人）许可，不得为商业目的生产或者销售该授权品种的繁殖材料，不得为商业目的将该授权品种的繁殖材料重复使用于生产另一品种的繁殖材料；但是，本条例另有规定的除外。

第七条　执行本单位的任务或者主要是利用本单位的物质条件所完成的职务育种，植物新品种的申请权属于该单位；非职务育种，植物新品种的申请权属于完成育种的个人。申请被批准后，品种权属于申请人。委托育种或者合作育种，品种权的归属由当事人在合同中约定；没有合同约定的，品种权属于受委托完成或者共同完成育种的单位或者个人。

2.《中华人民共和国植物新品种保护条例实施细则（农业部分）》

第九条　完成新品种培育的人员（以下简称培育人）是指对新品种培育作出创造性贡献的人。仅负责组织管理工作、为物质条件的利用提供方便或者从事其他辅助工作的人不能被视为培育人。

（资料来源：华江，葛敏．2010. 农业法案例选评．北京：对外经济贸易大学出版社）

第七章　农业推广组织与人员

农业推广离不开组织与人员，在世界各种农业推广体系中，机构设置、组织类型、人员素质要求、人员管理模式基本构成了每个国家农业推广体系的特点。了解和掌握农业推广组织的特点、体系模式、管理体制、运行机制、功能作用等，对于改革与完善推广体系，创造学习型组织以及提高推广绩效都有极其重要的意义。

第一节　农业推广组织体系

一、我国的农业推广组织体系

（一）现行的政府农业推广组织体系

1. 中央级农业技术推广机构　农业部下设综合性的农业技术推广机构——全国农业技术推广服务中心，负责全国性技术项目的推广与管理。

2. 省（自治区、直辖市）**级农业技术推广机构**　省级推广机构受省政府领导，隶属于农业厅，面向全省，直接指导地（市、盟、州）级推广机构的工作。既负责全省推广项目计划、培训和经营服务，又负责基础设施建设和体系队伍管理。

3. 地（市、盟、州）**级农业技术推广机构**　在组织机构的设置上与省级类似，相当于省级推广机构的派出单位，在职能和任务上也与省级推广机构相近。目前有相当一部分地（市）合并各专业技术推广机构，形成地（市）级的农业技术推广中心或技术推广综合服务站。

4. 县级农业技术推广机构　在近年农业技术推广体制改革中，农业行政部门大力倡导和支持成立县级农业技术推广中心，把栽培、植保、土肥等专业推广机构有机地结合起来，发挥推广部门的整体优势。

5. 乡（镇）**级农业技术推广机构**　它是以技术推广、技术服务为主的基层技术推广组织，大多采用多种专业结合，开展技术推广、技术指导、培训和经营服务一体化的综合技术服务。

（二）我国农业推广组织体系的功能拓展

2004—2010 年，中共中央、国务院连续发布 7 个“1 号文件”，部署“三农”问题。“深化农业科技推广体制改革”、“探索农业技术推广的新机制和新办法”、“推进农业科技进村入户”、“推进基层农业公共服务机构建设”等，都是对农业推广制度改革提出的重要指导意见。农业推广的功能已经发生了实质性改变。

1. 由行政性发展为公益性　在计划经济条件下，政府农业推广组织完全按照行政工作的机制，根据政府安排的生产任务和生产周期，从事技术指导，而且主要是“产中”的技术指导，服务过程简单，任务的行政性和公益性并存。市场经济条件下，农业生产者有了自由安排生产计划、自由组织加工销售的权利，行政命令对他们已经不发生作用。但是，由于农业生产的风险性，市场的变化，农民的知识、信息、素质等原因，他们在生产经营中还有很多困难，需要政府农业推广组织帮助解决。一家一户的小生产方式，难以应对大市场的风险，难以引进高新技术，难以掌握现代化的生产标准，需要组织起来共同应对。同时，分散的生产经营，使环境与资源的保护、产品质量的监测等遇到很多问题，政府农业推广组织充当的角色就是公益性服务，解决上述困难与问题。

《国务院关于深化改革加强基层农业技术推广体系建设的意见》（国发［2006］30号）明确规定了基层农业技术推广机构承担的公益性职能，主要是：关键技术的引进、试验、示范，农作物和林木病虫害、动物疫病及农业灾害的监测、预报、防治和处置，农产品生产过程中的质量安全检测、监测和强制性检验，农业资源、森林资源、农业生态环境和农业投入品使用监测，水资源管理和防汛抗旱技术服务，农业公共信息和培训教育服务等。

目前，公益性农业推广组织建设取得了显著成绩：①健全了推广机构。为适应以家庭承包小规模分散经营为主体的新形势，逐步建立了中央、省、市、县、乡五级农技推广机构，初步形成了上下相通、左右相连的农技推广体系。为适应农业生产形势的变化，各地还探索了区域站、乡镇行业站、乡镇综合站等一线推广机构的设置模式。②培育了推广队伍。种植业推广队伍已发展成为一支拥有34万多人的大军。

2. 推广任务以种植业为主发展到多业并举 随着农业产业结构的调整，种植业推广机构和人员的数量逐渐减少，畜牧兽医推广机构和人员逐渐增加。与此同时，综合站的数量增加。2003年，全国有综合站18 570个；2007年，发展为23 446个，增长26.3%。

3. 服务过程由产中延伸至产前、产中和产后 市场经济条件下的农业推广服务，包括产前决策服务、产中技术指导、产后加工销售指导等。就产中技术指导这一环节而言，内容也随着市场的变化而日益丰富。不同的动植物品种、不同的栽培条件（如设施与陆地）、不同上市季节、面对不同消费人群、不同的保健功能、不同的加工品质等，给生产技术带来了无限的发展空间。需要农业推广组织和农业推广人员掌握更多的知识、技能和信息，更灵活的应变能力和学习能力，还要掌握先进的科技手段。咨询和培训任务逐渐加大，提高农民综合素质成为培训和咨询的重要目标。

4. 由单一技术推广变成多项技术的集成配套 随着国家在农业推广工作中投入力度不断加大以及农业科技的发展和农业生产设施的逐步完善，很多农业推广项目成为集多种资源、多项技术甚至多个学科为一体的综合、集成、配套技术。如科技部组织的国家农业科技成果转化基金项目、农业部组织的全国粮食高产创建活动等，都是需要多单位合作，进行技术的集成、组装、配套，以提高综合效果，实现社会经济效益的提高。

5. 由“一枝独秀”变成多家共存 随着市场经济发展的深入，农业推广主体由自上而下的政府农业推广体系，逐渐发展为多元化的格局。也就是说，政府的公益性推广机构不再也不可能继续包打天下。在明确政府公益性推广机构的地位和作用的同时，逐渐放开一些科研单位、农业院校、社会组织、农民协会和企业在不同层面上发挥农业推广的作用。政府农业推广组织由“一枝独秀”发展为与其他多家并存，并在其中发挥主导作用。

二、有代表性的世界农业推广组织体系

世界各国在发展农业的过程中，都非常重视农业推广对实现农业现代化的作用。但由于各国的国情不同，农业推广组织体制也不尽相同。1988 年 11 月至 1989 年 12 月，联合国粮农组织对世界各国的国家级推广机构及农业推广工作情况进行了一次调查，调查结果显示，这些推广机构的隶属关系，以隶属政府农业部的占大多数达 81%，其余依次是民办、私人、商业生产部门、其他类型及大学的推广机构。同时，世界各国的农业推广工作均是由多部门、多组织参与的，所以很难对它们进行较严格的分类。

（一）政府主导的农业推广组织体系

1. 政府和农学院的合作推广制 实行政府和农学院合作推广制的主要有美国及接受美国援助和世界银行贷款的一些国家，如印度、菲律宾等。在政府领导下，以州立大学农学院为主体，实行教学、科研、推广三结合，统一由农学院领导，是美国创建的一种农业推广体系。

美国农业部下设联邦推广局，主要负责管理和领导农业推广工作，州农业推广中心属州立大学农学院领导。州立大学农学院都建有农业试验站和推广中心，并在县或地区设推广站。农学院派教师负责州、地区和县推广中心的工作。这些教师要向农学院和系负责，执行农学院或系制定的本地区推广计划，同时负责向所在地系主任报告工作，然后逐级汇报。

州农业推广中心的任务是制定和执行州的推广计划，推广新的科研成果，还负责对全州推广人员的管理和培训，拨款资助地、县推广中心工作。另外，同农业试验站和各地、县农业推广中心保持联系。

县推广站或推广办公室是农业推广工作的基层，其主要任务是根据推广计划结合本县的实际情况，制定本县长期或短期的推广工作计划，负责在全县落实执行，并通过各种传播手段，帮助农民改进生产技术和经营管理。

2. 政府领导，科研、教育单位参与推广的推广体制 墨西哥的推广体系实行在政府领导下，科研、教育单位参加，由四个系统组成：①农业水利资源部系统，统管全国的农业科研、教育和推广，下设全国农牧林业科学规划委员会以及一些行政管理机构；②墨西哥全国农牧林业研究所，由研究所总部、州农业研究中心和试验场三级机构构成，以应用研究为主；③农业教育系统，全国共有 4 所中等农业技术学校，它们以教学为主，同时也从事各学科的研究和研究成果的推广；④农业银行系统，其下属农业信贷公司是全国专项和综合农业推广的一个重要机构，设有农村管理处、农业专项和综合技术培训处、农业技术演示中心及农民培训中心等。

（二）政府和地方协作的农业推广组织体系

1. 政府和农协双轨推广制 日本的农业推广组织体制属于这种形式，这种农业推广体系有以下两个系统：

（1）政府农业推广体系。日本政府所属的推广体系分为四级，即农林水产省农蚕园艺局推广部、地方农政局、都道府县农业改良主务课及农业改良普及所。农林水产省的推广工作

由农蚕园艺局下属机构推广部具体负责。推广部下设两个课：推广教育课和生活改善课，主要负责推广方面的项目确定、组织完善、活动指导、人员培训、资格考试、项目调查、资料收集和农村青少年教育等。各地方农业行政部门设有生产分配部、推广办公室等。各县农业行政机构下设农业改良推广课，推广课通常设有农业改良室、生活改善室和农村青年之家。各地区设有农业改良普及所，是最基层的推广组织。其推广活动主要包括农业改良、生活改善和农业后备人才的培养三个方面。

（2）农业协同组合（简称“农协”）系统。它与政府推广体系相并行，是农民自己的组织，由国家级的全国农协联合会、县级农协联合会、自治体制的农业协同组合三级构成。农协有自己的推广人员，他们为农协成员，不属于国家职工，只负责本农协成员的指导工作。其推广活动包括农业技术的推广指导（营农指导）和农家生活指导（生活指导）两个方面。

2. 国家和地方协作的农业推广体制 英国实行国家和地方协作的农业推广管理体制，农渔食品部下设的农业发展咨询局为国家级农业推广机构。地方咨询推广机构按区域划分有：①英格兰和威尔士地区，建立了从中央到农户的信息联络网，每个地区有推广开发组，组长为全国推广委员会的成员。县级设农业顾问小组，由农业、经济、管理等方面的专家组成。乡镇级设农业顾问，他们是第一线的咨询人员，直接了解、解决农户的技术问题。②苏格兰地区，农业推广工作和组织实施分别由三所农学院承担，并派有专门负责咨询推广工作的高级官员，还配备各专业的兼职咨询推广专家和教授。③北爱尔兰地区，由农业部的农业执行官领导，在各郡和乡镇设立咨询推广中心或站。以上各级推广组织在工作内容和职能上各有侧重又相互合作。

3. 政府、农会、私人咨询机构并存的农业推广体制 德国称农业推广为农业推广咨询，它的农业推广组织有政府的农业咨询机构、农场主协会的咨询机构、农业合作团体的咨询机构和私人咨询机构。

农业行政领导机构分四级对农业推广咨询进行领导和管理：①联邦政府的农业营养部；②州政府的农业营养部；③地区农业局以及与之平行的农村发展研究所、畜牧教学科研试验站；④县农业局。各个层次的任务大体相同，主要是农业行政管理、成人训练、职业教育和农业推广咨询。同时，德国的农业经营者都有自己的专业团体，如农民协会、兼业农民协会、园艺主协会、合作社协会和农民互助协会等。这些协会在各地都设有分会，雇用农业顾问，其任务是为会员提供信息和技术服务。

（三）民间主导的农业推广组织体系

1. 由农民协会领导的农业推广组织体制 在北欧一些国家如丹麦，实行由农民协会负责的农业推广制。农民协会包括农场主协会和小农户协会，这两个协会的分级组织遍及全国各地，他们自己组织农业推广工作。在中央设丹麦农业咨询中心，咨询人员都是高级专家。地方协会具体组织咨询工作和开展咨询服务。地方协会规模较小，由农场主协会和小农户协会联合制定咨询计划。农村雇用的咨询人员和助手在资历上有严格的要求。同时，丹麦十分重视提高咨询人员的业务水平，对农业顾问进行在职培训。推广人员咨询服务的主要内容是：向农场主和小农户提供有关生产方法和经营管理方面的技术知识。

2. 以民办为主的农业推广体制 法国的农业推广工作统一叫做农业发展工作。主要的全国性机构有：全国农业发展协会、农会常设理事会、农业技术协调协会、农业经济管理中心协会、全国农业研究发展组合联合会、全国种子苗木业联合会和农业合作社总联合会。这些组织大多是农户自愿组织起来的，他们雇用各种技术人员为自己的会员服务，帮助他们解决在农业生产中遇到的各种问题。

综观以上各种不同的农业推广组织体制，就政府领导的农业推广组织而言，推广咨询服务队伍较稳定，活动费用有保障，有固定的试验场地和设备，推广教学条件好，对农户提供的咨询服务是免费的，能较好地执行国家农业总体发展规划。但推广人员的工作只是向上级负责，不能很好地根据农民的实际需要提供咨询服务，同时由于受政府行政事务的干扰，他们的时间和精力不能专一和集中。

就农民协会和农业合作咨询组织而言，他们的推广工作是为农民服务。其咨询人员的工作只向农协负责，不太关心政府的任务，推广内容和项目由农会决定。提供农民感兴趣并且对农民直接有用的技术和信息。但与政府推广相比，农协推广的面较窄。

政府和农协联合或并存的推广组织体制，可以发挥各自的优势，起到互补的作用。而私人咨询机构一般服务态度好，内容针对性强，多数是解决经营管理问题，但费用较高。

第二节　我国农业推广组织设计与管理

一、农业推广组织设计

（一）农业推广组织设计原则

农业推广组织设计，通常要面对复杂的自然环境和快速发展的经济环境。为此，需要充分考虑环境、战略、规模、技术、人员等因素对组织结构的影响，在此基础上制定农业推广组织设计的原则。

1. 因地、因时、因人、因事制宜的原则　农业推广组织在设计和改变这一组织结构前，必须反复模拟当地的条件，进行动态分析，切不可做不切合实际的设想。当地条件和组织内部条件是确定组织目标与推广目标采取哪种组织设计的前提条件。因此，无论采用何种组织设计理论，都将以适用于当地、当时、当事的组织设计方案为最佳的选择，先进的并不一定是适用的，合理的不一定是技术上领先的。

2. 动态中稳定组织结构与形式的原则　随着农民行为的改变和外界环境的变迁，组织结构和形式需要不断调整，但农业推广从整体系统和某些上层组织机构上来讲，要求处于相对稳定状态。这样就要求系统和部门内及各个环节要随时调整，体现农业推广组织既有连续性、适应性，又有创新性。

3. 合理发挥部门功能，从整体系统上求得最佳结构的原则　组织系统目标要利于部门目标的发挥。当子目标与主目标发生冲突时，在组织设计上要从整体考虑，保证组织系统的协调。基层推广组织一定要结合责任、权利而设置、避免结构复杂、多头领导、指挥系统失误等问题的出现。

4. 组织设计利于自身功能发挥的原则　功能与结构是相互统一的。结构决定其功能，功能反过来又要求建立相应的结构，因此组织设计要利于信息交流、利于培养促动因素、利于评估、利于控制、利于分工与协作、利于推广目标的选择与确定、利于业务人员水平进一步提高。对推广人员，在培训方式、培养条件上都要有客观的要求，在使用人才的同时要为其提供进一步提高的机会。

（二）农业推广组织类型

农业推广组织设计是组织所处的内、外部环境和组织的发展战略以及技术、规模、人员等因素综合作用的结果。这种结果形成的固定形式就是农业推广组织的类型。根据高启杰的划分，目前影响最大的农业推广组织主要有 5 种类型，即行政型农业推广组织、教育型农业推广组织、项目型农业推广组织、企业型农业推广组织和自助型农业推广组织。

1. 行政型农业推广组织　行政型农业推广组织以政府设置的农业推广机构为主，其组织目标和服务对象广泛，涉及全民的政治、经济和社会利益。在许多国家，推广服务机构都是国家行政机构的组成部分。由于推广工作经费和人员大都是由政府行政体系安排，因此农业推广计划制定工作偏于自上而下的方式，目标群体即农民难以参与。由于农业推广内容大都来自公共研究成果，农业推广工作方式偏于技术创新的单向传递，农业推广人员兼具行政和教育工作的双重角色，在实践中，这两种角色的冲突较为明显。行政型农业推广组织的行动计划是以政策型表现的，因此其技术特征以知识性技术为主。但由于多数行政组织的农业推广政策都具有改变农民行为以实现综合农业发展的目标，所以部分组织仍包含操作性技术的内容。

2. 教育型农业推广组织　教育型农业推广组织以农业院校或科研院所设置的农业推广机构为主，其服务对象主要是农民，也可扩延至社区内的其他人口，工作目标是教育性的。建立这类农业推广机构的基本考虑是政府应当承担对农村居民进行成人教育工作的责任。同时，政府所设立的大学应具有将专业研究成果与信息传播给社会大众以便其学习和使用的功能。由于这类推广组织的行动计划是以成人教育的形式表现的，因此其技术特征以知识性技术为主，而绝大部分知识是来自学校内的农业研究成果。教育型农业推广组织通常是农业教育机构的一部分或附属单位，因而将农业教学、科研和推广等功能整合在同一机构，农业推广人员就是农业教育人员，其工作角色就是进行教育性活动。相对而言，教育型农业推广组织的规模通常要比行政型推广组织小，可以视为中等规模。农业推广工作经费受农业教育经费预算的影响，通常随着农业人员的变动而调整。

3. 项目型农业推广组织　项目型农业推广组织的工作对象主要是推广项目地区的目标团体，也可涉及其他相关团体。其工作目标视项目的性质而定，主要是社会及经济性的成果，其技术特征以知识性为主，也具操作性。组织规模属于中等偏小。在确定农业推广目标时，项目组织与目标团体之间要进行目标比较和广泛的接触，而且还要在组织目标与国家总体计划之间进行协调。基层农业推广咨询人员和目标团体参与具有效率。决定形式表现为上下共同决策，权力集中程度低，内部沟通是双向的。在组织分化方面，此类组织是以项目活动的类别来分化工作单位。因此，每一工作单位的地位不确定，而工作人员之间也是依技术专长进行区别，其地位网络不确定。

4. 企业型农业推广组织　企业型农业推广组织是以企业机构设置的农业推广机构为主，大都以公司形式出现。其工作目标是增加企业机构的经济利益，服务对象是其产品的消费者，主要侧重于特定专业化农场或农民。一般而言，此类推广组织的推广内容是由企业组织决定的，常限于单项经济商品生产技术。农业推广中大都采用配套技术推广方式，也就是推广人员不只单独应用教育方法来促成农民经营技术的改变，同时也应用资源传递服务方法来为农民提供各类生产资料或资金，使农民能够较快地改进其生产经营条件，从而显著地提高生产效益。由于此类组织的工作活动主要以产品营销方式表现，因此其技术特征以实物性技术为主，也兼含一些操作性技术。企业型农业推广组织常是企业机构的一个部门，常随着企业经营状况的变化而调整，其规模就可能得以扩大而具有中等规模。在组织结构特性方面，采用自上而下的控制方式，权力集中度比较高，内部传播采用单元系统传播方式。

5. 自助型农业推广组织 自助型农业推广组织是一类以会员合作行动而形成的组织机构。这类组织以农民所形成的农业合作团体最具代表性。自助型农业推广组织通常是农业合作团体的一部分。因此，其组织规模取决于农业合作团体的联结关系。从目前各国的农民合作团体来看，大多数规模较小。为了满足组织成员的要求，此类组织大都采用由下而上的方式来制定农业推广计划。农业推广人员具有多项工作任务，不仅要促使农民的知识、技能和行为的改变，还要努力促成农业推广工作有益于取得整体农业合作组织的经营成果。所使用的农业推广方法偏于组织或团体方法。在组织结构上，此类组织的管理形式是由全体成员参与控制，但其效率不高。决策时，可吸纳基层工作人员的意见和参与，因此其权力集中度偏低。组织分化是依团体成员的需要而进行的，因此需要的种类越多，则部门分化越广，而组织内的地位网络就越不易确定。在组织表现上，此类组织是对团体成员负责，因此其组织成果主要是以合作效益来估计。

（三）农业推广组织设计评价

任何一种类型的农业推广组织在实际运行中，肯定会存在着这样或那样的缺陷。因此，对现行农业推广组织的评价，实质上是组织设计工作的延续，是组织运行中必不可少的再设计过程。组织设计评价工作的重要性还远不止是一种结论性的工作，重要的是能找出解决某些规律性问题的方法，再运用到实际中去避免问题的发展。

1. 行政型农业推广组织设计评价 行政型农业推广组织的优点主要是在发展的初级阶段，效果比较明显，加之由于是中央政府主持，财力、人力有一定的保证，信息传递也较及时；在战争、饥饿等特殊情况下，它能有效地组织和促进农业生产，使国家有可能尽快摆脱危机；由于有政府及其他行政组织的协助，有利于推广工作的顺利开展，有利于开展国际交流与合作，共同促进世界农业推广事业的发展。

行政型农业推广组织的缺陷主要是不能做到因时制宜、因地制宜，往往导致事倍功半；容易导致社区和农民对中央政府的依赖性，从而削弱他们本身潜在的创造力，不利于充分发挥他们的主动积极性；不可避免地产生官僚主义。由于垂直式的动力机制、千篇一律的工作程序和工作作风，缺乏对具体情况的调查研究，命令主义和大量冗员的存在，增加了推广工作的成本，这种现象在东南亚国家尤为突出。

2. 教育型农业推广组织设计评价 教育型农业推广组织设计的特征是中心辐射型：一方面这种结构向外扩散，很容易将推广战略影响到区域内的目标群体，另一方面又受到目标群体的包围，影响着推广组织的具体操作。就组织结构而言，能够使农村群众代表或基层人员充分参与规划和管理工作，其决策采取上下联合的商谈方式，因此这类组织的权力是分散的，其内容传播属于双向沟通方式。在组织分化方面，此类组织是根据计划与项目活动的类别来分化工作单位，因此每一工作单位的地位不确定，而工作人员之间也仅依技术专长进行区别，其地位网络也不确定。在组织表现方面，教育型农业推广组织的公共责任是提高农村群众的素质与生活福利水平，也包括促进全社会的发展。由于其工作目标是促进农村成人教育发展，因此其组织绩效主要是用教育成果来度量。

3. 项目型农业推广组织设计评价 项目型农业推广组织设计的出发点是基于集中使用资源，在限定的时间内完成常规农业推广组织不易做到的事情。因此，这种组织设计也可以称为冲刺型的运载体。一方面他可以使用最佳的资源配置，如聘请专家和有成功经验的工作者参与，在资金和政策等方面有一定背景支持；另一方面又不必担心这种项目完成后所遗留问题的处理工作。因此，可能会有一种短期行为的后遗症现象。项目型农业推广组织较多地出现在外来资金支持的领域内或政策性支持的项目中。如果能做到项目计划的有机衔接，使项目短期行为减少到最低程度，这种项目型推广组织设计的长处会更加突出。

4. 企业型农业推广组织设计评价 企业型农业推广组织设计的原型就是公司加农户的延续。农户最大的利益体现是在成熟技术支持下、在资金保证下的无营销顾虑的专业化生产。而公司最大利益的体现是产量、质量稳定的农产品供给的链条不间断地转动，保证其资金的周转，市场投入后的回报和比竞争对手更优质更低成本的产品的回报。因此，这两者的利益组合是这种组织设计的目的，但也是隐患所在。一旦某方利益无法最大化地体现，就可能被迅速地解体。其稳定性全系在利益能否实现上。在组织结构上，权力的划分呈上大下小，集权程度很高，因此组织目标的实现往往会牺牲农民的某些实际利益，同时组织战略又以市场导向为依据，受到价值规律的影响，往往在把握不清市场发展方向的情况下，使组合各方都受到很大影响；市场供求关系平衡时，这类组织就能稳定发展，而一旦市场供求关系发生变化时，双方都会重新选择利益最大化和风险损失最小化的措施，而组合关系就会出现波动。这是企业型农业推广组织设计中需要重点关注的问题。如果能有效地通过法律手段、经济手段、管理方法来最大限度地制约这些问题的发生，这种类型的推广组织是很有发展前途的一种形式。

5. 自助型农业推广组织设计评价 农协是自助型农业推广组织的典型代表。自助型农业推广组织设计的初衷是维护农民自身利益与决策民主化，这是其他 4 种农业推广组织都无法彻底做到的事情。因此，要体现这种设计的初衷，在组织结构上全体成员都将参与组织的决策和管理，因而其运行效率无法提高，集权程度会分散化；在市场上的竞争力往往由于决策民主化过程所限，错过一些最佳时机。但由于是民主化决策，在执行中自觉性较强，如果能有效建立一些职能部门，并配备技术、信息、营销、策划等方面的专业人员做顾问，其效率会有明显提高。自助型农业推广组织有广泛的发展前景，但由于农民所处的环境、地位、素质、资金、信息、决策能力、市场预测等条件的限制，目前还处于发展阶段。可以预计，伴随着农民素质的逐步提高，这种形式的农业推广组织会成为今后的发展趋势之一。

二、农业推广组织管理

（一）农业推广组织管理原则

对农业推广组织进行有效的管理，能保证推广项目与推广计划的正常运行、促进组织内部和外部的沟通、排除正常运转中的阻塞作用，因而能够为农业推广工作的系统化、规范化与持续发展提供保障。在实践中，要发挥农业推广组织管理的应有作用，就应当遵循一些基本原则。

1. 弹性原则 组织的存在与完善，既要有基本构成，又能因变而变、以变应变。这被称为组织变化发展原则，也称为弹性原则。

2. 组织信息系统管理原则 组织应建立在敏感的感受系统、及时的双向沟通、快速的信息发布与反馈功能的基础上。这通常称为组织信息系统管理原则。

3. 规范管理原则 组织运行在客体监察的领导体制与业务系统上。这称为规范管理的原则。

4. 激励管理原则 有健全的人员评估上岗制度，公开的奖罚制度，不断追求工作、生活环境的改变。这是激励管理原则。

5. 目标管理原则 各组织目标的制定与人员工作目标的选择，有合情、合理、制度化的要求。这是目标管理原则。

6. 模式管理原则 根据不同的推广对象与各种环境因素，建立适宜的推广组织，分类型划分管理。这是模式管理原则。

（二）农业推广组织自身管理内容

1. 选择合理的组织管理手段 管理农业推广组织的第一个内容就遇到了这样一个需要选择的问题，其答案只能是大家根据当地的具体问题具体分析，探索性地去寻找一种适合于你所要管理的那种推广组织手段。应该讲存在就有一定的合理性，但合理的管理手段未必就事先存在，因而需要探索。

2. 挑选领导 确定管理组织机构内的成员是组织发展的关键。推广者之间的合作非常重要，它要求机构负责人以了解人际关系作为领导前提，协调和安排好不同能力与性格的成员间的合作关系。领导人的管理就是选择胜任的推广者充当这一角色，这是管理的关键与成败的前提。因此选择一个胜任的领导者，是管理好农业推广组织的重要内容之一。

3. 管理好信息通道 信息通道的建立和管理是组织职能起作用的重要环节，没有充足的信息，组织就会僵死，无法开展有效的工作。建立信息通道，应建立双向的通道。在农业推广中，信息来源大部分是科研机构和一部分农民或机构的决策者，从上至下的信息主要是来自科研专家和领导部门或经营者，经过专业人员译成推广语言，再由推广人员传递给农民。而从下至上或来自于横向传播交换的信息则没有固定的渠道和方式，通过各种途径都可能到达决策机构，但同时也往往因为没有固定的通道，使来自下面的信息很少能被正式地利用起来。所以，管理好信息通道是农业推广组织管理必须做好的内容。

4. 进行常规管理 常规管理的内容包括对农业推广组织系统分层、分级、分系统的管理。管理组织内的人、财、物；制定发展战略、规划、计划，实行以岗位责任制为主的目标管理，根据项目要求安排好项目实施，并对项目进行监督、检查、评估。

第三节 农业推广人员的职责与管理

一、农业推广人员的职责和任职条件

（一）农业推广人员的职责

根据所从事工作的性质差异，通常将农业推广人员划分为农业推广行政管理人员、农业

推广督导人员、农业推广技术专家和农业推广指导员 4 种类型。各类农业推广人员所承担的相应的工作岗位是对农业推广工作的分解，其间是相互联系的一个有机整体，每类推广人员均承担着其相应的工作职责。

1. 农业推广行政管理人员　农业推广行政管理人员是指在农业推广机构中负责运作农业推广业务的行政主管。其一般工作职责有：拟定推广机构的工作方针和制定推广政策；对推广组织的人力资源进行开发与管理；编制经费预算；协调各部门的工作活动；评估并报告工作成果。除了这些一般性的职责之外，不同推广机构的行政管理人员还可能因工作性质及其他方面的需要而执行一些其他的任务，如维持工作环境、对设施设备进行管理、调整工作计划、维护工作人员士气、创造新的工作方向、扩大对外联系等。

2. 农业推广督导人员　农业推广督导人员是指在农业推广机构内部监督和指导农业推广指导员对农业推广计划进行实施的推广人员。具体而言，农业推广督导员的工作职责包括：帮助农业推广指导员与推广管理人员和技术专家建立良好联系；为农业推广指导员提供信息，帮助其拟定工作计划；提高农业推广指导员的工作能力和社会交际能力；激励农业推广指导员；评阅推广指导员的工作报告，考核和评估推广指导员。因此，农业推广督导人员的工作时间分配主要考虑以下几项活动：处理公文和工作报告；访问基层机构；协调性工作；参加推广工作会议及研讨会。

3. 农业推广技术专家　农业推广技术专家是在农业推广组织内专门负责收集、消化和加工特定科技信息并提供特定技术指导的推广人员。其工作职责主要包括：为农业推广组织提供技术支撑；加工科技信息；培训其他推广人员；提供专业的技术分析报告；举办各类推广技术和问题的研讨会。

4. 农业推广指导员　农业推广指导员也就是基层的农业推广人员，是直接开展各项农业推广活动，指导农村居民参与农业推广工作的专业推广人员。具体而言其工作职责包括以下几个方面：协助当地政府制定农业政策与计划；拟定各类推广计划；向农民宣传政府的有关政策，并将农民的有关情况向政府报告；协助地方建立农村社会组织，选择并培训义务指导员；向上级机构或其他社会组织争取社会资源，以加强地方的农业推广活动；与其他推广人员保持良好联系，向上级机构或督导人员反映当地的问题，以调整农业推广方针与政策；评估地方推广工作成果，并提出年度工作报告。

（二）农业推广人员的任职条件

农业推广人员的任职条件就是要求其具有的完成农业推广各项工作职责的各种素质，即完成和胜任推广工作所必须具备的思想品质、生理条件、职业道德、科学技术知识、组织能力、表达能力和心理承受能力的综合表现。总的来说，合格的农业推广人员要有：①科学工作者的严肃科学态度，勇于吃苦、献身农业的精神；②广博的业务知识，一定的社会经验和市场经济意识；③较强的业务实践能力，组织群众工作的经验和良好作风。总之，推广人员应是德才兼备、一专多能的多面手。

1. 农业推广人员任职的职业道德条件

（1）热爱本职，服务农民。农业推广要求推广人员具有高尚的精神境界、良好的职业道德以及优良的工作作风，热爱本职工作，全心全意地为发展农村经济服务，为帮助农民致富奔小康服务，争做农民的“智多星”和“贴心人”，把全部知识献给农业推广事业。

(2) 深入基层，联系群众。推广人员必须牢固树立群众观念，深入基层同群众打成一片，关心他们的生产和生活，帮助他们排忧解难，做农民的“自己人”，同时要虚心向农民学习，认真听取他们的意见和要求，总结和吸取他们的经验，与农民保持平等友好关系。

(3) 勇于探索，勤奋求知。要勤奋学习，不断学习农业科学的新理论、新技术，特别是在社会主义市场经济日趋发展的今天，还要善于捕捉市场信息，进行未来市场预测，在帮助农民致富、推进农业产业化方面不断接受新思想，学习新知识，加速知识更新速度，拓宽知识面，不满足前人已取得的成果，不拘于权威的结论，争取在工作实践中有所发现、有所发明、有所创新、有所前进。

(4) 尊重科学，实事求是。实事求是是农业推广人员的基本道德原则和行为规范。因此，在农业推广工作中要坚持因地制宜、“一切经过试验”的原则，坚持按科学规律办事的原则，在技术问题上要敢于坚持科学真理。

(5) 谦虚真诚，合作共事。农业推广工作是一种综合性的社会服务，不仅依靠推广系统各层次人员的通力合作，而且要同政府机构、工商部门、金融信贷部门、教学科研部门协调配合，还要依靠各级农村组织及农村基层干部、农民技术人员、科技示范户和专业户的力量共同努力才能完成。因此，农业推广人员必须树立合作共事的观点，严于律己，宽以待人，谦虚谨慎，不骄不躁，同志之间要互相尊重、互相学习、互相关心、互相帮助，调动各方面力量，共同搞好农业推广工作。

2. 农业推广人员任职的业务素质条件

(1) 学科基础知识。农业推广人员应具有大农业的综合基础知识和实用技术知识，既要掌握种植业知识，还要了解林、牧、副、渔甚至农副产品加工、保鲜、贮存、营销等方面的基本知识和基本技能。不仅熟悉作物栽培技术（畜禽饲养技术），还要掌握病虫防治、土壤农化、农业气象、农业机械、园艺蔬菜、加工贮存、遗传育种等的基本理论和实用技术，才能适应农村和农民不断发展的需要。

(2) 管理才能。农业推广人员做的工作绝不是单纯的技术指导，还有一个激发农民积极性和人、财、物的组织管理问题。因此，农业推广人员必须掌握教育学、社会学、系统论、行为科学和有关管理学的基本知识。要学会做人的工作，如人员的组织、指挥、协调，物资的筹措和销售，资金的管理和借贷，科技（项目）成果的评价和申报等管理才能，方可更好地提高生产效益和经济效益。

(3) 经营能力。农业推广人员必须学好经营管理知识和技术，加强市场观念，了解市场信息，学会搜集、分析、评估、筛选经济信息的本领，以便更好地向农民宣传和传授。同时，还要搞好推广本身的产、供、销综合服务，达到自我调剂和自我发展、不断完善的目标。

(4) 文字表达能力。农业推广人员必须具备良好的科技写作能力，要学会科技论文、报告、报道、总结等文字的写作本领。写作时要注意观点明确、文字简练、语言大众化、条理清晰、说服力强、容易被群众所接受。还要具备计算机的应用能力，借以获取和传递信息，提高工作效率。

(5) 口头表达能力。口头表达能力和文字表达能力同等重要，是农业推广人员的基本功之一。在有些方面和某些场合，口头表达能力的高低直接影响着推广进程和效果。特别是我国目前大部分农民文化素质低，口头表达能力就显得特别重要，因为较强的口头表达能力可以增强对农民群众的吸引力和启动力，使之更快地接受农业技术并转化为现实生产力。

（6）心理学、教育学等基础知识。农业推广是对农民传播知识、传授技能的一种教学过程。所以说农业推广人员是“教师”，需要具有教育科学知识和行为科学知识，摸清不同农民的心理特点和需要热点，有针对性地结合当地现实条件进行宣传、教育、组织、传授。农业推广人员懂得教育学、心理学、行为学等基本知识，才能更好地选择推广内容和采用有效方法。

二、农业推广人员的管理

（一）农业推广人员管理的内容

农业推广人员管理是推广机构内所进行的人力资源规划、招聘与解聘、人员甄选、职务定向、员工培训、业绩考核、职业发展、员工关系等工作活动的总称。人员管理的目的是使推广组织内的人力资源能充分有效地利用，从而提高农业推广组织的工作绩效。

1. 人力资源规划 在农业推广人员规划的各项内容中，人员规划方案的拟定尤为重要。一般而言，拟定人员规划方案可分为以下几个步骤：调查现有人力状况；调查基本服务范围；确定服务对象及估计人力需求；确定职业工作的优先程度；确定人员培训需要；估计总人力需求；调查培训资源和培训人员状况；估计潜在人员供给；比较人员需求与供给；决定财政负担；编制人员规划方案。

在估计和确定推广服务人员数量的时候，通常应当考虑以下几个因素：农产品数量；农户或农场的规模；农户或农场经营类型；产值的高低；推广项目所涉及的范围和项目的复杂性；推广对象受教育的水平及心理特征；新闻媒体对推广工作的作用。

2. 招聘与解聘 农业推广人员的招聘是在人员规划与编制的基础上，根据整个农业推广工作计划或农业推广机构的需要选用所需的人员。如果在人力资源规划中存在超员，管理部门需要减少组织中的劳动力供应的人力变动称为解聘。人员招聘的来源很多，每种来源均存在其相应的优缺点，具体选用哪种招聘渠道，需要根据自身的情况和职务特点进行决定。职位的类型和级别也会对招聘方式产生影响。一个职位要求的技能越高或处于组织的高层，其在招聘过程中所需要扩展的范围就要越大。在推广组织中，高层的行政管理人员和高级别的技术专家就需要在较大的范围内招聘。人员的解聘工作也是管理者所必须面对的一项艰难的工作。但是，作为一个需要不断发展的组织，当不得不紧缩其劳动力队伍或对其技能进行重组时，解聘就成为人力资源管理活动中一项十分重要的内容。

3. 人员甄选 农业推广人员的甄选是一种预测行为，其目的是设法预见聘用哪一位申请者将会确保把工作做好。其实质就是在现有有关申请者信息的基础上，结合职务特征进行想象，根据想象的结果确定选用哪些或哪一位申请者的行为过程。当选中的申请人被预见会取得成功并在日后的工作中得到证实，或者预见某一申请者将不会取得成功并且如果雇佣后也会有这样的表现时，我们说这一决策就是正确的。在前一种情况下我们成功地接受了这一申请者，在后一种情况下我们成功地拒绝了这位申请者。要是错误地拒绝了日后有成功表现的候选人或错误地接受了日后表现极差的候选人，均说明甄选过程出现了问题。要提高选中正确决策的概率，就要注意甄选手段的效度和信度。

4. 职务定向 职务定向是在农业推广人员被录用后，将其介绍到工作岗位和组织中，使之适应环境的过程。职务定向使员工的具体任务和职责得到了明确，也将明白未来的工作绩效和自己的工作在完成整个推广组织目标中的地位与作用。这是一个使新成员融入组织的重要环节。成功的职务定向会使员工从一个外来者的角色向主人的角色转移，使其感觉到舒适和易于适应，激励新的员工，为正式的工作奠定基础。

5. 员工培训 农业推广人员上岗以后需要不断地接受培训，提高素质以适应推广工作提出的新要求，维持工作能力和提高工作效果，

推广组织的管理者所开展的人员培训活动可分为以下步骤：①制定培训政策。培训政策在于说明培训的目的、作用及其与其他人员管理活动的关系，培训的阶段和方式。②拟定各类培训计划。一般而言，培训计划的拟定和编制包括以下几个步骤：确定培训需要；分析工作任务；选择培训对象；确定培训方式；选择培训教师和教材；确定培训成本、日期与地点；完成培训计划书。从培训方式来看，主要有在职培训和脱产培训两种。③管理和实施培训计划。年度培训计划执行活动主要包括：确定年度培训需要；分析并确定工作任务；确定培训课程与教材；教学环境的安排与准备；实施培训活动；后续培训；评估和调整培训计划。

就目前我国农业推广人员管理而言，培训管理是一个较为薄弱的环节。存在的主要问题有：对培训是推广人员管理的一个重要部分认识不足，总体的培训程度不够；培训无规划或规划缺乏规范性；普遍缺乏职前培训，职后培训较为随意、缺乏规范性等。

6. 业绩考核 推广人员的业绩考核是对推广人员的工作绩效进行评估，以便形成客观公正的人事决策的过程。组织根据评估结果做出有关人力资源的报酬、培训、提升等诸多方面的决策。因此，业绩考核结果不但要出示给管理层，而且要反馈给员工。这样，会使员工感觉到评估是客观公正的，管理者是诚恳认真的，气氛是建设性的。

7. 职业发展及晋升与福利 晋升与福利是鼓励农业推广人员维持工作士气和成果的主要方法。晋升包括职称和职务的升迁或部门内部的升迁。不论是哪一类升迁，都要考虑到使推广人员的能力和新的工作职务能够高度配合。因此，推广人员的绩效评估及其新工作的职务分析是进行升迁的预备工作。福利主要是指工资及各项福利待遇。工资调整应当根据个人可能从事的新职务的工作责任和工作经验来加以决定。提高农业推广人员的福利主要包括奖金、保险、保健、文化娱乐及其他生活条件。在很多发展中国家和地区，农村和城镇相比，生活条件很差。这就需要为农业推广人员特别是基层的农业推广人员提供相应的生活条件。

8. 员工关系与工作条件 员工关系是指在一个农业推广组织内的不同成员之间建立的沟通渠道、员工协商和提供各项咨询服务等。只有在组织内建立起一种良好的人际关系，激励员工士气，才能使员工之间形成积极向上、和睦相处的氛围，从而开展好各项工作。

工作条件主要是指要有相对稳定的推广人员和充足的办公条件。推广工作需要有相对稳定的推广人员在一个推广地区开展工作，这就要求推广人员要具有相对稳定性，不要过分频繁流动，以利于推广人员与推广对象之间建立牢固的信任关系。基本的工作条件主要包括食宿、办公、交通和通信等设施设备。这些条件是员工开展工作的基础。只有具备了良好的工作条件，才能提高推广工作效率。

（二）农业推广人员管理的方法

农业推广人员所从事的农业推广工作在工作对象、工作的时间与空间、工作内容、劳动

方式等方面明显地区别于其他职业，具有很大的特殊性。现代人员管理方法是多样的，作为农业推广组织，要从这些方法中选择适合自身的一些方法，制定一套人员管理的方案与措施，才能最终提高推广工作效率，促进推广事业健康发展。

1. 经济方法 农业推广人员管理的经济方法主要是指按照经济原则，使用经济手段，通过对农业推广人员的工资、奖金、福利、罚款等来组织、调节、影响其行为、活动和工作，从而提高推广工作效率的管理方法。这是一种微观领域中的经济管理方法。经济方法的实质是贯彻按劳分配和社会主义物质利益的原则，正确处理国家、集体和个人之间的关系，以经济的手段将员工的个人利益和推广组织的整体利益联系起来，从而有效地调动推广人员的工作积极性。经济手段主要通过增减工资、福利、奖金、罚款等来起作用。但在实际运用中，要做到奖罚分明，奖得合理，罚得应该。同时，经济方法只是推广人员管理中的一种行之有效的方法，而不是唯一的方法。只有把经济方法与其他方法结合使用，才能更为有效。

2. 行政方法 行政方法就是依靠行政组织的权威，运用命令、规定、条例等行政手段，按照行政系统和层次进行管理的方式。在农业推广组织这样一个微观的管理领域内，要实现推广目标，有计划地组织活动，有目的地落实各项推广措施，强有力的行政方法是非常必要的。

农业推广人员行政管理方法的运用应注意：①将行政方法建立在客观规律的基础上，在做出行政命令以前，要有大量的科学基础考察和周密的可行性分析，命令和规定要符合推广人员和推广对象的利益，才能使命令或决定正确、科学、及时和有群众基础；②推广组织中的领导者应头脑清楚，具有良好的决策意识和决策能力，并在做出决策后要尽量维护决策的权威性，使计划和决策具有相对的稳定性；③领导者要建立良好的群众基础，生活在群众中，关心群众疾苦，善于做群众心目中的领导，不被权力所限制，使命令收到招之即来、来之能战的效果。

3. 思想教育法 农业推广人员管理的思想教育法就是通过思想教育、政治教育和职业道德教育，使推广人员的思想、品德和行为得到改进，成为农业推广工作所要求的合格的推广人员。农业推广人员管理中常用的思想教育法有正面说服引导法、榜样示范法和情感陶冶法3种。

正面说服引导法是用正确的立场、观点和方法教育推广人员，通过摆实事、讲道理，使人明辨是非，从而提高思想道德素质的方法。其基本思想就是通过正面教育，提高人的素质，以理服人，启发人的自觉性，调动内在的积极性，引导推广人员不断地前进。这种方法也是运用最为广泛的一种思想教育法。

榜样示范法是以正面人物的优良品德和模范行为影响推广人员的一种思想教育法。我们通常用评选先进和树立模范等方法，建立榜样，通过榜样的言行，将思想教育目标和职业教育规范具体化和人格化，使推广人员在富于形象性、感染性和可信性的榜样中，得到教育和启发。

情感陶冶法是通过自然的情境教育，使推广人员受到积极的感化和熏陶，从而培养其思想品德的思想教育法。这种方法的运用就是要用领导者高尚的道德情操，以动之以情、晓之以理的方式与推广人员形成共鸣，而达到教育的目的。

4. 精神激励法 精神激励法就是运用推广人员的成就动机，树立起推广人员对工作的兴趣及其对自己职业重要性的认识和对集体的关心，从而增强推广人员完成工作目标动力的方法。在农业推广人员管理中，精神激励法有设置目标、规定标准、工作扩大化等方法。

设置目标是对每个推广人员要完成的工作做出明确的规定，而后将目标进一步分解为某一时间范围内更为具体的工作短期目标，同时制定相应的奖惩措施，使推广人员在推广工作的过程中增强目标，从而使推广人员不断地向自己的目标努力的一种精神激励法。

规定标准是对推广人员的工作进行量化，对每项任务的完成都制定相应的好坏标准，促使推广人员以标准为目标不断地工作的一种方法。

工作扩大化是将推广人员的工作范围从单纯地实施某一具体的推广方案扩大到推广方案的建议、设计和评估等过程的一种精神激励法。工作范围扩大后，推广人员能更为全面地认识推广方案，从而产生一种内在的完成方案的动力，有利于推广工作的完成。

5. 法律方法 法律方法是以法律为手段，强制性地要求推广人员执行国家法律法规、地方规范和推广组织的规定等规范的一种管理方法。农业推广人员管理的法规有法律、法规、条例、决议、命令、细则、合同、标准、规章制度及规范性文件等。

第八章　农业推广方式与方法

农业推广方式与方法是农业推广学的重要内容。学习农业推广除了学习农业推广的基本理论知识外，主要是要学习推广方法。而方法是较为灵活的，不一定全部靠书本学习，需要在实践中不断地充实与提高，但基本方式与方法是一定的，在这里学习基本方式与方法，可以为今后的工作打下一定基础。

第一节　农业推广程序

一、农业推广一般程序

农业推广程序是农业推广的先后顺序，是一个动态变化的过程。新中国成立早期，我国农业推广基本上采取“试验、示范、推广”的程序进行。20 世纪 80 年代中期，随着推广理论和实践的发展，农业推广程序得到不断丰富和完善。1993 年 7 月 2 日颁布实施的《农业技术推广法》指出：“本法所称农业技术推广，是指通过试验、示范、培训、指导以及咨询服务等，把农业技术普及应用于农业生产产前、产中、产后全过程的活动。”目前，我国的农业推广程序具体可分为项目选择、试验、示范、培训、服务、推广、评价七个步骤。

（一）项目选择

农业推广项目是指政府有计划、有组织、有步骤地选择适当的农业科技成果、先进的实用技术，运用项目的形式进行推广。正确选择农业推广项目，能使农业推广工作取得事半功倍的效果。选择项目，必须按照农业推广的总体计划，依据当地实际情况，根据项目选择的原则（项目的先进性、成熟性、适应性、需求性、技术要求和农民接受能力的一致性、经济合理性等方面），确定推广项目，实现农业增收、农民增收和农业可持续发展。

项目选择的来源可分为：

1. 农业科研、教育部门的科研成果　指国家和地方科技、农业主管部门及有关部门审定公布的农业科研成果，具备一定的先进性、成熟性和高效性。

2. 引进的技术　指从国内外引进的先进成果和技术。

3. 农民生产中总结出的经验　这类技术适用性强，农民群众接受度高，便于推广。

4. 改进的技术　指科研单位、农业推广部门在原有技术的基础上进行提高和改进，或对科研成果进行配套组合，提高推广效率。

（二）试验

试验是推广项目的基础。由于农业技术适应范围的局限性和农业生产条件的复杂性，农业科技成果不一定适应所有的地区。因此，首先要进行推广试验。进行正确的试验，可以对新成果、新技术在当地生产应用的适应性、可靠性和推广价值做出评价，并探索综合配套的技术措施，以保证因地制宜地应用可行可靠的技术成果。小区试验可以由科研部门进行，中区试验则由推广基地或科技示范户田进行。

试验过程中要遵循三个设计原则：

1. 重复原则 重复是指各处理组及对照组的例数（或实验次数）要有一定的数量，即应当有足够的样本含量。重复可以降低试验误差和估计试验误差。可以依据试验条件、要求、材料来设定重复次数，在目前农业试验中，重复次数一般为2～5次。

2. 随机原则 是指在抽样时排除主观上有意识地抽取调查单位，每个受试单位以概率均等的原则，随机地分配到实验组与对照组，使每一个单位都有一定的机会被抽中。随机是为了正确地无偏估计试验误差。

3. 局部控制原则 是指在试验时采用各种技术措施，来控制和减少处理因素以外其他各种因素对试验结果的影响，使试验误差降到最小。按照试验条件的一致性，将试验区分成若干范围、地段或区组，这就是局部控制。同一区组内，各处理小区随机排列，这样可使非处理的影响因素趋于最大限度的一致，从而减小区组内的试验误差。区组间的差异可通过统计分析加以估计。

（三）示范

示范可分为成果示范和方法示范，是推广过程中必不可少的环节。观看实物、讲座说明和动手操作，可以直观有效地向农民展示科研成果，加深农民对农业新技术的兴趣和认识。

1. 成果示范 成果示范也称效果示范或结果示范，是运用“以点带面”的辐射原理，选择当地试验成功的某项成果，如新产品、新技术等，在推广人员的指导下，通过成果示范户在承包地上经营，向其他农户展示示范过程和取得的成果，鼓励农民去尝试，加速农业创新扩散。成果示范充分发挥农民视觉、听觉、触觉等感官活动的作用，可以亲自去分析和判断成果的好坏，因此容易说服持怀疑态度的农民，是目前农业技术推广常用的方法之一。

成果示范可以充分体现农业创新成果的优越性，激发农民接受和采纳新技术的欲望；提供新技术实施的实际过程，增强农民采用新技术的信心；培养技术普及人才，完善技术规程，为大规模推广提供技术保障。

目前我国采用的成果示范的基本方式有：

（1）农业科技示范园区示范。划分为国家级、地方政府主办和企业创办三种类型，是在特定区域内，运用资金和技术的集中投入，集农业高新技术的展示、精品农产品生产、种苗繁育、技术培训及旅游观光等多种功能于一体的现代农业示范场所和基地。

（2）特色农业科技示范基地示范。一般是在县域范围内，选择某一优势特色农业产业，由政府、科研推广单位、涉农企业和学校等制订发展规划，通过培育扶持，创办具有鲜明特色和具有一定规模的新技术产品生产经营示范基地。

（3）农业科技示范户示范。它是我国农业技术推广体系的重要环节，是基层农技推广力量的重要补充。通过选择具备条件的示范户，即具备一定文化程度和丰富的农业生产经验；在农村有一定威望，有一定的影响力和号召力；经济状况良好；对科研成果感兴趣，主动采纳示范成果；有宣传和乐于助人的能力的农户，以建设小规模示范田、示范点、示范村等形式，辐射带动普通农民。

成果示范的实施步骤为：

（1）确定示范内容，制定示范计划。要根据成果示范的目标进行设计，包括示范的项目内容、时间、地点、规模等，示范户选择和技术培训，调查记录的内容，示范的基本方法等。

（2）加强指导服务，解决关键技术问题。推广人员应与示范户紧密联系，认真传授和落实各个环节的操作技术，帮助示范户解决生产资料供给如水电、土地、资金、肥料等方面遇到的问题和困难，保证计划顺利进行。

（3）保留旧技术对照，树立示范区标志。设立对照区和示范标志牌，注明示范题目、内容、规模、指标、技术负责人、示范户姓名等。

（4）做好观察记录，收集保留有价值的资料。要按计划要求及时、准确、客观地进行观测和记载，提供给学习参观者有说服力和教育意义的资料、数据。

（5）把握最好时机，组织观摩和交流。可以由政府组织，干部、科技人员和农民共同参加综合性观摩，也可以由推广单位和推广人员自行组织，邀请相关人员参加专项技术观摩。运用现场讲解、示范户操作，结合幻灯片、图解或印发说明材料等进行经验交流。

（6）成果示范的总结和宣传。总结内容包括示范背景、范围、计划、程序、比较结果、讨论分析、效果及存在问题、群众反映等。利用会议和媒体进行宣传，扩大示范成果的影响，对示范户进行表彰和奖励。

2. 方法示范 方法示范是指推广人员通过演示讲解、实际操作体验、讨论交流等多种方式相结合教授农民，并现场指导他们亲自演练，直至掌握其技能要领及基本技术原理的推广方法。

方法示范的步骤为：

（1）方法示范计划的制订。计划内容包括方法示范要达到的目的、示范内容、示范程序、示范时间和地点、农民可能提出的问题以及解决方式等。示范者在事前要做好充分准备，熟悉整个示范过程。

（2）方法示范的实施。示范者先自我介绍，要使推广对象对新技术有兴趣，在示范过程中要一步一步地操作清楚，最好边操作边讲解，要使用通俗易懂的语言，使农民易听懂和掌握。操作结束后，请农民现场重演，对疑难部分再次进行解说，对农民提出的问题进行解答。

（3）方法示范的总结。对示范中的重点进行精炼概括，给农民留下深刻印象。

（四）培训

培训是大面积推广新技术的“催化剂”，是农民尽快掌握新技术的关键，也是提高农民科技文化素质、转变农民行为最有效的途径之一。

培训的方法有多种：举办短期培训班，开办技术夜校，召开现场会，巡回指导，田间传授，建立技术信息市场，办黑板报、编印技术要点和小册子，运用媒体平台宣传介绍新技术。通过以上方法，使农民逐渐了解、掌握新技术，并在培训和推广过程中对不同需要的农户提供咨询。

任何一项培训任务都应该是首先制定完整的培训计划，把培训项目完整地计划好以后，再开始实施培训。培训计划的基本内容和步骤是：①设置培训目标，即为什么要进行这一次培训？②确定培训内容。培训的内容虽然千差万别，但概括起来主要包含三个层面：知识培训、技能培训和素质培训。③选择培训对象。根据培训目标和任务内容，选择合适的推广培训受众群体。④遴选培训师资。培训教师资源来源于2个方面：推广体系内部师资资源、外部师资资源。应根据培训实际需求确定培训教师。⑤培训场所及设备的选择。培训场所有教室、会议室、工作现场等；培训设备则包括教材（技术资料）、笔记本、笔、模型、投影仪、录像机……需要根据培训内容具体选定。⑥选择合适的培训方法。组织培训的方法有很多种，如讲授法、案例法、演示法、讨论法、视听法、角色扮演法等，每一种方法都有其优缺点，为提高培训质量、达到培训目的，往往需要多种培训方法的综合配套利用。⑦培训的评估与完善。总结培训活动的效果及经验，发现存在的问题，并提出完善的建议。

（五）服务

服务不仅局限于技术指导，还涉及产前市场与价格信息调整，产中技术指导，产后储存、运输、加工、销售等便民、利民服务，为农民做好采用新技术所需要的化肥、农药、农机具等生产资料供应服务，帮助农民解决贷款等金融问题的服务。这些服务保证，有利于新技术的迅速推广。

（六）推广

推广是新技术应用范围和面积迅速扩大的过程，是科研成果转化为生产力的过程，是产生经济效益、社会效益和生态效益的过程。应利用大众传播、群体指导和个别指导等推广方法，借助行政干预、技术指导、物资服务等手段，将新技术及时有效地推广运用。在推广过程中，还可以积极引进或改进技术，以保持农业推广旺盛的生命力。

（七）评价

评价是对一项推广工作取得的阶段效果进行总结的综合过程。在推广过程中，难免会遇到突发性问题，应对技术应用情况和解决方式及时进行总结和评价，加快科研成果的转化速度。评价的一个主要指标是技术经济效果，同时也要考虑经济、社会和生态三者的效益关系，全面、系统、客观地对推广过程进行总结。

二、农业推广程序的灵活应用

一般来讲，农业推广应按照“试验、示范、推广”这一基本顺序进行，盲目大面积推广未经充分论证的某项技术，往往会给生产造成损失。但在实际推广过程中，有很多情况需要灵活掌握。在下列情况下可以灵活运用推广程序：

（1）同一自然条件下，由于地区间思想观念和经济条件的不同，某项新技术已在发达地区大面积推广开来，而欠发达地区尚未采用。在这种情况下，可以组织农民到发达地区参观，运用示范等各种推广手段直接进行推广。

（2）农民自身在多年的实践中总结出的行之有效的实用技术、先进经验等，推广部门在及时总结关键技术要点的同时，采用召开现场会等方式大力宣传，不必进行试验、示范就可以在同类地区直接大力推广。

(3) 科研部门在当地自然条件和生产条件下培育的某些新品种等成果，在本地进行了多年多点试验和一定面积的示范，在农民中产生了一定的影响。这样的品种一经审定后，就可直接进入推广领域，不必重复试验。

(4) 针对某一地区存在的主要问题进行研究的技术成果，当研究成功后，可以减少中间环节，直接在当地进行大面积推广。

(5) 综合组装当地多年推广应用的各项技术，经实践证明是行之有效的，在组装起来后不必进行试验、示范就可推广，达到增产、增收的目的。

(6) 某项科研成果在取得成果前已经通过科研部门和推广部门共同完成一定示范面积的推广部门不必进行试验就可以在其适应的范围内迅速推广。

(7) 依据"教、科、推"统一制定试验研究和示范推广方案，由攻关人员在试验基点进行试验研究后，筛选出最优项目并进行示范推广。这样的成果通过鉴定后，即可直接在适宜地区推广。

综上所述，农业推广程序在推广过程中起着非常重要的作用，是推广工作的步骤和指南，更重要的是推广人员要根据当地实际情况灵活掌握和运用，不可生搬硬套。

第二节　农业推广方式

农业推广方式是农业推广体系开展推广工作的基本组织形式或途径，体现推广体系的基本指导思想和策略原则。

一、世界农业推广方式

一个国家的农业推广方式通常是以一种为主，同时具有多种方式的特征。而一个国家不同地区采用的推广方式也不尽相同。联合国粮农组织（FAO）根据推广的基本前提、目标、项目制定、推广人员及所需具体条件等，将世界上的推广方式分为 8 种类型。

1. 一般推广方式　目前世界上普遍采用一般推广方式。这种方式推广的内容主要是农业技术，且来源于政府机构，因此采取自上而下的垂直管理形式，从中央到地方层层设立推广机构，由中央制定统一的推广项目，目标是帮助农民提高产量，农业产量增减幅度是衡量推广工作成效的尺度。主要的推广方法是示范和走访农户。这种方式的优点是信息统一从中央向地方传递，速度快，便于控制全国范围内的推广活动。缺点是政府机构人员过多，财政负担重，运行效率低，有时为达到中央要求的目标，而不去考虑农民的需要和当地实际情况。

2. 产品专业化推广方式　这种推广方式的目的是提高特定产品的总产量，由商业组织提供推广过程的所有程序，推广人员向农民提供当面指导和示范，通过严格的利益关系实行产供销一条龙服务。该方式多应用于经济作物和畜牧业，衡量尺度是农作物产品的总产量。这种方式的优点是能专门推广和及时传递专业产品生产技术，产供销能协调一致，可随时考核和监督推广人员。缺点是农民利益与商业利益不兼容。

3. 培训和访问推广方式　通常基层推广人员由于缺少培训，掌握技术有限，很少深入到农民中。培训和访问这一推广方式就是由上级推广机构制定推广项目，明确推广人员的培训和走访任务。项目通过走访和示范实施，基层推广人员的配备与农户数成正比例。衡量尺度是农产品产量和贫穷小农户的生产、生活改善程度。这种方式的优点是能快速更新农业基层推广人员的知识，严格管理和监督推广工作，拉近推广人员和农户的关系，进行双向信息交流。缺点是基层推广人员过多，开支大，管理不灵活。

4. 群众推广方式 群众推广方式是通过农民组织，让农民参与推广、销售、加工、信贷等活动，从根本上提高推广工作的效率和效果。前提是农民有一定经验，积极参与推广工作，既是教育者也是参与者。由农民协会组织参与项目制定。衡量的标准是农民组织的稳定性、农民获得利益的大小、科研与其他部门的参与程度。这种方式的优点是与农民密切联系，推广工作切合实际。缺点是基本材料统计困难。

5. 项目推广方式 这种方式是在特定地区具体时期内，借助大量外来资金实施推广项目，在几年时间内取得较好的效果。推广方法由资助机构和受援国政府共同制定并实施，资助机构提出具体的目标和要求。衡量尺度是该项目是否在短期内带来理想的变化。优点是有限时间内在特定地方执行，易于评估，短期效果明显，新技术、新方法能及时得到试验。缺点是项目对资金依赖度高，无法保证项目的持续性。

6. 农业系统开发推广方式 这种方式是以农户为综合系统开展推广工作。前提是需要研制适合当地的推广技术。项目的制定和执行都需要农民积极参与。衡量尺度是农民在多大程度上采用了这项技术。优点是推广内容具有针对性，加强了推广与科研的联系，农民自愿采用新技术。缺点是科研人员参与农作系统研究，开支大，时间长，难以监督。

7. 费用共担（分摊）推广方式 这种方式是农业推广经费在中央和地方之间合理分担，中央政府提供的资金一般比较少，推广计划由承担费用的各级政府共同负责制定，但一定要满足当地的利益需要。衡量尺度是农民是否愿意和能够分担部分费用。这一方式的优点是地方参与计划制定，内容符合农民需要，农民对推广人员比较信任，利于减轻财政负担。缺点是中央对推广计划的制订和推广人员的人事安排、考评监督较为困难。

8. 教育机构推广方式 教育机构推广方式是以高校为基础，建立农业教育、科研、推广三位一体的农业推广体系，并在高校内建立农业推广站（中心）。高校的推广部门负责组织、管理和实施基层推广工作。前提是农业院校及其教职员可以有针对性地向农民传授有用的技术知识，帮助农民学习技术，使教师、学生了解农民。推广计划由教育机构制定，主要是培训农民。衡量尺度是农民参与推广活动的规模、程度及技术采用程度。优点是教学内容与“三农”问题紧密结合。缺点是推广经费受到限制。

二、我国农业推广方式

1. 项目计划方式 项目计划方式是政府有计划、有组织地以项目的形式推广农业科技成果，是我国目前农业推广的重要形式。比如农业部和财政部共同组织实施的综合性农业科技推广“丰收计划”；科技部设立的“国家科技成果重点项目推广计划”；应用科技振兴农村经济发展的“星火计划”；教育部提出的“燎原计划”。项目选择影响面大、效益显著的技术。上级主管部门组织协调实施国家重点推广项目或省市县级推广项目。一个项目一般推广3～4年，取得预定效益后再实施新的推广项目。一般组织教学、科研、推广三方面的成员组成行政和技术两套领导班子。

2. 技术承包方式 技术承包方式是推广人员与农民在双方自愿、互惠互利的基础上签订技术承包合同，按合同规定推广技术，是一种有偿服务方式。目前技术承包方式归纳起来主要有以下5种类型：

（1）联产提成。承包者对承包项目负责全过程综合技术指导，并规定产量、质量技术指标，超过按规定比例提成，减产要分清原因。

（2）定产定酬。承包者对承包项目负责技术指导，达到规定指标收取报酬，除因技术失误造成减产外，不取报酬也不赔偿。

（3）联效联责。承包者对承包项目负责技术指导，达到或超过规定指标给予合理报酬，因技术失误造成损失应给予赔偿。

（4）专项技术劳务。对生产某一环节进行劳务、技术承包，签订合同，保质保量，有偿服务，可分为全包、半包、临时包。

（5）农业集团承包。由行政、技术、物资多部门结合建立承包集团，对当地影响较大的农业项目进行大面积承包。由政府主要领导牵头，做到以配套技术为核心、行政领导为保障、物质服务为基础。双方自愿，有偿服务，层层签订合同，明确责权利。

坚持“三个系统”，即领导指挥决策系统、专家技术指导系统、物资供应服务系统。坚持“三个结合”，即农业院校、科研单位、推广机构共同参与集团承包。

3. 技物结合方式 它是以示范推广农业技术为核心，从农民的实际需要出发，提供配套物资及相关的产品销售加工信息服务。要求农业推广人员采取技术、信息和配套物资三者相结合的推广方式。推广机构兴办经济实体，根据推广技术的需要，经营相应的物资供销业务是技物结合推广方式的具体表现形式。

4. 企业牵动方式 企业牵动方式是指以市场为导向，兴办农产品加工等龙头企业，发展产供销一体化，同农民签订合同，企业参与产前、产中、产后的所有活动。企业承担了一部分农技推广工作，同时在加强基地建设的基础上，实行生产经营规模化，搞活市场，引导农民进行产业结构调整。目前主要的推广形式为“公司＋基地（农户）＋市场”。这种方式的优点是利润在各个环节合理分配，生产者、加工者和销售者利益均沾，风险共担；推广机构、企业与农民三者的经济效益联系在一起；农业推广的活动经费、技术人员的报酬等直接进入企业生产成本，减轻国家负担。缺点是只适于商品率高、经济效益比较高的畜牧、水产和某些特殊经济作物。

5. 农业开发方式 这种方式主要针对尚未开发利用的资源，通过农业科技开发使之成为有效的农业新产业。具体的办法是：农贸结合，建立基地，逐步形成产前、产中、产后的系列化配套技术体系，开展综合服务，走以市场为导向的农业技术推广新路。此法的好处是促进了各地名、特、优、新、稀农产品的深度加工开发。由于各地自然资源、社会资源和经济条件各不相同，因此其开发类型可以分为创汇农业开发、区域综合开发、城郊农业开发、庭院经济开发、生态农业开发和系列化产业开发6种类型。

6. 科技下乡方式 科技下乡是具有中国特色的农业推广方式，以大专院校、科研院所等单位为主体，通过适当的方式将高校、科研机构和技术部门的科研成果介绍给农民和乡镇技术干部，使科技应用于农村各行各业，从而推动农村经济的发展，有利于新农村建设。

三、新型农业推广方式

近年来，随着各地的农业推广改革实践的兴起，出现了许多新型的农业推广方式，为提升农业推广水平与效率、促进我国“三农”水平的提高做出了积极有效的探索。

（一）参与式农业推广方式

参与式发展理论是一种微观发展理论，强调尊重差异、平等协商，在“外来者“的协助下，通过社区成员积极、主动的广泛参与，实现社会的可持续发展，使社区成员能够共享发展的成果。传统农业推广模式中，农民只是技术的被接受者，参与式农业推广模式认为农民既是技术的接受者，也是技术的创造者。具体说来，参与式农业推广是农业推广工作者与社区发展主体之间进行广泛的社会互动，实现在认知、态度、能力、观念、信仰等层面的双向影响，并通过有计划的动员、协调、组织、咨询等活动，实现农村自然、社会、人力资源开发和知识系统管理的一种工作方法。

参与式农业推广认为最了解农村的是农民，农村的发展是农民素质的发展，农业推广应以提高农民素质为核心。在推广过程中，主要是通过项目实施过程来实现的，农民被赋予权力，可以依据自身的需要和想法提出看法，使农民能够发挥主观能动性和主体作用，提高自我组织和自我发展能力，从而使项目能够持续发展。

参与式农业推广的要点是推广机构应相信农民的决策能力，由农民决定推广的方向，推广人员主要对农民决策起辅助作用，主张将行政命令式的推广改为服务性推广，以提高农民素质为工作核心，同时农民、推广人员、专家之间应是一种以农民为中心的各层次群体的双向沟通。

参与式农业推广还强调社区观念和社区发展，对农村弱势群体给予关注，特别是提出了社会性别敏感的参与式农业推广模式，强调农村妇女在农业推广活动中的重要性，是重视农村妇女能力提升的推广模式。在推广技术时，要开通渠道和机会让妇女发言，建立适当的机制让她们对项目的决策发挥影响，提高科技推广效率。

（二）科技特派员方式

科技特派员制度由福建省南平市于1999年首创，至今已在全国各地进行了创新性的探索和尝试，形成了不同的科技特派员运行模式。这一制度来源于农村基层，是自发形成并在政府的推动下以更好地满足农村发展对科技的需要，通过“利益共享、风险共担”机制，将科技与经济、科技人员与农民有机结合而形成的自下而上的创新型农村社会化科技服务制度。比较典型的科技特派员运行模式有以下四种：

1.“科技特派员＋种养大户”运行模式 这种模式是科技特派员下乡常用模式，选择农村种养大户，提供全过程服务，注重示范作用，发挥先进的辐射带动作用，激发农民科技致富的热情。

2.“科技特派员＋基地＋农户”运行模式 结合地方区位优势，科技特派员以示范基地为科研成果展示平台，开展试验、示范和推广工作，更快、更直观地将最新农业成果推广给农民且便于对农民进行技术培训。

3.“科技特派员＋农协＋农户”运行模式 由农民自愿组建农业协会，自我经营管理。在该模式中，科技特派员通过组织协会成员进行技术培训和信息指导，增强农民的科技意识、市场意识和风险意识，降低市场风险，促进农业科技成果的普及和运用。

4.“科技特派员＋公司＋农户”运行模式 该模式以涉农企业为龙头，以大专院校、科研单位为技术依托，来带动周边农民参与农业生产。三者的关系是紧密联系的，由科技特派员分别向涉农企业提供科研成果，向农民提供技术培训和指导以及技术问题咨询等，涉农企业则与农民签订产品供求合同，最终达到双赢。

在运行这些模式的过程中，逐步形成了五种技术服务形式，即无偿技术服务、创办技术性实体、技术承包、有偿技术服务、技术入股。

（三）农业科技专家大院推广方式

农业科技专家大院是在科技部门的支持下探索出来的一种有效的农业科技中介服务组织形式。有专家将其定义为“在农业科技园区中建立农业科技推广服务组织，农业科技专家大院是由园区管委会、龙头企业、中介组织和农户投资兴建，以农业科研院所和高校作为技术支撑，采取政府引导、部门协调、专家指导、企业运作的机制，聘请农业专家和农业技术人才到专家大院工作，直接把科研成果与龙头企业和农户进行对接，对现代农业技术和新品种进行试验、示范和产业开发，促进农业科技成果转化与推广应用。”经过几年的探索，各地农业科技专家大院形成了不同的特点和发展模式，以自己的优势带动了当地农村经济的发展。

1.“专家＋农户”模式 这种模式运行的主要形式是利用科技园区的土地开展高效种植和养殖，采用现场指导的方式，让农民定期来参观学习，同时利用农民的农闲时间，由专家大院对农民进行有针对性的专项技术培训。但是，当技术供求双方的信息不对称时，容易造成专家所给的技术并不是农民所需要的，而且这种技术供给模式属于公共产品范畴，需要政府提供长期资金投入，最终导致的结果是专家大院的科技成果转化率低，农业技术对接效果差。

2.“专家＋市场＋农户”模式 这一模式主要存在于国家农业科技园区，主要是将科研院所与市场相连接，具有针对性地开发具有市场价值的技术，通过市场来展示新技术，同时建立信息中心，将农业信息和市场动向传递给农民，获得经济效益和社会效益。但是，这种方式需要足够的资金完善市场基础设施建设，同时对市场进行严格的监管，成本太高，而且如果专家是对农户进行单独指导，技术的规模效益很小。

3.“专家＋龙头企业＋市场＋农户”模式 这种模式是在农业科技专家大院的参与下实施的，由专家大院的专门机构收集市场信息和农民的技术要求来启动资金聘用专家，将专家收入与企业和农民的直接经济效益挂钩，对农民进行针对性培训，生产龙头企业所需产品。其中，龙头企业的发展起着非常重要的作用。同时，在农户与龙头企业连接的过程中，由于单一农户势单力薄，为了降低交易成本和风险，容易产生新的农业合作组织。另外，这种模式中专家技术推广需要政府支付公共支出，因此受到一定的限制。

4.“专家＋龙头企业＋基地＋农户”模式 主要依托科技园区龙头企业和基地建设来实现专家大院与农民的技术对接，由科技园区帮助企业建立生产基地，基地联结众多农民，企业聘请专家在基地内指导农民生产，同时提供良种和收购产品。专家在这种方式下以企业为依托进行科技成果转化，同时也将技术培训和推广给农民。在这种模式的运行过程中，企业与农户容易产生劳资纠纷，新的农业合作组织容易产生。

5. “专家＋龙头企业＋协会＋农户”模式 该模式是由专家大院提供技术和成果，以龙头企业为主，吸收专业协会部分会员入股经营，以专业技术协会为纽带，为各个协会会员提供产前、产中、产后全方位服务。龙头企业根据专业技术协会对农业技术的需要，通过农业科技专家大院聘请农业专家，在企业建立的生产和培训基地，对协会部分会员进行技术培训，再通过辐射作用，带动周围农民采用新技术、新成果，实现企业与农户、专家与农户的技术对接。这种模式政府支出较低，社会效益和经济效益较明显，是值得推广的。

总之，农业科技专家大院模式整合了政府、科技、市场、企业、农户五大要素，实现了农业技术推广模式的创新，在推广过程中，要根据当地实际情况选择和创新适合的专家大院运行模式。

第三节 农业推广方法

农业推广方法是农业推广部门和推广人员为达到推广目标，运用各种沟通技术和信息传播媒体，启发、教育和激励推广对象的组织措施、教育和服务手段。联合国粮农组织出版的《农业推广》一书中，按照传播方式将农业推广方法分为三大类：大众传播法、集体指导法和个别指导法。农业推广人员需要熟练掌握各种推广方法，根据特定环境，灵活运用各种措施，获得最佳推广效果。

一、大众传播法

大众传播法是推广者将农业技术和信息经过选择、加工和整理，通过大众传播媒体传播给广大农民群众的推广方法。大众传播法的特点是信息传播权威性高，数量大、速度快，成本低、范围广，传递方式是单向的。

大众传播媒体分为印刷品媒体、视听媒体和静态物像媒体三大类。

1. 印刷品媒体 依靠文字、图像组成的农业推广印刷品媒体，包括报纸、书刊和活页资料等。特点是可以提前散发项目信息，不受时间限制，能及时大量传播农业信息。

2. 视听媒体 指利用声、光、电等设备，宣传农业科技信息。主要形式有广播、电视、录像、电影、网络等。比起单一的文字描述，能更生动形象地传递农业信息。

3. 静态物像媒体 以简单明确的主题展现在人们能见到的场所，从而影响推广对象，如广告、标语、科技展览陈列等。

针对大众传播法的特点，应在推广开始阶段，利用广播、电视等反复传播适合农民需要的科技信息，以引起农民的注意和重视。在农民进一步深入了解时，应采用科技展览的方法，通过新老技术对比，加深他们的认识，激起对新技术的兴趣。在农民试用阶段，应向他们提供相应的产品资料等，组织现场参观，使他们掌握技术细节，以确保试用的成功。同时，也可以传播相关的农村政策法规，提供生产与生活方面的咨询服务。总之，大众传播法要根据不同的推广对象及其认识程度，有针对性地进行。

二、集体指导法

集体指导法又称团体指导或小组指导法，指推广人员在同一时期内把条件相近和相似的农民组织起来，采取小组会议、示范、培训、参观、考察等方法，集中进行指导和传递信息的交流方法。

（一）集体指导法的特点

1. 推广效率高　集体指导一次可向多人进行传播，达到多、快、广的目的，可以节约推广者直接工作时间，把信息传递给预定目标群体。

2. 互动性强　推广人员和农民可以面对面进行双向信息交流，推广人员的建议、示范、操作可以立即得到农民的反馈意见，以便推广人员采取相应的方式，使农民真正掌握所推广的技术。

3. 实效性高　推广人员与农民、农民与农民之间也可以进行讨论或辩论，澄清对某些技术信息的模糊认识和片面理解，达成一致意见。

4. 个别针对性弱　由于集体指导法注重整体性，在短时间内难以满足个人的特殊要求。

（二）集体指导的类别

集体指导法有集会、小组讨论、培训班、示范、现场指导等多种形式。

1. 集会　按讨论的方式分类，常用的集会有以下几种形式：工作布置会、经验交流会、专题讲习班、科技报告会。

2. 小组讨论　它是由小组成员就共同关心的问题进行讨论，以寻找解决问题方案的一种方法，是所有推广方法中采用最广的一种。其优点是可以改变参加者的观点、激发合作精神、培养参加者的责任感、发现有潜力的领导者。一般采用农业专题讨论会和非正式讨论会两种方式。

（1）农业专题讨论会。由农业推广人员根据群众关心的新颖问题，请对此问题有经验或见解的农民参加讨论。推广人员要对农民的讨论加以引导，力争能取得良好效果，使大家的认识得到提高。

（2）非正式讨论会。农业推广人员利用大家适宜的时间，不拘形式地把部分农民集中在一起，讨论大家共同关心的问题，交流信息、经验和观点，借此机会把有关的知识和技术推荐给农民。

3. 培训班　针对农业生产和农村发展的实际需要，可对农民进行短期脱产培训。对推广项目中的技术信息进行较为系统的培训，内容可丰富一点，培训过程中要多讲怎么做，少讲为什么。讲课内容力求语言通俗、易懂。

4. 示范　示范又分为成果示范和方法示范两种，是指通过实际操作，向农民展示某一新成果在农业生产中的实际应用所获得的结果或某一新技能的实际操作过程。

5. 现场指导　现场指导是指组织农村领导、农民技术员、科技示范户及农民到试验、示范现场参观考察并对他们进行实地指导，是通过实例进行推广的重要方法。

三、个别指导法

个别指导法是推广人员与农民单独接触，研究、讨论共同关心或感兴趣的问题，向个别农民直接提供信息和建议的推广方法，应采取循循善诱的方式进行。它的特点为针对性强、解决问题的直接性、沟通的双向性、信息发送的有限性。个别指导法的形式有农户访问、办公室访问、信函咨询、电话咨询、田间插旗法和电脑服务等。

1. 农户访问 农户访问大体可分为准备、进行、解决问题及考评 4 个方面。推广人员可从农户获得直接的原始资料，与农民建立友谊，保持良好的公共关系，容易促进农户使用新技术，利于选择示范户，特别是解决个别农民的特殊问题尤为有效。缺点是所需经费多，耗时长，访问农户相对较少，有时会与农民的时间相冲突。

2. 办公室访问 办公室访问又称办公室咨询或定点咨询，是指推广人员在办公室接受农民的访问（咨询），解答农民提出的问题或向农民提供技术信息、技术资料的推广方法。办公室访问地点要容易找，要建立适当的值班制度，不让农民跑空路，要对农民热情，尽量帮助农民解决需要解决的技术问题和难题，这样所需的经费少，新的技术成果也易推广利用，还能促进和农民之间的相互学习和交流。

3. 信函咨询 信函咨询是以发送信函的形式传播信息。它不受时间、地点的限制，也没有方言的障碍。信函咨询在发达国家和地区应用较为普遍，但在不发达国家和地区应用较少。为了激发农民的积极性，推广人员在回答农民的问题时，应尽可能选用准确、清楚、朴实的词语，避免使用复杂的专业术语，字迹要清楚，并注意向农民表示问候，对农民的信函要及时回复，这样既节省推广人员的时间，又能达到向农民提供技术信息资料的目的。

4. 电话咨询 利用电话进行技术咨询，是一种效率高、速度快、传播远的沟通方式，但易受时间和环境的限制，而且费用较高，农民不愿使用。

5. 田间插旗法 这是推广人员走访农户或到田间调查，未遇到当事人而采取的一种约定俗成的沟通方法。这一方法的优点在于当农民不在家或不在地里时，推广人员也无需费很多时间去找他们，自己便能有效地安排工作。

6. 电脑服务 电脑服务有技术监测、信息服务系统、专家系统 3 种。农业专家系统具有系统性、灵活性和高效性的特点。目前已经应用于生产实践的农业专家系统有农作物病虫害预测预报和防治专家系统、配方施肥及配合饲料专家系统等。

四、农业推广方法的综合应用

在进行农业推广时，通常是把几种方法配合使用，运用时要考虑到推广项目的内容、推广人员的数量和质量、推广对象的文化素质和对新技术的接受能力、推广经费多少和时间长短等因素，合理选择最优的组合方式，提高推广效率。

（一）因人而异

1. 科技示范户、专业户 这一类群体的文化层次较高，人数较少，应重视个别指导，以参加学习为主，举办培训班、座谈会，结合印发技术资料，帮助他们掌握技术，带动和影响周围农民。

2. 具有一定技术和文化水平的农民　对这类农民应将培训班、经验交流会、成果示范、印发资料、声像宣传、参观学习等方法结合运用，使他们能够尽快掌握新技术。

3. 技术文化素质较低的农民　在技术推广中应多用直观性强的方法，如声像宣传、成果示范、方法示范、现场参观等，使他们尽快了解新信息技术，转变观念，学到新技术。

（二）因地而异

1. 经济发达地区　这类地区以推广新技术、新产品、新方法为主，主要采用印发技术资料、成果示范、方法示范、举办培训班、经验交流会等形式，辅之以个别指导的综合推广方法，向农民进行技术传授。

2. 经济发展地区　这类地区应在提高技术普及率的基础上，引进新技术、新方法。推广方法以成果示范、方法示范、集体指导的方式为主，结合运用报刊、资料、广播、电视等大众传播媒体，加速技术的传播。

3. 经济欠发展地区　这类地区应以推广和普及技术为主，改变农民的传统行为，适当引进一些新技术。主要运用大众传播的方法，搞好成果示范、方法示范，多进行双向沟通，加强个别指导，组织农民参观，举办培训班等，以拓宽农民视野，改变农民观念。

（三）因时而异

学习某种技能，最好是方法示范结合面对面的传授；传授新知识、新技术，最好是大众传播、讲座、交谈等信息传播；改变态度与行为，适宜的推广方法是小组讨论、培训和成果示范。

在采用新技术的不同阶段，如认识阶段，应采用大众传播等各种传播手段；兴趣阶段，可以利用大众传播媒介、成果示范、家庭访问、小组讨论和报告会；评价阶段，可采用方法示范、经验介绍、小组讨论等较有效的方式；试验阶段，可采取个别指导；采用阶段，可采用组织参观、成果示范和个别指导等方法，指导农民总结经验，提高技术水平，还要帮助农民获得生产物资及资金等经营条件，扩大采用新技术的面积。

总之，要灵活运用各种推广方法，达到推广的最终目标。

第九章　农业推广信息服务

在现代农业推广中，尤其是在当今的信息化社会里，信息需求是农民的第一需求，信息服务成为农业推广的重要内容。从各种各样的信息渠道里获得信息，从庞杂乃至于良莠不齐的信息海洋中筛选有用的信息、加工信息、传播信息，已成为农业推广人员的基本技能。因此，学习农业推广信息服务理论与方法是现代农业推广的基本需要。

第一节　农业推广信息服务概述

一、信息的含义、形式和特征

（一）信息的含义

信息作为与物质、能源并列的人类社会三大基本资源之一，其内涵随着信息论的发展而不断深化。一般而言，信息是对客观世界中各种事物的特征和运动变化规律的反映，是客观事物之间相互作用和联系的表征与表述。可见，信息是可以为人们所认识、掌握和利用的。如气象台每天发布的天气预报，人们掌握了气象的信息，就可以合理安排或调整生产、工作和学习活动。

（二）信息的形式

1. 数据信息　数据是指电子计算机能够生成和处理的所有数值数据和非数值数据，如各种统计资料数据、图像、表格、文字和特殊符号等。

2. 文本信息　文本是书面语，可以用手写，也可以通过计算机打印出来。

3. 声音信息　声音包括说话的声音、音乐等人们能够用耳朵听到的信息。无线电、电话、唱片、录音机等是人们处理这种信息的基本工具。

4. 图像信息　图像信息是指人们能够用眼睛看到的信息。打印机、复印机、传真机、扫描仪等是处理图像信息的常用工具。

5. 多媒体信息　多媒体是文本、声音和图像信息的综合。随着信息技术的进步，数据、文本、声音、图像 4 种信息之间可以相互转换和综合。计算机、通信、电视、出版物等融为一体时就成为多媒体。

（三）信息的特征

1. 普遍性和无限性　事物状态和特征的普遍存在，决定了信息的普遍性。人类认识、接收和利用信息的无止境，决定了信息的无限性和可再生性，人们也能够利用失去原有价值的信息经过加工而得到新的信息。

2. 价值性和共享性　信息具有使用价值和交换价值，即有用性和交换性。信息同决策密切相关，决策依赖信息，信息通过决策来体现自身的价值。信息可以影响组织的生存，能够给组织带来收益。同时，信息可以为多方共用，不仅不会因为使用者数量的增加而使信息量减少，而且还会使信息不断扩充，实现更大的价值。

3. 动态性和时效性 事物状态和特征的不断变化决定了信息的动态性。脱离原事物的信息不再是原事物新的状态和特征的反映，因此信息又具有时效性，这说明信息是有寿命的，它有一个生命周期。在生命周期内，信息的价值可以得到最佳体现，如时效性极强的天气信息、股票信息、市场信息、科学信息等；过了生命周期，信息的价值就会随其滞后使用的时差而减值。

4. 客观性和主观性 事物状态和特性的客观存在决定了信息内容的客观性。同时，信息又是客观事物状态和特性在人脑中的反映，因而又具有形式上的主观性。

5. 可传递性和交换性 信息可以在空间中传递和在时间中转移，在空间中传递即通信，在时间中转移即存贮。信息的载体可以不同的物质和能量形式存在，并可以在不同的物质和能量形式之间进行交换。

6. 依靠性和主导性 依靠性是指信息的开发、处理和利用，每个环节都要依靠物质和能量的支持。主导性是指人类利用信息资源和信息技术可以开发出更多更好的新材料、新设备和新能源。

二、农业推广信息的含义、特点和类型

（一）农业推广信息的含义

农业推广信息是指为各类推广对象提供的生产与生活咨询服务和有关决策参考、涉及农村发展各个领域的信息内容，是直接或间接与农业推广活动相关的信息资源。

（二）农业推广信息的特点

1. 公益性 农业推广在本质上是一种公益性的农村社会化服务活动，因此农业推广活动中传播的信息也就具有公益性的特点，即提供给广大农业推广对象的信息应该是有用的、免费的，目的是为农业、农村及农民服务。

2. 信息来源的多样性 农业推广信息的来源多种多样，不仅包括政府涉农机构、农业科研机构、与农业相关的高校和学术团体，还包括基层试验、示范与推广单位，图书馆，涉农出版社及杂志社和报社，农用生产资料说明书及专利文献和互联网信息等。

3. 信息内容的丰富性 正因为农业推广信息的来源多种多样，所以农业推广信息包括的内容丰富多样，不仅有农村及农业政策、生产计划及农业资源等方面的信息，还有市场价格、科技成果、教育与培训、实用技术及经验等方面的信息。

4. 层次性 农业推广信息内容适用的服务对象具有层次性，即不同层次、不同专业领域的推广服务对象所需的农业推广信息内容是不同的。如基层广大农民和农业技术人员迫切需要的是与农民日常生产息息相关的种苗信息、化肥信息、各种实用种植养殖技术及市场价格、供求信息等；而农业种养大户、农产品龙头企业及农业经纪人等需要专业的农业市场调查、分析、预测信息及一些专门的农业技术信息和科学管理信息；农业科研机构及高校和相关学术团体需要的则是最新的农业科技政策及成果，经济管理，农业新技术、新方法及新理

论等方面的信息。

5. 实用性 农业推广信息应该具有实用性，即对不同的使用者来讲都具有使用价值，能为他们带来相应的收益或效益。

（三）农业推广信息的类型

农业推广信息的主要类型有：

1. 农村政策信息 指与农业生产和农民生活直接或间接相关的各种国家和地方性政策、法律、法规和规章制度等。

2. 农村市场信息 指农产品储运、加工、销售、贸易与价格、生产资料及生活消费品供求等方面的信息。

3. 农业资源信息 指各种自然资源和社会经济资源以及农业区划等方面的信息，如土地、水资源、能源、气候、劳动力等。

4. 农业生产信息 指生产计划、产业结构、作物布局、生产条件、生产现状等方面的信息。

5. 农业经济管理信息 指经营动态、农业投资、财务核算、投入产出、市场研究与预测、农民收入与消费支出状况等方面的信息。

6. 农业教育与培训信息 指各种农业学历教育和短期技术培训的相关信息。

7. 农业科技信息 指农业科技进展，作物新品种、新技术，新工艺，生产新经验、新方法等。

8. 农业人才信息 指农业科研、教育、推广专家的技术专长，农村科技示范户、专业大户、农民企业家的基本情况及工作状况等。

9. 农业推广管理信息 指农业推广组织体系、队伍状况、项目经费、经营服务、推广方法运用和工作经验及成果等

10. 农业自然灾害信息 指水涝旱灾、台风雹灾、低温冷害、病虫草害、畜禽疫病等方面的信息及农业灾害信息预警系统建设和减灾、防灾等信息。

三、农业推广信息服务的基本特征

（一）农业推广信息服务的含义

农业推广信息服务的范畴有广义和狭义之分。广义的农业推广信息服务涵盖了农业推广信息产品的生产加工、发布传播、交易分配、信息技术服务以及信息提供服务等综合性服务，泛指以产品或服务形式向用户提供和传播信息的各种活动。狭义的农业推广信息服务是指农业推广信息服务提供机构以用户的涉农信息需求为中心，开展的信息搜集、生产、加工及传播等服务活动。

（二）农业推广信息服务的构成要素

1. 农业推广信息服务的客体 即农业推广信息服务的对象，也就是信息的接收者和使用者，包括一般农民、种养大户、中介组织、运销大户、批发市场、涉农企业等。信息服务只有通过接收者的使用才能体现其价值。因此，信息服务的内容、方式等只有与用户的职

业、知识水平、心理、目的或需求等各项因素相匹配时才有使用价值。

2. 农业推广信息服务的主体 即信息服务的提供者，也就是信息的来源。农业推广信息服务活动中许多部门、单位、群体或个人都直接或间接地以信息服务者的角色存在。以服务目的为依据，可划分为两部分：①非营利性信息服务者，包括政府信息服务机构、农村科技推广机构、农业大专院校、农村公共图书馆和档案馆、农民专业协会、农民合作组织及一些农村专业户；②营利性信息服务者，包括农村信息咨询服务企业、农村经纪人、信息网络公司、通信公司等。

3. 农业推广信息服务的载体 即信息服务的手段、渠道和途径，一般包括广播、电视、电话、传真、互联网、农业信息服务站、报纸、杂志、乡村板报、乡村市集及中介组织等。另外，通过实体活动形式，如举办各种技术培训班、专家专题讲座、开座谈会、示范参观等，也可以进行农业推广信息传播。

4. 农业推广信息服务的内容 即信息服务提供的具体内容。农业推广信息用户的信息需求范围广泛，不同信息用户间的信息需求差异极大，所以以农村用户信息需求满足为目标的信息服务内容也非常广泛，并存在层次性差异。具体来讲，包括国家涉农政策，农产品生产加工技术，种苗、化肥、农药、机械等生产资料的价格及供求信息；植保、气象等与农业生产有关的自然预报信息；农产品市场供求、流通信息；生产资料供求信息，农村企业信息，项目开发及企业经营管理信息和农村劳务信息等。

（三）农业推广信息服务的特征

1. 广泛性 由于农业推广信息服务的对象不仅包括一般农民、种养大户及运销大户，还包括批发市场及涉农企业等，因此农业推广信息服务的内容涉及农业、农村及农民的方方面面领域。农业推广信息服务的内容除了满足一般农民的生产技术及市场、农业科技成果等方面的信息需求外，还必须满足种养大户、运销大户及批发市场、涉农企业等对农业政策、某些农业资源、农业经济管理及农业教育、培训等方面的需求，因而具有广泛性和丰富性。

2. 针对性 农业推广信息服务必须根据某些特定地区、特定信息用户群体的具体需求提供有针对性的信息，解决他们的具体问题。农村生产活动和经济活动的复杂性使得农村用户对信息服务的需求复杂多变，而农村经济发展的地域间差异和个体间差异，决定了农村信息服务需求的地域性和层次性。农业推广信息服务必须以农村用户为导向，以满足其全方位的信息需求为组织信息服务的基本出发点，进行农业信息的定向获取、组织、传播和利用，具体问题具体分析，做到因人、因时、因事制宜，而不能一成不变或搞一刀切。

3. 真实性 农业推广信息服务提供的信息必须是真实可靠的，这是信息的价值所在。农业推广信息服务对象只有掌握了真实可靠的信息，才能合理安排、调整农业生产活动，做出正确的决策；反之，如果提供的农业推广信息是虚假、错误的，不仅会导致资源的浪费，还有可能贻误农时和商机，造成不可挽回的损失。

4. 时效性 农业推广信息服务提供的信息必须是及时有效的、随时更新的，这是农业推广信息的生命力之所在。及时有效的、随时更新的农业推广信息能为信息使用者和消费者带来价值，帮助他们合理安排、调整生产，做出决策，获得效益；而过期的、陈旧的信息则对信息使用者和消费者失去了作用。农业生产周期较长，具有季节性特点，许多其他农业经济活动也具有明显的季节性，过时的信息服务所带来的损失很难挽回，如农产品的收购价格信息、种苗信息等，因而农业推广信息服务的时效性非常重要。

第二节　农业推广信息服务的主要模式

一、农业信息服务模式的类型及特点

农业信息服务模式是指某地区农业信息服务的标准样式，即能为其他地区的农业信息服务工作提供借鉴作用、得到当地农民认可、具有代表性的信息服务模式，是由组织模式、服务内容、传播渠道、利益分配机制和支撑保障体系等部分通过一定的内在运作关系构成的有机统一体。

根据农业信息服务中各要素的不同，可以将农业信息服务模式分为传统服务模式、网络服务模式、通信服务模式与混合服务模式 4 种类型。

（一）传统服务模式

主要是指通过传统媒体，如广播、电视、报刊、展厅等发布农业推广信息的模式。通过该模式发布的农业推广信息，全都是信息发布者经过筛选、整理、组织后，再分发给信息需求者的有针对性的信息。该模式又可以分为以信息提供者为中心的传递服务模式和以信息消费者为中心的使用服务模式。

1. 信息服务的传递模式　该模式描述的是源于信息服务内容（信息系统、文献等）并以信息服务产品为中心的信息服务过程（图 9-1）。

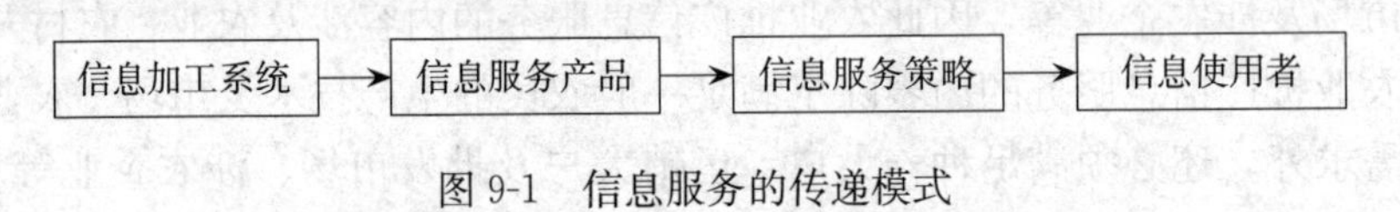

图 9-1　信息服务的传递模式

传递模式的特点是信息服务者通过对信息进行加工整理或建立信息系统，形成信息服务产品，并以一定的方式提供给用户使用。在这一过程中，信息服务者的生产劳动使原有信息得以增值，信息服务产品的生产占有极为重要的地位。然而，传递模式关注的主要是信息服务产品的生产，对信息服务者提供的特定服务和信息用户的能动性及信息使用情况却不够重视。

2. 信息服务的使用模式　该模式描述的是源于信息用户的信息需求并以用户信息使用为中心的信息服务过程（图 9-2）。

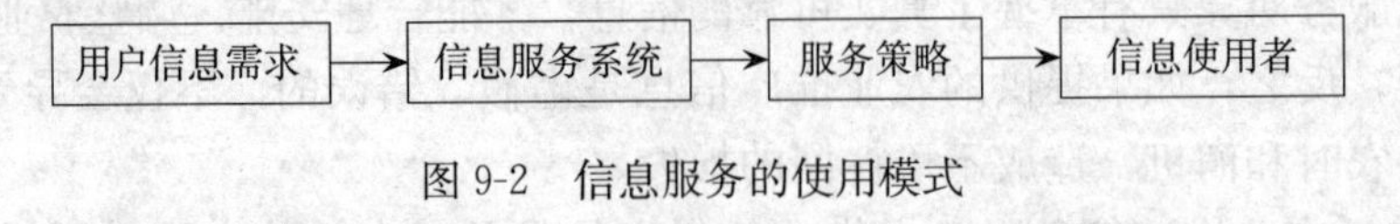

图 9-2　信息服务的使用模式

该模式的特点是信息服务者根据用户的信息需要，以某种策略生产信息服务产品并提供给用户，满足用户的信息需要。这是源于信息需要、终于信息需要的满足的过程。在这一过程中，信息用户对信息的需要和使用占有重要地位，信息需要成了服务活动的出发点和归宿，用户的信息使用是满足需要的重要保障。使用模式充分注意到了信息用户在信息服务活

动中所受到的个性因素和社会环境因素的影响，重视用户信息需要的发掘和满足，重视用户对信息服务产品的选择，但没有注意到信息需要是如何产生的及用户除了产品外还需要哪些特定服务等重要问题，因而服务效益经常受到影响。

无论是传递模式还是使用模式，其服务都是单向的，用户获取的信息相对单一，在实际生产经营中存在一定的盲目性。

(二) 网络服务模式

该模式是指信息内容通过互联网进行传播的信息服务模式。网络信息服务是随着互联网的诞生和发展而出现和流行起来的概念。在该模式中，信息服务提供者先从互联网的海量信息中采集出对信息消费者可能有用的信息，然后通过信息服务系统（如网站、网络信息系统等）将这些信息发布给信息消费者，信息消费者通过网络访问这些已发布的信息，从中获取对自己有益的信息（图 9-3）。

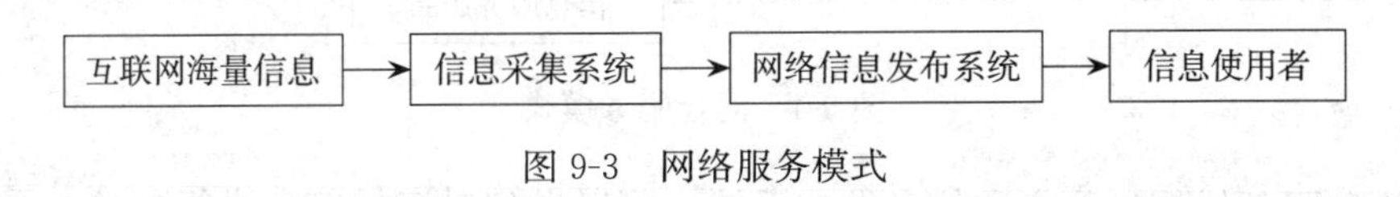

图 9-3　网络服务模式

该模式的优点是网络上存在大量的信息，如优良品种信息、先进的生产技术、及时的产品供求信息及价格信息等，这些海量信息是传统媒体所不能比拟的。网络服务模式比较灵活，既可以信息服务者为中心，也可以信息使用者为中心进行信息的组织和发布。但该模式对信息服务提供者的要求较高，他们必须掌握先进的信息技术，构建信息量庞大、功能强大且易于使用的信息发布系统，并保证所提供的信息是真实有效且及时更新的。另外，农民素质不高，信息化意识和利用信息的能力不强，网络成本较高，阻碍了这种模式的普及。

如由政府农业部门投资、主办的网上农博会、农业信息联播、网上展厅和网上劳务咨询及“一站通”等服务模式，其服务对象为农民、农业企业及涉农部门；服务内容为提供当地主要农业企业的产品及价格、供求，劳动力供求等方面的信息；服务特点为有利于本地农产品的外销、农业部门开展劳务输出和劳动力转移的服务。

(三) 通信服务模式

该模式是指通过电话、手机短信、传真等方式来传播农业推广信息的信息服务模式，适用于生产力水平较高、科技接受能力较强、信息需求量较大的城郊、沿海地带的乡镇、乡村及科技示范园区等地区；对信息用户的要求较高，一般以乡村能人、科技能手、种养大户及村干部等为主。

在通信服务模式中，信息服务提供者根据信息使用者和信息消费者的需求，将采集到的信息进行筛选、整理、组织后，再通过通信系统发布或传播给信息使用者或信息消费者。例如，农民可以利用电话对适用技术、种养加致富信息、农产品价格信息、当前田间管理措施、农资供应品种与价格及涉农收费政策等方面的信息直接进行拨号查询，还可以通过专家热线与专家进行直接对话咨询。

该模式的优点是信息服务提供者和信息使用者及信息消费者可以进行双向交流，信息服务提供者可以及时获知信息使用者及信息消费者的需求并及时给予满足，时效性强；信息使用者及信息消费者有什么问题也可以及时咨询信息服务提供者，针对性强，信息服务质量高、效果好。但同时，电话、手机短信及传真等通信方式的费用较高，这是该模式的不足之处。

（四）混合服务模式

该模式是指将传统模式和网络服务模式的优点整合起来，更有效地发挥信息的功能，造福农业。

在混合服务模式中，信息的采集、加工工作由网络信息服务模式中的采集发布系统承担，而信息的传递则由传统媒体及网络信息服务媒体共同承担（图 9-4）。

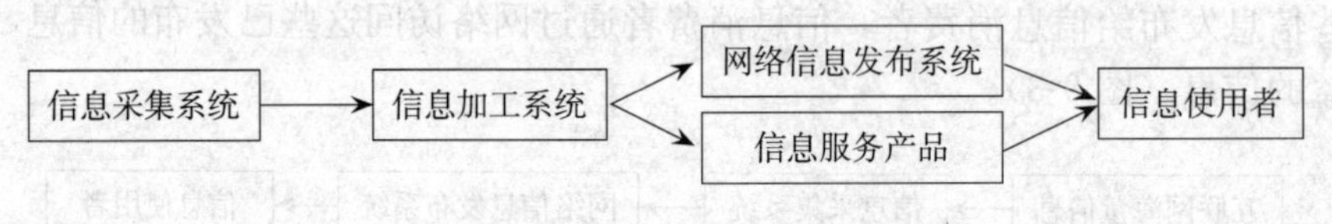

图 9-4　混合服务模式

网络信息服务的信息采集和信息发布系统，可以做到对海量信息进行甄选，及时发布信息。对于条件许可的信息使用者而言，可以充分利用网络信息服务模式的优势来获取大量的有效信息；而对于农业生产区域较偏僻、分散，农村文化教育及经济相对滞后地区的使用者而言，传统媒体和传统信息渠道比网络信息渠道更有优势，这些渠道能有效地弥补基层信息使用者的经济和科技文化素质的不足。这种模式既能充分发挥传统媒体和现代网络媒体的优势，又能解决信息的"最后一公里"[①] 的问题。

例如，内蒙古自治区巴彦淖尔市农牧业局在临河天丰农资市场建立的农业新成果展示、计算机网络查询与专家坐席三位一体的科技信息服务大厅，就是一个典型的混合服务模式。科技信息服务大厅的主要功能是面对面地为农牧民提供信息互联网查询、信息发布、农用生产资料连锁供应、技术宣传咨询、农技科教片放映、专家每周定期坐席解决农牧民在生产中的具体技术问题等。大厅里还对农作物新品种、新机具进行展示，使农牧民能更直观地了解其性状和功能。

又如甘肃省金塔县创建的"金塔模式"，是适用于经济欠发达、农民信息意识不强、获取信息渠道十分有限的地区的混合服务模式。"金塔模式"的主要做法是组建由县政府直接管理的信息网络服务中心，整合各部门信息资源，建设统一的县级信息服务平台，开办"金塔经济信息网"，并在该网设置"经济信息导报"栏目（有浏览和下载功能），由县信息中心按农时季节，从各个部门和国际互联网上收集惠农政策和农民群众需要的各类信息。在全县各乡村中小学设立信息（站）点，配置或利用教育系统远程教育已有的接收、打印设备，通过老师、学生下载打印"经济信息导报"，放学后由学生传递到千家万户。农民的反馈意见由学校收集整理，用电子邮件的形式回传给县信息中心，县信息中心据此不断调整充实"经济信息导报"的内容。该模式具有运行成本低、传递效率高、综合效益好等特点。

---

① 公里为非法定计量单位，1 公里＝1 千米，下同。

二、农业信息服务的主要模式

农业推广信息服务活动是指以农业推广信息服务客体为导向，以信息服务主体为纽带，以农业推广信息内容为基础，以农业推广信息服务手段为保障的活动。农业推广信息服务模式是指在一定时期内，在特定区域和特定经济发展条件下，以满足农业推广用户信息需求为目标的信息服务的基本方式，是对农业推广信息服务的四个构成要素的组成、彼此关系程度和作用方式的抽象描述和概括，即信息提供者将所采集、加工、整理的农业生产经营所需的政策、法规、技术、市场等方面的信息，通过某种方式传递到农民或农业企业手中，以供农民或农业企业在实际生产中应用的一种组合方式。

根据农业推广信息服务的主体和服务手段及特点的不同，我国目前的农业推广信息服务的模式主要有以下几种：

（一）政府主导型模式

该模式是指以政府作为投资主体，在开展农业信息服务中起主导作用的服务模式。在实际中有四种表现形式：

1. 农技推广部门信息咨询模式　指农技推广部门在政府的大力推动下，通过建立农村信息化公共服务平台如信息中心、信息站等形式，为农民或信息使用者提供信息咨询，最大限度地发挥政府在促进农村信息服务中的重要作用的一种形式。

农技部门建立的信息中心或信息服务站主要依托县级科技等部门成立县级信息服务中心，并向下延伸建立乡（镇）信息服务站；在对信息有较强需求的村，依托村委会、种养加销经营大户成立村级信息服务点，建成较完善的县、乡（镇）、村三级信息服务组织。由于乡（镇）、村信息服务站（点）广泛分布在农村，贴近农民，它们以多种方式为农民提供服务，有利于解决信息服务的“最后一公里”问题。这种模式的运行要点是：

（1）形成条件。信息中心和信息服务站均是依托政府行政部门设立的行政机构或事业单位，专职从事农村信息化服务，工作得到当地政府的重视和支持，在政策环境、办公场所条件、税收等方面常常得到政府的支持和优惠。

（2）利益机制。不少地方财政部门对县、乡（镇）、村的三级信息服务机构有一定的经费支持，信息服务机构对农民的信息服务一般是免费的。

（3）信息流通。信息服务机构一般只给农民提供信息咨询服务，信息内容涉及农村各种农产品的生产技术、市场信息、优良种苗、农产品供求、政策信息等公共信息。

2. 农民之家模式　该模式是由政府投资，以政府农业部门为服务主体，通过设立固定的服务场所作为向农民提供信息服务的载体和平台，向农民提供农村及农业生产经营等各方面的信息咨询服务，同时也提供农用生产资料的一种信息服务模式，有利于发挥各级涉农部门人才资源和基础设备优势。为了使农业信息更贴近农村，方便农民，农民之家通常设在乡（镇）、村级信息服务站，有的也设在交通方便的城市。

如浙江省兰溪市的农民之家信息服务载体和平台，由兰溪市人民政府主办，农业局、林业局和水利局联办，具有专家坐堂咨询、科技图书专柜、优质农产品展示、电子屏幕滚动播放、服务热线等多种服务方式，全天候为农民服务。农民之家不仅把农民“请上来”培训，还采取“走下去”主动服务的办法，派出技术人员到村间田头，或举办农业科技讲座，传授种养知识，或现场指导农民操作，把握技术要领。许多农民在赶集或忙里偷闲时，都会到乡（镇）、村里的农民之家坐坐，或阅读书籍，或观看录像，或咨询信息，或交流体会。通过农民之家的服务，架起了科技与农民相连接的桥梁。

3. 示范基地带动模式 是指通过建立农业科技示范基地、示范园区等形式来进行农业信息服务，辐射带动周边地区农业经济发展的模式。所谓农业科技示范基地或园区，就是在农业科技力量强、具有一定产业优势、经济相对发达的城郊和农村，划出一定区域，由政府、集体经济组织、民营企业、外商投资兴建，以农业科研院所和技术推广单位为技术依托，集农业、林业、工程设施等高新技术于一体，引进国内外优质品种和先进、适用的高新技术，以调整农业生产结构、展示现代农业科技为主要目标，对农业新产品和新技术集中投入、开发，形成农业高新技术的开发、中试、生产基地，以此推动农业现代化的一种开发方式。农业科技开发园区作为科技创新和科技成果转化的大舞台，把科研成果与生产、市场聚集到同一“平台”上，通过科技产业化开发，将科研、教育、推广、产前、产中、产后各个环节有效连接起来，从而加快了农业科技成果向现实生产力的转化过程。

示范基地或园区试验、示范、推广农业技术的过程，实际上就是农业信息传播、扩散的过程。该模式的服务对象为基地或园区周边的农民、企业及外来参观学习的农业企业及组织，服务手段包括召开农业科技信息座谈会、对农民进行远程教育培训、邀请农业专家为农民讲课、建立示范基地图书室、建立农业科技信息网络平台、农业专家给农民进行田间现场指导等。

如由辽宁省农业科学院科技信息研究所与海城市农技推广中心联合建立的农业科技信息示范基地以及辽宁省农业科学院科技信息研究所与连山区农业技术推广中心在葫芦岛市金星镇八将村联合建立的农业科技信息示范基地，通过建立八将村网络信息平台、远程教育网点、科普活动室，召开农业科技信息交流会和座谈会、专题讲座等多种形式为示范基地周边的农民提供丰富的农业信息，取得了很好的效益。

4. 农业信息员服务模式 该模式适用于经济欠发达，交通、通信条件落后，农民获取和交流农业信息较为困难的地区，尤其是边远地区和山区。在这些地方，农户居住分散，交通条件落后，农民获取和相互之间交流农业信息很困难。因此，在已有的市、县、乡（镇）三级信息服务站的基础上，在各村再配备一名专职或兼职农业信息员，通过走乡串户，与农民面对面直接沟通，实现乡（镇）、村之间的信息传递。农业信息员一方面专门负责收集、整理、汇总农民的信息需求，然后上报到上级信息部门；另一方面又把上面传达、传递的农业信息及时发布、传播、传递给农民，并把农民的反馈意见、建议、要求等反映给上级信息部门，起到连接上级信息部门和农民的纽带的作用，解决信息服务的“最后一公里”问题。

该模式提供的信息服务内容主要是与当地农民生产、生活密切相关的农业政策、市场价格变化和农产品需求供给信息，同时也包括一些农业实用技术信息和优良种苗、病虫害防治信息等。农业信息员必须具备一定的资质，如具有一定的文化程度，善于沟通、交流，热心负责，且需接受上级业务人员的培训，培训合格后方能上岗。

（二）专业协会引导型模式

该模式是以农村专业户为基础，以技术服务、信息交流以及农业生产资料供给、农产品销售为核心组织起来的技术经济服务体系，以维护会员的经济利益为目的，在农户经营的基础上实行资金、技术、生产、供销等互助合作的信息服务模式。其服务主体和客体均为参加专业协会的会员农民，服务内容为提供会员农户所生产的某一类农产品的技术和市场信息等方面的咨询服务，有些也提供组织统一购买生产资料、销售产品的服务；服务手段为利用黑板报、简报来传播网络信息；服务特点是协会运行所需资金由协会会员自筹；对某一类农产品生产技术及市场信息方面有较深入的了解，开发市场有优势。在实际生产中有以下 4 种表现形式：

1. 专业合作社引导模式　农民专业合作社是指在家庭承包经营的基础上，从事同类或相关农产品经营的农民，为了维护和实现共同利益，按照加入自愿、退出自由、民主管理、盈余返还的原则，按照章程进行共同生产、经营和服务活动的互助性经济组织。农民专业合作社是在农村家庭承包经营基础上，对统分结合、双层经营的农村经营体制的进一步丰富和完善，也是社会主义市场经济条件下的制度创新，其在推进农业现代化建设和促进农民增产增收及加快农业科技成果转化中发挥着重要作用。

该模式的组织特点是农户进行自主管理和经营，合作社的领导一般由懂技术、会经营、善管理的乡土能人担任，向农民提供某一方面的专业技术服务。如粮食生产合作社、葡萄生产合作社等农业生产联合体，应广泛收集对自己组织有利、有用的技术、市场、法规、政策等方面的信息，供成员使用。

2. 专业生产大户引导模式　是指在某一类农产品生产规模较大、对信息有较强需求的县、乡、村，通过政府扶持，由农民中的一些专业生产大户、科技示范户把生产同类农产品的农民组织起来，在其自愿的基础上成立农民自我管理、自我服务的专业协会，由协会为会员农户提供技术、市场、政策、生产资料供应、农产品加工贮藏、销售等方面的信息服务，集产前、产中、产后的服务职能为一体的信息服务模式。

该模式具有充分发挥农村各种专业技术协会凝聚力强、信誉度高、会员带动作用明显的优势，不仅实现与外部市场的连接，而且实现了将科技信息向会员及时、准确地传播。

该模式主要通过举办专题讲座、报告会，召开经验交流会，组织农户收听、收看广播、电视中的农业科教节目以及播放农业实用技术的录像带，订阅农业科技报刊，实物信息示范，组织会员参加农业科技市场等形式来传播农业信息、服务农民。该模式的信息服务具有以下特点：

（1）农民的生产具有一定的专业性和生产规模，对建立协会组织并接受市场信息、技术、营销等社会化服务有较强烈的愿望。同时要有能够热心为他人服务、本身具有一定的生产或经营经验、具有相应科学技术水平的农民作为协会的组织者和领导者。

（2）政府对建立协会组织给予政策环境支持和鼓励，使社会舆论有利于引导协会成立和顺利开展协会的活动。

（3）协会应该有经营项目，取得一定的经济效益。虽然有政府拨款，但数额较少，主要经费来源还是协会自筹。而大部分农民收入水平较低，因而要维持协会的日常运行及服务，协会自身必须经营一定的项目，取得一定的经济收入。

3. 龙头企业引导模式　是指由政府扶持，涉农的龙头企业投资并在农业信息服务中起主导作用的信息服务模式。龙头企业通常通过网站来采集、发布和传播农业信息，结合市场营销业务，按规定和要求采集企业所生产的某类农产品的技术及市场信息；及时把农业部门提供或通过网络采集的信息，扩散、传播给当地农民和企业；有时也为用户统一组织购买生产资料；企业和农户通过签订合同结成利益共同体，企业派出技术人员指导农户按照合同要求进行农业生产，生产出的产品由企业负责统一销售，实行产供销一体化经营，得到的利益由企业和农民按合同规定分成。在龙头企业赢利的同时，也解决了农民生产缺技术、销售缺市场的难题，通过农产品加工增值，增加了农民的收入。在生产过程中，技术支撑与保障工作由企业掌控；主要服务方式是技术人员与农户面对面的指导交流。

涉农龙头企业采集、发布和传播信息的网站一般依托于某个产业化程度和市场化程度相对较高的行业，利用其行业背景和行业资源优势提供信息服务；利用自己在行业内的信息或资源优势，以较为畅通的信息渠道迅速获取信息，内容倾向性强。有的网站能进行较高水平的行业分析和动态研究，也能为行业内企业提供互联网的综合性服务，且为行业的中外信息互通起到了有益的作用，为相关产业的产业化发展起到了推动作用。该模式的运行要点是：

（1）形成条件。这种模式通常是在地方政府的支持下或市场的拉动下，某一或某些农产品形成专业化、规模化生产的情况下，由农业产业化龙头企业组建公司，收购农产品并进行加工、销售，从而引导、组织农户从事专业化、规模化生产。

（2）政策环境。建立龙头企业常常得到行政力量的推动和支持，按照国家政策规定在税收和信贷方面享受优惠。

（3）利益机制。龙头企业一般对农户生产实行“几统一”：统一供应种子种苗、化肥、农药等农业生产资料，统一提供技术服务，统一标准，统一收购、加工和销售产品，与农户建立起“利益共享、风险共担”的机制。

（4）信息流通。龙头企业一般都建有互联网网站，通过网站或传统途径搜集技术、政策、市场信息，指导生产、销售，并通过发放资料等形式向农民传递信息。

在实际中，有“农业龙头企业＋农户”模式，如“广东温氏集团＋农户”模式，还有“企业＋中介＋农户”及“企业＋合作组织＋农户”等模式。在“企业＋中介＋农户”模式中，企业负责农产品的加工、销售，同时派出技术人员指导农户进行生产；中介组织负责农业信息的采集、发布、传播，为农户提供相应的信息服务；农户根据中介提供的信息和企业提供的技术指导进行生产。在“企业＋合作组织＋农户”模式中，企业负责农产品的加工及销售，引导农户的种植养殖方向；合作组织为农户提供产中的技术服务，组织农户搞好生产，是企业与农户之间的纽带；农户负责直接的生产。

4. 物流中心引导模式 是指专门的农产品物流配送企业，通过与农业信息咨询公司合作，依靠其强大的资金优势，构建属于自己的农业信息采集、整理和分析系统，及时了解农产品市场的供求信息，并及时提供给农产品的供应商和销售商，真正解决供应商和销售商卖难买难的困境的信息服务模式。

与传统的自营物流模式相比，该模式将农产品的物流配送从供应商和销售商之间分离出来，把物流配送企业的资金优势和农业信息咨询公司的信息优势结合起来，专业性强，规模大，配送成本低、效率高，可靠性也有较高的保障，能够更好地为供应商和销售商服务，是未来农产品销售信息服务的主导模式。

随着农产品第三方物流模式的不断成熟，农产品第三方物流企业就会拥有属于自己的稳定的客户群，其配送的农产品品种和数量就会相应稳定。这样，与农产品第三方物流企业合作的农产品供应商就可在接到第三方物流企业的订单之后再进行农业生产，避免了农业生产固有的盲目性，从而使农业生产真正实现以市场为导向，不但有利于农民增收，而且在客观上有利于农业结构的调整。

这种信息服务模式因为将农产品物流企业的资金优势与农业信息咨询服务公司的信息优势结合起来，一方面提高了农产品物流企业农业信息的利用效率，双方可以共享农业信息咨询服务带来的收益，达到双赢；另一方面丰富了农业信息咨询服务公司的信息采集途径，提高了其信息服务的水平，对整个农业信息服务体系的高效运行起到积极的促进作用。

（三）社会团体助推模式

该模式是指借助社会团体的力量，如网络公司、信息咨询公司、通信公司及新闻媒体等，来进行农业信息服务。这是一种农业信息的有偿服务模式。

该模式在实际中有以下 3 种表现形式：

1. 网络公司助推模式 是指借助网络公司的力量和优势来推进农业信息服务的进程的模式。网络公司可通过三种途径采集农业信息：①专职网络信息员每天登录国内外和省内外的农业信息网站，在网上搜集公司所需要的农业信息；②与各市县级农业信息站合作，从而获得大量基层的农业信息；③和省内大中型批发市场合作建立庞大的信息网络，各批发市场的信息员每天将大量的农业市场信息通过网络报送给公司的信息中心。

网络公司可以采用三种农业信息传播方式：①网络公司直接为农户提供农业信息咨询服务。由于农村总体经济水平不高，这种直接针对农户的方式应针对农业大户，而且信息咨询要实用，要能帮助农民致富。②网络公司为农业中介机构提供信息咨询服务，再由这些农业中介机构把信息传递给农户。这种方式主要指网络公司为农村中的农业行业协会提供信息咨询服务。由于行业协会中的农民的信息需求情况相似，且协会中人数较多，可以分担费用，因此这种模式比较适于推广。③网络公司为农业信息站提供信息咨询，再由农业信息站提供给农户。这种模式可用于一些具有地区普遍性的农业疑难问题的解答及地区农业发展规划的制定。如北京的农信通公司、农博网、十亿网等就属于商业性的信息公司或网站，其为农户和农村中小型企业提供的信息服务为有偿服务。

该模式的运行要点是：

（1）形成条件。这类专业性、商业性的信息公司或网站依托自身网络设备、信息通道、信息资源和技术人才等方面的有利条件，广泛收集、发布国内外的农业科技信息、农产品市场贸易信息，同时聘请一批农业技术专家和农产品营销专家组成专家咨询组，负责为农户解答技术难题和提供市场信息服务。

（2）利益机制。专业信息公司或网站为用户提供一般性的公共信息网上查询服务，多数是免费的，同时实行公司或网站注册登记制、会员制。农村用户如需获取重要的专业信息或要求为其提供个性化服务，如为用户发布供求信息等提供平台，则实行注册登记制、会员制，开展有偿收费。

（3）信息流通。信息资源丰富，靠计算机网络传输速度快、效率高。

2. 通信公司助推模式 是指借助通信公司的力量和优势来推进农业信息服务进程的模式。通信公司的优势在于其具有庞大的信息网络和强大的资金后盾，在信息传播方面有着其他方式无可比拟的优势。农业科技部门可在各地电信、通信部门的紧密配合下，建立一套覆盖当地的农业信息声讯服务系统，采用自动语音服务与人工服务相结合的方式提供咨询服务。

在农业信息采集方式上，通信公司通过与一些农业信息网站及农业信息咨询服务公司合作，从它们那里有偿获得自己需要的农业信息；在农业信息的传播方式上，农户通过拨打“农业科技110”、“12316”、“168”等热线电话，就可获得有关种植养殖技术、市场和资源的语音咨询。

“农业科技110”信息服务是在星火富民实践中涌现出的一种具有典型意义的农村科技信息服务创新模式，其主要特征是以科技服务农民为宗旨，以信息资源为核心，以服务热线为纽带，以数据网络为基础，致力推动信息在广大农村的低成本、高效率传播，实现科技与农民的零距离衔接。这一模式为实现农业与农村科技信息的快捷有效扩散，提高农村科技信息服务能力，推进农村信息化，提供了实际、实用的模式。如湖北“农技110”模式，具有规模性、共享性、组合性、统一性和互动性的特点，不仅产生了规模效应，而且拉近了专家与农户的距离，拉近了城乡的距离，提高了服务的针对性和有效性；浙江省缙云县的“农技110”已深入民心，成为当地农民比较喜欢的一种农业信息服务方式。

江苏省农科院与江苏省电信公司合作开设的“168”声讯信息台，主要提供政策问答、大田作物的种植及病虫害防治技术、蔬菜的种植与加工、花木种植信息、畜禽养殖及疫病防治技术、水产与特种养殖技术以及农产品市场走势分析等内容，每周更新信息30条以上。对农民采取包月打的方式，拨打专设的声讯电话，根据语音提示就可选听到想要的信息，方便快捷。甘肃省的“12316”三农服务热线，由省农牧厅、省广电局、省通信管理局、省广电总台、中国电信甘肃公司共同建设维护。在兰州市电信公司设立热线呼叫中心，全省农村固定电话和移动电话用户在当地直接拨打“12316”三农服务热线，不加区号，资费按当地市话计取。省级热线呼叫中心每天安排10名话务员24小时值守，接转农民打进的热线电话；在甘肃人民广播电台设广播直播中心，每天中午1点至1点40分直拨热线咨询情况；省农牧厅从生产技术、惠农政策、市场信息3个方面遴选聘请200余名专家，通过在呼叫中心坐席或场外接听电话，为农民提供咨询服务。对不能在电话中当时解决的疑难问题，在咨询相关部门或专家会商后专门予以回复。对通过热线反映的重大情况、热点问题，整理汇编成《送阅件》和《情况反映》呈省领导、省直部门及有关单位，有80%以上的问题经领导批示、部门督促后得到核查处理。

通信公司还可通过向手机和小灵通用户发送短信的方式向广大普通农户传播农业信息。用户可在互联网上或通过手机订制（点播）多种农业信息，还可以发送短信查询农产品供求信息、市场价格信息等，同时还能包月订制某类农业信息。由于手机和小灵通在广大普通农户中已经普及，并且短信订制方式也容易被广大农民接受，所以这种短信订制的方式非常适合目前广大农民的生活水平，在今后一段时间内将成为向广大普通农户传播农业信息的一条非常重要的途径。

3. 新闻媒体助推模式 是指借助新闻媒体，如电视、网络、广播、报纸及期刊等的力量和优势来推进农业信息服务进程的模式。在实际中有以下几种表现形式：

（1）“三电合一”模式，是指通过电话、电视、电脑三种信息载体有机结合，实现优势互补、互联互动。利用电脑网络采集信息，丰富农业信息资源数据库，为电话语音系统和电视节目制作提供信息资源；利用电话语音系统，为农业生产经营者提供语音咨询和专家远程解答服务；利用电视传播渠道，针对农业生产经营中的热点问题和电话咨询过程中反映的共性问题，制作、播放生动形象的电视节目，提高信息服务入户率。

（2）“三电一厅”模式，是指充分利用电脑、电视、电话等现代传播媒体的综合优势，结合科技服务厅建设，有效整合农业信息资源，加强信息服务功能。具体做法为：①利用电脑走上信息高速公路，建立农业信息网站，并结合地方特色经济，积极推进地方特色商务网站的建设；②利用电视拓宽信息传播渠道，利用电视覆盖面广的优势，组织实施农技电波入户工程，由农业部门建立农技纸片中心，结合从互联网采集信息，采编、制作农业节目，在黄金时段固定播出；③利用电话开通信息服务热线，把分类信息转换成语音信息，通过电话为农户服务，对于农户生产中遇到的难题，请专家咨询或外出流动服务车现场解决；④设立信息服务窗口，按照便民、惠民、富民的要求，投资建设科技服务厅，结合电脑、电视、电话等多种传媒，集信息、科技、物资等多种服务于一身，并由专家向农民提供服务。该模式能满足农民的个性化需求，使农业信息服务立体化。

（3）“三网合一”模式，是指充分利用现有的电话设施、无线寻呼和移动通信设施以及丰富的信息资源，结合计算机网络技术、远程呼叫技术和信息处理技术，构建综合的农业信息服务平台，实现“三网合一”（计算机网、公用电话网、移动通信网）和优势互补，促进信息资源的共享和开发利用。

“三网合一”模式使单一的信息获取模式得以改变，用户可以从互联网获取信息，也可通过电话获取农业信息，还可通过远程呼叫（无线寻呼）随时随地查询或定期获取自己感兴趣的信息。通过这些方式，可极大地拓宽农业信息传播的空间和距离，极大地方便用户，用户只需选取一种方式即可达到获取信息的目的。这对信息设备（如计算机设备）相对落后的农村来说，农民足不出户就可通过简便的方式获取及时、准确和全方位的信息服务，从根本上改变了获取信息的途径，提高了农村的生产管理和决策水平，彻底解决了农村信息服务“最后一公里”问题。

第三节　基于网络的现代农业推广信息服务

随着3G技术的应用、移动互联网的出现、电脑下乡政策的实施以及国家各部委农村信息化多种有效措施的出台，促使农村网民规模进一步扩大，给农村信息化市场注入了强劲的发展动力。如何利用部门和区域优势，构建一个集信息采集、信息发布和个性化信息服务为一体的农业信息服务平台，为现代化农业的发展提供必要信息，已成为当前农业网站发展所面临的巨大挑战。

一、农业推广信息服务网络平台的构建

农业推广信息服务网络主要由农业政策法规、农业新闻、农业科技、市场信息、分析预测、农村实用技术、农村气象信息、招商引资、供求信息等构成。农业推广信息服务网络平台提供的信息涵盖了农业和农村经济的各个方面。因此，在网络平台建设过程中要统筹兼顾，掌握和了解网络平台构建的基本技术。

1. 网络平台的主题确定　建设农业推广信息服务网络平台的最根本目的是宣传农业政策，传播农业知识，为农民朋友答疑解惑，为农业生产提供现代化的信息服务。因此，要根

据网站平台建设的目的，确定好平台的主题与名称。主题的定位要集中，要根据自身的专长、当地的农业特色来确定，不要包罗万象，这样才能主题突出，报道精致的内容，做好农业知识、技术的传播和当地特色农业的宣传工作。

2. 制定网络平台规划书 在明确网络平台的目的和定位以后，就要收集相关的信息，这是前期策划中最为关键的一步。为了实现这一目标，应做好网络平台建设规划书。规划书内容主要包括：①栏目概述，包括栏目定位、栏目目的、服务对象、子栏目设置、首页内容和分页内容；②栏目详情，即把每一个子栏目的具体情况加以说明，包括各个子栏目的名称、目的、服务对象、内容介绍、资料来源、实现方法、有关问题和重点提示等；③相关栏目，说明栏目之间的关系，以加强网站的整体性；④参考网站，标明本栏目参考了哪些网站或可以参考哪些网站。

3. 内容设计 主题确定后，要依据主题来确定网站的主要内容。选择内容时要确保所载录信息的科学性、准确性与权威性。在搜集网站资料时，可由专家和技术人员撰写稿件，还可以广泛征集稿件，并要聘请专业人员做技术顾问，对所有稿件进行严格的把关。选择的具体内容要具有代表性，并适合当地的地理、气候特点与经济发展状况，同时要做到内容及形式让人容易接受。农业科技信息网站不是专门的学术研究网站，用词应尽量的通俗易懂，才能真正起到指导作用。

4. 功能模块划分 将所采集的农业技术资料归类分栏目，构成网站的各种功能模块，如种植业、养殖业、畜牧业模块，行业资讯模块，市场分析预测模块，农产品供求销售模块等。对平台进行功能模块划分，是以后在平台具体实现中版面规划与布局的基础，有利于加强平台整体布局合理化、有序化和整体化，避免同功能模块在多个栏目内出现或在页面随处安插的杂乱现象。

另外，随着用户需求的进一步提高和网络技术的不断发展，现今的农业信息服务平台一般还辟有视频点播、咨询、论坛等模块。在专家咨询和论坛功能模块，用户加入其中，就可以就某一问题发表见解，向专家提问，也可以参阅别人的经验和建议，实现与专家的交流沟通。这一模块功能的实现要求有责任心强、技术过硬的技术人员来与用户交流，做到有问必答、有求必应，确立网站在用户心目中的权威性与可信赖性。视频模块主要播放一些与纪录片、教学片等视频资料。这种方式最为直观，最容易被用户接受，是具体技术传授过程中效果最好的方式。

5. 平台的色彩与整体风格 为了保持网络平台的权威性、严肃性，版面设计要朴素大方，主次关系分明，避免过多的点缀装饰，使浏览者有一个流畅的视觉体验。色彩的选择和搭配要根据网站的主题而定。农业科技平台通常选择体现农业的绿色和体现科技的蓝色作为基本色调。适当选取一些象征丰收的黄色和喜庆的红色等进行配色，再运用白色和银灰进行融合搭配。配色时一定要考虑配色与主题色的关系，同时要避免一个网页同时出现过多的颜色。整个页面在视觉上应是一个整体，以达到和谐、悦目的视觉效果。此外，可运用 Flash 技术设计动态效果，在强调网站特色的同时也更能吸引浏览者的注意。

二、农业推广信息服务网络平台的实现

1. 网页布局规划 根据用户浏览网页的视觉一般是从左到右、从上至下的习惯，在排

布各个版块的时候应该根据用户的视线流走向，将网站最重要的和最想让用户看到的部分放在视觉流的上游，即最重要的最先被看见。然后将版块按用户需求划分成几个区域，每类版块都占据一块独立并且连续的区域，不同分类的版块的信息不能混合分布在同一个区域。这样可以方便用户了解整个网站的主要内容和结构，减少用户浏览网站时的信息干扰。

一般而言，网络平台的整个页面划分成头部、导航、农业资讯区、农产品市场区、农技推广区、辅助信息区、商业信息区（或者广告区）和页脚等几个部分。页面分三栏：左栏分为地方特色专栏区和辅助信息导航区；中栏分三个区，把时效性较强的农业资讯区放在顶部，向下依次为产品销售区和农技推广区；右栏从上至下分为农产品市场区和广告（友情链接）区，这样就能使用户很容易地掌握服务平台的整体结构，寻找到自己感兴趣的信息，从而将可能干扰他们的信息噪声减至最少。

2. 网页设计与制作　先以绘制好的布局草图为蓝本，利用 Photoshop 或 Fireworks 软件完成网站界面的精细设计和图片切割导出，然后使用网页制作工具完成页面编辑、链接设置、广告与动态效果添加等系列工作，最终实现完整的网页效果。

3. 网站后台数据库的集成　建立网站后台数据库的主要目的是存储信息，一般是通过前台页面与浏览者的交互收集信息，然后结合前台的程序（一般为动态页面），实时生成浏览者所看到的最新内容，从而具备普通静态页面所不能达到的动态更新效果。常规的网站后台数据开发包含以下内容和功能：

（1）信息显示模块：主要负责资源分类列表，形成层次结构，并按照排行榜或者最新更新等方式显示资源信息，从而方便用户选择。当用户选择某一具体资源时，能够显示资源的简介、大小、下载链接等详细信息。

（2）信息发布模块：用户可从下拉列表中选择一种信息类别（如培训信息、求购信息、出售信息、招商引资等），然后输入相关信息，信息录入完整后，单击“发布”按钮即可发布信息。

（3）密码验证模块：主要用于管理员的登录，即设置管理员的权限，包括个人信息的录入、修改、删除管理。

（4）后台管理模块：针对类别、栏目、内容进行增删、修改，并且进行图片及附件的上传。

（5）信息搜索模块：主要负责资源信息的搜索，方便用户快速定位信息资源。该模块提供了多种搜索功能，包括按照信息资源的类别、名称或者简介的关键字等进行搜索。

4. 网站的测试与发布　网页制作完毕后，需要在浏览器中进行测试，包括检测网页、图片等链接是否正常，内容显示是否正确等。发现错误或不合理的地方及时进行修改，以保证网页的建设质量。在 Internet 上申请一个域名和指定网站的存放位置，测试后一切正常的网站，选择 ftp 上传工具，直接进行站点的上传，直至网站发布完毕。

5. 维护阶段　网站发布后，网页要根据各种情况随时进行调整。在发布的主体内容、信息互动反馈和站点安全等方面，要及时进行维护和更新，以避免用户产生陈旧的感觉。在网站内容不断更新的同时还要不断汲取新技术，升级网页功能，使网页的访问更为方便快捷、信息含量更加丰富、界面更加美观。

第十章　农业推广项目

农业推广是一项涉及面非常宽泛，参与机构众多的社会公益事业。我国各级政府科技主管部门、农业主管部门（农委、农业厅局等）、农业综合开发办公室、山区经济技术开发办公室、科学技术协会等都有农业推广性质的计划、工程和项目。了解农业推广项目的种类以及实施、验收、评价等环节，对农业推广机构和人员获得多方面支持与指导具有重要作用。

第一节　农业推广项目类型

农业推广项目的种类主要包括以下几个方面：科技部以及各省科技厅局的科技成果推广计划、转化资金项目；农业部以及各省农委、农业厅局的丰收计划；各省农委、农业开发办的农业开发项目；中国科协以及各省科协的科普惠农项目等。农业推广项目按行业可以划分为种植业推广项目、林业推广项目、牧业推广项目和渔业推广项目，按照专业可以划分为新品种推广、病虫草防治技术推广、土壤肥料技术推广、农作物综合技术推广、动物饲养及水产养殖技术推广、栽培耕作技术推广、农机推广等，按照工作方式可以划分为试验示范推广、综合技术开发、农业教育推广、农村科普推广、传媒宣传推广。农业推广项目大多采用多种方式综合运用，下面对我国目前主要的农业推广项目进行介绍。

一、全国农牧渔业丰收计划

全国农牧渔业丰收计划（以下简称“丰收计划”）是 1987 年由农业部、财政部共同组织实施的国家综合性农业科技推广计划，为目前全国影响最大的农业技术推广项目。丰收计划旨在加速农业科技成果转化，推动农业科技与生产密切结合，促进高产、优质、高效农业的发展，是实施科技兴农战略和实现我国农业发展目标所采取的一项重要措施。丰收计划作为我国农业科技推广计划的龙头，是以核心技术为主体的综合配套技术的推广，起着重要的辐射和带动作用。丰收计划项目的主要内容包括高产、优质农作物良种及先进、适用、高效的综合栽培技术；畜禽渔良种及优化配合饲料、科学饲养及疫病综合防治技术；名特优新品种种植、养殖，新饲料源、饲料蛋白源及模式化养殖先进适用技术，农牧渔业先进适用机械化技术等。

丰收计划重点支持的农业推广项目主要分为两类：①具有一定推广面积和规模，经济效益、社会效益和生态效益比较显著，以农业科技成果转化为主的项目；②直接经济效益显著，对提高农牧渔业整体效益、带动整个行业的发展具有重大影响的科技推广项目。要求其要符合国家产业政策和农业生产力发展要求，优先选择关系国计民生的粮棉油及主要农牧渔产品高产、优质、高效的项目，积极发展农牧渔业多种经营项目。项目选用的科技成果先进适用，投资少，见效快，效益好，作用大，适用范围广。项目一般执行 2～3 年，以县或一个县若干个整乡为单位集中连片实施，适当控制年度计划实施规模，年度项目实施规模一般控制在本省（自治区、直辖市）适宜推广范围的10%以内，并对周围县（乡）及至本省或跨省市适宜推广区域起辐射和带动作用，加速科技成果大面积、大范围推广应用。项目引入竞争机制，经专家论证，择优立项，优先安排组织实施和管理工作出色的单位承担实施。

1999年后，丰收计划开始设立后备项目计划。此类项目专门指利用技术持有单位最新研究取得，对农业发展具有重大影响和广阔应用前景，已获准进入生产性试验阶段但尚未在生产上大面积应用的非物化的先进农业技术，通过示范推广、完善配套技术体系和技术操作规程，明确适宜推广地区，为丰收计划大面积、大范围、连片推广提供技术储备，以满足农业生产对技术的不断需求的推广项目计划。后备项目计划与一般丰收计划的管理存在着一定的差异，主要体现在第一承担单位必须是技术产权单位或技术持有单位，只安排符合条件的非物化技术并按丰收计划的要求组织实施，项目受农业部科技发展中心管理，项目规模可以适度减小等。其特点主要表现为完整性和成熟性、实用性和高效性、公益性和导向性、示范性和可行性等。

二、国家科技成果重点推广计划

国家科技成果重点推广计划（以下简称“推广计划”）是1992年由国务院批准实施的一项国家重点科技计划，是一项促进科技成果转化为现实生产力，促进行业技术进步，形成规模效益，为实施“科教兴国”和可持续发展战略、实现两个根本性转变服务的国家重点科技计划。推广计划实行国家级和省两级管理和组织实施。科技部负责国家级推广计划的组织实施。根据社会、经济发展中存在的主要问题和市场需求，每年度发布的重点推广的科技成果为国家级推广计划指南项目。科技部根据有关规定和推广计划指南项目实施单位的申请，经审查通过，并根据当年推广计划实施重点制定的年度实施项目为年度计划。省（自治区、直辖市）科技主管部门和国务院有关行业部门科技司（局）负责省部级推广计划，要有相应的机构和人员负责管理本地方和本行业部门的推广计划。科技部归口管理、指导和协调推广计划的实施。

推广计划的宗旨是有组织、有计划地将大批先进、成熟、适用的科技成果以及高新技术成果推入国民经济建设主战场，动员成千上万的科技工作者和全社会的力量，在农村、工矿企业中大范围大面积地推广应用，提高经济增长和社会发展效益，促进产业结构的调整和产业技术水平的提高，特别是传统产业技术水平的提高。实施科技成果推广示范工程，培育和建立适应社会主义市场经济体制的科技成果推广体系和运行机制，促进科技与经济的紧密结合，促进国民经济和社会的协调发展。国家级推广计划中的农业项目，重点围绕提高土地、水面、滩涂利用率和劳动生产率；提高粮、棉、油、糖、菜、畜禽、水产等的产量及品质；提高农业生产资料的质量和应用效果，促进优质高效农业、农业产业化的发展和有利于农村产业结构调整、资源优化配置的科技成果。国家级推广计划项目优先选用国家各类科研计划的科技成果、获发明奖和国家级科技进步奖的科技成果、消化吸收引进技术取得的科技成果。总体而言，国家级推广计划指南项目应同时具备以下条件：符合国家产业政策，技术先进、对行业技术进步有导向和促进作用，对国民经济和社会协调发展具有重要意义；技术成熟、适用，在一定范围内推广应用，经证明经济、社会和生态效益显著；覆盖面广，辐射力强，能跨行业、跨地区应用。

三、农业科技成果转化资金项目计划

农业科技成果转化资金项目计划是经国务院批准的科技推广项目计划，从2001年开始设立。转化资金的来源为中央财政拨款，由科技部、财政部共同管理，农业部、水利部和国家林业局等部门为成员管理。转化资金是一种政府引导性资金，通过吸引地方、企业、科技开发机构和金融机构等渠道的资金投入，支持农业科技成果进入生产的前期性开发，支持有望达到批量生产和应用前的农业新品种、新技术和新产品的区域试验与示范、中间试验或生产性试验，为农业生产大面积应用和工业化生产提供成熟配套的技术。转化资金的支持重点包括动植物新品种（或品系）及良种选育、繁育技术成果转化；农副产品储藏加工及增值技术成果转化；集约化、规模化种养技术成果转化；农业环境保护、防沙治沙、水土保持技术成果转化；农业资源高效利用技术成果转化以及现代农业装备与技术成果转化等。通过实施此项目，逐步建立起适应社会主义市场经济，符合农业科技发展规律，有效支撑农业科技成果向现实生产力转化的新型农业科技投入保障体系。转化资金的主要支持对象为农业科技型企业，不支持已经成熟配套并大面积推广应用的科技成果转化项目，不支持有知识产权纠纷的项目，不支持低水平重复项目。

四、农业综合开发项目

农业综合开发是指中央政府为保护、支持农业发展，改善农业生产基本条件，优化农业和农村经济结构，提高农业综合生产能力和综合效益，设立专项资金对农业资源进行综合开发利用的活动。1999年，农业综合开发项目由财政部下设国家农业综合开发办公室进行归口管理。其主要任务是加强农业基础设施和生态建设，提高农业综合生产能力，保证国家粮食安全；推进农业和农村经济结构的战略性调整，推进农业产业化经营，提高农业综合效益，促进农民增收。农业综合开发项目包括土地治理项目和产业化经营项目。土地治理项目包括稳产高产基本农田建设、粮棉油等大宗优势农产品基地建设、良种繁育、土地复垦等中低产田改造项目，草场改良、小流域治理、土地沙化治理、生态林建设等生态综合治理项目，中型灌区节水配套改造项目。产业化经营项目包括经济林及设施农业种植、畜牧水产养殖等种植养殖基地项目，农产品加工项目，储藏保鲜、产地批发市场等流通设施项目。农业综合开发项目的扶持重点主要在于扶持农业主产区，重点扶持粮食主产区。农业主产区按主要农产品产量和商品量以省为单位确定。非农业主产区的省确定本地区重点扶持的农业主产县（包括不设区的市、市辖区、旗及农场，下同）。土地治理项目以中低产田改造为重点，结合优势农产品产业带建设，建设旱涝保收、稳产高产基本农田。坚持山水田林路综合治理，农业、林业、水利措施综合配套，实现经济、社会、生态效益的统一。产业化经营项目应参照国家制定的优势农产品区域布局规划，根据当地资源优势和经济发展状况，确定重点扶持的优势农产品产业。通过加强优势农产品基地建设，扶持产业化龙头企业，提高农业生产组织化程度和农业产业化经营水平。土地治理项目扶持对象以农民为重点。产业化经营项目扶持的对象包括国家级和省级农业产业化龙头企业（含省级农业综合开发机构审定的龙头企业）以及农民专业合作组织等。由国家农业综合开发办公室确定纳入扶持范围的农业综合开发县，并按照“总量控制、适度进出、奖优罚劣、分级管理”的原则进行管理。

五、星火计划

星火计划是经中国政府批准实施的第一个依靠科学技术促进农村经济发展的计划，是中国国民经济和科技发展计划的重要组成部分，1986 年批准实施。国家级星火计划项目由科技部组织实施，以农民增收和转移农村富余劳动力为重点，加强小城镇建设和农村信息服务体系建设，进一步推进星火西进和星火国际化，扶持龙头企业，提高星火龙头企业特别是农产品加工企业的自主创新能力，促进农业生产的标准化、规范化，增强企业的国际竞争力。

星火计划的宗旨是坚持面向农业、农村和农民；坚持依靠技术创新和体制创新，促进农业和农村经济结构的战略性调整和农民增收致富；推动农业产业化、农村城镇化和农民知识化，加速农村小康建设和农业现代化进程。其主要任务是以推动农村产业结构调整、增加农民收入、全面促进农村经济持续健康发展为目标，加强农村先进适用技术的推广，加速科技成果转化，大力普及科学知识，营造有利于农村科技发展的良好环境。围绕农副产品加工、农村资源综合利用和农村特色产业等领域，集成配套并推广一批先进适用技术，大幅度提高我国农村生产力水平。

一般而言，星火计划项目重点支持星火产业带建设，区域优势特色产业培育、优势特色产品开发，农村结构调整，对农业增效、农民增收有明显带动作用的农业“五新”、科技特派员创业及农村科技信息化建设示范项目，促进农业科技成果转化，推进新农村建设。其重点支持领域主要集中在以下几个方面：①种植业，包括粮油作物高效安全生产集成配套技术；经济作物、园艺作物优良新品种及集约化、设施化、标准化生产技术；优质经济林、用材林等新品种种苗规模化繁育及高效培育技术；新型农药及高效安全施用技术；生物肥料、有机肥、缓释控释肥料等新型环保肥料新产品及科学施肥技术；农作物高效节水、保水新技术。②养殖业，包括优质抗病畜禽、水产新品种及快速扩繁、规模化标准化健康养殖技术；饲料资源高效利用及饲料安全配制和使用技术；农村畜禽养殖废弃物资源化利用技术。③农林产品加工，包括大宗农产品保鲜、贮运技术；农产品精深加工及综合利用技术；速生林材质改性处理技术，农林废弃物新材料及其高附加值产品制造技术。④其他方面，包括面向农村科技推广、培训和服务的星火科技“12396”信息化建设技术；适合各地区农业特点的功能全、技术含量高的小型农业机械。

六、科普惠农兴村计划

科普惠农兴村计划由中国科学技术协会、财政部于 2006 年联合启动实施。根据农村科普工作的特点，科普惠农兴村计划通过“以奖代补、奖补结合”的资金投入方式，通过表彰、奖补农村专业技术协会、农村科普示范基地、少数民族科普工作队和农村科普带头人，以点带面，榜样示范，带动更多的农民提高科学文化素养，掌握生产劳动技能，助力社会主义新农村建设。2006—2010 年，中央财政投入奖补资金累计达到 7.5 亿元，表彰了4 659个科普惠农兴村先进集体和带头人，并对他们开展的科普惠农活动给予了奖励和补助。其中，农村专业技术协会2 132个，农村科普示范基地1 210个，农村科普带头人1 282名，少数民族科普工作队 35 个。科普惠农兴村计划发挥了中央财政资金“四两拨千斤”的作用，在示范带动农民群众依靠科技增收致富、推广新产品新技术促进农业产业调整、提高农民科学素质培养造就社会主义新型农民、创新机制探索财政支农惠农新途径等方面取得了显著成效。

第二节　农业推广项目实施

一、农业推广项目实施的步骤

农业推广项目确定之后，必须将推广任务落实到项目组织者、项目实施者身上；把项目任务分工细划、调动资源，实行责任管理、进程管理，以保证项目顺利完成。因此，推广项目的实施是农业推广工作的一项重要内容。

（一）制定农业推广项目的实施方案

项目实施方案确定之后，要严格按照实施方案执行项目计划，一般不宜轻易更改。年度实施方案是在总体方案的基础上，分年度制定各生产阶段的技术和组织保障方案。此方案在年度间可以有所不同，要保证当年工作的重点和总目标的完成。

1. 总体实施方案内容

（1）下达任务，签订合同。农业推广项目下达后，项目实施单位要根据合同任务目标，对项目的内容、组织保障等方面进行进一步的细化，编制项目总体实施方案和分年度实施方案。总体实施方案要将项目合同实施期限内需要完成的任务进行分解，其主要内容一般包括：

①总目标和分年度目标；②总体技术方案，含实施的区域、规模、农户、主要技术措施、试验研究方案等；③总体组织和保障措施，以政府或项目小组文件的形式落实；④技术人员和实施区域的分工以及经费的预算、分配方案等。

（2）组织协调，分级管理。任务下达后，签订农业项目推广合同，并组织实施。组织实施时牵涉的面较广，有承担单位、推广地区单位、协作单位、科技成果发明创造单位及个人、上下级组织和农民群众等。如何组织协调，划分职责范围，分级管理，使项目管理任务层层落实，仍然是一个重要的问题。必须由主管单位或牵头单位、项目主持人，再与协作单位及其他有关单位、个人横向签订合同。上级科技管理部门或推广部门可与下一级科技管理部门或推广部门签订总合同，具体划分每个项目，再由他们与承担单位签订合同，使推广计划通畅执行。这些都必须在实施方案中有明确交代，务求推广计划的执行能上、下、左、右、前、后全方位的协调，获得最佳效果。农业推广项目的实施，必须依托农村行政组织，发挥农技协、产业协会等农村、农民组织的作用。

（3）监督检查。在计划项目推广实施中，主管单位要及时检查评比，按照合同规定的对责任、人、物的约定，计划任务的进度，组织实施检查。检查评比的要求、条件及具体措施也应在实施方案中有明确的反映，建立定期报告制度。

2. 制定项目实施方案的方法

（1）关键日期法，就实施方案设定进度计划表，列出一些关键活动的控制点和进行的日期。

（2）甘特图，即线条图和横道图法，用横线来表示每项活动的起止时间。

（3）关键路线法，用网络图来表示项目各项活动的进度和它们之间的关系，并在此基础上进行网络分析，计算网络中各项活动的时间参数，确定关键活动和关键路线，利用时差不断调整与优化网络，以求得最佳周期。还可将成本与资源问题考虑进去，以求得综合优化的项目设计方案。

3. 项目实施方案应具备的基本特点

（1）弹性，即制订的方案应是指导性的，其配套技术方法和保障措施等可以根据实际情况加以调整，提供修正计划的多种可操作性方案，但均要保证总体目标的实现。

（2）创造性，充分发挥想象力和抽象思维能力，形成统筹网络，满足项目发展的需要。

（3）分析性，要探索研究项目中内部和外部的各种因素，确定各种不确定因素和分析不确定的原因。

（4）通俗性，制订的方案要通俗易懂，便于推广对象接受和参与。

（二）建立项目的实施机构

项目推广承担单位在项目下达后要建立项目的实施机构，先确定项目及人员组成，然后确定项目负责人。对项目负责人，一定要选择既有实践经验和学术水平，又有一定权力、组织能力强的人来担任。参加人员中要有行政领导、科研人员、物资部门的人员，对一些规模大或重点项目，可以成立行政领导小组、技术指导小组和项目协作组。

1. 行政领导小组 行政领导小组主要由有关政府领导牵头，由农业、物资、财政、商业、供销、银行等单位的负责人组成。其主要任务是进行组织协调、宣传教育和群众思想发动，保障配套资金和物资的供给，推销有关产品，帮助解决有关实际问题和困难。

2. 技术指导小组 技术指导小组主要由农业技术人员组成。其主要责任是在推广项目执行过程中进行技术指导，帮助解决推广过程中的各种技术问题。重点是进行项目试验示范、创办样板、开展技术培训、发放技术资料、监督检查项目的落实情况以及搞好项目的总结交流验收活动等。

3. 项目协作组 对于一些跨省、市、县的规模较大的农业推广项目，还应成立全国性或地方性的项目协作组，以共同搞好项目的组织实施。项目协作组的组成人员可以是全国技术推广机构或各省、市、县的项目承担单位的负责人，并吸收有关农业研究单位、教育单位及其他相关单位参加。其任务是共同进行项目的落实、检查、考察参观、交流经验和现场验收等工作。

（三）农业推广项目的实施记录

农业推广项目实施方案确定后，就应按方案要求对推广项目具体组织实施。实施是一个过程，为了全面分析、考核、比较、评比推广项目规定的全部内容的执行情况和按指标规定完成的效果，就必须对整个实施过程进行认真翔实的记录。记录的主要内容为每天推广工作的基本情况，包括推广的项目或对象，推广的时间和地点，推广人员和劳动力的安排，协作单位与有关人员的协助配合情况，设备资金运用状况，遇到了哪些问题、是怎样研究讨论解决的、是谁做的决策等。

实施记录还要按照旬、月、季度、年度写出报告，或造表备览备查。这样做的好处是：①便于推广人员对整个实施过程做详尽的记录；②便于写推广计划工作报告；③避免推广人员在工作中出现疏漏和遗忘，便于检查哪些工作需要继续进行；④如果项目实施期间有人员变动，可保持工作的连续性，给接替人员留下连续性资料，不至于出现因人员变动而影响工作；⑤便于今后总结、评比、考核和整理有关资料。实施记录的记录本要小而有一定规格，便于携带，并能系统使用。

（四）开展项目实施的指导与服务

在农业推广项目的实施过程中，各级技术管理人员和行政管理人员要分级管理、监督检查、服务配套。

1. 项目技术指导 一项新的科学技术成果是根据客观规律、理论原理，按照一定的程序和方式，凭借某种技艺、技能产生的。因此，科技成果的传播、推广就是要使接受成果项目的人懂得技术成果生产的基本理论、基本知识和基本技巧，这就要求给予其技术指导。可以说，推广本身就是宣传、指导，就是要使接受的人能够掌握运用。技术指导的方法有：①个别指导，送技术上门，手把手施教；②进行访问、组织访问和示范；③开办专项培训班或农业技术短训班，时间长短因项目而异，从几天、几十天到几个月甚至半年、一年或更长时间不等；④印发资料、技术操作说明书，在报刊上刊载文章以介绍该科技成果的原理、技术操作规程与方法；⑤开展咨询、评比、展览、总结，开座谈会；⑥通过电影、电视、广播、传真、网络等方法开展宣传活动，给予实施指导等。

2. 项目经营管理指导 除技术指导外，经营管理指导也十分重要。经营管理也是一种技术，是一种管理技术。在推广计划实施过程中会发生各种关系，如人与人、人与生物、人与自然环境中农业生态系统的关系，生物与生物、生物与环境的农业生态系统的关系，推广过程中人、财、物、供、产、销的组合与关系，生产要素的组织与管理，土地、劳动、资金、技术的合理利用与结合，经济、技术、社会、生态效益的评价与核算等一系列问题，而这些问题的组织和管理是一门技术，需要进行指导。此外，经营管理指导还牵涉社会、政治、市场、国内国际贸易等的影响，经营存在风险，不给予指导，将不利于科技成果的推广实施。

3. 项目服务 农业推广项目服务包括产前、产中和产后服务。产前服务除了为农民提供技术、市场和效益等方面的信息外，还要帮助农民准备好推广项目所需资金以及农药、化肥、地膜和农用机械等生产资料。产中服务主要包括建立项目示范样板、搞好培训以及项目技术档案。产后服务主要是帮助农民梳理流通渠道，推销推广项目的产品，并尽可能使农民获得较好的经济效益。

（五）农业推广项目的财务管理

项目经费是推广项目的专项费用，在使用经费时必须注意以下几个问题，以便充分发挥有限资金的投入效益：

1. 专款专用 农业推广项目经费要保证专款专用，任何单位和个人不得任意截留、挪用或挤占。其开支范围主要是技术培训、印发技术资料、设计费（调研、论证、计算、情报资料等）、试验示范田的观察记载、召开现场会、进行协作组活动、必要的小型仪器设备的购置等，承担单位应指定专人负责项目推广的财务工作。

2. 无偿使用　项目经费一般分为拨款、周转金两种，少数项目还配有贷款、项目拨款作为补助费，实现无偿使用。项目周转金按规定定期回收，周转使用。项目经费中拨款与周转金的比例要根据不同项目具体确定。定期回收的周转金一般作为农业推广基金，用于发展推广事业。例如，在农业科技成果转化资金项目计划实施过程中，科技部可根据实际需要，编列年度转化资金项目管理费预算，经财政部核批后，由科技部负责具体管理和使用。项目管理费主要用于组织项目、开展项目评审、进行监督检查等工作发生的支出。批准立项的项目，其项目经费的拨付，按照国家财政资金拨付的有关要求，直接拨付到项目承担单位。项目承担单位要严格执行国家有关财经政策和财务规章制度，科学、合理、有效地安排和使用经费。单位财务部门要加强监督和管理，转化资金要与其他资金来源统筹安排，并单独设账核算。

3. 接受监督，及时总结汇报　承担项目单位要接受上级财政、审计部门及立项单位的监督，每年按时报送总结年报，如经费执行情况、经济效益、立项经费决算报表等。协作完成单位应按规定向资助项目所在单位提供财务报表。例如，在农业科技成果转化资金项目计划实施过程中，为确保项目顺利实施，对项目运行实行跟踪管理，科技部、财政部组织专家对项目的执行情况进行监督检查，监督检查结果可以向社会公开发布。科技部依据项目合同，对项目执行情况实行监督。有关单位要自觉接受和积极配合监督工作，接受监督检查。对监理、评估不合格的项目，可采取缓拨、减拨、停拨后续资金或中止项目合同等措施。因项目承担方原因造成的合同中止，项目承担单位须立即进行财务清算，交回转化资金余额，并提交审计意见。项目完成后，科技部将组织进行项目验收和绩效考评。凡未通过验收的项目，科技部、财政部将视情况予以通报，除因不可抗拒因素导致项目未能通过验收的情况外，该项目承担单位今后不得申报转化资金项目。

4. 项目负责人掌握资金的使用　项目经费的使用要经承担项目单位集体讨论制定出使用计划，由项目负责人掌握使用，力求节约开支、多出效益。

（六）项目实施中的检查督促

项目的监测管理单位在项目实施过程中，为保证项目按计划要求执行，并获得预期的效果而进行连续性的监督检查工作。监测的目的在于促进项目保质、保量、高效地完成。项目监测人员应紧密联系实际，及时发现项目实施过程中存在的问题，并将情况迅速反馈给管理单位，以便提早找到新的解决方法。一般而言，项目监测的重点包括：①项目实施进度、质量、技术原理、推广方法、范围的监测；②项目实施资金使用监测，主要是监测资金的实际投放情况、使用范围与年度资金使用情况，监测资金的使用效益、管理制度是否健全等方面；③项目实施成绩和效果的监测，在项目实施的每一阶段都应对项目的成绩和效果进行连续性记录和调查，以了解项目实施对农业生产、生态和社会的影响等情况。

（七）项目总结

通过总结项目实施中的经验和存在的问题，不仅可以不断地改进工作、提高技术推广的效益，也有利于检验科技成果，以便更好地反馈，促进新成果的不断涌现。项目总结一般除了年度总结以外，在项目实施的不同阶段，也要做好推广项目的阶段小结，为项目的验收鉴定提供依据。

1. 项目取得的成绩 总结自项目实施以来，在技术的推广面积、范围、产量水平、增产幅度等方面是否达到项目合同规定的指标，有何重大发现和突破，取得的经济效益、社会效益、生态效益等。

2. 项目的主要技术与改进 总结项目实施中所采取的技术路线和原理有何创新、改革和发展，包括技术开发路线，技术本身的改进、深化和提高以及技术的推广应用领域的扩大、推广手段和方法的改进等。

3. 项目实施采取的工作方法 总结项目实施采取的工作方法，包括建立健全的组织领导体系，坚持试验示范、以点带面、技术培训、协作攻关、现场考察、经验交流、技术服务、技术承包等实施方法。

4. 结论和建议 主要运用重要技术参数同国内外同行技术进行比较，并进行综合评价，以说明立项的主要技术参数的先进性和科学性，对国家经济发展战略，农业的现状、条件与将来的发展趋势，农民的意愿等因素进行综合分析，提出对项目的改进意见及今后立项研究的建议。

二、农业推广项目管理的方法

农业推广项目管理的方法很多，常见的管理方法有分级管理、分类管理、封闭管理、合同管理和综合管理，有些项目以分级管理和分类管理这两种方法为主，有些项目是全面结合这五种方法。在实践中，应灵活运用管理方法，确保项目高质量地完成。

1. 分级管理 分级管理即按照不同管理权属进行管理。以国家科技成果重点推广计划（以下简称“推广计划”）为例，其实行国家级和省两级管理和组织实施，形成不同层次的推广计划，并各有侧重。

科技部归口管理全国的科技成果推广工作，指导和协调推广计划的实施。其主要管理职责有：负责国家级推广计划指南项目的征集、评审、发布和重点项目的实施与管理；制定年度推广计划；确定投资方向，推进科技开发贷款项目，安排中央银行贷款指标；研究、制定有利于推广计划实施与发展的政策、规章；围绕推广计划的实施，开展科技成果推广示范基地、示范县、示范企业和技术研究推广中心推广示范工程的组织与实施工作；培育和建立适应社会主义市场经济体制的科技成果推广体系和运行机制；监督和检查推广计划的执行情况；组织项目的验收、表彰、奖励和国际合作等。一般而言，科技部不直接受理地（市）以下科技管理部门（含地、市）或企事业单位的申报指南或贷款项目。

国务院有关行业主管部门科技司（局）归口管理、指导、协调本部门和省部级推广计划科技成果推广工作。其主要管理职责有：配合科技部，负责向科技部推荐国家级推广计划指南项目，组织实施国家级推广计划，加强对重点项目的行业指导和管理；负责制定和组织实施本行业部门的推广计划，组织行业性重要推广活动；协助科技部对推荐的指南项目进行评审和对本行业技术依托单位的管理；配合地方科技管理部门组织实施年度计划项目；探索和培育符合行业发展特点的科技成果推广运行机制。

省（区、市）科技管理部门负责省级推广计划，配合国务院有关部门在本地区开展各项推广工作，归口管理、指导和协调本地区科技成果推广工作。其主要管理职责有：组织实施本地区推广计划；负责向科技部推荐项目指南；结合国民经济和社会发展总体规划，会同地方行业主管部门组织实施指南项目；对执行情况进行监督、检查和验收；探索和培育符合本地区经济发展特点的科技成果推广运行机制。

2. 分类管理　分类管理是按照农业推广项目的不同种类、不同专业、不同特点和不同内容进行的管理。如农业部要管理农业、牧业和渔业推广项目，按照专业不同则要相应管理种子工程、植保工程、肥料工程、农作物综合技术推广、饲料工程等项目。

3. 封闭管理　封闭管理农业推广项目是一个全过程的管理，包括目标的制定、项目申报、项目认定和部署、项目计划执行、项目修订完善甚至项目完成和目标的实现状况等均要进行管理，形成一个完整的封闭的管理回路。由此避免了管理上的疏漏，有利于项目的顺利完成。

4. 合同管理　合同管理是农业推广项目计划实施前，项目承担单位均要与项目下达单位和项目主持人签订项目执行合同，在此合同的基础上，项目主持单位和主持人还要进一步与项目选择单位和承担的主要研究人签订二级、三级合同，在各级合同中明确各自的职责、任务目标以及违约责任等方面，项目实施则完全依赖于合同进行管理。例如丰收计划项目实行合同管理，农业部有关归口司（局）为委托单位（甲方），各有关省（区、市）及计划单列市农、牧、渔、垦、机等主管部门或科技、教育单位为承担单位（乙方），农业部丰收计划办公室为鉴证单位（丙方），共同签订一级合同，省（区、市）等与县实施单位签订二级合同。

5. 综合管理　综合管理是依据不同推广项目的特点、管理权属、区域特点以及我国现行行政管理和科技管理体制的特点，采取参与式管理的模式，集行政、技术、物资管理于一体，多种管理方法相结合，行政干部、专家和农民相结合，由此实现管理的综合化和高效化。

第三节　农业推广项目验收

一、项目验收的内容

农业推广项目执行到期或完成后，项目计划下达单位聘请同行专家，按照规定的形式和程序，对项目计划合同任务的完成情况进行审查并做出相应结论的过程，称之为验收。验收分阶段性验收和项目完成验收。阶段性验收是对项目中较为明确和独立的实施内容或阶段性计划工作完成情况进行评估，并做出结论的工作，可作为项目完成验收的依据；而项目完成验收是指对项目计划（或合同）总体目标完成情况做出结论的评估工作。一般而言，验收的主要内容包括：①是否达到预定的推广应用目标和技术合同要求的各项技术、经济指标；②技术资料是否齐全并符合规定；③资金使用情况；④经济、社会效益分析以及存在的问题和改进意见等。

二、项目验收的条件

1. 完成指标条件　已实施完成的项目，达到《项目合同书》中的最终目标和主要研究内容及技术指标。

2. 推广效果显著 推广应用的效果显著，达到了与各项目实施单位签订的技术合同中规定的各项技术、经济指标；年度计划已达到科学性研究报告及技术合同中规定的各项技术、经济指标。

3. 相关材料齐全 验收资料齐备，这些资料主要包括：①《项目合同书》；②与各项目单位签订的技术合同；③总体实施方案和年度实施方案；④项目工作和技术总结报告；⑤应用证明；⑥效益分析报告；⑦行业主管部门要求具备的其他技术文件。

年度计划项目验收时，应提交申报时的可行性报告、技术合同、实施总结报告、有关技术监测报告、经费决算报告、用户意见等，并按期偿还贷款本息。

4. 填写相关表格 申请验收项目单位，根据任务来源或隶属关系，向其主管机关提出验收和鉴定申请，并填写《推广计划项目验收申请表》。申请鉴定的项目单位，向省（区、市）以上部门提出鉴定申请，并填写《推广计划项目鉴定申请表》。

三、项目验收的组织与形式

得到国家、地方或部门专项资金支持的推广项目，科技部、地方科技管理部门或国务院有关行业主管部门的科技司（局）负责对项目的实施情况组织验收，亦可根据项目管理要求委托有关单位主持验收。对意义重大的项目，可经地方科技管理部门或国务院有关主管部门的科技司（局）报科技部组织验收。

1. 验收委员会的组成 推广项目验收委员会由组织验收单位或主持验收单位聘请同行业以及相关专业专家，资金管理部门、计划管理部门、技术委托单位或项目实施单位的代表等成立项目验收委员会。专家组成一般由项目承担单位提出建议名单，报下达任务的管理部门同意，由主持验收单位邀请。

一般项目的验收委员会由5～7名专家和相关管理部门代表组成，设主任委员1名、副主任委员2名。重大项目需要专家9名以上，其中同行业专家5～7名，相关专业专家若干名，设主任委员1名、副主任委员2名、秘书长1名；主任委员必须是该领域的学术权威，下达任务或管理方面的代表不得担任主任委员、副主任委员以及秘书长职务。

为发挥专业学会、行业协会等学术权威组织在学术评价、技术评估方面的积极作用，在组建项目验收委员会时可由项目验收主持单位函请有关协会、学会抽选专家，以避免项目承担单位“自提名专家”，出现“同情倾向”，干扰验收结论的客观性、公正性。

2. 验收方式 根据项目的性质和实施内容的不同，其验收方式可以是现场验收、会议验收或检测、审定验收，也可能是三种方式的结合，可根据实际情况而定。会议验收是项目完成验收常用的方式，是指专家组通过会议的方式，在认真听取项目组代表对项目实施情况所做汇报的基础上，通过查看与项目相关的文件、图片、工作和技术总结报告、论文等资料，进一步通过质疑与答辩程序，最后在充分酝酿的基础上完成验收意见。

对于应用性强的推广项目，其项目的实施涉及技术的大面积、大规模应用的实际效果问题。此种项目的验收可以采取现场验收的方式，主要是通过专家组考察项目实施现场，对产量、数量、规模、基地建设技术参数等指标进行实地测定，从而达到客观、准确、公正评定项目实施效果和项目完成状况的目的。现场验收是阶段性验收常用的方式。

3. 项目报告与资料审查　推广项目验收意见主要是通过对推广项目技术报告和相关资料进行审查，就完成效果与任务目标符合度做出评价。项目主持人首先向验收委员会做推广项目报告，专家组和验收委员根据推广项目报告，对比合同任务，对有关技术性资料、档案资料、财务执行状况进行审查，并对有关问题质疑答辩。在此基础上，验收委员会讨论形成验收意见。

验收意见主要包括验收过程（时间、地点、组织或主持单位、所验收项目的名称），专家组对推广项目的技术方案、技术路线、实施效果、完成度的综合评价以及档案规范、财务规范的评价意见。

4. 通过验收　验收结论必须经验收委员会 2/3 以上多数通过。验收委员会形成的验收意见必须报请任务下达部门批准同意后方视为通过验收，由组织验收单位颁发推广计划项目验收证书。

第四节　农业推广项目评价

一、农业推广项目评价的目的与作用

农业推广项目评价是农业推广工作的重要组成部分，也是实施农业推广项目管理的重要手段。评价工作涉及许多方面和内容，其核心内容是通过农业推广项目的评价推动农业推广工作的创新发展。其目的和作用主要体现在以下几个方面：

1. 为今后的科学决策提供依据　通过评价，可评定推广项目完成的程度，测算其取得的经济效益大小，综合考核生态效益、社会效益，掌握农民对推广内容的态度和行为改变的程度；可以进一步明确推广工作的先期决策是否科学正确，以便向决策者提供信息，为今后的精细决策提供依据。

2. 为制定项目发展目标提供依据　通过对推广项目的整体评价，可以评判其目标实现的有效途径；根据项目阶段性评价结果，还可以了解实现原定目标的进度，说明项目的使用价值和适用范围，为下一步大规模实施同类推广项目建立新的指标体系、确立总体目标提供依据。

3. 为创新工作方案提供依据　通过对项目实施方案或实施过程的评价，可以检验实施方案的科学性、实用性，如发现原方案的不足或疏漏之处，可以及时提出修订意见，为下一步拟定新工作方案提供依据。

4. 为提高推广工作管理效率提供依据　通过对推广项目管理的评价，可以直接审核项目资金、生产资料的使用；可以考核农业推广体系的整体水平和工作能力，包括潜力发挥、协作精神、工作效率及推广人员的业务素质、服务态度等状况。

总之，农业推广项目评价是通过农业推广项目衡量项目业绩、管理效率的重要手段，是总结、改进和提高的过程。

二、农业推广项目评价的原则

1. 全面分析原则　要以国家农村经济与农村社会发展战略目标为依据，以近期目标为

重点，从经济发展、社会进步、生态和谐等不同视角，从农户、农村、乡镇、县城等不同层面的发展变化，对农业推广工作进行评价。考虑农业推广项目实施给当地自然环境、社会环境和经济环境带来的变化及影响。

2. 以人为本原则 要从社会学的角度评判农业推广项目和工作对不同人群产生的影响，重点是对社会公平、组织发展、乡村和睦、贫困缓解、就业增加、民生改善等方面的影响，在上述方面均要以领导、农民、农业推广者都满意为出发点和落脚点。

3. 实事求是原则 在农业推广项目评价的整个过程中，参评人员必须熟悉评价对象的各个方面，对所获第一手材料进行实事求是的分析、鉴别、比较。要客观地评价实施农业推广项目工作的成绩，对试验、示范的数据要认真核实，评价指标体系的设立和采用要力求合理、系统、有针对性，评价结果要公正、公平、科学、合理，必要时可以公开。

4. 资料可比原则 对农业推广项目的评价，要通过比较才能做出结论。一般有同类项目比较、同期项目比较、阶段进程比较、时空变化比较等方式，但互相比较的两个或多个事物，资料来源、统计口径和比较年限应一致，除了比较要素外，其他要素系统也要一致。

5. 统筹兼顾原则 评价要兼顾宏观与微观两个方面。宏观评价反应农业推广项目的一般性，微观评价反应农业推广项目的特殊性。应该分清主次目标，按重要程度有序进行。如技术的适应性、效益的统一性、指标的水平、方法的适用等，都应围绕推广项目预期目标进行评价。要定性评价与定量评价相结合，主观评价和客观评价相结合。要尽量用定量指标说明问题，必要时应比对相关的技术标准，以反映行业、部门及项目的评价特色。

三、农业推广项目评价的主要内容

农业推广项目评价是一种客观而系统地测定项目效果和影响的过程。评价既可以在农业推广项目执行期间进行，也可以在推广项目结束后进行，还可以在项目结束若干年后进行。评价的内容一般包括以下几个部分：

（一）农业推广项目目标的评价

在农业推广项目执行过程中或结束后进行推广目标评价，若发现与实际情况存在较大偏差，或者项目执行过程中支撑环境发生变化，可以组织专家、推广人员、农民代表等，实事求是地进行评价，以制定出更加科学合理的目标。

（二）农业推广项目实施的评价

农业推广项目实施的评价注重项目活动的效果和影响。对推广计划实施的评价需要回答以下一些问题：

（1）是否按照推广项目的时间、方法、数量实施的？

（2）是否实现了项目的预期目标？

（3）对项目区域内的人们产生了什么影响，如人们的反应如何？他们学到了什么？他们接受了哪些东西？对个人和家庭有什么影响？

（4）对社区发展的效果、作用和影响有多大？直接的作用和效益如何？

(5) 对资源和环境的影响如何?

(6) 有哪些经验和教训?

(三) 农业推广项目管理的评价

对农业推广项目执行过程中的各项管理工作进行评价是促进农业推广项目更好地开展的重要环节，评价内容主要涉及以下几个方面：

1. 项目资金管理评价 主要包括项目资金的筹备是否及时到位，资金使用情况，财务制度是否健全、合理等。

2. 项目物资管理评价 主要包括各种物资是否到位，种类是否齐全，数量是否充足，价格是否合理，质量是否过关，物资的使用、保管相关制度是否健全、合理等。

3. 推广机构及人员参与项目实施能力评价 主要包括推广项目的参与人员的业务素质、思想素质，推广组织的协作效率等。

4. 推广方法评价 是否可以根据不同项目、不同地区、不同素质的农民而采取相应有效的推广方法。

(四) 农业推广项目效益的评价

1. 经济效益评价 主要是通过调查农村经济和农民经营情况因项目的实施而发生的变化来评价。

$$\text{推广项目的经济效益}=\frac{\text{采用新技术后产品的使用价值量}}{\text{推广新技术的劳动消耗量（包括物化劳动量）}}$$

$$\text{推广项目的土地生产率}=\frac{\text{采用新技术后的部价值}-\text{生产成本}}{\text{采用推广项目的公顷数}}$$

$$\text{土地生产率增长}=\text{推广项目的土地生产率}-\text{基准土地生产率}$$

基准土地生产率按照项目实施前三年的平均值计算。

农业推广项目的其他主要经济效益评价参考指标详见表 10-1。

表 10-1 农业推广项目的经济效益评价参考指标

评价的领域	指 标	来 源
基本数据	推广面积、单位面积产量 农业产值 人均收入	农户调查 社区调查 统计资料
投入产出	土地生产率 劳动生产率 投入产出比（人力、物力、财力和时间） 项目节约的时间 项目节约的物资种类和数量 项目节约的人工投入 人均/户均收入水平的变化（现金、实物）	统计资料 农户调查 社区调查 田间调查

2. 社会效益评价 评价推广项目的社会效益，主要从以下几个方面进行：

(1) 项目实施后主要农产品总量增长量、商品增长量和上调量；

(2) 项目实施后所提供的就业机会，包括就业人数和工日、农民从中取得的经济收入；

(3) 劳动条件的改进;

(4) 生活条件的改善，通过项目实施帮助解决农民的食、住、穿等条件;

(5) 提高科技、文化水平，如改变农民对推广项目的态度，提高对科学技术的认识，增强学习的积极性和主动性，提高生产技能和解决实际问题的能力;

(6) 项目实施期间及实施后向国家和地方上交的利税、农民人均分配收入率等。

农业推广项目的其他主要社会效益评价参考指标详见表 10-2。

表 10-2 农业推广项目的社会效益评价参考指标

评价的领域	指 标	来 源
农户态度	技术采用率、参加培训的人数	农户调查
社会公平与公正	项目受益群体 农民参与程度 妇女接受培训的人数 妇女在家庭中决策程度 社会保障率 贫困人口变化 政策和资金的透明度 决策过程 教育机会 文盲率、普及九年义务教育率 资源获得 社会性别 农民权益	二手资料 农户调查 社区调查 项目计划
健康	婴儿死亡率、身高与年龄 劳动强度降低程度(娱乐与生产劳动的时间比例)	二手资料 社区调查
可持续性	人力资源能力建设(绿色证书、农民技术员人数) 机构能力建设(硬件、人力资源、组织管理能力与决策能力) 信息化水平(通信、信息沟通技术)	机构调查

3. 生态效益评价 进行生态效益评价的指标主要有土壤有机质含量、森林覆盖率以及消除、抵御、减少自然灾害对农业生产影响的能力和农业资源良性循环利用等方面。

农业推广项目的其他主要生态效益评价参考指标详见表 10-3。

表 10-3 农业推广项目的社会效益评价参考指标

评价的领域	指 标	来 源
生态环境	沙漠、戈壁、盐碱地面积 降水量 林木覆盖率 植被覆盖率 水土流失面积 泥石流等地质灾害发生数量 野生动、植种类和数量 林、草等植被覆盖率 沙化面积 产品及环境污染	照片 实地观察 统计资料

（五）农业推广项目执行情况的评价

针对项目实施中的工程进度以及资金使用、效率产出情况与计划任务书要求相比较，分析计划完成情况，总结经验和教训，对正在进行的项目提出改进意见，对完成的项目作出执行情况的综合评价。

四、农业推广项目评价方法

评价方法种类繁多，需要根据评价对象及评价目的加以选用。总的来说，评价方法可分为定量评价和定性评价两大类，两类中又分别有很多具体方法，这里只选几种常用的评价方法加以简述。

（一）农业推广项目定量评价方法

1. 比较分析法　比较分析法是一种传统的直观分析法。由于其逻辑严密、操作简单，可以直观地描述农业推广项目所起的作用，明确地表达项目的效果，其结论对项目参与各方均有很强的说服力，因此这种方法是农业推广项目评价中最常用的方法。项目比较分析包括项目前后对比分析和有无项目对比分析。

项目前后对比分析一般是根据同样指标的变化程度来确定项目所发挥的作用和影响。在项目评价中，常将这些指标与前期可行性研究和评估阶段的预测结论相比较，或与一些既定的标准和同类项目的指标进行比较，确定项目工作是否达到了预期目的。如这些指标之间有差距，应分析造成这种差距的原因，及时总结项目经验教训。前后比较分析法的中心在于评价项目工作实施的效率，但在利用这种分析法时，必须要注意除项目活动时间差之外其他与时间有关的因素所起的作用，这是前后对比分析的一条重要原则。例如，一个良种推广项目执行后，前后对比粮食产量明显提高，我们并不能把这部分增量都归功于良种，而需根据对照扣除如植保、施肥、水分调节等其他因素的改进所产生的贡献部分（图 10-1）。

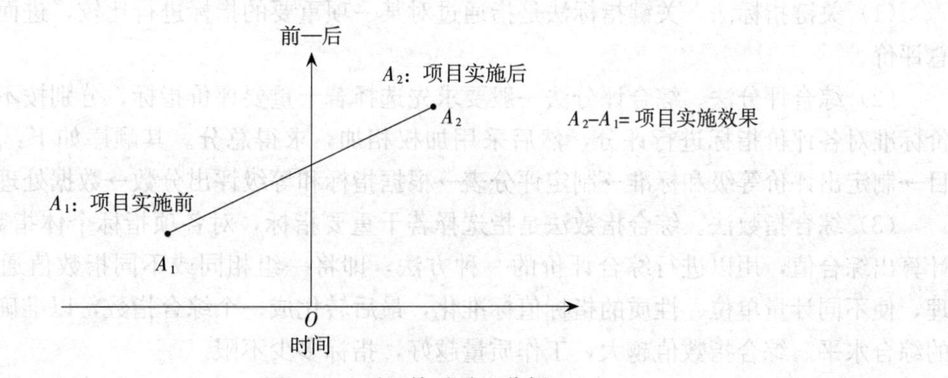

图 10-1　项目前后对比分析

有无项目对比分析是指将农业推广项目实际发生的情况与无项目时最可能发生的情况进行对比，以度量真正由项目的实施所带来的变化，并据此判断项目的真实作用、效益和影响。因此，这种分析方法在评价项目工作有效性方面更具有作用。此外，通过分析项目的实施所付出的资源代价与项目实施后产生的效果，并将之与其他类似投资项目的资源效益相比较，也可以对项目的效率进行评价。分清项目作用的影响与项目以外作用的影响，是运用有无项目对比分析方法的一个重要原则。仍以良种项目为例，如有项目的粮食产量明显较无项目的提高，也不能把这部分增量都归功于良种，需根据对照扣除其他非项目因素的改进所产生的贡献部分（图 10-2）。可见，无论是前后对比分析还是有无项目对比分析，设立对照控制是比较分析能够得出正确判断的先决条件之一。

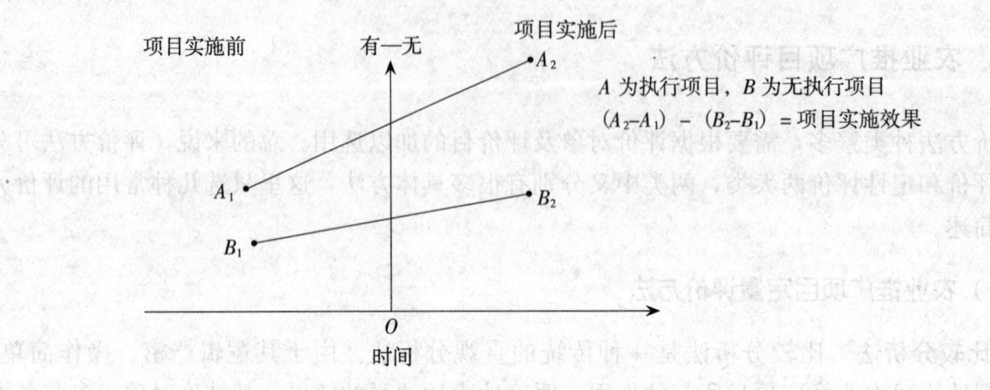

图 10-2　有无项目对比分析

这种定量分析评价的方法很简单，就是将不同空间、不同时间、不同技术项目、不同农户等因素或不同类型的评价指标进行比较。通常是以推广的新技术与当地原有技术进行对比。进行比较分析时，必须注意资料的可比性。例如进行比较的同类指标的口径范围、计算方法、计量单位均要一致；进行技术、经济、效率的比较，要求客观条件基本相同才有可比性；进行比较的评价指标类型必须一致；在价格指标上，要采用不变价格或按某一标准化价格才有可比性，时间上的差异也要注意。

2. 综合评价法　综合评价法是指通过将不同性质的若干个评价指标转化为同度量的并进一步综合为一个具有可比性的综合指标的评价方法。常用的综合评价方法有关键指标法、综合评分法和综合指数法。

（1）关键指标法。关键指标法是指通过对某一项重要的指标进行比较，进而对全局作出总评价。

（2）综合评分法。综合评分法一般要求先选择若干重要评价指标，分别按不同指标的评价标准对各评价指标进行评分，然后采用加权相加，求得总分。其顺序如下：确定评价项目→制定出评价等级和标准→制定评分表→根据指标和等级评出分数→数据处理和评价。

（3）综合指数法。综合指数法是指选择若干重要指标，对各项指标个体指数加权平均，计算出综合值，用以进行综合评价的一种方法，即将一组相同或不同指数值通过统计学处理，使不同计量单位、性质的指标值标准化，最后转化成一个综合指数，以准确地评价工作的综合水平。综合指数值越大，工作质量越好，指标多少不限。

（二）农业推广项目定性评价方法

实际的农业推广项目评价过程中有很多内容难以定量，因而往往只能用定性的方法。定性评价法是一个含义极丰富的概念，是对事物性质进行分析研究的一种方法。例如农业推广项目对当地社会发展的影响、推广管理工作的效率等方面的评价，就需要把它分解成许多指标项目，再把每个指标项目划分为若干等级，并按重要程度设立分值，使之把定性评价转变为量化评价。定性评价的方法通常在同行评议中采用，而且主要针对单位整体工作的绩效。

1. 维度测评方法　一般用于微观的推广绩效评价，对象主要是推广单位整体和推广人员，业绩以个人完成工作的状态为基本依据。采用此法首先要确定绩效评价维度和分配维度权重。

一般从两个方面来确定团队的绩效评价维度：①绩效形成的过程，即从工作流程的角度；②绩效的最终结果，即从组织绩效目标的角度。最后，剔除一些不合理的指标，合并重复的指标因子，并把两个方面得到的维度综合起来，从组织绩效目标的角度来确定KPI。

2. KPI分析方法　KPI是指关键绩效指标，是把宏观的战略目标分解为可操作的目标的工具。确定KPI的步骤为：①明晰宏观战略目标；②用鱼骨分析法确定业务重点，即确定关键成果领域；③用头脑风暴法确定关键成功领域的KPI，这是宏观级的KPI；④各团队对宏观级KPI进行再分解，确定相关的要素目标，即团队级的KPI。这个角度主要涉及绩效评价内容的工作业绩评价。这样，整个过程就确保了团队朝着宏观战略目标的方向努力，团队的绩效显示了整个体系的发展与进步。

对推广人员进行测评主要在于保证个人的努力对单位组织来说是有效的，并认可个人的贡献，同时可以区别对待工作绩效有差异的推广人员；针对推广人员存在的问题，为他们的绩效提升提供指导意见。推广人员的评价维度仍然可以从工作流程和宏观绩效目标两个角度来确定，其工作流程为：①确定团队重要工作（步骤）；②这些工作分别是由哪些团队人员完成的，即团队人员的评价维度；③在确定团队级KPI的基础上深入分析，确定推广人员的KPI；④分析整合，去掉重复的维度，并以表格的形式表示团队人员的评价维度。这种表格称为角色—业绩矩阵（表10-4）。从角色—业绩矩阵中可以发现，团队人员的评价维度是从团队的评价维度而为的，这样就将团队绩效和成员绩效统一了起来，最终保证了推广组织体系的整体绩效。

表10-4　角色—业绩矩阵

团队绩效 / 团队人员	团队绩效维度1（工作任务流程）	团队绩效维度2（工作任务流程）	团队绩效维度3（KPI）	团队绩效维度4（KPI）
团队人员A	√		√	√
团队人员B	√	√	√	√
团队人员C	√	√	√	

维度权重是推广组织明确各项业绩的重要程度比值，突出重点目标和重点任务，有助于单位更好地使用推广资源。对于指标权重的确定问题，一种观点是假定所有的指标具有同等程度的重要性，因此对各个指标赋以相同的权重，或者除非有清楚的证据表明某些指标特别重要，否则对所有指标赋以相同的权重，这样产生的合成指标才是最可靠。另一种观点则认为：对于不同的单位和职位而言，各指标间的权重显然是不能相同的，只有根据各指标的相对重要性赋予适宜的权重，才能保证最终的复合结果不出现"效标扭曲"现象。持这种观点的学者认为可采用以下三种方法来确定绩效指标的权重：

（1）判断的方法。具体做法是根据有关专家的独立认识来确定指标的权重，或者求平均值，或者通过分析人事决策与实际人事实践中对指标的不同考虑来达成。其中，比较有代表性的两种做法是：①凯利投标系统法。有关专家从理论基础和实践的可能性出发，根据指标的相对重要性各自按百分量尺予以独立评价，然后计算平均数。这种方法的优势在于做出评价时，将注意的焦点集中在假定的真实指标上。然而，这种方法并未考虑到不同指标实际可测的程度。②凯恩职务地图法。这种方法在分配权重时，首先要求指明维度的明确性水平。其中关键的一步是先精确定义每一个维度的所有组元，然后分别选择明确性水平。因此，如果绩效评价包括任务水平的成分，那么所有的工作任务都应赋以权重。一旦适宜的明确性水平得以确定，权重的确定将采取以下两个步骤：第一步，确定对整个效果影响力最低的成分，并将其权重值赋为1，如果两个或更多个成分在这方面的影响力相同，则同样将其权重值赋为1；第二步，确定其余成分与第一步确定的最低影响力成分之间在影响力上的比值。

（2）统计的方法。这种方法考虑到了指标的统计属性与指标间的相关性，因而具有较高的准确性。

（3）经济的方法，即金钱效标法。由于不同指标在重要性上的差异可通过个体对区域或单位利润的贡献而得以反映，这样权重的确定就可转化为成本核算问题，故金钱效标能产生高效标相关并允许直接计算选择程序的货币价值。但这种方法也不是万能的，如间接的劳动成本、科研人员的满意度等是不能以相类似的方式转化为金钱的。所以有些学者试图根据不同的工作绩效水平确定与之相对应的货币价值。目前，在估计的金钱价值与其他权重确定方案之间尚无直接的比较。

上述三种方法存在的共同问题是主观随意性大，且未将各测量指标的变异、量纲考虑进去，因而带来了各指标信息是否准确、是否全面以及是否可比、可加的问题。

维度测评具有以下几方面的特点：①全方位性。维度测评的评价者来自不同层面的群体，使之对被评价者有更深入全面的了解。②评价匿名性。采用匿名评价，可以减少评价者的顾虑，增加评价结果的可靠性。③胜任特征。在绩效评价中，仅有工作产出的评价是不全面的，因为它没有涵盖绩效的全部内容。而抓住关键的工作行为要素，就能区分优异者和一般者的胜任特征，而维度测评指标的设计依据就包含各职位的胜任特征评价模型。④多测度反馈。多测度强调及时、客观的反馈能够帮助推广人员个体调整自我知觉、评价和行为，增强个人的自我意识，改变态度行为，提高自我管理的效能。⑤促进发展。维度测评的结果反馈，为推广人员改进绩效指明方向，也为推广人员的职业生涯发展规划提供帮助。同时通过加强双向沟通和信息交流，建立和谐的工作环境，既能增加推广人员的参与度，也能帮助管理者发现并解决问题，提高农业推广体系的绩效。

第十一章　农业推广试验与示范

试验与示范是农业推广程序中的两大主要步骤。由于每一项农业新技术成果都具有很强的生态区域选择性及技术经济局限性，适应于一定的环境条件和范围，所以对来自科研机构及大专院校的科研成果、国内外的引进技术，在正式大面积推广以前，都要首先进行推广试验，进一步验证新成果和新技术的正确性和可靠性，明确其适用范围和技术环节，考察其增收效益并结合当地自然条件和生产条件进行技术改进，然后才能进一步示范和大面积推广。试验是示范的基础，示范是动用人的所有感官来学习的方法。离开了试验和示范，推广工作无从谈起。因此，学习和掌握农业推广试验和示范的基本知识、具体方法，是推广人员必须具备的基本推广技能之一。

第一节　适应性试验与生产试验

在农业推广过程中，种植业和养殖业的新技术成果都必须做各类试验。农业推广试验的分类方法很多。按试验的内容可分为品种试验、栽培试验、土壤肥料试验、病虫草害试验等；按试验因素的多少可分为单因素试验、多因素试验和综合性丰产试验；按试验小区的大小可分为小区试验和大区试验。小区试验常被称为适应性试验，大区实验也被称为生产试验。本节将主要介绍农业推广试验中的适应性试验和生产试验。

一、适应性试验

（一）适应性试验的作用

适应性试验是将国内外科研单位和大专院校的技术成果以及外地农民群众在生产实践中总结的成功经验，引入本地区或本单位，在较小的面积上或以较小的规模进行的检验该技术成果适应性的试验。在适应性试验的基础上再进一步扩大试验的规模，开展生产试验。

适应性试验的主要目的是探讨新技术成果在本地的适应性和推广价值。新技术成果大多数是在实验室和试验场的条件下，在小面积上取得的，它如果投入生产，有大幅度增产增收的可能性，但也可能因自然条件和生产条件不利而出现风险。在特定地区推广某项新技术成果之前，必须事先进行试验，以检验该技术在特定地区应用的可行性。通过适应性试验，可以促使农业新技术成果在更大范围接受检验和获得进一步完善配套，使科研成果能够走出实验室和试验场，进入生产领域，也可以促使推广人员更好地熟悉和了解新技术成果，掌握农艺过程和操作技术，还可以使农业生产者在应用新技术成果时少走弯路、少担风险。

（二）适应性试验的基本要求

1. 试验的代表性　试验的代表性包括试验条件和试验材料的代表性。试验条件的代表性包括试验的自然条件和农业生产条件能够代表准备推广试验成果地区的条件。自然条件包括试验地的土壤类型、地势和气候条件等方面；农业生产条件包括土壤肥力、灌溉能力、耕作制度、施肥水平、栽培方法等方面。只有在这种具有代表性的条件下试验，将来的适应性试验结果才能在生产上发挥真正的作用。

试验材料的代表性包括所用的一切材料一定要能代表所引入的成果。如品种，肥料，农药，对照材料的纯度、净度、有效成分都要有代表性。其中应特别注意同名而不同质的材料，如同是硝酸铵，但由于生产厂家不同，氮的含量就有可能不同，一定要注意。

2. 试验的目的性 适应性试验要有明确的试验目的。首先是一个试验题目（或称试验内部的选择和确定）。根据农业推广实践的成功经验看，应该是先找出自己生产单位阻碍生产发展的主要技术关键问题，然后针对这些问题，广泛征求有生产经验的农民和技术人员的意见，经过讨论，从当地的实际条件出发，确定试验题目。如阻碍本地粮食生产水平提高的是品种问题还是栽培问题，如是栽培问题，那么是施肥问题还是耕作制度问题，如是施肥问题，那么是施肥时期问题还是肥料种类问题。如此这样地调查分析，最终确定应该解决的问题是什么，试验的目的性也就解决了。对于引入的新技术成果，也要针对当地的具体实际问题，有的放矢地选择试验题目。

二、生产试验

所谓的生产试验，是在适应性试验的基础上，进一步探讨不同的农作物、动物群体、不同的品种、不同肥料配方用量、不同栽培技术管理、不同饲料配方等，在当地大面积推广的条件，并找出最适宜的技术方案，为今后的成果示范和方法示范奠定基础。生产试验也被称为中间试验。通过生产试验，能更好地反映在不同地域条件下农业新技术成果的适应性和丰产性效果，能进一步证实农业新技术成果的准确性、可靠性和可行性，并明确适用范围和关键技术环节，同时兼有示范的作用。

（一）生产试验的作用

生产试验就是在当地大面积推广的条件下进行适应性、可靠性鉴定，通过试验过程不断完善新技术成果，并可以组织农民现场学习参观，使农民了解这些试验措施，使农民相信即将推广的新技术、新成果是经过试验证明的，是值得采用的，促进新技术成果走向生产。虽然生产试验不是直接向农民推荐科技成果，但常常具有推荐的效果，也起到一些示范的作用。生产试验的作用主要包括以下几方面：

1. 桥梁作用 农业科技成果受自然条件影响较大，具有较强的地域性，在实验条件下或适应性试验中成功的技术，如动植物品种、产品等，并不等于在大面积条件下一定能够直接推广成功。在大面积推广之前必须经过接近大面积生产条件的中间试验示范。所以生产试验是成果从研制走向生产的桥梁。

2. 鉴定作用 不同地区的生产试验可以克服适应性试验的某些局限性，特别是通过接近于当地生产条件的连续几年的中间试验，更能鉴定农业新技术成果的真实性、准确性和可靠性，并能确定其适用范围。

3. 完善作用 在生产试验的过程中，可以发现某项新成果或新技术的优缺点和在当地条件下的反应、发生的变化以及存在的问题，并及时反馈到成果的原研制单位，以便进一步改进和提高。因此，生产试验是对适应性试验的发展和完善。

4. 示范作用 有些增产增收比较显著的成果在进行生产试验的同时，又能扩大对成果的宣传，增加对其的了解和认识，边试验边给群众树立了样板；动植物新品种的中间试验还可以逐渐扩大良种的数量，为了进一步扩大示范和大面积推广准备了大量的良种。

（二）生产试验的实施要求

生产试验的要求同技术适应性试验的要求基本相似。特殊的方面就是试验规模较大，试验地点分别设在几个不同的地方。生产试验必须有系统的观察和详细的记载，特别要注意的是这些处理的农作物、动物生长发育特点和一项新技术对不同处理的影响，不仅要记录试验的最后结果，而且要记载农作物和动物生长发育全过程不同阶段的情况表现和优缺点，进行综合评价，并对原设计方案提出修正补充措施，最后为大面积推广提出更详细和切实可行的方案。以种植业为例，生产试验的具体实施要求如下：

1. 参试条件 参加区域试验或多点生产试验的新品种、新技术，应是完成了本单位适应性试验和联合多点试验后筛选出的农艺性状稳定，生育期适宜，产量、品质和抗逆性有明显特长的品种（或品系），或是高产、低耗、高效率的新技术。

2. 合理布点 生产试验应根据农业区划和项目的特点，选择有代表性的地区合理布点。例如，在北方冬小麦区布置冬小麦品种区域试验的合理布点，试验点宜安排在农科所、原种场、试验站等单位进行，因为这里有专业技术人员，有一定的试验条件，生产试验质量较高；试验地宜选择土壤肥力均匀、光照充足、旱涝保收、交通方便、前茬作物相同的田块；布点数视新品种或新技术适应的范围而定，少则5～7个，多则13～15个，一届（或称一轮）连续试验2～3年。

3. 设计方案 由生产试验的主持单位制定专门的试验方案和管理办法。承担生产试验的各单位必须按统一试验方案执行，不得各自行事，更不能随意增减项目；加强田间管理，各项农事操作不得失误。

4. 资料汇总及结果分析 生产试验结束后，各试验单位应尽快将试验结果初步整理，并对试验结果进行全面分析。包括通过对产量指标的方差分析，对新品种或新技术的丰产性和适应性做出判定；通过田间调查作物的生育时期及长势长相等进行合理分析，判断作物的适应性；根据记载标准，对抗病虫性、抗寒性、抗倒伏性等的表现进行分析，得出作物抗性鉴定结果等。

最后根据试验结果分析，得出生产试验的科学结论。此结论将决定该项科技成果能否在农业生产上大面积推广应用。

第二节 农业推广试验的设计与实施

一、农业推广试验的基本要求及试验误差

（一）试验的基本要求

1. 试验的针对性要强，目的要明确 农业推广试验要有明确的目的。有了明确的试验

目的，才可以确定和采用合理的技术路线，抓住试验中要解决的关键技术问题，保证做到在试验的过程中合理配置和节省资源，提高推广试验的效益；有了明确的目的，才能对试验的预期结果及在生产中的作用做到心中有数，才能以此为核心来确定试验项目，做到有的放矢。要求在确定试验项目时，应首先抓住当时当地的生产实际中急需解决的问题，并从发展的观点出发适当地照顾到长远的和不久的将来可能出现的问题。

2. 试验结果要准确可靠 试验的准确可靠包括试验的准确度和精确度两个方面。准确度是指试验中某一性状的观察值与其理论真值的接近程度。两者越是接近，则试验结果越准确。提高试验的准确度，就是要避免试验过程中出现的系统误差。精确度是指试验中同一性状的重复观察值彼此接近的程度，即试验误差的大小。试验误差越小，则处理间的比较越精确。在试验中尽可能地降低试验误差，就是为了处理间精确比较。

当试验中存在较大的系统误差时，无论精确度是高还是低，试验结果都是不可靠的。因此，在试验全过程中，要采取一切办法避免系统误差，还要特别注意避免工作中人为的差错。为了试验精确，要充分注意试验条件的一致性，田间试验中要选好试验地，养殖试验中要选好试材，而且都要注意选用相应的试验设计，以减少误差，提高试验结果可靠性。每一个试验人员，必须以科学严谨的态度对待每个试验，在试验方法和观测仪器设备选定之后，在整个试验操作的过程中，必须尽最大努力，规范操作环节，准确地执行试验的各项操作技术，保证足够的重复，认真核对每一个试验数据，力求避免人为的错误，减少试验的偶然误差。坚决杜绝人为制造虚假数据来提高试验效果的不良现象。

3. 试验条件要有代表性 试验条件的代表性是指试验条件应能代表将来推广地区的自然条件和生产条件。这样，新技术成果在试验中的表现才能真正反映今后拟推广地区实际生产中的表现。例如田间试验中，选用试验地的土壤种类、结构、地势、土壤肥力、气象条件、耕作制度、管理水平等都应当具有代表性；养殖业试验中，畜禽舍的建造、设备机械化与自动化水平等与当地的生产现状及经济条件相适应。试验材料的代表性是指所用的一切材料能代表所引入的技术成果，对照材料的纯度、净度、有效成分都要有代表性，无论是品种、肥料、农药，还是栽培技术等无形成果都应如此。试验条件（和材料）具备普遍的代表性，并有良好试验结果，对于决定试验结果在当时当地的具体条件下可能推广的程度以及促进新技术成果的迅速推广均具有重要的意义。否则，就可能存在很多不确定的影响因素，很难把握试验结果在这些地区的良好的重现性。

此外，试验条件的代表性，既要考虑当地当前生产实际，又要预见近期发展的需要，应该做到当前与长远相结合。要用发展的眼光看待试验条件的代表性，不能停滞在目前的条件下，要科学预见农业生产条件的发展和对自然条件控制能力增加的趋势，注意到不远的将来可能达到和被广泛采用的生产条件，不要使农业推广试验落后于农业生产。

4. 试验结果要能够重复出现 重演性是指在相同条件下再进行相同试验时，能重复获得与原试验相类似的结果，证明试验结果的可信性。这对于农业新技术成果推广具有重要意义。农业推广试验受复杂的自然条件和生产条件的影响，不同地区和不同年份进行相同试验，往往结果不同；即使在同样条件下，试验结果有时也有出入。这可能是由于地区间或年份间自然条件变化的影响所致，也可能由于原试验不够准确或缺乏代表性所致，也可能两者兼而有之。从理论上讲，要求大田试验的完全重演几乎是不可能的，但可尽量提高接近程度，对于在可控条件下进行的养殖业试验则可以做到完全重演。

为了保证试验结果能够重复出现，必须严格执行试验方案的每一个环节：①试验条件和试验材料必须具有代表性，这是试验结果能够重复出现的前提；②必须有一个严密细致的操作规程，并要严格执行；③要了解和掌握试验作物、动物生长发育情况及其相应的环境条件变化情况，详细观察，精确记载，再经过分析研究，明确作物（动物）生长发育与环境条件相互作用和影响的关系。此外，正确判断农业试验结果还应考虑气候变化的特点，这就需要进行多年或多点的重复试验，以了解技术成果在不同年份和不同地区的表现，才能验证试验结果在特定条件下的变化规律。

（二）试验误差

1. 试验误差的含义　在试验中，试验处理有其真实效应，但总是受到许多非处理因素的干扰和影响，使试验处理的真实效应不能圆满地反映出来。这样，从试验所得到的所有观察值中，除了包含处理的真实效应外，还包含其他非实验因素的干扰和影响。这种观察值偏离试验处理真值的偶然影响称为试验误差。

试验误差影响试验的准确度和精确度。试验误差是衡量试验精确度的依据，误差小表示精确度高，误差大则表明精确度低。显然，只有试验误差小，才能做出对处理间差异的正确而可靠的评定。误差大，则比较的可靠性就较差，而要处理间的差异达到指定的显著水平就很困难。考虑到试验设计与统计分析的密切关系，为了对试验资料进行显著性测验，必须计算试验误差。因此，在试验的设计和执行过程中，必须注意合理估计和降低试验误差的问题。

2. 试验误差的来源　在农业推广试验中，误差是不可避免的。特别是由于推广试验所用的材料都为生物材料，试验要受到难以控制的自然环境条件的影响，其试验误差常比工业的、理化的试验要大得多。虽然要完全消灭试验误差是不可能的，但是必须想方设法减少误差。为了从各方面达到减少误差，了解误差的来源就具有现实意义。试验误差的来源主要有以下几种：

（1）系统误差。又称片面误差，是指由处理以外的因素不一致所造成的、有规律性和方向性的误差，即在相同条件下，多次测量同一目标量时误差的绝对值和符号保持稳定，在条件改变时则按某一确定的规律变化的误差。系统误差的统计意义表示实测值与真值在恒定方向上的偏离状况，反映了测量结果的准确度。

系统误差的特点是误差的发生有规律性，是可以观测和控制的。例如土壤肥力梯度、测量工具的误差，管理操作不一致及某人的观察习惯等均属此类。所以，系统误差主要来源于测量工具的不准确，试验条件、环境因子或试验材料有规律的变异及试验操作上的习惯性偏向等方面。

系统误差影响试验的准确度，对试验效应的影响比较大。它会片面地夸大或缩小试验效应，并且系统误差一旦形成事实，就无法用统计手段克服其影响。但是一般来说，只要工作做得精细、农业技术操作标准化、采用合理的试验技术，就可以克服或避免系统误差。

（2）偶然误差。亦称随机误差，是指在严格控制非试验条件相对一致后，由于偶然原因或难以控制的因素引起的，没有规律性和方向性的误差，即在相同条件下多次测量同一目标量时，误差的绝对值和符号的变化时大时小、时正时负，没有确定的规律，也是不可预定的误差。这种误差的统计意义表示在相同条件下重复测量结果之间的彼此接近程度，它反映了测量结果的精确度。

偶然误差的特点是误差的发生具有随机性，是试验中最有影响也是最难控制的误差。比如病虫害侵袭，土壤、管理、试材等方面存在的微小差异以及人畜对植物的损坏等属于此类。所以，偶然误差主要来源于局部环境的差异，试验材料个体间的差异，试验操作与管理技术上的不一致，试验条件如气象因子、栽培措施等的波动性等方面。

偶然误差影响试验的精确度。因此，它是衡量试验精度的依据，误差小表示精度高，误差大则精度低。在试验设计和实施中，必须注意合理估计试验误差，并有效地降低试验误差。

总之，克服系统误差，控制和降低偶然误差是田间试验设计的主要任务，也是田间试验设计的依据、出发点和最终目的。但必须指出，试验误差与工作失误所造成的错误不同，由于工作失误所造成的错误将会给试验工作带来不可挽回的损失，必须加以杜绝。

3. 控制试验误差的途径 控制试验误差是为了提高试验的精确度。降低试验误差，必须针对误差的来源加以控制。从以上试验误差来源的分析来看，控制试验误差必须针对试验材料、操作管理、试验条件等的一致性逐项落实。为防止系统偏差，推广试验应严格遵循“惟一差异原则”，尽量排除其他非处理因素的干扰。常用的控制措施有以下几方面：

（1）选择同质一致的试验材料。根据试验目的和要求，选择一致的试验材料是控制误差的一条重要途径。如要求试验材料的基因型同质一致，即品种的种性要纯；种子大小及质量应相一致；苗木及植株的年龄、生长发育应尽可能一致，如秧苗大小、壮弱程度不一致时，则可按大小、壮弱分档，而后将同一规格的安排在同一区组的各处理小区，或将各档秧苗按比例混合分配于各处理小区，从而减少试验的差异。

（2）改进操作和管理技术，使之标准化。在试验时，除操作要仔细、一丝不苟，把各种操作尽可能做到完全一致外，一切管理操作、观察测量和数据收集都应以区组为单位进行，即采用局部控制原理，减少可能发生的差异。例如，整个试验的某种操作如不能在一天内完成，则至少要完成一个区组内所有小区的工作。这样，各天之间如果有差异，就会由于区组的划分而得以控制。又如施肥、施用杀虫剂等操作，如果进行操作的人员不同，也常常会使相同技术或观测产生差异。如果有多人同时进行同一操作，最好一人完成一个或若干个区组，不宜分配不同的人到同一区组操作。

（3）控制引起差异的外界主要因素。试验过程中引起差异的外界因素中，土壤差异是最主要的又是较难控制的。如果能控制土壤差异从而减少土壤差异对处理的影响，就可以有效地降低误差，增加试验的精确度。通常可以采取选择肥力均匀的试验地、试验中采用适当的小区、采用与试验因素和水平相适宜的试验设计和相应的统计分析等措施来控制土壤差异，有效地降低误差。

二、农业推广试验的设计

试验设计的主要目的是：①保证所测变量的任何差异是由不同处理本身内在因素造成的，而不是其他非对照变量引起；②通过控制确定的变量在尽可能小的范围内减少所测反应的变异性，这样对处理效应的评价更准确。试验设计是试验过程的依据，是试验数据处理的前提，是提高试验质量的保证。因为好的试验设计能够减少试验误差，提高试验的精确度，使研究人员能从试验结果中获得无偏的处理平均值以及试验误差的估计量，从而能进行正确而有效的比较。

（一）试验设计的基本原则

试验设计的目的主要是估计试验处理效应和控制试验误差，以便合理地进行分析，做出正确的推断。一个好的试验设计具有较高的试验效率，使试验工作者能从试验的结果中获得无偏的处理平均值和误差估计量，从而能进行正确而有效的比较，做出符合客观实际的结论。

要做好试验，降低试验误差，必须了解试验主要受哪些非处理因素的影响，并从试验设计中加以控制。下面介绍试验设计中必须遵循的三个基本原则：

1. 重复原则 试验中同一处理出现的次数称为重复。在田间试验中，同一处理种植的小区数为重复次数；在养殖试验中，同一处理设置的头数或圈数为重复次数。重复的主要作用是估计试验误差、减低试验误差，提高试验的精确度。一个试验中没有重复就无法估计误差大小，因为试验误差是从同一处理不同重复间的差异求得的。试验误差大小与重复次数的平方根成反比，重复次数多，则误差小。另外，多次重复求得的处理平均数比一次重复的数值更为可靠，使处理间比较更为可靠。做一个试验，重复次数应该多少，可根据试验条件、试验要求、供试材料和试验设计而定。当除了处理条件不同外，其他处理条件非常一致时，如盆栽或温室内做试验，重复次数可少些，否则可多些；试验要求精度高，重复次数应多些，反之可少些；供试验材料有限时，重复次数可少些，否则可多些。目前在农业推广试验中，一般重复次数在2～5次。

2. 随机原则 由于不同处理间所处的环境条件、供试材料等或多或少还存在差异，为避免人为主观因素的影响，不同处理应采取随机分配的方法。在种植业试验中，平等分配是指试验中每一处理都有同等的机会设置在任何一个试验小区上，避免任何主观成见，只有随机排列才能满足这个要求。在试验中，常用抽签的方法、计算器或计算机产生随机数字的方法决定处理小区位置。随机排列与重复相结合，试验就能提供无偏的试验误差估计值。

在种植业试验中，随机排列不仅能够减轻、排除和估计土壤肥力和小气候的误差，而且能够清除相邻小区间群体竞争的误差。在试验精确度要求较高的试验田，即使设置了多次重复也需要进行随机排列，否则重复的作用就要降低，随机排列只有在设置重复的基础上才能充分发挥作用。采用随机排列，就能消除系统误差的影响，获得对试验误差的无偏估计，提高试验的正确性。从统计分析的角度来看，统计分析是研究随机变量的规律，只有随机排列，才能使误差对各小区的影响也是随机的。所以，随机排列是估计试验误差的重要手段，也是应用统计方法分析试验结果的前提。

3. 局部控制原则 局部控制是指在试验时采用各种技术措施来控制和减少处理因素以外其他各种因素对试验结果的影响，使对各个处理的影响趋向于最大限度的一致，试验误差降到最小，保证试验结果正确可信。根据环境变异情况，把环境一致的地段划为一块，称作一个重复区，每个重复区又根据处理数多少划分为若干个小区。重复区内各小区要具有同质性，重复区之间允许有差异。一般来说，重复区的界线与环境变异方向垂直。

在种植业试验中，试验地土壤肥力差异是试验误差的主要来源之一，它通常表现为相邻土壤地段内肥力较一致。试验中增加重复次数能有效地降低试验误差，但相应要扩大试验田面积，也相应增大试验地的肥力差异。为了使重复更有效地降低试验误差，重复和局部控制相结合是有效手段之一。局部控制就是把试验地分为与重复次数相等的区组数。为了使同一区组内土壤肥力尽可能一致，要把区组的长边方向垂直于肥力梯度；在每一个重复区组内随机排列各处理小区时，应注意小区的长边方向应平行于肥力梯度，达到在同一重复区组内处理小区取得相对一致的肥力待遇。在同一区组内，无论是土壤肥力条件，还是人为的一切管理措施的质量、数量和时间要求都要尽可能一致。把相对不一致性放在区组间，这就是局部控制在种植业试验中最基本的要求。在试验过程中还要及时控制和排除来自外界的干扰因素。

在园艺植物的各种试验中，无论是在田间还是在温室及保护地内，我们都可以灵活地运用局部控制原则。比如在温室内进行试验，同一区组应处于同一等温段上；在选择若干株果树进行试验时，可按树体大小及生长势进行分类，将生长势比较一致的植株放在同一区组内进行局部控制；如果土壤肥力差异较大或前作不同，则应按以消除土壤差异为中心的田间试验设计原则，进行局部控制，使同一区组处于土壤肥力相对一致或同一前茬的地块上。所以在非试验因素的变异呈现规律性变化时，区组的长边与其变异方向垂直。

在上述重复、随机和局部控制三条试验设计基本原则中，重复可降低试验误差和估计试验误差，随机是为了正确无偏估计试验误差，局部控制则有利于降低试验误差。遵循上述三个原则的试验设计，配合应用适当的统计分析，就既能准确地估计试验处理效应，又能获得无偏的、最小的试验误差估计，因而对于所要进行的各处理间的比较能得出可靠的结论。

（二）试验设计的基本方法

试验设计种类很多，种植业试验设计通常根据试验小区的排列方式分为顺序排列的试验设计和随机排列的试验设计两大类。顺序排列的试验设计又包括对比法设计和间比法设计；随机排列的试验设计又包括完全随机设计、巢式设计、随机区组设计、拉丁方设计、裂区设计、正交试验设计等。养殖业试验设计的常用方法包括：对照试验、配对试验、单因素试验、随机化完全区组设计、拉丁方设计和正交试验设计等。下面针对种植业和养殖业试验中均较常用的设计方法进行阐述。

1. 单因素试验设计　单因素试验有更多的处理组。以养殖业试验为例，要研究饲料中赖氨酸对生长猪生产性能的影响并确定其适宜添加水平，一般设计一个赖氨酸水平很低的基础饲粮（有时使用半纯合日粮），然后在基础饲粮中添加不同水平的赖氨酸，根据赖氨酸水平与生长猪生产性能的关系确定适宜的饲粮赖氨酸水平。有时还根据血液的某些生化参数作为评定依据。不设对照组，而设多个处理组，通常又称剂量反应法。这种统计方法简单，常用 SAS 软件的 GLM 模型进行方差分析获得试验结果。

2. 多因素试验设计　在种植业和养殖业试验研究中，往往在同一试验中需要考虑的影响因素不止一个。如研究某些酶制剂对猪的生产性能的影响的同时，又想确定酶制剂的合理添加方式，就需采用复因素设计。在饲养试验中，超过 3 个因素以上的复因素试验是很少的，除了统计分析较麻烦外，也难以控制试验条件，结果不一定很理想。多因素试验设计允许在一个试验中考察多个因素，并可测定因素之间的交互作用，试验处理共有 M^n 个（M 代表水平，n 代表处理因素）。因素和水平较多时所需的试验组较多，如 3 因素 3 水平的试验

组有 3^3 即 27 个。

3. 顺序排列的试验设计 顺序排列的试验设计是指试验中的各个处理在各重复区内按一定的顺序进行排列。其优点是设计方法简单，观察记载及田间操作较方便，不宜发生差错。排列时可按试验植株的种类、品种、开花期、植株高矮、生长势等来排列，以减少边际效应，而且在一个试验中可以容纳较多的处理数目。缺点是对试验地及试材等要求较均匀一致，在土壤及其他非试验条件有明显的方向性梯度变化时易受系统误差的影响，并且不能正确估计试验误差，所以不能运用统计分析方法进行试验结果的显著性测验。这种设计多用于一些简单的单因素试验、预备试验以及示范性试验。

常用的顺序排列设计方法有对比法设计和间比法设计。

(1) 对比法设计。这种设计常用于少数品种或品系的比较试验及示范试验，其排列特点是每一供试品种均直接排列于对照区旁边，使每一小区可与其邻近的对照区（CK）直接比较。这种试验各重复的排列可用单排式、双排式或多排式，主要按照试验地的具体状况和处理数而定。图 11-1 为 8 个品种 3 次重复对比排列。

图 11-1 8 个品种 3 次重复对比排列

对比法设计方法简单，易于掌握，并且直观性强，设计、布置和观察记载都比较方便，特别是该设计由于相邻小区（尤其是狭长形相邻小区）之间土壤肥力具有相似性，利用这类设计可获得较精确的结果。但对照区过多，要占试验田面积的 1/3，土地利用率不高。此外，由于对比法设计不能进行无偏估计，不能对试验结果进行精确的统计分析。

(2) 间比法设计。在品种比较试验中，当供试品种较多而试验精确度要求不太高，用随机区组排列有困难的时候，可用间比法。间比法设计的方法是：在一条地上，每一个重复区的第一个小区和末尾的小区一定是对照区，每两个对照区之间排列相同数目的处理小区，通常是 4～9 个，重复 2～4 次。各重复可排成一排或多排，排成多排时采用逆向式（图 11-2）。如果一条地上不能安排整个重复的小区，则可在第二条地上接着排下去，但开始时仍要种一对照区。

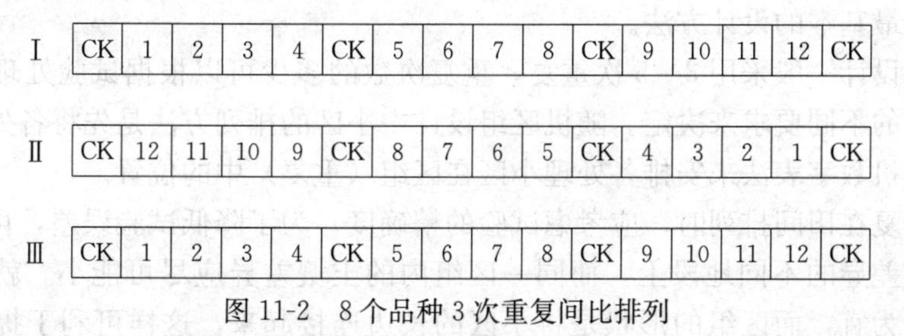

图 11-2 8 个品种 3 次重复间比排列

间比法设计的优点是设计简单，操作方便。但各处理在小区内的安排未经随机，所以估计的试验误差有偏性，理论上不能应用统计分析进行显著性检验，尤其是有明显土壤肥力梯度时，品种间比较将会发生系统误差。与对比法设计相比，间比法设计节省了对照小区的用地，但是直观性不如对比法设计。

4. 随机排列的试验设计 随机排列的试验设计是将试验处理以及对照在重复区内的排列随机决定，每个处理在重复区内占据任一小区的机会完全均等。该试验设计一般是按照试验设计的三条基本原理设计的，所以可以避免系统误差。同时，随机排列设计的试验结果可以做比较精确的统计分析。因此，随机排列设计的优点是可以克服土壤及其他非试验因素给试验造成的系统误差的影响，提高试验的正确性，有正确的误差估计，获得的试验结果能够进行显著性测验。其缺点是田间排列不规则，观察记载及田间操作不太方便，不小心时易发生差错。

常用的随机排列田间试验设计有完全随机设计、随机区组设计、拉丁方设计、裂区设计、正交试验设计等。

（1）完全随机设计。假设试验有 k 个处理（包括对照），每个处理要求 n 次重复，则可将试验地划分为 $n \times k$ 个试验小区。将全部供试单位进行随机排列，并根据 n 的大小分成 k 组，同组各供试单位接受相同处理（或品种），这种设计叫完全随机设计。这种设计是应用随机原则的一种典型试验设计，它真正符合每一个处理或品种都有均等的机会设置在任何一个试验小区的要求。

完全随机设计将各处理随机分配到各个试验单元（或小区）中，灵活机动，单因素或多因素试验均可应用。

完全随机设计的优点是：①重复次数富有弹性，各处理的重复次数可以相等，也可以不等，试验设计时只要按不同的重复次数进行分组就可以了。②试验设计和试验结果的统计分析比较简单方便。重复次数相等，采取组内观测值数目相等资料的方差分析；重复次数不等，采用组内观测值数目不等资料的方差分析。

完全随机设计的缺点是：①同品种或处理小区的分布没有规律，比较凌乱，不便于观察记载。②由于没有应用局部控制的原则，在土壤肥力或试材等试验条件差异较大的情况下，增加了试验误差，而且无法剔除。因此，这种试验设计只是适合在土壤肥力、试验材料等均匀一致，供试处理数较少的情况下使用。完全随机试验设计非常适合于实验室培养试验、温室的盆钵试验及食用菌方面的试验。

（2）随机区组设计。随机区组设计是根据局部控制的原则，将试验地按肥力程度划分为等于重复次数的区组，一区组即是一次重复，区组内各处理都独立地随机排列。这种设计比较全面地应用了试验设计的三项基本原则，是一种比较合理的试验设计方法，是目前田间试验中最常用也最基本的设计方法。

随机区组设计一般采用 3～5 次重复，重复次数的多少可以根据试验处理数目的多少和对试验精确度的不同要求来决定。随机区组设计中小区的排列方法是先将各处理编号，然后采用抽签或随机数字表法来安排各处理小区在区组（重复）中的位置。

区组或重复在田间排列时，应考虑试验的精确度。为了降低试验误差，可将不同区组安排在具有土壤差异的不同地段上，而同一区组内的土壤差异应尽可能小。就小区的形状而言，以长方形为宜，而区组的形状是将小区的长边连接起来，这样可利于提高试验的精确度。如受试验地段限制，一个试验的所有区组不能够排在一块地上，则可将少数区组放在另一地段，但同区组内的所有小区必须安排在一起，决不能分开。

随机区组设计的优点是：①设计简单，容易掌握；②富于伸缩性，单因素、多因素以及综合性的试验都可应用；③能提供无偏的误差估计，并有效地减少单向的肥力差异，减低误差；④对试验地的地形要求不严，必要时不同区组也可分散设置在不同地段上。

其不足在于这种设计不允许处理数太多，因为处理多，区组必然增大，局部控制的效率降低，一般处理数以10个以内为宜，而且此设计只能控制一个方向的土壤差异。

（3）拉丁方设计。拉丁方设计是比随机区组有更多限制的随机排列的设计。它是将试验地从两个方向划分成区组或重复，每一直行（列）和横行（行）都称为区组，每处理在每一直行和横行都出现一次，所以拉丁方设计的重复数、处理数、直行数和横行数均相等。由于从两个方向划分成区组，拉丁方排列可以对双向土壤差异进行控制，因而具有较高的精确度。通常用于单因素试验，也可用于试验因素及水平不多的多因素试验。但由于拉丁方设计的重复次数必须等于处理数，灵活性不强。处理数多时，则重复过多；处理数少时，则重复少，使估计误差的自由度太小，精确度低。因此，适用于5～8个品种或处理的试验。如果在品种数或处理数少时，为了提高试验的精确度，可采用复拉丁方设计，即将一个拉丁方试验重复几次。另外，拉丁方设计要求试验用的土地平整，土地形状接近正方形，所以缺乏随机区组设计具有的灵活性。

（4）裂区设计。裂区设计是多因素试验的一种设计形式。在多因素试验中，如果处理组合数不太多，而各个因素的效应同等重要时，则采用随机区组设计；如果处理组合数较多而且对各个因素又有一些的特殊要求时，常常采用裂区设计。

裂区设计首先是将试验地根据重复次数的多少划分为等于重复数的区组，然后把某一试验因素作为主处理。根据主处理的多少，把每个区组划分为等于主处理数的主区（整区），将主处理随机地排列于各个主区。把另一个试验因素作为副处理，根据副处理的多少，把每一个主区划分为等于副处理数的副区（裂区），将各个副处理随机地排列于各个副区。这种将主区（整区）分裂为裂区（副区）的设计称为裂区设计。

这种设计的特点是主处理分设在主区，副处理分设在副区，副区之间比主区之间更为接近。因此，统计分析时可分别估计主区和副区试验误差，副区的试验误差常常小于主区的试验误差，即副区的比较比主区的比较更为精确。

在下列条件下，可考虑应用裂区设计：当一个因素的各处理比另一个因素的各处理要求更大的小区面积时，可把要求小区面积大的处理安排在主区，要求小区面积小的处理安排在副区；当一个因素的主效比另一个因素的主效更为重要时，可把重要主效的因素安排在副区，次要主效的因素安排在主区；当某一因素的效应较大时，可把效应大的因素安排在主区，效应小的因素安排在副区；试验中对某一因素精确度的要求比另一因素高时，可把精确度要求高的因素安排在副区，精确度要求低的因素安排在主区；要求某一因素的各个处理必须排在一起，便于田间观察比较时，可把要求排在一起的因素安排在副区；在小区面积较大的单因素试验（如品种比较试验）过程中，临时发现需要加上另一个试验因素（如用不同种类或不同浓度的药剂防治病虫害）时，可将原来的小区做主区，主区再划分副区，可随机安排新增因素的不同处理；在进行多因素试验时，如果因素有主次之分，要考虑采用裂区试验设计。

裂区设计一般只适合于两个因素试验。如果是三因素试验，虽然也能在副区中再划分更小的副区安排第三个因素（这种设计叫做复裂区设计或裂裂区设计），但是在进行统计分析时比较困难。

裂区试验设计的主要优点是在一次试验中，能以不同的精确度对各因素进行分析，其中副区因素的精确度较高。此外，用地也比较经济。它的缺点是试验设计、田间排列和统计分析都比较复杂。试验中主要因素的分析比随机区组的分析要精确，但对于次要因素来说，精确度不如随机区组，这是由裂区设计中人为地将试验区组并成大区所造成的。

（5）正交试验设计。在种植业试验中，经常需要进行多因素、多水平的综合试验，然而由于因素和水平的增加，处理组合数目将按几何级数增加，使试验规模加大。如果把全部的处理组合都用来进行试验，不仅工作任务重、耗资大、用地多，而且难于实行局部控制，统计分析也很繁琐。因此，常采用不完全设计的一种即正交试验设计来解决这个问题。

在正交试验中，根据正交表只需将一部分处理组合用来进行试验，从而减少了区组内的小区数，减少了试验用地和开支，大大地减少了工作量。由于这种设计是借助于正交表来进行的，所以利用正交表来安排多因素试验和分析试验结果就叫正交试验。

作为正交试验设计依据的正交表是按照优选法数学原理进行推导得来的。试验因素和水平数目不同，正交表的结构也不一样，但是它们的理论根据却是一样的，即都具有正交性。正交表分相同水平正交表和混合水平正交表。

正交试验最大的优点是可以利用较少的处理组合研究较多的试验因素，因而可以大量地节省人力和物力；同时在试验设计和分析试验结果时，由于有现成的正交表可以利用，工作也较简便；此外，由于田间试验设计是使用的随机区组设计，因而正交试验也具备了随机区组设计的优点。正交试验的缺点是不能对主效和互作做出精确的估计。处理组合数的减少势必带来试验因素的主效和互作的混杂，而这种混杂可能严重地妨碍对试验因素的主效和互作做出精确的估计。

因此，在进行正交试验时应做到：部分实施和全面实施相结合；区组内处理组合数目不能太大，因为处理组合数目越大，局部控制的效果越差；将分析重点应放在处理组合的比较上，在推广应用时，也应该以处理组合的差异为准。

（6）二次旋转组合设计。为了摆脱古典回归分析只能处理分析已有试验数据的被动局面，实现试验设计与数据分析科学的结合，近年来数理统计工作者在正交设计的基础上，研究出了诸如回归正交设计、回归旋转设计、饱和D—最优设计等试验设计方法。采用这些设计，不但可以以较少的试验处理获得丰富的信息量，而且可以根据不同的调查目标建立多项目标的数学模型，然后从中优化出多种不同要求的最优组合。例如一项研究氮、磷肥不同用量和不同种植密度三因素与冬小麦产量之间关系的试验，如果每个因素设5个水平，全因子组合为 5^3（125）个处理，而采用二次通用旋转设计仅有20个处理即可。

二次旋转组合设计适于多因素的组装试验。因此，当试验因素确定之后，各因素的水平确定非常重要，特别是0水平（即各因素的最佳水平）的确定，需要有一定的实践经验，否则研究测定目标所建模型没有最大解。为了消除不同因素之间衡量单位的差异，首先需要进行无量纲水平编码代换，如表11-1中N，P_2O_5 和基本苗的五个水平，统一用－1.682，－1，0，1和1.682进行代换。然后按表11-2的设计矩阵要求安排各个处理，进行田间随机排列设计。二次旋转设计结果的计算比较复杂，可根据《回归分析及其试验设计》（茆诗松等编著，1981年）讲述的方法进行。

表 11-1　三因素五水平旋转设计的无量纲代换

研究因素	设计水平				
无量纲水平	−1.682	−1	0	1	1.682
X_1　N（kg/亩）	0.00	4.05	10.00	15.95	20.00
X_2　P_2O_5（kg/亩）	0.00	2.00	5.00	8.00	10.00
X_3　基本苗（万/亩）	3.00	5.00	8.00	11.00	13.00

表 11-2　三因素五水平旋转设计矩阵及各处理实施量

处理号	设计矩阵			各因素实施量		
	X_1	X_2	X_3	N（kg/亩）	P_2O_5（kg/亩）	基本苗（万/亩）
1	1	1	1	15.95	8.00	11.00
2	1	1	−1	15.95	8.00	5.00
3	1	−1	1	15.95	2.00	11.00
4	1	−1	−1	15.95	2.00	5.00
5	−1	1	1	4.05	8.00	11.00
6	−1	1	−1	4.05	8.00	5.00
7	−1	−1	1	4.05	2.00	11.00
8	−1	−1	−1	4.05	2.00	5.00
9	1.682	0	0	20.00	5.00	8.00
10	−1.682	0	0	0.00	5.00	8.00
11	0	1.682	0	10.00	10.00	8.00
12	0	−1.682	0	10.00	0.00	8.00
13	0	0	1.682	10.00	5.00	13.00
14	0	0	−1.682	10.00	5.00	3.00
15	0	0	0	10.00	5.00	8.00
⋮	⋮	⋮	⋮	⋮	⋮	⋮
20	0	0	0	10.00	5.00	8.00

（三）试验设计的基本要点

在种植业试验中安排一个处理的小块地段，称为试验小区，简称小区。它是种植业试验的基本单位。试验小区的大小、形状、方向等都影响试验的精确性。为了有效地降低试验误差，应对试验小区进行科学的设计和布置。下面以种植业试验为例，阐述试验设计的基本要点。

1. 试验小区面积的确定　小区面积的大小与减少土壤差异的影响和提高试验的精确度有明显的关系。一般来说，在一定范围内，小区面积增加，试验误差减少，精确度增加。小区面积太小时，由于土壤差异，会造成较大误差。因为在较小的试验小区更有可能恰巧占有或大部分占有较瘠薄或较肥沃部分，尤其是在有斑块状土壤差异时，从而使小区误差增大。当小区的面积扩大时，则较大的小区更可能同时包括肥瘦部分，因而小区间土壤差异的程度相应缩小，从而降低了误差。但当小区数目增大到一定程度后，误差的降低反而不明显。因为在一块一定面积的试验田，增大小区面积，重复次数必然要减少，从而降低精确度。因此，采用适当的小区面积，才能起到减少土壤差异的作用。

试验小区面积的大小不能一概而论，要根据作物种类、试验性质、土壤肥力均匀情况、试验地面积等条件来决定。一般植株较高大的作物要比植株较矮小的作物试验面积大；栽培试验、耕作试验、病虫害防治试验要比品种对比试验的面积大一些；土壤肥力比较均匀的小区面积应该大些；试验地面积较大的小区可适当大些；试验过程中有取样需要的小区面积应适当大些。

2. 试验小区形状的确定 除了小区面积外，适当的小区形状在控制土壤差异、提高试验精确度方面也有相当作用。小区的形状是指小区长度与宽度的比例。在通常情况下，长方形尤其是狭长形小区，其试验误差比方形小区小。因为采用狭长小区能较全面地包括不同肥力的土壤，相应的减少了小区之间的土壤差异，提高精确度，并且狭长形小区还有利于田间操作和观察记载，如方便机械操作。但小区的形状也不能过于狭长，以免加大小区四周的边界，增加边际影响。小区的形状可依据试验地的形状和面积以及小区的多少和大小等调整决定。在人工操作情况下，长宽比为 3～10∶1；使用播种机、插秧机或其他农机具时，为了便于操作，长宽比可适当增加，达到 15～20∶1。对于一些边际效应较大的肥料试验、灌溉试验等，应尽量采用方形小区，以减少小区间的相互影响，因为方形小区具有最小周长，受到边际效应影响的植株最少。总之，在确定小区形状时要结合试验的性质和试验田的情况来考虑。

3. 重复次数的确定 试验设置重复的目的是降低试验误差，提高试验的精确度。所谓重复，就是一个试验处理在一个试验区里出现的次数，出现几次就是几次重复。从理论上说，试验设置重复次数越多，试验误差越小。因为有了重复，可以减轻土壤肥力的差异给试验造成的误差，同时可以正确地估计出试验误差的大小。但并不是重复越多就越好，因为多于一定的重复次数后，误差的减少很慢，精确度的提高较小，与此同时在田间管理和收获等方面花费的人力、财力和物力则大大增加。

重复次数的多少应根据试验所要求的精确度、试验地土壤差异大小、试验材料的数量、试验地和小区面积大小等来决定。对于精确度要求高的试验，重复次数应多些，否则少些；试验地土壤肥力差异较大的，重复次数应多些，肥力较一致的可少些；试验材料少时，重复次数可少些，材料多时可增加重复次数；试验地面积较大时，允许较多重复，但面积较小时，就限制了重复次数；小区面积较大时，重复次数应比面积小时少些。通常情况下重复次数为 2～5 次。

4. 对照区的设置 在种植业试验中，都要设置对照区，作为与其他处理比较的标准。如果进行品种试验，对照应该是当地已经广泛推广应用的良种；如果进行栽培技术试验，对照就应该是当地广泛应用的栽培技术措施。设置对照区将有利于在田间对各处理进行观察比较，并作为衡量品种或处理优劣的标准，利用对照区可以估计和校正试验地的土壤差异。通常在一个试验中只设一个对照区，但有时为了适应某种要求，可同时设几个对照处理。

对照区设置的方式可为顺序式和非顺序式。顺序式设置是每隔一定数目的处理设置一个对照区，分布于整个试验田。运用对比法和间比法进行试验时通常采用顺序式设置对照区。非顺序式设置的对照区与其他处理小区一样，在试验田横纵随机设置，在随机排列试验中常采用此种方法设置对照区。

在设置对照时，一定要注意代表性和合理性，其具体情况应根据具体试验要求而定。在品种比较试验中，应以当地推广应用最广泛的同类良种为对照，如矮生菜豆品种试验，只能用当地推广面积最大的优良矮生菜豆品种作为对照，而不能用蔓性品种为对照；在栽培试验中，应以大田生产中最普遍采用的栽培措施为对照，如施肥量试验以当地一般的施肥水平为对照，种植密度试验以当地比较普遍的种植密度为对照。

5. 保护行的设置　为了使试验处理能在较为均匀的环境条件下安全生长发育，防止试验地四周的小区受到边际效应的影响，在试验地四周和试验区的四周种植部分不计产的区域，称为保护行。设置保护行可以保护试验材料不受外来因素如人、畜的践踏和损害，并且可以防止靠近试验地四周的小区受到空旷地的特殊环境影响，即边际效应，使处理间的效应能有正确的比较。

保护行设置在试验地四周。种植行数及宽度无严格规定，但保护行不能太少。一般试验地四周的保护行可种 4 行左右；重复区间的保护行可种 2～3 行；小区间一般连接种植，不种保护行。保护行的宽度应不小于小区内作物可能延伸的范围，大致 1m 左右。

保护行种植的品种可用对照种，最好用比供试品种略微早熟的品种，以便提前收割，既可避免与试验小区混杂，又能减少鸟类对试验小区作物的危害。

6. 重复区的排列　将全部处理小区分配于相对同质的土壤上，是控制土壤差异的最简单、最有效的方法之一。重复区的排列根据土壤差异以及试验地的形状、地势，可以排成单排，也可以排成双排或多排。重复区排列的原则是同一重复或区组内的土壤肥力应尽可能一致，而不同重复之间可存在尽可能大的差异。

在各重复区内小区的排列方式一般为顺序排列和随机排列。顺序排列是将小区在各重复内按照同一次序排列，如可以按照不同作物品种生育期长短，由长到短排列，或按照株高从高到矮排列。随机排列可以采用抽签或随机数字表的方式将各小区随机排列。随机排列能用统计方法无偏地估计试验误差。

三、农业推广试验的实施

农业推广试验涉及种植业、养殖业等方方面面，通过试验研究鉴别农业技术措施对动物、植物生长发育及其产量、品质的影响程度，或者物化成果本身对环境的试验程度。虽然动物与植物存在许多差异，但在试验方法和实施步骤方面有许多共同的规律。

（一）实施前试验方案的拟订

农业推广试验方案是根据试验目的与要求所拟订的进行比较的一组试验处理的总称。具体是指在试验未进行之前，依据当地的农业科技成果推广的需求，对拟进行哪些方面的试验，采取何种方法进行试验，试验的设计，实施时间、场地，调查项目及测试仪器解决途径，期望得到哪些结果，所得结果对当地农业生产的意义和作用等诸项内容的一个总体规划。

拟订试验方案是全部试验工作的基础和前提。它可以使试验者的思路更系统、明晰，提高可行性，并且有助于推广部门向上级有关管理部门申请经费及其他方面的资助。因此，必须按照试验目的慎重拟订，如果考虑不周，设计不当，方案中未能包括要考虑的因素，或因素水平选用不当，或方案脱离实际过于繁杂，就会影响试验的顺利进行，导致试验结果难以回答试验要解决的问题，并且难以分析总结。因此，周密、细致、审慎地拟订试验方案是实现农业推广试验目标的关键。下面以种植业为例，阐述拟订农业推广试验方案应注意的几个关键问题。

1. 试验题目的选择 农业推广试验题目的选择和确定，应当针对当地农业生产实际，主要选择当前农业高产、优质、高效生产以及可持续发展中急需的技术，适当选择有发展前景的实用技术。试验题目要力求新颖、确切、精炼。

2. 明确试验的目的及其意义 不同试验有不同的目的，如果试验目的不明确，整个试验的设计甚至至最后的结果都会随之出现偏差，造成损失或不能说明问题。

试验目的主要阐述进行该项试验的必要性，包括试验科研成果的来源、关键创新技术的特点以及预期的试验效果。试验目的一定要写明确，能真实反映对试验的具体要求，使大家一看就知道为什么要做这个试验，预期达到什么结果。文字要求简明扼要，可以分条说明。

3. 试验材料与试验地概况 试验材料指的是在试验中所需要的各种试验用材料，包括试验所采用的植物、动物等材料的品种、来源及主要特征；所用设施、肥料、饲料、覆盖材料、药品等试验材料的名称、规格型号、主要技术参数和制造厂家等。

试验地概况要简要说明试验区的主要自然资源特征，试验地的土壤、地势及前茬作物状况等方面的情况。

4. 试验设计 在拟订试验方案时，科学地选择试验设计方法，不但可以抓住事物的关键，提高试验的质量和效益，而且可以节省人力、物力和财力，收到事半功倍的效果。试验设计包括采用的试验设计方法、确定的试验因素和水平、重复次数、试验小区大小及排列等。据此可作出田间试验布置图。在农业推广试验中常用的试验设计方法有对比法设计、间比法设计、随机区组设计、拉丁方设计、裂区设计等。

5. 试验实施的主要方法与田间管理措施 根据试验设计的要求，写清楚从试验地、种子及其他试验材料的准备、处理到整个作物生长发育过程中的田间管理措施。主要有整地方法、耕翻深度，施肥数量、种类、时期和方法，播种时期、方法和密度，灌溉次数、时期，中耕除草、病虫害防治及其他管理等。

6. 田间观察记载和室内考种、分析测定项目及方法 田间观察记载和室内考种选用的材料、仪器设备、观测方法以及室内分析测定的项目等，分类要清楚，内容要具体，可操作性强。必须注意的是，在选用试验材料和确定观测方法时，一定要充分考虑试验的具体要求，以便试验数据的观察、测定、统计和分析。

7. 收获测产方法 包括理论产量和实际产量测产两种方法。农业推广实验一般要求实打实测。因而在拟定实验计划时，应对脱料机等测产工具的性能作业具体要求和前期准备。

8. 试验数据资料的统计分析方法和要求 试验方案中应预先确定好适合于本试验数据统计与分析的方法。在现今的推广试验中，应采用先进的统计分析方法。除一些显而易见的比较结果外，应该积极创造条件，运用计算机手段和相应的科学分析软件，这样才能掌握样本与总体的关系，提供误差分析，以客观准确地鉴定处理效应，增加试验结果的可信度和说服力。

（二）农业推广试验的实施

1. 种植业试验的实施 在种植业试验过程中必须注意控制误差，贯彻以区组为单位的局部控制原则，才能使试验结果正确反映试验处理效应。除了处理项目的要求不同外，在同一区组内的各种田间操作都必须尽可能一致，如试验中操作的时间、工具、数量、质量等都要尽量相同；在观察记载方面要求观察时间、标准、工具以及人员都要相同。一般而言，种植业试验的实施有以下主要技术环节：

（1）制定实施计划。试验的总体实施方案确定后，需要制定一个详细的实施计划，主要内容包括简要的试验目的和意义，试验的地点、时间，试验地概况，田间种植图（包括小区面积、形状、处理的重复数及排列，行距、株距、保护行及人行道长宽，对保护作物的要求等），调查的内容、时期、标准，测产取样方法等。

（2）试验处理的实施。做试验就要有比较，有比较就应设置几个不同内容的处理。在单因素试验中，每个不同密度或每个不同品种就是一个处理。在多因素试验中，每个不同因素的每种组合就是一个处理。一个完整的试验必须包括几个处理。一个试验里处理数的多少要根据试验目的和性质来决定，少了不能说明问题，多了试验比较复杂、不便进行，并且占用土地面积较大，造成产生误差的机会，必然影响试验的准确性。

试验的实施是一项关系试验成败的重要工作。要求实施者明确理解各项处理的目的、要求和熟练掌握其操作规程。对技术性强的试验处理，如果树试验中以嫁接、修剪方法为，对实施者还应进行专门训练，以提高处理的准确性。而对于时间性强的试验处理，如对试验材料进行喷洒药剂、激素处理，蔬菜摘心等，则要求按照处理进行分工，即一人或几人负责一个处理的各次重复，同时分头进行，以争取在最短时间内完成试验的处理任务。

在品种或品系比较试验中，试验材料是各个供试品种或品系的种子或苗木。因此，试验材料的播种或栽植就是试验处理的实施。而在多数种植业试验中，种子、苗木等生物材料只是作为被“处理”的对象，需要严格按照制定的处理方案实施。

（3）试验地的准备和规划。在安排、布置试验和划分小区前，试验地应充分做好准备工作，以保证各个处理小区或者同一区组内各个小区获得尽可能相似的外界条件。准备工作之一是施用基肥，基肥不仅要求质量一致，而且要施用均匀；准备工作之二是耕整作业，试验地的犁耕深度应一致，使每一区组各小区的耕作情况尽可能相似。

试验地的准备工作完成以后，就可按照试验计划中的试验设计布置图进行规划分区，划出区组、小区、过道和保护行等。小区划出后，根据需要作出标志，插好编号牌，等待播种或进行其他工作。

（4）试验材料的准备。对于试验用的播种材料，在准备种子时要注意其质量。要求是同一年收获的种子，并要经过种子清选、品质检查，了解其发芽率、混杂程度与千粒重等，然后确定播种量。要使相互比较的品种或处理材料，在同样大小的试验区面积上有相同的株数，以免造成植株营养面积与光照条件的差异。如果一个小区需要播种多行，为了播种均匀，应当将一个小区的种子按照行数分成相等重量的若干份，每份种子装一个纸袋，用绳捆成一束，以免发生错误。

（5）播种或移栽。作物在播种前需按照预定株距、行距打好播种沟或定植穴，并在相应区域插上区号牌，然后按区号分发种子袋，并按试验设计要求开始播种。播种时应力求种子分布均匀、深浅一致，尤其要注意各处理要同时播种。一个试验最好同一天内播种完，如果不能完成，至少一个重复在一天内播完。如人工播种，最好每人播种一次重复。

对于移栽作物应特别注意移栽质量和秧苗质量。在秧苗壮弱、大小有较大差异时，移栽前要进行分级，供不同区组使用。移栽后多余的秧苗可假植到小区的一端，以备在必要时进行补栽。

整个试验区播种或移栽完毕后，接着播种或移栽保护行。随后按实际播种情况，绘制田间种植图，并在图上注明试验地段的方位，以便于观察和记载。

播种后要及时检查所有小区的出苗情况。如有漏播或过密，必须设法补救；如大量缺苗，则应详细记载缺苗面积，在计算产量时除去，但仍需补苗，以免空地对邻近植株产生影响。

（6）田间管理。试验田除了获得产量高低的数据之外，还要用田间调查的方法获得其他的科学数据作为参考，所以要求试验田要有严格的管理方法。

为了保证试验的精确度，对试验田要按照当地丰产田的标准进行及时而有效的管理，并在栽培管理中始终贯彻单一差异原则，即除试验设计所规定的处理间差异外，其他一切栽培管理措施应力求质量和数量的一致。整个试验田的任何一项栽培管理措施最好在一天内完成，如果一天内不能完成，应坚持完成一个或几个重复的工作，不可在同一重复内中断工作。

关于中耕除草、施肥、灌溉排水、病虫害防治等管理措施，应根据各自技术特点做到尽可能一致。总之，要认真做好各种田间作业，尽量避免人为造成的差异，减少试验误差。

（7）观察记载和测定。田间试验观察和测定的项目根据试验的目的、性质和作物种类决定，一般在拟订试验方案时已写清楚。调查记载的项目不可过多，以简单、能说明问题就可以。

通常田间试验记载的内容包括：①气候条件的观察记载。主要记载温度、光照、降水等气候因子的变化情况，目的是了解作物生长发育过程中气候条件对处理产生的影响。②田间管理的记载。田间管理和其他农事操作都可能在不同程度上改变作物生长发育的外界条件，因而会引起作物的相应变化。因此，详细记载整个试验过程中的各种田间管理措施，包括整地播种、施肥、中耕除草、灌溉排水，病虫害防治等的日期、数量和方法等，有助于正确分析试验结果。③作物不同生育时期生长状况和形态特征的调查记载和测定。这是田间记载的主要内容。在整个试验中要求观察作物的各生育时期、形态特征、生长动态、经济性状等，还要做一些生理、生化等方面的测定，以研究不同处理对作物体内物质变化的影响。④产量和产量构成因素的调查记载。主要记载单位面积上作物的种植密度、单株的产量等数据。⑤收获物的室内考种及测定。作物收获后在室内考种，然后在室内进行分析测定。在室内分析主要是考察在田间不宜或不能进行而需在作物收获后方能观察或测定的一些项目，包括千粒重或百粒重、穗粒数、单株粒重等指标以及种子中蛋白质、油分、糖分含量等。室内测定与田间检验相结合才能得出比较可靠的结论。

在田间试验中，一般采取取样的方法观察记载作物的生长发育动态和有关性状，以获得试验所必需的资料。在一块试验田里，一般是从每一小区抽取若干个植株组成一个样本，以样本的观察测定值作为整个小区的估计值。因此，取样不正确就会导致所取样本不具有代表性，就会导致用样本所获得的观察测定值不能代表小区的整体状况。为了避免主观性，要运用正确的取样方法。常用的取样方法有定点调查、随机取样和定量调查三种方法。定点调查就是在调查前把样点定好，并作出明显的标志，每次调查都在点内进行；随机调查就是在试验区内随机取点调查取样，一般有对角形、“之”字形、三角形、棋盘形方法取样；定量调查就是在调查点确定后，要再确定调查数量，一般在十几株到上百株，每小区调查的数量应该相等。

在观察记载时要有专人负责田间调查和记录，并在调查的同时注意观察。因为观察是调查的基础和补充，对于苗头性的发现，要仔细分析，认真记录，便于今后分析用；对于意外突发的事件，要详细记载发生的过程、时间及对试验田的影响。

（8）收获与测产。试验田的收获是整个试验过程中一个非常关键的环节。在收获时如果不认真，发生混杂，那就会前功尽弃，试验结果也无法使用。所以，在收获时要做到以小区为单位，单收、单打、单称重、单独记录，并要及时、细致、准确。要有专人负责，决不能发生差错。收获前须先准备好收获用的材料和工具。收获时，先收保护行和不计产量的边行及小区的两端，查对无误后，将收割物先运走，然后在小区中采收作考种或作其他用的样本，并挂好标牌。

在田间试验中，作物产量是衡量试验处理效果的重要指标。一般都要求对各小区计产面积的收获物实打实收，以求得确实的小区产量。但有时收获时正值雨季及其他原因，不能全部晒干脱粒，或者由于小区数目多、小区面积大、工作人员不足等，无法对所有小区实收实打，则可使用测量的方法求得小区的产量，以判定处理效应的优劣。

作物测产的常用方法有两种：实收样点测产法和湿（鲜）重估测产量法。

大田生产或面积较大的小区试验测产时，可采用实收样点测产法。

$$\text{小区产量}=\frac{\text{小区计产面积}}{\text{取样点面积}}\times\text{实收样点产量}$$

当收获时期遇到阴雨天气，或者由于试验规模大、有的作物自然干燥时间较长时，就可采用湿（鲜）重估测产量法。

$$\text{小区产量}=\frac{\text{样品籽粒干重}}{\text{样品湿重}}\times\text{小区湿重}$$

田间试验经过上述一系列步骤，取得了大量试验资料。试验人员下一步的重要任务就是将试验资料应用科学的分析方法进行整理分析，结合田间工作积累的感性材料，对试验做出科学的结论。

（9）试验的总结。试验的总结大致包括以下内容：试验目的、设计方法、管理方法、试验结果、讨论分析、结论和应用意见等方面。其中，试验目的、设计方法和管理方法可按设计方案简要说明；对试验数据要采用科学的分析方法进行统计分析，得出关于生育表现、产量、方法比较方面的试验结果；针对试验结果，试验人员提出分析意见，指出试验结果的可靠程度；在试验结论中要肯定几个主要问题，如试验是否可以结束、试验结果怎样应用等。

2. 养殖业试验的实施　养殖业推广试验是农业推广试验中的另一重大类别。与种植业推广试验不同，养殖业推广试验具有以下特点：①试验的干扰因素多。包括试验动物本身存在差异，如在同一试验中应保持供试动物均匀一致，但生产中很难选择到遗传来源一致，年龄、体重、性别相同的动物进行试验；自然环境存在差异，如温度、湿度、光照、通风等很难完全控制一致；饲养管理条件存在差异，如试验过程中的管理方法、饲养技术、畜舍笼位的安排等容易存在差异；操作技术上存在差异，如实验人员在对试验指标进行测量和记录时，因时间、人员和仪器等不完全一致而存在差异；一些偶然因素如疾病的侵袭、饲料的不稳定，都会给试验带来干扰。②试验具有复杂性。动物试验中所研究的试验对象都有自己的生长发育规律和遗传特性，并与环境、饲养管理等条件密切相关，这些因素之间又相互影响、相互制约，共同作用于供试对象，因而需要经过不同条件下的一系列试验才能获得比较正确的结果。③试验周期长。动物完成一个生活世代的时间较长，特别是大动物、单胎动物、具有明显季节性繁殖的动物更为突出。例如进行动物遗传育种试验，有的需要几年时间才能完成整个试验。这些特点决定了养殖业推广试验的实施要具有一些不同于种植业的主要技术环节。养殖业推广试验实施的主要内容如下：

（1）制定实施计划。试验计划的主要内容包括试验的目的和意义，试验的具体时间、地点，试验设计方法，供试动物的数量及要求，试验指标观察记载的项目、时间及要求，试验结果分析与效益估算等方面。

（2）试验动物的选择。正确选择供试动物，对减少试验误差、提高试验精确度有很大作用，因为供试动物个体差异是试验误差的重要来源。通常情况下供试动物必须具有均匀性和代表性。

均匀性指所选择的试验动物在品种（或品系）、来源、年龄、体重、性别、生产性能、生理状态和健康状况等方面尽量趋向一致。不同品种（或品系）和来源的动物对试验处理的反应强度不同；不同年龄和体重的动物生物学特性不同；同一品种（或品系）动物不同性别对许多外界刺激的反应不一致；处于怀孕、哺乳、体温异常等生理状态时，动物对外界刺激的反应常有所改变；健康状况不同等方面都会导致对试验结果的影响不同。为使试验动物年龄一致，最好母畜能同期配种、同时分娩，保证试验用动物能处于相同的环境条件和饲养条件下，以减少试验误差。此外，要选出均匀一致的试验动物，其亲代应保持相似和一致。因此，选择试验动物要及早准备，应从其父母代开始选择。为避免性别和生理状态及健康状况对试验结果的影响，一般来说，无特殊要求的话宜选用雌雄各半；处于怀孕、哺乳、体温异常等生理状态及健康状况不良时，该动物应从试验组中剔除。

代表性是指所选择的试验动物与试验目标相符，并应有一定数量。尤其是在进行品种或杂交组合对比试验时，为保证所选动物能代表该品种，供试动物至少来源于3～5头母畜和公畜的后代，不要选择特殊个体，应尽可能挑选常见的具有代表性的典型个体。

从试验动物的数量上看，应当多选一些，一般为计划数的1.5倍以上，以保证留有选择余地。

（3）饲料的准备。饲料是动物试验中的重要环境条件，对动物试验结果影响很大。在试验前备足饲料，防止中途饲料不足或变更饲料配方而影响试验顺利进行及试验结果的准确性。

（4）设置对照。试验中过多的变量如遗传、环境等，会对动物试验的结果产生影响。因此，为消除这些外来变量或可能存在的未知变量的影响，应当设置对照动物。设置对照动物就建立了与试验动物直接对应的关系，可以消除过多变量和未知变量对试验结果的影响。

（5）动物预试验。在正式动物试验开始前如果没有试验成功的把握，要进行预试验。通过预试验，可以让试验动物适应新的环境，对试验动物进行驱虫、去势、预防注射等工作，训练试验人员掌握操作规程，并通过观察对不正常或不合适的试验动物进行调整或淘汰。因此，进行动物预试验可以初步观察动物是否适宜于本试验要求；熟悉动物的生物学特性及饲养管理；检查与动物试验配套的试验条件、方法是否初步到位。预试验的动物数一定要多于正式试验的头数。预试验的时间根据具体情况决定，一般为10～20天。

（6）试验的管理。动物饲养管理方面的微小变化也会对动物的行为、生理和生化方面产生巨大的影响。在试验实施中，除了试验设计所规定的处理间差异外，其他的饲养管理条件和技术措施应力求一致。试验动物最好集中于同畜舍，并由同一饲养员负责饲喂，栏舍条件和位置分配尽量一致。如果动物被换到新的环境和更换饲养员，至少让动物适应调整1周，才能开始试验。

(7) 试验的观察记载及测定。试验指标是衡量试验处理效应的标准，必须及时而准确地观察记载。不同的动物试验，由于试验目的、要求不同，要观察记载和测定的试验指标有较大差异。确定试验指标及其观察记载时应注意观察指标不宜过多或过少，要分清主次，量力而行。一般应抓住能反映处理效应差异的主要指标，最好是易于准确度量的客观指标。指标测定时，不同动物同一指标的测定方法、标准、时间、次数要统一。同一试验的一项观察记载应由同一工作人员完成，并且对某些测量误差较大的指标进行测定时，要重复测定2～3次，然后取其平均值作为指标值，这样可保证测定结果准确可靠。除了试验指标的观察记载外，对试验的每一操作均应做准确、及时的观察和记录。

(8) 试验结果的分析。经过上述动物试验的一系列过程，取得了大量试验资料，试验人员下一步的重要任务就是将试验资料应用科学的分析方法进行整理分析，对试验做出科学的结论。

(9) 试验的总结。与种植业推广试验的总结内容大致相似，这里不再重复叙述。

第三节 成果示范与方法示范

一、农业推广成果示范

(一) 成果示范的含义和作用

成果示范是指在预先选好的各类农业科技示范园区、示范基地、示范户承包经营的土地、养殖场等特定示范场所，在农业推广人员的直接指导下，把已经经过当地适应性试验和生产试验取得成功的某个单项技术成果或综合组装配套的技术，严格按照其技术操作规程实施，将成果的经营过程、操作过程、最终效果和优越性充分展示出来，作为示范样板，引起周围农民的兴趣，鼓励他们仿效的推广方式和过程。

成果示范是用成果的最终效益或结果来展示科技成果优越性的一种方法，又称效果示范或结果示范。成果示范是所有的推广方法中较常用和有效的方法之一。因为我国农民科技文化素质不高，农民对看得见、摸得着的技术比较感兴趣，而成果示范方法正好符合了大多数农民在接受和采用农业科技创新过程中“眼见为实”的心理特征。

成果示范主要是向拟推广地区农民展示并说明一项新技术可以在当地应用，并证明新技术确实比当地的原有技术增产增收增效益。同时，成果示范可以使农民使用听觉、视觉、触觉等几乎所有的感官去观察事物，并进行自己的分析和判断，所以能够较容易地说服持有怀疑态度的农民采用新成果，特别是对比较固执的农民，这是一种最有效的手段。

(二) 成果示范的基本原则

1. 示范技术要成熟可靠 成果示范要选用那些已经通过当地适应性试验、生产试验并获得成功的新技术成果，不能选用那些没有把握或尚属试探性的技术。对于上级有关部门直接下达的且在普遍意义上有重要价值的技术成果，如果尚未经过试验验证，也不能盲目示范。示范技术要成熟可靠是成果示范必须遵循的基本原则。

2. 示范目标要同当地政府和农民的社会生产目标相一致 示范目标、政府目标和农民目标要保持一致，这样既能得到当地政府的资金、物资等各方面的支持，又能受到农民的欢迎，农民才能对成果产生兴趣，获得良好的示范效果，进一步促进农业新技术成果更快更好地大范围推广应用。这样就会促进农民增加经济收入目标和政府实现社会发展目标的实现。

3. 成果示范要考虑配套服务条件 成果示范过程中相应的配套服务条件包括种子、化肥、农药、地膜、农机具等必备农业生产资料的供应、生产资金的提供、农产品的运销和加工等方面，这些条件必须得到满足，示范才能成功，成果才能够真正得到推广。

4. 成果示范的布局要合理 布点形式要因地制宜，根据具体情况而定。如果技术成果推广地区属于山区的较狭地带，可采用条状布点，使各示范点呈一条长带分布在多处；如果是交通便利的平原地区，可以采用梅花式布点，示范点遍布于大田生产之中，对每个点的辐射区都能起到带动作用；可以根据示范点的影响辐射面，采用中心示范，将大的示范区划分成若干小区域，在其中心进行示范；可以将不同的示范项目集中起来，采用集中示范，成为一个集中的示范区，便于农民参观多种技术。

5. 要精心选择示范点和示范户 示范的目的主要在于向农民展示技术成果。为了让更多的农民看到展示的成果，扩大影响效果及辐射范围，示范点应当选在交通便利的地点。同时为了提高示范效果，保证示范的成功进行，要有计划、有重点地培养和选择示范户。

在选择示范点时，要选择符合示范布局要求、交通方便、有利于观摩的村边或路旁，示范地块要有代表性、肥力均匀，并且其他方面都要尽量符合成果或技术应用的条件。选择示范户时，应选择农村中文化水平较高，具有一定科技素质和较丰富农业生产经验，对新成果和技术感兴趣，在群众中有威信、有一定的影响力和号召力，经济实力较强，具有较强宣传和组织能力并且乐于助人的农户作为示范户。

6. 当前利益与可持续发展相结合 成果示范时一般都愿意选择一些转化周期短、经济效益好的“短、平、快、小”项目，目的是能够使技术成果的效益和效果尽快显现，使更多人看到、了解并愿意应用这些成果。但仅以当前利益为出发点进行成果示范是不完全甚至不科学的，因为有些技术成果在为某地区农民带来可观的眼前利益的同时可能损害了当地的整体和长远利益，造成了对当地资源的浪费和环境的破坏。因此，成果示范目标的制定既要考虑到满足农民获得较高当前收益的愿望，又要有助于实现农业的可持续发展。

（三）成果示范的步骤

成果示范包括示范计划的拟定、实施、总结和宣传等步骤。

1. 成果示范计划的拟定 为了使成果示范取得预期效果，必须根据成果示范的目标要求拟定计划，计划的内容包括示范的目的、内容、时间、规模，示范户的选择与培训，示范点选择与布局，调查记录的内容，示范的基本方法等。

（1）明确示范的目的。成果示范的主要目的是充分展示农业新技术成果的优越性，激发农民接受和采纳新技术的欲望；提供新技术实施的实际过程，增强农民采用新技术的信心；培养农村技术普及人才，完善技术规程，为大规模推广提供技术保障。

（2）示范户的选择与培训。示范户的确定要符合示范户选择的基本条件。一般示范户选择的都是当地的技术骨干，其影响力较强，受人尊重，思想活跃，接受新事物、新观念、新技术较快，属于革新型农民，是农村中的能人，并且他们有主动参与示范的要求，是农村中的先进力量。示范户被选定后，要对他们进行技术培训，使他们掌握示范项目的技术要求，熟练操作技能，并培养他们影响农民、协助农业推广人员传播技术的本领。培训内容包括示范项目的技术要点和操作技能、影响农民的方法、观察记载等。

（3）示范点选择与布局。示范点选择要符合基本条件，特别是要肥力均匀、有代表性、交通方便，同时地块条件必须符合成果的要求。例如，如果示范项目是推广盐碱地棉花保苗技术，就应该选择盐碱比较多且有一定代表性的地方进行示范。

示范点布局要合理，一般根据计划推广面积和地理状况来确定。计划推广面积越大，示范点应该越多。布点形式要因地制宜，交通不便的地区，则多根据山川走向，采用条状布点示范；交通方便的平原区，一般多采用梅花布点式示范。不论哪种布局，都要考虑示范点的控制和影响范围的大小。

（4）调查记录的内容。成果示范实施过程中调查记录的内容包括全部技术环节、技术措施以及作物对技术措施的反应、表现，具体到用种、用肥、用药、用工情况和费用支出等情况，都要详细、及时地记载。不同示范点的收支情况要分开记载，示范区的各种调查要认真、准确、有说服力，特别是投入与产出的调查记录要准确。

此外，示范计划在不影响示范效果的前提下要尽量简单，以适应农民的科技文化素质水平；计划中示范的规模要足够大，以获得真实的示范效果。

2. 成果示范的实施

（1）示范户和示范点的确定。示范负责人应当按照成果示范的基本原则，结合示范地区具体情况确定示范点布局方式，然后选定示范点。示范负责人到拟设立示范点的地区进行实地考察，确定示范地的大致框架区，并对框架区内所涉及的农户进行调查，然后将符合要求的几个农户召集到一起，认真座谈。通过座谈，使农户明确示范项目的内容、意义，需要他们做哪些工作和投入，他们能够得到哪些方面的服务及利益等，最后确定1～2户自愿合作者为示范户。示范户和示范点的选择，关系到成果示范能否成功，所以对于推广人员来说是一项十分重要而关键的工作。

（2）设置对照区，种好示范田。成果示范一般是分小区并在相同条件下进行对比，要注意选用地力均匀的土地进行示范。一定要设对照区和立示范牌，并在牌上注明示范题目、内容、方法、时间、示范单位、负责人和示范户姓名。如新品种对比示范试验，要在新品种的旁边设对照品种，除了品种不一样外，其他栽培措施都应该相同。

（3）与示范户保持经常联系，加强指导。在成果示范的过程中，推广人员要经常去指导，与示范户保持经常的联系，了解成果示范措施的情况。实施新措施的关键时刻要亲临现场指导和检查，给予他们技术上的指导，使示范户有信心把示范工作做好，并能够防止因技术失误而导致成果示范的失败。

（4）进行系统的观察记载。成果示范的观察记载一般在推广人员指导下，由示范者进行。成果示范的过程是示范的有效教学方法，引进一个新品种在当地示范，要把示范地的一套栽培技术措施以及新品种对这套技术措施的反应、表现记载下来，并公布给农民。有了记录，农民就可以做比较，了解品种在当地的表现、有什么特殊要求。观察记录的内容必须准确，如实说明用种、用肥、用药、用工情况和费用支出等。同时，在必要阶段要进行照相或录像，以便了解示范全过程，并作为成果示范总结的附件材料。

（5）召开观摩会，组织农民参观。成果示范实施期间，选择最能反映新成果优越性的时间召开观摩会，组织周围的农民进行考察参观，这是十分重要的手段。因为这种示范观摩是农民自己学习的极好机会，也是增强示范效果的好方法。

在参观学习时，推广人员根据示范的实际记录，说明示范的范围、技术问题、经济成本及展望，同时可聘请示范户做讲解的协作员，进行补充说明，在讲解时最好用对比的方式来激励农民的仿效心理。为提高效果，还可结合幻灯、挂图或印发说明材料等方式。在参观或观摩后，可让农民提出问题，交流经验。

3. 成果示范的总结和宣传　成果示范实施完成之后，要进行全面的总结，写好总结报告。通过总结，可以积累成果示范的经验，并可向政府或企业等资助单位的管理部门提供资料，以便上一级推广部门完成大范围的工作总结，同时为制定下一轮推广计划提供参考依据，还可以起到向技术成果研制单位反馈信息的作用。总结的内容包括示范背景、范围、计划、程序、比较结果、讨论分析、效果及存在的问题、群众反应等，并附上原始记录和照片等资料。对于成果示范的成功经验，要注意利用各种会议及媒体进行宣传，扩大示范成果的影响，吸引更多的农民去效仿。在总结、宣传的同时，对示范户进行表彰和奖励，鼓励他们以后继续承担示范任务。

（四）成果示范的优缺点

成果示范是一种使用最早、最普遍、最有效的推广方法，既有优点也有缺点，推广人员应该扬长避短，巧为利用。

成果示范的优点表现在成果示范由农民自己示范经营，说服力强，新技术容易推广，对于固执的农民是一种最好的教育方法，所以成果示范是介绍新成果、新技术最有效的方法。

但是，在成果示范过程中找到一个认真负责、有一定水平的示范户很困难，而且为了保证示范成功，要给予示范户一些优惠条件，因此成果示范是一种成本较高的推广方法。此外，由于示范周期较长，往往需要推广人员长期蹲点，所以推广人员需花费较多的时间和精力。

二、农业推广方法示范

方法示范是指在推广工作中，通过实际操作向农民演示某种技能的一种方法。例如仔猪去势、雏鸡公母鉴别、棉花整枝、果树修剪、水稻抛秧等，推广人员一边进行操作，一边向农民讲解。方法示范的意义是农民通过视觉、听觉、味觉、触觉等感官进行学习，并将看、听、做、讨论相结合，在较短的时间内可学习到书本上描述较复杂的一种技能，能增强他们采用新技术的决心，尤其在家政推广活动中应用最为普遍。

（一）方法示范的基本原则

1. 示范内容适合当众表演，且在短时间内完成　方法示范内容必须是当地群众最需要解决的问题，且适合当众表演。由于方法示范多数是在田间、地头，教学环境不同于教室，观众的注意力不易集中，所以要尽量在短时间内完成，否则群众易反感，效果不佳。同时参加方法示范的人数不宜过多，在示范中要使每个人都能看得见、听得清。

2. 以实际操作为主 示范者要做好反复练习的准备，把实际操作分解成几个部分进行教学，在示范过程中要将每个操作展示清楚，不能用语言来代替。

3. 农民亲自操作 一项新技术听起来、看起来好像容易掌握，但真正做好是不容易的，因为有一个操作技术是否熟练、是否准确的问题。因此，要求农民对每一个步骤都要亲自去做，做对了推广人员要鼓励，做错了要帮助他们改正。对农民来说，亲自操作不仅能够使自己有亲身体验，而且可以训练手脑并用的能力。对较难的技术还应该让他们重复操作，直到全部掌握为止。

（二）方法示范的步骤

1. 方法示范计划的制订 无论推广人员有多么丰富的经验，每次进行方法示范都要根据示范的目的和内容写出示范计划。计划包括通过方法示范要达到什么样的目的，示范题材、题目及主要内容是什么，示范所需材料和用具，示范的程序，示范时间和地点，为观众解答的主要问题，示范过程的总结等。同时，示范者要进行反复练习，做好充分准备，因为方法示范的效果主要取决于示范者本身。因此，要求示范者不但要对示范题目及内容有充分的了解，而且要学会如何在观众面前讲解和表演，要有熟练的技术和精炼的口才，才能收到较好的效果。

2. 方法示范的实施 方法示范的实施大体上可分为三个阶段：介绍、示范、小结。

（1）介绍。首先要介绍示范者自己的姓名和所属单位，并宣布示范题目，说明选择该题目的动机及其重要性。要使推广对象对新技术产生兴趣，感到所要示范的题目内容对他很重要并且很实际，能够学会和掌握。

（2）示范。示范者要选择一个较好的操作位置，要使每位观众都能看清楚示范动作。动作要慢，要一步一步地交代清楚，做到说明（或解释）和操作同时进行，完全密切配合。用语要通俗、易懂，使每位观众易听懂、了解。

（3）小结。将示范中的重点提出来，重复并做出结论，给观众留下深刻的印象。在进行小结时要注意三点：①不要再加入新的东西和观念；②不要用操作来代替结论；③要劝导观众效仿采用。

3. 操作练习和回答问题 示范结束后，在推广人员的直接帮助下，每个推广对象要亲自操作，对不清楚、不理解或能理解但做不到的事情，推广人员要耐心地重新讲解、重新示范，纠正农民的错误理解和做法，鼓励农民再次操作练习，直到理解并正确地去做、达到技术要求为止。同时，在活动中要鼓励和允许农民提出问题，并对其提出的问题进行回答。示范者在回答问题时，要抓住重点、清晰扼要，如答复不了，可直接说明，不可胡编乱扯或对提问者有不礼貌的语言。

（三）方法示范的总结

方法示范结束后，应当进行全面总结，并撰写总结报告。通过总结，可以提高示范的影响效果，并且可以为以后示范的进行提供借鉴资料，同时可以为农业推广示范教学的理论原理和实践补充新的内容。总结的内容主要包括示范的内容、时间、地点、组织形式、效果及优缺点等，同时将示范的体会、示范过程中需注意的要点和需要改进的方面记载下来，作为推广人员的学习借鉴资料。

（四）方法示范的优缺点

方法示范是一种传统的农业推广人员常用的推广方法。方法示范有利于将新技术介绍给农民，因为农民可以在现场看到、听到、问到、做到，所以容易启发农民仿效。通过方法示范，可以培养头脑和操作技术较为灵活的人才。此外，与成果示范相比，方法示范的成本较低。

但是，方法示范也具有一定的局限性：①方法示范的适用范围小。由于条件所限，方法示范只能介绍给一部分农民，不能使更多的农民同时观看到表演。②方法示范对示范者的要求较高。要求示范者既要有较高的业务素质和丰富的经验，还要有较好的操作水平和演讲口才，而且为了保证示范成功，示范者对示范的内容要进行长时间的反复练习等准备工作。随着科学技术的发展和推广手段的现代化，方法示范可借助现代化的声像传媒技术来克服上述缺点，提高方法示范的效果和影响范围。

第十二章　农业推广写作

农业推广写作能力是农业推广人员的基本技能之一。农业推广工作的特殊性决定了写作文体的多样化、语言使用的大众化和本土化。学习农业推广写作的目的是使农业推广人员不仅要像科研人员一样会写论文，而且更多的是要会写报告、科普文章以及各种各样的应用文体，以适应完成推广任务的需要。

第一节　农业推广文体

一、农业推广论文

论文是研究者对自己的研究成果及产生原理按照一定的方式所做的文字表述。农业推广论文作为论文的一种特殊形式，是以书面文字的形式来表达在农业推广领域中进行的理论与实践研究、开发与推广的学术性文体，属于科技论文。农业推广论文具体包括农业推广学术论文和农业推广专业学位论文。

（一）农业推广学术论文

农业推广学术论文是研究、讨论农业推广理论或实践中某种问题，并在各种学术期刊或会议论文集上公开发表的文章。

农业推广学术论文具有以下特性：

1. 科学性强　学术论文的首要特点是学术研究的过程与结果的记载，因而它具有很强的科学性。所谓科学性，是指它应合乎事物发展的规律，同时又是前人尚未发现的。由于对它的发现，可以促进科学的发展或使人们的认识发生飞跃。一般来说，它应该能用科学的原理证实它的真理性的存在，但它是不能用已有的知识为依据加以鉴定和评审的。它只能用新的实践来检验。农业推广学术论文以农业推广试验为基础或以农业推广实践为依据。

2. 创造性强　即指在农业推广研究材料上有新发现，在农业推广理论上有新突破，在论述上有新发展，在方法上有新尝试，在问题上有新开拓等。任何一方面的创新均可称之为有创造性，不要求面面俱到，但追求拥有较多的科研的信息量。

3. 专门性　即指所研究讨论的问题，必须从属于农业推广这一学术领域或农业推广的专门知识体系，或者是其中的某一局部或某一侧面，具备农业推广知识体系的结构或层次特征，与其他知识体系的结构或层次有明显的区别。

4. 特殊的应用性　学术论文对比其他公文具有特殊的应用性，主要体现在学术论文的应用价值往往是随着时间的发展先有一个逐步增长的过程，然后可能趋于稳定或逐步降低，呈抛物线状态。而其他应用写作的应用价值则往往是随时间快速减少，或者是一次性作用。另外，还有许许多多不公开发表的学术期刊和学术会议文献，其中有不少是更为有价值的学术研究成果。这些成果已应用于科学技术、经济技术发展，却处于保密阶段。因而可以说学术论文的应用相比其他方面的应用文有其特殊的意义。

尽管学术论文的应用性具有特殊的重要意义，但也不可否认，有不少的论文永远也没有得到应用于科技发展和生产过程。

5. 深入浅出性 学术论文的本质决定了它的深刻性，如再写得玄虚莫测、艰涩蹩脚，则在宣传推广中会很快被“十幂律”（即10个学术成果中，只能有3.16个左右被推广，有1.78个左右被转化为与生产相关的技术成果，有1.33个应用于生产或管理等。这种结论是以高水平的学术期刊所发表的学术论文为基数的。对于一般期刊，或由于稿源不充足，或由于编辑和审定水平低等原因，10个基础研究成果中，被采用于生产和工作的恐怕达不到1个）筛漏。因此，学术论文必须写得深入浅出，把一个相当复杂的科学道理写得容易理解。

6. 系统性 即指论述的农业推广问题应该自成体系，有条有理、逻辑性强、前后连贯，不是杂乱无章、支离破碎的东西。

总之，农业推广学术论文既是一种说理文和议论文，因而需要讲明道理，以理服人，又是作者对所研究农业推广问题的个人见解，因而需要从农业推广客观事实出发，逻辑地、辩证地去证实或证伪，找出论述对象的本质属性和运动规律，使之上升到一定理论高度，从中得出普适性结论。

（二）农业推广专业学位论文

学位论文是高等院校毕业生为了申请相应学位而撰写的用于考核和评审的文章。学位论文分为学士、硕士和博士3个等级。

二、农业推广科技报告

农业推广科技报告是指对农业推广活动中的有关情况（某一现象或某一问题）进行深入细致的调查研究后，就其发生发展的过程、产生的根源、变化的趋势和规律以及应对策略用书面形式向主管单位或社会公众所做的汇报或报告性论文。主要包括调查报告、可行性研究报告、总结报告、项目开题报告、科技实验报告等。

农业推广科技报告具有告知性、客观性、针对性三个方面的特性。

1. 告知性 农业推广科技报告一般属于告知性的。它一般将一些正、反面典型或重要情况印发给有关单位或部门，以让这些单位或部门了解。

2. 客观性 农业推广科技报告要通过具体的情况、数字、做法、经验和问题来说明主旨、揭示规律，有时也可以引发议论，但必须以文中的具体事实作为出发点，而且不可议论过多。对于材料的选择，要注意其真实性，既不夸大也不缩小，避免堆砌材料、罗列现象。

3. 针对性 农业推广科技报告直接服务于农业推广工作，反映农业推广工作中实际存在的问题和矛盾。有的放矢，倾向明确，尽可能及时地提出农业推广工作中迫切需要解决的问题，为制定相应的方针政策和采取各种具体措施提供重要的依据，避免工作中的失误。同时，它也能最迅速地反映各个部门所取得的新经验、新成果，发现规律、总结典型，来指导和推动农业推广的相关工作。

三、农业推广应用类、宣传类文体

（一）农业推广应用类文体

农业推广是一项复杂的社会性工作，工作范围广泛，接触面多，要与很多相关人员、部门交往，所以掌握各种农业推广应用与宣传文体的写作，对搞好农业推广工作至关重要。农业推广应用类文体主要包括农业推广工作总结、农业推广合同、协议、农业推广科技简报、农业推广科普文章等。

农业推广应用类文体具有以下特点：

1. 价值的直接实用性。 在内容上，农业推广应用类文体应有很强的目的性和针对性，要能反映农业推广实际，切实解决农业推广中存在的问题；在形式上，农业推广应用类文体的结构、格式、语言等要为直接实用性服务，语言要浅显、易懂、规范，讲求准确无误、直接明了；在效能上，农业推广应用类文体要讲求内容的单一性和强烈的时效性，一切从提高工作效率出发，要迅速及时，以免延误时机，影响工作，造成损失。

2. 材料的完全真实性 农业推广应用类文体的材料的真实是一种完全的真实。要做到完全的真实，至少要做到“三真”：①选用的材料本身必须是真实的，是符合农业推广客观实际和社会生活现实的；②写作时运用材料的方式是得当的，反映给农业推广对象的材料必须是真实可靠、准确无误的；③材料的选用与事实核心或实质是一致的，即材料的取舍与农业推广应用论文主旨之间的关系是紧密的，材料必须充分地支撑观点。

3. 构建的直观规范性 农业推广应用类文体的文种、格式、语体、语境、布局等大致有相近的样式，有大体统一的形式要求。

4. 表述的直白简约性 农业推广应用类文体表述的直白简约性是由应用文价值的直接实用性派生出来的。农业推广应用类文体的效用只有通过推广对象接受这一环节才能得以发挥，从推广对象对语言的期待来看，农业推广应用类文体的语言必须明了简约，尚质朴直白，忌浮华不实。只有这样，农业推广应用类文体的接受主体才能准确地抓住应用文的主旨和中心。简约具体表现在概念清楚、详略得当、轻重分明、说理明确上。

（二）农业推广宣传类文体

农业推广宣传类文体是在农业推广过程中，面对农业推广工作的服务对象（农民家庭及其个体、村民小组、村民委员会下属的集体经济组织、农民专业合作组织、涉农企业和国有农垦企业职工等），在正式场合针对农业推广的技术、产品、服务或理念等进行的发言或培训。

农业推广宣传类文体主要包括农业科技推广广告、农业推广培训等。其内容具有广泛性，针对性，表达的口头性和情感性。

1. 农业推广宣传类文体的语言特点

（1）易懂易记，简单明了。面对目前我国多数农民科技文化素质较低的现实，在推广活动中，无论是科普宣传、技术培训还是信息咨询、方法示范、巡回指导等，都要求推广语言通俗易懂，易为农民接受。另外与学生不同，农民作为成人，负担重，精力分散，记忆力差，因此要求推广语言简单明了，通过精心提炼使其容易记忆。掌握了上述特点，沟通才能容易进行。

（2）实用有效，可行易行。向农民推广一项创新科技成果，除了项目本身要与农民的生产生活实际紧密联系外，在可行性论证、介绍项目技术要点、操作程序、注意事项等方面，应使科学原理通俗化、复杂技术简单化，经过推广人员的语言加工，深理浅释，使高深科技理论和高难复杂技术易于掌握，可行易行。

（3）生动形象，朴实无华。有些科学原理直言泛论、难以理解，若运用生动形象的比喻使其大众化，不仅易为农民所接受，而且印象深刻。同时，朴实无华的语言能拉近推广人员与农民之间的距离，消除农民的逆反心理，达到推广教育的目的，这也是农业推广语言应具备的特点。

2. 农业推广语言运用的原则 农业推广语言是农业推广人员与推广对象之间进行交流和沟通的重要工具。作为一个合格的农业推广人员，要想打动推广对象，使其由信息的被动接收者变成自觉的积极参与者，在农业推广活动中必须能正确运用农业推广语言，同时掌握一定的语言应用能力和技巧，遵循以下基本原则：

（1）朴实通俗的原则。朴实的语言是农业推广语言运用的重要原则，因为朴实的语言能增强人与人之间的相互吸引力。朴实通俗的原则一般包括三个方面的含义：①语言要亲切，态度要和蔼、诚恳，体现与对方之间的平等与尊重；②讲专业技术问题要尽量使用农民自己的语言；③语言要通俗易懂，以便农民接受。

（2）深入浅出的原则。针对推广对象的科技与文化素质特点，讲解某一问题时尽量做到深入研究、浅出再现，把科学理论的语言变成推广对象易于理解的大众语言。

（3）科学规范的原则。在遵循朴实通俗、深入浅出原则的同时，一定要注意农业推广语言运用的科学规范性，不能违背科学规律。通俗不等于粗俗，科学来不得半点虚假和疏忽，能通俗的尽量通俗，该规范的必须规范。在实践中，一定要严格掌握定量标准，不能用“大概是”、“一小碗”、“一会儿”等模糊的量词，防止农民因理解不当而出现问题。

（4）事实教育的原则。农业推广活动不是简单的经营或推销行为，也不是一味地说教，而是针对推广对象的特定问题与需要而开展的教育与咨询工作。因此，必须遵循事实教育的原则，坚持“实践是检验真理的唯一标准”。俗语讲得好：“耳听为虚．眼见为实”，“百闻不如一见”。推广一项农业新技术，必须要考虑到当地的水、肥、土、气、热、光等自然条件和社会经济条件，经过试验、示范后，才能确定是否能进行大范围的推广。

第二节　农业推广科技报告的写作

农业推广科技报告是指将农业推广活动中的有关情况，用书面形式向主管单位或负责单位所做的汇报，具有告知性、客观性、针对性三方面的特点。农业推广科技报告主要有项目可行性研究报告、项目申请报告、调查报告、科技实（试）验报告和工作总结等。

一、可行性研究报告

随着科学化决策与管理的日益发展以及对推广项目经济效益、社会效益和生态效益的高度重视，可行性研究报告的使用越来越多。它既是农业生产中某些较大科技成果推广方案实施的最终决策依据，也是获得经费资助和贷款、建立协作和合作关系的依据。

可行性研究报告是从实际出发，运用定性、定量分析的方法，通过综合分析某项推广项目的社会需求、现实条件、社会经济效益等，论证该项目推广的现实性或非现实性的书面表达。撰写可行性研究报告是一项非常严肃的工作，需要在调查研究的基础上进行。

常见的农业科技可行性研究报告有农业科技推广（开发）项目可行性研究报告、农业商品化生产基地可行性研究报告、支农工业生产建设性项目可行性研究报告、申请使用项目贷款的可行性研究报告等。

可行性研究报告具有综合性、论证性和预测性等特点。可行性研究报告的作用主要是为是否投资某个项目提供决策依据，也是编制计划任务书、获得银行贷款、签订协议、进行项目设计和施工及编制国民经济计划的重要依据，同时也是重要的参考文献。

（一）可行性研究的步骤

可行性研究报告的撰写是一项非常严肃的工作。在决定对某一项目进行可行性研究以后，首先要成立一个专门项目小组。项目小组人员一般由工程技术、经济和管理等几个方面的专家组成，尤其要选择一名精通业务、有组织能力、有威望的人担任项目负责人。然后分析调查对象，编制调查计划，并对资料进行收集、整理和分析。可行性研究的步骤如下：

（1）开始筹划研究。建立研究项目小组，讨论研究范围，确定可行性目标。

（2）进行实地调查和技术经济研究，进行产品需求及市场定价，工作部门结构，竞争与出口，原材料，能源，工艺要求，运输条件，劳动力定员、来源、培训，外围及服务设施，评价标准，财务及经济等项目的研究。

（3）方案评估与选择。评价各种备选方案，制定决策。

（4）最优方案的具体化、优化，包括资金来源、资金筹措方法等。

（二）可行性研究报告的结构与内容

可行性研究报告没有固定的、统一的形式，其篇幅也长短不一，没有固定的要求。它的基本格式可参照国家标准 GB 7713—87《科学技术报告、学术论文的编写格式》。可行性研究报告正文的内容因研究的课题不同而异。

1. 农业推广（支农新产品开发）项目可行性研究报告的内容

（1）前言。支农新产品开发项目提出的背景、投资的必要性和经济意义、研究工作的依据和范围。

（2）市场需求情况、拟定规模。国内外市场近期需求情况、销售预测、价格分析、产品竞争能力、进入国际市场的前景、拟建项目的规模、产品方案和发展方向、合理建设规模的技术经济比较和分析。

（3）资源、原材料、资料及公用设施情况。经过批准的资源储量、品位、成分及开采、利用条件的评述，原料、辅助材料、燃料的种类、数量、来源和供应可能，所需公用设施的数量、供应方式和供应条件。

（4）厂址方案和建厂条件。建厂的地理位置、气象、水文、地质、地形条件和社会现状，交通运输及水电气的现状和发展趋势，厂址方案比较与选择意见。

（5）设计方案。主要技术工艺和设备选型方案的比较，技术来源和生产方法；全厂土建结构和工程量估算；公用辅助设施；全厂总图布置和厂内外交通运输方式的比较和初步选择。

（6）环境保护。环境现状，“三废”治理和回收的初步方案，对环境影响的评价。

（7）生产组织、劳动定员和人员培训（估算书）。

（8）拟建项目的实施计划。勘察设计周期和进度，设备订货，制造周期和进度，工程施工周期和进度，调剂和投产时间，拟建项目实施的可行方案。

（9）投资估算和资金筹措。各项工程占用的资金和使用计划，与本工程有关的外部协作配套工程的投资估算和使用计划，生产流动资金的估算，建设资金总计，资金来源、筹措方式、数额和利率估算。

（10）产品成本的估算。原材料消耗定额、价格，各种费用的定额指标，工资标准，折旧，税金，利息，总成本及单位成本计算。

（11）经济效果评价。财务评价、销售收益、偿还能力和投资回收年限的估算，国民经济评价及评价结论。

（12）附件。将有关调查研究资料及文件，以附图、附表及协议条文等形式列附于后，以备查考。

2. 申请使用银行贷款的可行性研究报告的内容

（1）前言。包括本报告的由来、主题，本课题的提出者和承担者，本课题的研究范围、目的，现有资金情况，简述研究工作的经过等。

（2）基本情况。详细介绍申请单位的情况，并用大量的实事和数据充分说明该单位有着雄厚的基础，曾经做出过很大的贡献，从而使读者对申请单位有一个基本的、良好的印象。这部分写得好，就为后面提出申请贷款的要求奠定了基础。这部分可以采用条款式的写作方法，因为这种写法具有简洁、明确的特点，各条之间不需要过渡段，写起来重点突出、容易表达。

（3）当前存在的主要问题。这部分是叙述申请贷款的理由，即希望通过使用贷款解决这些存在的问题。存在的问题可能很多，但是写在报告上的应是那些对申请单位未来发展有重大影响的主要问题。叙述这些问题时既要有定性的说明，又要有定量的例证，并且真实可靠，否则将直接影响报告的质量和效果。

（4）××××—××××年发展规划。写这一部分内容的目的是希望读者能从规划中看出申请单位的发展前景和潜在力量，通过得到贷款能使单位得到长足发展，收到预期效果。因此，在写这部分内容时，既要反映出数量的增长，也要反映出质量的高低，还要有为实现规划制定的策略和准备采用的措施。为了使规划切实可行，避免指标定得过高或过低两种倾向，必须进行周密的调查研究，要与国家的发展规划协调一致。要坚决杜绝那种仅凭主观想象、不切合实际的做法。

此外，要注意使发展规划与存在的问题相照应，做到问题、规划、措施一一对应。指出的问题切中要害，制定的计划有实现的把握，申请单位的领导人（或者项目负责人）眼光远大，工作作风踏实，有魄力，具备贷款使用的基本条件。

（5）申请贷款的项目要求。这部分是报告的核心，其他部分都是为其服务的。应首先用简洁的文字，直截了当地说明申请使用贷款的目的，提出具体的要求。这样写重点突出、条理清晰，会给读者留下深刻的印象。然后，再详细阐述申请的贷款用于哪些方面、贷款的分配原则、使用贷款的能力、与贷款有关的配套资金等情况。这些内容对决策者最后做出是否给予贷款的决策有举足轻重的作用。

（6）贷款项目建成后达到的效益指标。效益指标是指列出一系列的具体数据来说明现在所存在的问题到贷款项目建成后会不同程度地得到解决。这里的数据既是项目的目标，也是将来检查贷款项目执行效果的依据，届时要逐条验收，因此一定要严谨、慎重。

（7）贷款项目的管理和用款措施。严密的组织、科学的管理、切实可行的措施是贷款提供者最关心的问题。写申请贷款的可行性研究报告必须考虑到这一点，要给予明确的回答，使贷款提供者确信申请贷款者能够管好、用好贷款。项目负责人和执行负责人是用好贷款、使贷款发挥作用的关键。

（8）贷款项目的建设规划。这是一个用款规划，一是让提供贷款者在审查报告时就申请项目的合理性、可行性进行审查，作为贷款的依据；二是报告的提出者在执行规划时作为执行的依据。

（9）结论和建议。可行性研究报告的末尾应当有确切的结论或者建议。具体包括前述各部分问题的重要结论、优缺点和总评价、主要经济指标和存在问题等。课题不同，结论和建议中的内容及写法也不相同。但有一点是相同的，即都是在对客观情况进行科学的分析以后得出的，都需要敢于说实话，敢于旗帜鲜明地表明自己的观点。

二、项目申请报告

项目申请报告是申请科研课题立项、策划科研开展的一种文件，它的表达形式是科研项目申请书。

1. 简表　填写申请者简况、参加项目的主要人员情况、项目名称、研究类别、申请金额等。

2. 正文　主要包括以下部分：

（1）本项目的目的和意义。包括科学意义和应用前景，国内外研究概况、水平和发展趋势，学术思想，立论根据，特色或创新之处，主要参考文献目录和出处。

（2）研究内容和技术指标。说明项目的主要内容和重点解决的科学问题及技术关键、预期成果和提供形式。若是理论成果，应写明在理论上解决哪些问题及其科学价值；若是技术成果，应写明技术指标及效益分析。

（3）拟采取的研究方法和技术路线。包括研究工作的总体安排和年度计划，理论分析、计算、实验方法和步骤，可行性论证，可能遇到的问题和拟解决的办法。

（4）承担本项目的条件。包括过去的研究工作基础、现有的主要仪器设备、研究人员及协作条件。

（5）经费来源及概算。包括申请资助的总金额，其他渠道已得到、已申请或拟申请的经费来源及金额，支出项目列项与预算。

（6）项目负责人和主要合作者的简历。按人填写主要学历和研究工作简历，正式发表的与本项目有关的主要论著目录和科研成果名称，并注明出处及获奖情况。

三、调查报告

调查报告是根据实际调查研究的成果，写出反映客观事物及问题的书面报告。它是上级了解基本情况、研究制定政策、发现典型、总结推广经验以及解决和处理问题的依据。

（一）调查报告的类型

1. 基本情况调查报告 着重调查某一地区、某一单位、某一项目或某一阶段的工作情况或某些方面的状况，总结带普遍性的规律及存在的问题。目的是为制订工作计划、确定工作措施等客观决策提供依据，如“××市特色农业发展情况的调查”。

2. 典型经验调查报告 通过对具有典型意义的先进单位的成功经验和有关措施的总结分析，找出其规律性的东西，对以后或其他地区的工作起推动作用。报告的内容要具体、深刻、突出事实，所列举的事例要有典型性和针对性，如“贫困地区农业技术推广应用成功的经验调查”。

3. 查明问题的调查报告 为弄清某一事件、某一问题的发生原因、经过情形、基本性质、当事人责任等而进行的调查。目的是查明真相，分清责任，提出意见，供上级部门决断和处理，如“丰产不丰收——×××地区反季节蔬菜推广中存在问题的调查”。

（二）调查报告的结构与写作

不同的调查报告因目的与内容的不同，可以有自身的结构形式与侧重写作的内容。从常见的调查报告的结构看，主要由标题、前言、正文、结尾四部分组成，有的还可有附录部分。

1. 标题 标题要反映报告的内容，做到简洁明了。

2. 前言 前言是调查报告的开头。农业推广调查报告前言的写作方法有：先说明调查的主要目的和宗旨，然后转入正文；先简单交代情况，着重说明调查的时间、地点、对象、范围、目的及采用的方法和调查的简要经过等，自然地引出结果即正文部分；先说明调查结果，然后转入正文；在开头首先提出报告所要揭示的问题，然后转入正文。

3. 正文 正文是调查报告的主体，要尽可能选用典型性、数据化、具可比性的材料，明确、鲜明地阐述观点，结构要清楚、紧凑。

4. 结尾 结尾部分是总结全文的过程，要写出调查研究之后所做的判断或结论，回答调查所提出的问题，或引发读者的进一步思考。

5. 附录 附录包括调查报告内容中所涉及的统计图表、原始资料、参考书目等，其目的主要是补充说明报告的正文，让读者鉴定收集和分析资料方法的科学性、结论的合理性，以增强调查报告的可信度。

（三）撰写调查报告的注意事项

1. 认真调查研究 作者应该立场鲜明、观点正确、实事求是、深入细致而全面地开展调查研究，收集系统、真实、典型、有代表性的资料。

2. 精心确定主题 确定好主题是写好调查报告的关键。应在大量可靠调查资料的基础上，正确、集中、深刻、新颖、对称地精心确定写作主题，以抓住主要矛盾，反映事实或问题的本质与深层原因。

3. 科学恰当地选用和安排素材　对调查得到的大量材料，坚持去伪存真、由此及彼、由表及里的原则，把感性材料上升到理性高度。

4. 注意典型材料和综合材料结合使用　将图表、数字、文字形式配合使用；把历史资料、访谈资料适当搭配使用等。在适当的时候恰当地使用相关素材，使事实、证据等能恰到好处地说明问题。

5. 适量选用大众化的生动语言　适量地运用经过提炼的生动、形象、准确、简练的大众化语言来印证观点，能起到通俗亲切、深入浅出、画龙点睛的作用。

四、科技实（试）验报告

农业推广中的科技实（试）验，是为了考察农业科技领域某个新技术、新成果、新产品的特性、效果或适应性而在实验室或小范围内从事的研究活动，以便取得有价值的结果、结论，为在大范围内推广使用提供依据。科技实（试）验报告就是把这种试验的目的、原理、设计、方法、过程、结果及其分析写成的文字总结材料。科技实（试）验报告写作的基本结构形式是：

1. 标题　直接陈述试验的内容，力求准确、简练，如“2011年辽宁省水稻区域试验报告”。

2. 署名　公开发表或与外单位交流的实验报告，署名方法与农业推广科技论文相同。

3. 摘要　不是所有的实（试）验报告都需要写摘要。较长的实（试）验报告可有一个内容摘要，其内容仅包括全篇报告最突出的几条结论。

4. 正文　包括以下几个内容：

（1）引言。是正文的开头部分，简要说明实（试）验所研究的对象、意义、作用及该项工作的开展概况、存在的问题、本实验要达到的目标等。

（2）实（试）验基本情况。包括实验的地点、时间、仪器、材料与方法。清楚地介绍试验的处理内容和方法（或材料与方法），对特殊的实验方法加以重点介绍，简述试验过程及步骤。种植业方面的试验报告要详细交代试验处理、重复次数、面积、土壤肥力等。

（3）实（试）验结果分析。实（试）验结果与分析是全文的主体，要用专业术语描述现象，结合应用图表加以辅助，引用数字要真实，结论要正确可靠。

（4）讨论。写作的主要内容有：影响实（试）验的根本因素，提高与扩大实（试）验结果的途径，实（试）验中出现的规律，实（试）验中观察到的现象及解释，误差分析等。与论文相比，实（试）验报告的讨论比较简略，如无必要也可略去。

（5）结论。用肯定的语言实事求是地逐条叙述实（试）验结果。

（6）致谢、参考文献。这部分内容的写作与农业推广科技论文相同。

五、农业推广工作总结

农业推广工作总结是农业推广工作进行了一段时间或结束以后，农业推广人员所做的书面总结。主要用来总结成绩，找出存在的问题与不足，明确未来农业推广工作的努力方向。

农业推广总结的种类很多。按时间分，可分为年度、季度、月工作总结等。按作者分，可以分为个人推广总结和单位推广总结等，如个人写的年度推广总结、单位写的推广总结。按内容分，可以分为全面总结和专题总结。

农业推广工作总结包含的一般内容与要求如下：

1. 标题 标题一般用最简练的话语说明工作总结的范围、内容，如“××地区2002年蔬菜温室规范化栽培技术推广工作总结”。

2. 正文 正文一般分为前言和主题两部分。前言部分简要地叙述某项农业推广工作的基本情况，包括时间、地点、背景、方法以及主要工作成绩等。主题部分是总结的核心部分，一般包括3个方面：①主要工作成绩和经验体会；②存在的问题和教训；③今后的建议。

在撰写工作总结的过程中，一般先把工作内容分成几个方面，然后按照内容之间的逻辑顺序，并考虑到各项工作内容的重要性，分出详略，安排结构。主要的内容放在前面，详细叙述；次要的工作放在后面，从简从略。对于一些并列的内容，可以灵活处理。在撰写时，首先要根据具体的材料和必要的统计数据实事求是地说明工作的开展情况；其次要做到点面结合，既要有归纳总结，又要有典型实例，以便从中找出规律性的东西来，为今后改进工作提供依据。

3. 结尾 若是单位总结则写单位名称，个人总结则写个人姓名，最后写明日期。

第三节 农业推广应用、宣传类文体写作

一、农业推广应用文体写作

农业推广应用文体的写作主要包括农业推广科技合同和科普文章的写作。

（一）农业推广合同

农业推广合同是指在农业推广活动中，由于推广工作的需要或为了某一目的，将合作双方或数方的权利和义务，用合同的形式固定下来，经签订和公证，形成共同遵守的具有法律效力的条文。推广活动中，合同的种类很多，常见的有科技成果推广合同、技术承包合同、新产品购销合同、技术开发合同、技术咨询合同、技术服务合同等。

在农业推广活动中，合同的写作内容及方法如下：

1. 标题 写明订立合同的名称、单位及合同的性质。标题一般由合同的类别和“合同”二字构成，如“技术承包合同”、“技术开发合同”。有时也可将合同的双方单位写在标题中，如“××大学、××推广中心合作推广××技术的协议书”。

2. 合同当事人 合同当事人是指履行合同规定权利和义务的各方。需要写明订立合同的单位名称或个人姓名，单位名称要全称，其中一方为“甲方”，另一方为“乙方”，如有第三方则为“丙方”。

3. 合同正文 将合同中要包括的内容以条款的形式逐项陈述，如计划的进度、目标、双方的权利和义务、违约责任、执行期限等。例如，农业科技推广合同正文的主要条款一般

有：

（1）推广该项科技成果的意义和预期经济效益，实施推广计划的步骤、方法和措施，如成立项目组织、举办技术培训班、现场技术指导、编印技术资料等。

（2）经费概算及使用计划，订立合同双（多）方共同遵守的权利与义务，尤其是要写明违约的责任。

（3）其他。除上述项目外，其他有必要写明的问题也要列款注明。当时未想到的，可写为“未尽事宜，双（多）方协商解决”。

4. 结尾 在合同的最后，写上签订合同双方或数方单位的全称，单位代表人（法定代表人或法定代表人的委托人）签字，写上签订日期，加盖公章。

需要注意的是，订立农业推广科技合同，必须严格执行国家的有关法律和规章制度，必须遵循平等协商、互惠互利的原则。

（二）科普文章

农业科普文章是指把人们已经掌握的农业科学技术知识和技能以及先进的科学思想和科学方法用朴实通俗、生动活泼的语言表述出来的文体。农业科普文章一般通俗易懂，其写作要遵循科学性、知识性、通俗性和趣味性原则，经过选题、谋篇、起草和修改等若干个阶段。在实践中要注意以下问题：

1. 选题实用具体 选题时应注意选择社会需要和推广对象关心的生产与生活中的具体问题，并注意写自己熟悉的内容。

对于新的成果、新的知识、新的技术、新的技能、新的工艺等，特别是那些对提高农业的经济效益、促进我国农业现代化有重要意义的新成果，选题时要作为重点。

2. 材料丰富翔实 农业科普作品的材料来源主要是作者亲自观察记载试验研究的第一手资料和通过调查、访谈及查阅文献获得的第二手资料。基于第一手资料创作出的农业科普作品往往具有新颖性或创造性。第二手资料来源广泛，可以从调查采访、农业科技文献中获取，也可以把农业学术性文章改编为科普作品，还可以对外国优秀的科普作品进行编译。

3. 构思周密合理 构思是对农业科普作品的主题、内容、段落、层次、开头、结尾、转折、衔接等深思熟虑、布局安排的过程，需要恰如其分地反映农业科普的本质。对于文章结构的安排，要突出主题，并根据不同读者的特点和要求来安排。

4. 语言通俗易懂 文章的内容与呈现方式要适合推广对象的科技与文化素质，运用通俗易懂的语言，循序渐进地展开，使读者看了就懂、学了就会。

农业科普作品的段落、层次、开头、结尾、转折、衔接等，都要以如何恰如其分地反映农业的本质为出发点。一篇文章只能有一个主题。文章的结构安排，必须以突出主题为主导思想，有利于突出主题的内容可详写，与主题无关的内容则坚决不写。

农业科普作品的读者是多层次的，他们的文化水平、理解能力、心理特点差别很大。一篇农业科普作品不可能满足所有人的要求，也不可能为所有读者都喜欢。根据读者的特点和要求来安排作品结构是获取创作成功的重要方法。动笔之前，应该想想为什么样的读者而写；想想怎样安排层次，才能便于读者理解；想想怎样开头和结尾，才能加深读者的印象。只有这样，才能写出适宜你所确定对象的口味的科普作品。另外，农业科普文章的体裁多种多样，不同体裁的文章写作要求和特点各不相同。例如，“浅说”重在文字叙述，“图解”讲求图文并茂，“科学小说”讲求情节等。总之，要根据体裁来安排文章的结构。

二、农业推广宣传文体写作

农业推广宣传文体写作主要包括农业推广广告、农业科技新闻（简报）和农业推广培训讲稿等的写作。

（一）农业推广广告

在农业推广过程中，经常要制作各种广告，其表现形式主要有文字广告、图画广告和电波广告等。农业推广文字广告通常由标题、正文和结尾三部分构成。

1. 标题 广告的标题犹如人的眼睛，要在极短时间内抓住读者，因此应简短、醒目、恰当。要把广告的主要信息内容简化成几个字就能说明问题。其形式不拘一格，有新闻式，如“最适合××地区种植的玉米新品种已经上市”；提问式，如“何种棉种不用防治棉铃虫?”，“油菜缺硼怎么办?”等。

2. 正文 正文是广告的核心部分，一般由开头、主体两部分构成。

（1）开头。开头要对标题做进一步的引申说明，因此要与标题相衔接，并扼要说明商品的主要用途、声誉和效果。

（2）主体。主体是广告最主要的部分，应说明商品的品种、规格、型号、性能、用途、价格、销售方式等。常用陈述、问答、散文说明等写作方式。

3. 结尾 主要是业务联系的有关事项，包括生产单位名称、地址、电话和电报挂号、开户银行及账号等。

广告的写作或制作，要做到构思新颖，语言形象、生动，以强化消费者的购买心理。但一定要真实、准确、可靠，不能弄虚作假，夸大其词，欺骗消费者。

（二）科技简报

科技简报是指科研、推广、企事业单位内部以及上、下、平级单位之间以书面形式反映有关领域的科研动态、推广应用进展，交流情报、研讨问题和报道信息，为相关决策提供可靠依据的文字材料。科技简报的类型主要有科研成果简报、阶段性成果简报、情况简报、科技会议简报等。科技简报具有报道及时、内容新颖、表达简洁等特点。

简报属于新闻的范畴，因此新闻报道式是科技简报最常见的方式，一般由报头、正文、报尾三部分组成。

1. 报头 报头是在简报的第一页，用醒目的字体写上简报的名称。报头的内容包括简报名称、简报秘密等级、发文编号、期号、编印单位、印发日期等。报头与正文之间用一横线隔开。

2. 正文 正文部分一般是报道某项科研成果、某一事件等。其通常采用叙述的手法撰写。开头用简短的文字概括全文的中心或主要内容，正文就是写某项科研成果或某一事件。要重点突出，分析得当。从写作形式上看，简报通常有新闻报道式、转发式和集锦式等，可根据内容进行选择。

3. 报尾 在最后一页的下方，写明简报供稿人（单位）、报送单位以及印刷份数等。

三、农业推广培训讲稿写作

作为一种有效的推广手段，农业推广培训在农业推广活动中具有非常独特的意义。农业推广人员要学会培训，掌握培训的技巧，充分发挥培训在农业推广活动中应有的积极作用。

(一) 培训讲稿的撰写

撰写好培训讲稿是培训成功的重要条件之一。

1. 确定好主题 农业推广讲稿的主题就是培训所要论证分析的主要问题。面对不同的推广对象，所做的培训应选择好合适的主题，满足听众的需求。

2. 选择好材料 培训讲稿主题要靠材料来说明、论证。农业推广培训材料的选择要注意以下几点：

(1) 基于真实性。培训使用的材料必须有事实根据，而且应当是经反复证明结论是正确的。

(2) 突出典型性。选择的材料要有代表性，能有力地揭示事物的本质，使人信服。

(3) 强调吸引性。材料要生动，能反映听众身边的人和事，以吸引听众。

(4) 满足主题需要性。选择材料要紧紧围绕主题，有利于主题的论证和说明。

3. 安排好结构与正确表达主题 培训讲稿的结构就是围绕已确立的主题，把选好的材料有机地组织起来，使主题得到最好的表达。常见的结构方法有议论和叙述两类。议论式结构方法有排列法、总分法、深入法、对比法。叙述式结构方法有时间法、空间法、因果法、问题法等。

4. 注意语言修辞 要写好一篇培训讲稿，在语言词汇应用上应该注意以下两点：

(1) 逻辑性。要恰当、准确、巧妙地选择词语，不做任意夸大，不自相矛盾。

(2) 技巧性。根据不同场所、不同对象，选用恰当的词语，会收到良好的效果。

(二) 培训的开头与结尾

1. 培训的开头 培训是一个吸引人、鼓舞人、说服人的语言活动过程。一个好的开头对整个培训的成功起着至关重要的作用。培训者或者与听众沟通情感，产生心理共鸣，或者提出问题，吸引听众，让听众的思想随培训者而调动，或者阐明宗旨，引起下文。总体来讲，培训者应因时、因地、因人而异，开好讲课的头。

2. 培训的结尾 精彩的结尾可以使培训在听众情绪的高潮中结束，给人留下难忘的印象，使培训产生深远的影响。培训要有好的结尾，应从以下几方面努力：

(1) 回归主题，使听众加深理解，即要用简明扼要的语言使之有不可动摇之意。

(2) 概括全篇，使培训完整、统一，自圆其说，令人坚信不疑。

(3) 引发激情，振奋精神，鼓励行动。

(4) 引人深思，耐人寻味，促使听众在实践中去探索、证实。

第十三章　农业专业硕士学位论文创作

农业专业硕士学位论文是研究生综合运用科学理论、方法和技术手段解决农业领域具体问题能力的综合体现，也是农业专业硕士研究生完成公共课、专业主干课和选修课程学分及其他必修环节后，必须完成的最重要任务。本章主要介绍专业硕士论文的基本特征与评价标准、论文选题与创作过程、常用研究方法、不同类型论文的撰写及其常见错误等内容，旨在帮助学生理清研究思路，掌握正确研究方法和写作要领，提高论文质量。

第一节　农业专业硕士论文概述

一、专业硕士论文的基本特征

农业专业硕士学位论文的基本特征是区别、评价专业学位硕士论文与一般专业性学术论文的根本标志，也是对农业专业硕士学位论文的基本要求。

（一）科学性与创新性

学位论文的科学性主要表现在：①论文的选题、研究内容科学，符合实际，论文所运用的数据资料翔实；文中每个数据或符号都要准确无误、真实可靠，数据处理方法恰当。②论文运用的指导理论正确，研究思路和采用的研究方法科学，论文综合运用科学理论、方法和较为先进的技术手段解决所研究的问题；论文模型选择合理，理论推导，提出的概念、判断、结论、观点正确；论文的结论或结果分析符合实际，经得住实践的检验。③论文的结构体系完整；思维符合逻辑规律，论证、推理过程严密，既合乎形式逻辑又符合辩证逻辑。④论文表达清晰，在语言运用上措辞严谨、清楚、明白，没有疏漏、差错或歧义。

所谓创新性，是相对于前人已知的知识和技术而言的，即是在前人未曾涉足或已涉足但结论不相一致的科学领域里进行新探索，创造新知识，发现新规律，形成新认识，提出新见解、新方案。对于多数研究者来说，要寻找一个全新的、前人从没有做过的领域进行研究是很困难的，因为无论在哪个领域，完全无人涉足的现象或问题几乎不存在。所以，这里所指的创新性，更多是指论文的研究思路或研究角度、依据理论、调查对象、研究范围、研究方法、研究内容等某个方面或某几个方面与前人的研究有所不同，有自己独到的、新颖的见解。此外，在实际研究中，有很多研究是在引进、消化、移植国内外已有的先进科学技术以及应用已有的理论来解决本地区、本行业、本系统的实际问题，只要对丰富理论、方法，促进生产发展，推动技术进步有效果，这类研究论文也应视为有一定程度的创新。

（二）实践性与应用性

专业学位硕士论文从选题、研究内容的确定，到试验、调查数据和分析论证的过程，都要符合实际，具有实践意义与应用价值。具体表现在：论文选题要符合实际需要，具有实用价值；论文所提方案、策略等为解决实际问题提供思想和方法上的支持；论文在实践上能解决某一个具体事物的实际问题，具有一定实际应用价值，或论文在理论和实践上具有双重价值，研究结论或结果对实际工作在思想、方法上有新的启迪或新的见解，有利于促进理论的完善和实践的发展，专业学位硕士论文应特别强调论文的实践性、应用性。

科学研究与论文创作的真谛是“基于实践，始于问题，高于实践，指导实践”。社会生产实践中的诸多现象和问题，不仅为探索者提供了永不枯竭的研究课题，同时也为科学研究积累了极为丰富的经验、数据、资料，是产生新知识、新思想、新方法的源泉。但它们是零散的、不系统的、肤浅的、不深刻的，需要去研究、探讨和总结，把感性知识上升到理性知识，形成新理论、新思想、新方法，用以指导实践。深入实际调查研究，不仅可以发现热点、难点等新课题，更重要的还在于发现事物的规律，开拓科学研究新思路、新方法。生产实践中迫切需要解决的课题，其研究成果往往易接受、推广快；研究成果具有直接或潜在经济、社会或生态效益的，才是最有价值的论文。

（三）系统性与规范性

学位论文是一个复杂的科学认识系统，是由若干相关概念组成，诸多要素相互联系、相互作用的有机整体。因此，硕士学位论文比较强调论文的系统性，包括科学的理论知识体系、研究和创作的方法体系、科学的思维体系、思路和结构设计体系、合理的技术路线体系、严密的逻辑和标题体系以及论文格式规范体系等。

硕士学位论文的规范性包括语言的规范、表达方式的规范和论文格式的规范。在语言方面，要求语言准确、简明、通顺，条理清晰，层次分明，论述严谨。在表达方式方面，包括名词术语、数字、符号的使用，图表设计、计算公式、计量单位的使用，文献的著录等都应符合国家标准。在论文格式方面，通常包括论文题目、摘要、关键词、正文及参考文献等，各部分都有具体的格式要求。学位论文的这些规范性要求主要体现在《中华人民共和国学位条例》（以下简称《学位条例》）和《科学技术报告、学位论文和学术论文的编写格式GB 7713—87》（以下简称《编写格式》）等相关的国家标准中，在写作过程中应当自觉遵守。

二、专业硕士学位论文质量评价

根据国务院学位委员会的培养目标定位，专业学位侧重于培养特定职业高层次专门人才，与侧重于理论、注重学术研究能力的硕士研究生教育不同，专业学位教育是为了培养理论与实践相结合的创新应用型人才。基于专业学位培养目标定位、专业硕士学位论文的基本特征和专业学位鲜明的职业背景等特点，专业学位硕士论文评价应着重体现论文选题、研究成果的实践性和应用价值，同时论文要能反映作者的理论基础、科研能力及专业知识，体现论文工作的先进性和工作难度，论文结论或结果应有一定的实际意义和理论水平，论文表述要科学和规范。

（一）论文质量评价标准

不同院校或不同学科根据培养方案均有自己的评价标准，总的来说可归纳为以下几个方面：

（1）论文的选题具有针对性和实用性。能够紧密结合所属研究领域或行业的实践或理论中存在、急需解决的重要或关键问题，对促进理论进步或实际工作发展具有一定的理论意义和应用价值。

（2）论文能很好地掌握所研究问题的研究现状。文献资料阅读广泛，综合反映该学科及相关领域国内外研究动态和成果，综述与总结能力强。

（3）论文能够综合运用科学理论、方法和技术手段解决所研究的问题。结论分析符合科学性要求，论点明确、论据可靠、论证充分，基本掌握该项研究相关领域的理论、知识和方法，具备独立解决实际问题和从事科学研究的能力。

（4）论文研究工作的先进性和论文工作的难度、复杂程度、工作量饱满度；在思想、技术方法方面有否新的启迪或新的见解，对促进理论或实践发展有无直接或潜在的经济、社会或生态价值。

（5）论文写作文笔流畅，语言表达准确，材料翔实，层次分明，逻辑性强，图表科学规范；结论能准确表达论文的工作内容及成果，参考文献的引用、标注标准；学风严谨，符合学术道德和学术规范。

（6）论文陈述的清晰性和理解及回答问题的准确性。论文汇报简要、清晰、重点突出，能很好地理解并回答答辩委员提出的问题，回答提问简明、准确。

（二）论文质量评价方式

（1）自我评价。研究生在论文创作过程中，以有关学位论文的要求和评价标准为依据，进行自我判定；在论文初稿完成后，要运用上述要求、标准对论文做全面审查、评价，以便进一步修改，提高论文质量，切记把论文初稿不做修改就匆忙交给导师审阅和修改。

（2）导师评价。导师评价可分为两个阶段：①在研究生论文创作和修改过程中，导师对学位论文做出的“指导性评价”，无特定形式和要求，可随时随地做口头或文字评价，以指导和促进学生对论文的修改完善和提高；②在学位论文全部完成之后、答辩之前，导师要对研究生的学位论文作出“结论性评价”，正式写出评语，决定是否可进行论文答辩，这个评价是法定的。

（3）专家评价。专家评价是在论文答辩前，由所在学校研究生院（处）或学科导师组聘请同行专家对学位论文进行评审，并写出评语。学科负责单位，根据专家评价意见，决定论文是否可以进入预答辩环节。专家评价不仅是对学生论文质量的评价，同时也是对指导教师责任心的评价，所以一般不与指导教师沟通。

（4）答辩委员会评价。答辩委员根据参加正式答辩研究生的论文质量、论文报告和质疑答辩情况，形成“论文答辩决议”，并对论文质量作出评价和是否通过答辩、是否可以授予学位的建议性评语，作为学位委员会是否授予学位的最重要依据。

三、专业硕士论文写作过程

学位论文的创作是一个复杂的过程，由于研究领域和选题类型不同，论文创作过程有一定差异，但创作的主体过程基本相同（图 13-1）。

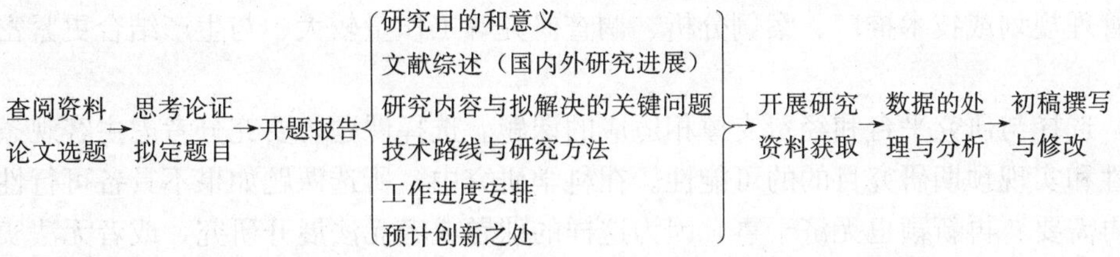

查阅资料 论文选题 → 思考论证 拟定题目 → 开题报告

- 研究目的和意义
- 文献综述（国内外研究进展）
- 研究内容与拟解决的关键问题
- 技术路线与研究方法
- 工作进度安排
- 预计创新之处

→ 开展研究 资料获取 → 数据的处理与分析 → 初稿撰写与修改

图 13-1 学位论文创作过程

(一) 选题原则及领域

1. 研究的选题原则

(1) 选择与“三农”相关、符合实际且具有实用价值的课题。所谓与“三农”相关，是由农业专业硕士学位的性质所决定的，必须选择与“三农”有联系的实际或理论问题，而不能选择与“三农”毫无关系的课题，否则就不能获得农业专业硕士学位。例如，同样是某个机械动力转向连接部件性能的改进设计问题，若选择诸如耕翻播种、施肥浇水、收获脱粒、捕捞饲养等与农业相关的机械就符合要求，而选择应用于航空航天、矿产开发的机械就不符合要求。所谓具有实用价值，就是选题不仅是本学科领域亟待解决的技术或理论问题，而且是与专业硕士研究生的研究能力、研究时间相适应的课题。每个学科内都可能会存在着很多需要研究的问题，这些问题的轻重缓急、难易程度不同，只有经济社会实践中迫切需要的课题才是最有价值的课题。

(2) 选择有争议和创新空间的问题。专业硕士论文选题时，尽可能选择前人虽然有所研究，但结论有争议、尚未统一，在概念、观点、思想、定理、模型、方案、方法、对策等方面有一定创新空间的问题。如果没有这种可能性和创新空间，尽量不要选择，以避免人力、物力、财力和时间的浪费。

所谓创新，一般指理论和技术两个方面，而硕士学位论文的新见解表现在：①利用已知的理论解决本专业领域内有一定理论或实际意义的问题，进行理论分析和实证研究，得出了新的结果，或将其他学科领域中的理论引入本学科，解决本学科中有意义的问题。②采用新的实验、测试手段或系统分析、评价方法等，获得有意义的结果，构建新的数学模型，或在统计、测算方法及规划设计的技巧方面比前人有改进，更接近实际情况等。③针对具有明确生产背景和应用价值的技术推广项目进行策划、设计或改造，进行分析论证，提出新方案、新策略、新对策，揭示出特定对象的本质属性，或针对某个新工艺、新材料、新品种进行研制与开发，进行一定的理论分析，并具有现实意义。

要做到这一点，作者必须阅读大量中外文献，对前人研究的优点、缺点、局限、误区以及空白领域有全面系统而深入的了解，或作者有一定实践经验，在对某些问题有一定认识的基础之上，利用科学的预见与假设思维方法，对自己所要研究事物的发展趋势和结果做出正确的预见和判断。

(3) 选择与自己学科背景和特长相适应的课题。由于专业硕士论文的调研时间短，因而在选择课题时，应结合自己本科专业知识基础体系背景和现实状况，选择自己熟悉、感兴趣且有能力完成的课题，或选择能发挥自己业务专长，有体会、有思想准备的课题。对基础理论比较扎实、刻苦钻研精神比较强的研究生，可以选一些实证研究、可行性论证、评论（评价）等侧重理论性的问题；对实际操作能力强、实践经验比较丰富的研究生，可以选择实验设计、管理规划或技术推广、案例分析、调查研究等工作量较大、与生产结合更紧密的实践性课题。

(4) 选择与研究平台和经费支撑相适应的课题。选择课题，要充分考虑主客观条件的现实可行性和实现预期研究目的的可能性。在科学研究中，所选课题如果不具备可行性，哪怕是现实再需要、再新颖也无济于事，因为这样的课题或者无法展开研究，或者无法实现预期研究目的。

一篇优秀的专业硕士学位论文要求具有一定的广度、深度和难度，需要大量的调查研究数据为依据，而这些数据的获取必须有客观条件的支撑。例如，若准备进行新老两个品种光合速率差异的研究，就要具备红外线 CO_2 分析仪和 LI-6400 等光合测定仪器；若准备开展动物或植物体内激素随某个因素变化而变化的研究，就必须具备超低温冰箱、离心机、酶联免疫分光光度计或高效液相色谱（HPLC）等仪器；若要进行动植物体内微量元素或有害重金属离子的分析研究，必须具备电感耦合等离子光谱发射仪器；若准备进行水稻氮磷肥吸收利用与分配规律的研究，必须具备质谱仪和液闪仪等测定仪器。如果没有上述仪器设备和充足的研究经费，尽量不要涉足这些课题。

因此，要根据已经具备和经过努力可以达到的条件来选择与确定课题。特别要对实验场所、仪器设备条件或实地调查、项目设计条件以及经费来源、资料来源等研究条件作出科学的估计，不打无把握之仗。此外，学位论文还要充分考虑相关理论、方法的支撑，考虑必要的实际资料数据收集的难易、能否在一年或两年内完成等。

2. 研究的选题领域

按照农业专业硕士培养方案的要求，农业专业硕士可以在作物、园艺、植物保护、农业资源利用、养殖、农业机械化、渔业、林业、草业和农村与区域发展 10 大领域进行自由选题。每个领域又可按照方向进行细化，如食物安全（粮食数量和食品质量）类，生态安全和可持续发展类，区域规划和资源高效利用类，农业创新技术传播类，农民行为改变类，多元化推广体系改革类，经济管理和发展预测类，各种农村合作化组织类，高产高效种植、养殖业类，气候变化与应对技术措施类，典型经验总结类，新工艺、新能源开发应用类，农村金融改革类，农村合作医疗类，远程咨询与教育方式方法类，山区小流域治理类，农业产业化经营类，名优特稀农业新物种、新品种的开发利用类，新社区建设与土地复垦类，农村生态建设与观光旅游类，民俗文化的开发与保护类，农村民主、法制、政治体制机制研究类等。

(二) 研究主题和论文题目的拟定

论文的研究主题是在选题基础上进行的。前面介绍的选题是研究范围的初步拟定，即研究的大方向。大方向确定之后，接下来就要明确研究主题（具体研究内容）及其欲达到的预期目的，以便确定技术路线和研究方法。在这个过程中，要思考在所拟定研究范围内，哪些问题的工作性质、工作量适合自己的兴趣、能力、研究条件，能否在规定期限内完成等。

论文研究主题确定之后，开始思考拟定论文的题目和主要分论的标题，最后拟定出一个纲目完整的论文目录体系。论文目录一般要求列出四级标题，而不用章节的形式。拟定论文目录的过程，即是一个对所占有资料的全面梳理过程，也是对研究思路、研究对象、研究因素因果关系的逻辑思维过程，可使作者对自己论文的研究目的和意义、研究过程、研究方法、结论的应用等问题认识更加明晰。从开始拟题到论文完成的整个过程中，可以随时更改，直至能够准确反映论文的内容，并符合简短性（Brevity）、明确性（Clarity）、可检索性（Retrievability）和特异性（Specificity）。

拟定学位论文题目及各级标题要符合以下要求：

（1）题目要准确体现专业特征和研究内容、对象。要让读者一看便知论文是研究哪个领域、什么专业的问题，是属于本学科或交叉学科研究领域还是运用本学科理论、方法去解决其他学科或专业领域的问题。题目名称一定要和研究内容相一致，不能太大、太宽泛、太笼统、太模糊，也不能太小。

（2）题目要准确概括主题、表达主题。《编写格式》规定："题名是以最恰当、最简明的词语反映报告、论文中最重要的特定内容的逻辑组合"，力避"题不对文"。例如，一篇研究棉花叶片光合速率和荧光动力学参数随着施氮量而变化的研究论文，冠以"施氮量与棉花生理生化机制关系的研究"则显然文不对题，而应当是"施氮量对棉花光合速率及荧光参数的影响"。

（3）题目要简短、明了，便于文献检索。学位论文的标题既要能表达论文所研究的核心内容和主要观点，又要使论文便于整理进入二次文献和文献检索系统，成为检索工具中的文摘、题录、索引等信息的重要组成部分，能使读者通过看标题决定是否进一步阅读摘要或全文。在学位论文题目中，最好避免使用不常见的首词字母缩写、字符、代号、化学分子式、专利商标名称以及罕见或过时的术语。学位论文的题目，一般中文不超过30个汉字，外文一般不宜超过15个实词。

（4）论文的题目和标题要使用专业学术性语言，所用的词语、句型要规范、科学，似是而非的词句和口语式、口号式、结论式的句型不要使用。

（三）文献综述与开题报告

1. 文献综述（国内外研究现状） 文献综述就是对拟研究课题相关的国内外研究历史和现状进行综合归纳与评价。文献综述的作用是可促进研究者查阅资料，使其全面系统而深入地了解和掌握自己拟研究的问题、国内外学者的研究进展与最新现状，明确前人在什么条件下、用怎样的方式方法研究了哪些问题，得出了哪些结论以及这些结论的共同点和异议分歧。文献综述既是拟研究课题理论学术意义和应用价值预测的依据，又是寻求研究切入点的依据，还是避免"重复研究"、"常识研究"和"撞车研究"的重要环节。因此，要求硕士研究生在论文开题之前搜集掌握全面、大量的文献资料，并作文献综述。

文献综述的写法多种多样，或按国内外研究发展阶段，或按问题的性质，或按不同的观点等。不管采用哪种结构写法，都要将所搜集到的文献资料进行归纳、整理及分析比较，做到客观公正地如实反映。在综述时要抓住具有创造性、突破性的成果作详细介绍，而对一般性、重复性、陈旧的、读者熟知的观点要从简从略。这样既突出了重点，又做到了详略得当。综述的最后要对各家观点进行综合评价，指出其不足，并阐述哪些方面有做进一步研究的必要性。

在撰写文献综述的过程中应特别注意以下问题：

（1）研究者应系统地查阅与自己拟研究方向有关的国内外文献，搜集的文献资料尽可能齐全。在数量上应尽量多地阅读，但被引用与拟研究密切相关的文献一般不少于50篇，其中至少有10篇外文文献。

(2) 注意引用文献的代表性、可靠性、科学性。在搜集到的文献中，可能出现观点雷同或可靠性方面存在着差异的情况。因此，在引用文献时应注意选用代表性、可靠性、科学性较好的文献，应主要选自学术期刊或学术会议，而且尽可能是新发表的文献，一般不将教科书和未公开发表的资料列入参考文献。所引用的文献应是亲自读过的原著全文，不可只根据摘要或未见到原文即加以间接引用，以免对文献理解不透或曲解，造成观点、方法上的误导。

(3) 文献综述是评论性的，因此必然带有作者本人的视角和观点来归纳和评论文献，要围绕与自己论文主题密切相关文献的各种观点作比较分析，而不仅仅是相关领域学术研究的“堆砌”或教科书式地将有关理论和学派观点简要地汇总。

(4) 引用文献要忠实文献内容，在对文献浓缩、改写的过程中，不能歪曲、篡改文献的原意，也不能随意遗漏、丢失文献的重要内容。因为文献综述有作者自己的评论分析，所以在撰写时应分清作者的观点和文献的观点。评述前人不足时要引用原作者的原文，不能以间接文献判定原作者的“错误”。

2. 开题报告 开题报告是研究者在前期研究和充分思考的基础上，将研究课题的论证、设计及其研究过程付诸于文本材料，提交导师组审阅，并采用多媒体向导师组当面汇报，回答导师组全体导师的质疑、接受导师组提出的修改意见的重要环节。因而，它既是帮助研究生把握选题正确性和提高论文质量的重要环节，又是促进研究生吃透题目、理清研究思路、找准研究目标和突破点、完善研究设计、减少盲目性、提高工作效率的有效形式，还是学位论文管理的基础文件，专家评审论文和检查、监督实施情况的主要依据。开题报告的主要内容如下：

(1) 研究的目的和意义。研究的目的是指阐述论文拟解决什么问题，即为什么选择该题目进行研究，拟解决哪些技术或理论问题以及预期结果是什么；研究的意义是指解决这个问题后对理论和实践的推动作用是什么，即表明论文选题对理论研究有哪些贡献，或具有哪些实践应用价值。这部分一般先从现实需要方面去论述，指出生产实践当中存在的问题急需去研究、解决，本课题的具体研究内容和关键问题，然后写其理论意义和学术价值。

(2) 国内外研究进展（见文献综述）。

(3) 研究内容与拟解决的关键问题。确定研究内容就是由论文选题、研究思路到确定论文研究主题的过渡。研究内容需要特别注意明确研究对象、研究主题和研究范围的界定。拟解决的关键问题就是论文的主攻方向，具体是指研究者预先设想的、将要在论文中证明的某个新的理论问题、新的技术问题或新的方法问题。由于专业硕士研究生创新能力和研究时间有限，解决某个重大理论问题或技术领域的机理、机制等原理性创新的可能性较小，因而选择技术层面或空间区域的某一时段、某个区域突出问题进行研究，如“粮食主产区农户农田流转意愿行为的实证研究——基于江西三村庄的调研”、“失地农民社会保障制度的路径选择研究——基于安徽省凤阳县的数据分析”，“联合收割机跨区作业模式选择影响因素分析——基于苏北五市的实证”和“乡村旅游投融资及利益分配研究——以湘西自治州为例”四篇论文，从研究内容到关键问题的选择界定都比较适宜，尽管他们的调查研究和分析总结是基于一个地区、一个县甚至几个村庄，但是所得结论对指导全国具有普遍的借鉴意义，因而分别被评为第二届和第三届全国农业推广硕士优秀论文。

（4）技术路线与研究方法。具体包括：①技术路线。技术路线是学位论文研究思路和写作思路的形象化。换言之，科学研究中的技术路线是指论文基本框架（结构）和研究思路、方法、步骤的逻辑组合及其合理性的集中、形象表达。研究思路与技术路线密切相关，思路的形象化就是技术路线，能够集中表达、凸现研究主题的思路是否正确可行；同一个研究主题一般有多条思路和途径，拟定技术路线的目的和作用就是在多条思路、多种方案的对比中，选择科学性、可操作性最好的研究方案。例如“科技成果产业化模式研究”问题，可以选择若干案例，分析研究他们的实际做法，然后利用归纳推理，概括出一般性的理论和方法；也可以对现有理论加以综合，利用演绎推理（其中也要运用归纳法），概括出新的一般性理论和方法。科学合理的技术路线可保证既定目标顺利实现。②研究方法。如果说技术路线是战略问题，那么研究方法即是战术问题，二者相辅相成。在科学研究领域，没有正确的研究方法，就不能深入认识事物的本质，揭示其客观规律；没有正确的研究方法，就不能有所发现、有所发明、有所创新，自然也就不能获得有价值的研究成果。研究方法是开体报告必须明确的内容，要求回答本课题将采用哪些方法进行研究。开题报告中的研究方法非常重要，因为它不仅是判断拟研究（测定）项目指标的可行性问题，还涉及重演性验证的问题，不可寥寥数语一带而过。例如实验方法中的测定方法，应具体到某个测定项目从取样方法、样品的前处理过程、处理方法到测定仪器的型号、调试参数等都必须交代清楚。若采用新的方法，则要更加细致地说明基本原理和操作过程，若在已有研究方法基础上进行某些改进或提高，也应作出解释和说明。再如抽样调查法，则要细致说明调查方案设计、抽样范围、抽样的代表性、抽样比例和样本数量等。这些方法的正确与否与研究所得结果的可靠性和精度密切相关。

（5）研究进度安排。工作进度主要是按时间顺序对研究工作的进展作出安排，包括对选题、开题报告、搜集资料、分析资料、撰写论文、论文修改与定稿等分阶段作出安排。要把达到论文研究过程中的阶段成果与时间一一对应起来，这样有利于检查论文的研究进展情况。

（6）预计创新点。创新点是指拟研究领域的预期成果与前人相关研究结论的不同之处，包括理论、技术和方法三个方面的创新。如果论文解决了前人未曾涉及的某个理论、技术或发现发明了新方法、途径，属于原始创新，具有原始创新的论文价值就非常高；论文中提出对原有理论和方法技术的改进或者把原有理论或方法移植到新的学科领域，成功解决了新应用领域的具体问题，也属于创新。

（四）资料获取与数据处理

研究资料数据是支撑整个研究工作和论文写作的基础。资料数据的收集和分析处理过程是一个艰苦而复杂的科研劳动过程。资料数据获取和整理不仅是对拟研究问题获得感性认识的重要途径，而且是从感性认识上升到理性认识的前提。

1. 资料获取

（1）文献资料的获取。主要有三种类型：①主流文献。主流文献一般具有权威性、先进性，可以代表当前的发展水平和认识程度。如该领域的核心期刊的文献、统计年鉴、经典著作、重要学术会议文献以及重要报刊等。②官方法律法规文献。这些文献是了解党和政府政策变化、调整的窗口，是非常重要的二手资料。要根据论文的研究需要，收集相关法律法规，以便从制度角度考察研究现象。如研究“三农”问题，应十分关注和收集近几年的“中央1号”文件，因为“1号文件”是专门针对“三农”问题而发布的，对各年支持“三农”的政策取向都做了明确的规定。③其他文献资料。其他文献是指政府部门、各企业的内部文件、报告、计划、规划、会议纪要等各类书面文字资料。这些资料未公开发表，可能与政治机密、商业秘密有关，一般不容易获取。研究者要取得和运用这些资料，必须经过提供资料的单位和个人的同意，并按他们的要求处理和运用这些资料，不能泄露与其利益有关的秘密。例如典型案例研究、调查研究，就可以充分利用这类文献资料。

上述三种类型资料既包括文字，又包括数字和实物资料，但都属于二手资料。相对于一手资料而言，二手资料有很大的局限性，它通常有自己的适用范围，各种指标、比率和数字也有其特定的含义。在收集时要特别注意这些数据是否与自己的研究问题相匹配，避免错用、误用、滥用。

（2）实测数据资料的获取。所谓实测数据，是指研究者通过实验室（或田间）实验观测和实际调查记载等手段取得一手数据资料。与二手资料相比较，一手资料具有更真实、更科学、更直观生动等优点，但由于由研究者亲自调研或观测，因而需要更多的人力、物力、财力、时间和精力。实测数据应及时记录和保持，记录的方法很多，有表格记载、仪器自动记载（注意及时输出）、笔记记载；数据的保存应特别注意原始记录的保存，整理资料尽量采用纸质和微机储存等多种形式，以免丢失。

2. 数据处理 数据处理就是根据研究的目的，运用科学的方法，对所获得资料进行阅读、审查、检验、分类统计、汇总等，使之系统化、条理化、直观化和科学化，并以集中、简明的方式反映研究主题的工作过程。

（1）阅读审核。所谓阅读，就是对通过各种途径获取的数据资料进行细致的阅读浏览，旨在鉴别所获资料的真伪性、准确性、科学性、典型性、完整性及时效性。阅读过程中要分析文章的主要依据，领会文章的主要论点，包括技术方法、重要数据、主要结果和讨论要点及其出处，以便进行整理归纳。

判断数字资料的真伪性、准确性、科学性、典型性、完整性及时效性的方法有以下几种：①逻辑检验，即检验资料是否合乎逻辑、是否前后矛盾、同一资料是否有差异等。一般情况下，正确的答案是合乎逻辑的，而不合乎逻辑的答案是错误的。例如，在某一农村劳动力结构调查中，出现劳动力人数大于人口数，这显然是不合逻辑的，是错误的。②计算检验，即通过各种数学运算的手段来审核各项数字有无差错。主要是审核计算方法是否正确、计算结果有无差错、计算单位是否一致等。例如，各分组数字之和是否等于总数；各部分所占总体的百分比相加是否等于1；各种平均数、发展速度、增长速率的计算是否符合实际。此外，对同一指标数字所使用的计量单位是否一致、不同单位的表格对同一指标的计算方法是否统一等，也应进行检查。③经验判断，即根据已有经验来判断数字资料是否真实和正确。④来源审查，即从数据资料的来源进行判断。一般情况下，当事人反映的情况比局外人反映的情况可靠性大一些，多数人反映的情况比少数人反映的情况可靠性大一些，有文字记录的情况比在人群中口耳相传的情况可靠性大一些，引用率高的文献比引用率低的文献可靠性大一些，多种来源反映的情况比单一来源反映的情况可靠性大一些。

总之，通过对资料的审查、校核和鉴别，必须坚持真实性、标准性、准确性、完整性四个基本原则。剔除弄虚作假、不切实际的资料，补充或更正残缺不全、错误的资料。

（2）分类整理。采取不同途径所获资料一般比较分散、凌乱，不系统、不条理、不方便利用。所以要按照论文主题及其分论题的要求和数据资料本身的性质，对经过鉴别、筛选的资料进行整理，分类编排，使之条理化、系统化。系统化整理资料的主要任务是进行分类，以方便进一步“微分化”分析利用。分类一般是按照某种标准进行，如按应用领域、观点、方法、技术或对策等分类，在大类下还可将资料按照地区、年代等进一步分类。具体分多少类、采用哪些分类标准，应根据搜集到的资料来确定。

（3）汇总分析。汇总分析即对分类整理后的数据资料，利用逻辑推导或数理统计的方法进行定量和定性分析，绘制成图表，得出初步结论，使资料脉络分明、层次清晰、直观形象，系统地反映研究事物的本质。

数理统计的方法很多，如聚类分析、方差分析、回归分析、相关分析、QTL 定位分析等。

（五）撰写初稿与修改定稿

经过前期论文选题、研究内容和论文题目拟定、开题报告、调查研究和数据分析整理等科研劳动后，即应开始撰写论文初稿。

1. 修改和确定论文提纲 提纲是按照一定的逻辑关系逐级展开、由序号和文字组成、层次分明的大小标题体系，形成有纲、有目、有论点、有论据的具体论文轮廓。这个轮廓体现并检验作者的总体思路以及全文的逻辑性和实际结构框架，在本章“研究主题和论文题目的拟定”部分已经述及，但是那毕竟是调查研究尚未实施前的规划思路，在实际实施过程中，因主观和客观条件的制约，一般不可能获得原计划所规定的全部数据资料，撰写初稿时还应根据实际所获资料数据的多寡和完整情况，做进一步的修订和规划，以更加清晰论文各部分的详简程度和逻辑关系，使论文的脉络层次条理清晰，少走弯路。

提纲的粗细与思考问题的深入程度成正比，考虑问题越深，对所要论述的问题了解得越透彻、全面，则提纲就越细。如果提纲能够细化到列出四、五级标题，则具体写作只需将每个标题的内容细化、把数据资料按逻辑关系安排在相应的层次和段落里即可；如果提纲设计较粗，写作时还需随时考虑具体段落的设置和安排，则实际写作时间较长，且不容易照顾到各部分之间的逻辑关系。

2. 起草初稿 起草初稿就是按照已审定的论文提纲思路，把学位论文论点、论据充分表达出来，使论文成型。初稿撰写一般应当遵循“先易后难”的原则进行，即先写容易写的内容或部分，逐渐进入创作状态后再攻克难写的部分。如绪论易写就从绪论起笔，如本论易写就从本论入手，不一定按着提纲从头至尾一路写下去。同样，章中选择容易写的节，节中选择易写的目，目中选择易写的段落等。

论文初稿不是简单的“文字堆积”，更不是资料、数据的“综合抄编”，而是要把精选出来的数据资料进行整合运用，并安排好数据资料的先后顺序，确定好数据资料的详略程度，处理好数据资料和中心论题、分论题的统一。

进入论文写作阶段，知识的不足表现得最为充分。如果不及时补救与论文研究直接相关的知识，则会降低论文的质量。如果发现某些其他学科相关知识的欠缺，将影响论文的研究深度，就要积极地学习相关知识，对改善自己知识结构和提高论文质量均有着极大的帮助。

3. 修改定稿 专业硕士学位论文篇幅长、要求高、难度大，论文初稿肯定在论点论据、数据计算、语言修辞等方面存在不尽如人意之处，需要反复推敲修改。因此，论文完成初稿后必须重新审读全文，自我反复检查修改，确信满意后，提交导师审阅和修改；导师提出修改意见和要求后，研究生应根据导师的修改思路和要求，有针对性地补充调研和学习相关理论知识，认真修改，这一过程需反复进行多次。

从论文的封面到最后一页，所有的内容、符号、图表等表述都在修改范围之内，重点是控制篇幅、调整结构、更换或增删材料、锤炼语言、推敲标题、规划文面。修改论文并非易事，从提高质量的角度来说，修改比写作更难。论文的修改是对论文的二次创作（内容、逻辑、语言的再创造）。

修改文章必须遵循一般的规律。撰写文章的规律是“物”（掌握材料）—“意”（提炼观点）—“文”（语言表达）；修改文章的规律则是“意”（订正错误，提炼主题）—“物”（调整结构，更换材料）—“文”（锤炼语言，推敲标题，规划文面）。因此，修改文章应按照“宏观—微观—宏观”的程序进行：首先要从宏观、总体入手——通读全文，谋篇审意；其次，要从微观、细微处推敲——逐章、逐节、逐目、逐段、逐句、逐字地修改、斟酌；最后，全部内容修改完之后，再对全文进行宏观地、全面地“核实查漏”。

第二节　农业专业硕士论文常用研究方法

研究方法是指分析论证课题时的思维方法。按照人的思维活动划分，可以分为实践（经验）性方法和理论性方法。前者如实地观察法、实验研究法、调查研究法、案例研究法、文献研究法等，后者如演绎与归纳法、分析与综合法、抽象与概括法、系统分析法、因果分析法、定性与定量分析方法等。这里只能列举部分研究方法，其中有些方法是所有专业适用的，有些是部分专业适用的。

一、调查研究方法

（一）问卷调查法

问卷调查法是社会科学研究中应用最广泛的方法。该法是调查者根据调查项目内容编制成表格，分发或邮寄给特定的调查对象，予以填写答案，然后回收整理、统计分析。问卷的基本结构分卷首语、问卷说明和问卷内容三大部分。卷首语是用来说明调查者的身份、调查的目的和意义、对被调查者的希望和要求等，问卷说明主要是填写问卷需要注意的事项、回复问卷的方式和时间、承诺填写者的匿名和保密性等，问卷内容就是拟调查研究的具体项目。问卷调查成败和质量高低的关键在于问卷主体的设计即提问和回答方式的设计。

1. 提问的类型　调查问题从内容上可分为三类：①有关被调查者个人基本情况的背景，如年龄、性别、文化程度、职业、婚姻状况、家庭收入等；②有关已经发生和正在发生的各种事实和行为的客观性问题；③有关态度、情感、愿望、评价等方面的主观性问题等。

2. 提问的形式　调查问卷从形式上可分为开放式和封闭式两种。开放式提问是指不提供任何备选答案，而由被调查者自由填写答案，如“您对农村当前的合作医疗状况是否满意（请尽可能详细地做出解释）？答：____________”。封闭性提问就是在提出问题的同时还给出几种主要答案，甚至一切可能的答案，要求被调查者从中选取一种或几种答案。

开放式和封闭式问卷获取的信息资料各有特点，在一份问卷中常常以封闭式问题为主、开放性问题为辅，开放式问题不宜过多。

对封闭式问题的设计，主要有以下几种常见的具体方式：

（1）填空式，如“您家有几个劳动力？________个”，“您家有几亩地？________亩”。

（2）是否式，如“您家有蔬菜大棚吗（请在□内打√）？有□；无□”。

（3）选择式，如“您最喜欢农业合作社的哪几项服务（请在合适的答案号码上画‘√’）？①优惠供应生产资料；②提供技术服务；③提供市场信息；④资金担保与贷款；⑤农业保险”。

（4）排序式，如“您认为当前农业生产中急需解决哪些问题（请按急需程度给下列项目编号，最急需的为‘1’，最不急需的为‘6’）”？如表13-1所示。

表13-1　您认为当前农业生产中急需解决哪些问题

项　目	生产资料	生产技术	生产资金	产品销售信息	产品加工技术	产品储存
排　序						

以上几种是常见的封闭式提问方式，与开放式提问方式相比，封闭式提问有利于调查对象理解和回答问题，节约回答时间，提高问卷的有效率和回收率，调查结果便于进行统计分析和定量研究，而且有利于对一些敏感性问题的探讨。但是封闭式提问的设计较困难，回答方式较机械，难以适应复杂的情况和发挥调查对象的主观能动性。另外，由于封闭式提问的填写比较容易，调查对象可以对不太了解的问题任意填写，从而降低回答的真实性和可靠性。

3. 提问问题的表述　问卷调查是间接的书面调查，被调查者只能根据书面问卷来理解和回答问题。因此，问卷中所提问题的表述对于问卷调查能否取得成功具有关键性的作用。设计问卷时应注意以下三个问题：①问题的表述要使所有的被调查者都能做出一致的理解或解释，避免带有双重或多重含义的提问，避免使用模棱两可、含糊不清或容易产生歧义的词语。②问题的表述要通俗易懂，尽量多用大众化的语言，不用或少用专业术语和缩略语；问题的难度必须符合被调查者回答问题的能力，必须多为被调查者着想，尽量降低问题难度，减少占用时间，并注意版面格式的美观和语言的推敲。③按问题的复杂或困难程度排列，先易后难，由浅入深，先熟悉后生疏，或先问事实行为方面的问题，后问态度观念方面的问题，或先问能够引起被调查者兴趣的问题，后问容易引起他们紧张、顾虑的问题，或先问封闭式问题，后问开放式问题等。

例如一项“关于河南省偃师市农民种植小麦的氮磷钾肥投入量与成本效益调查研究”的问卷调查，有表13-2和表13-3两种设计表。表13-2就不符合上述第①和第②项要求，因为它存在5个明显的缺陷：①施肥量概念模糊，无法统计分析，因为生产中氮磷钾肥的品种较多且有效成分各异（特别是复合肥）；②各种肥料价格不必在农户处调查，应该到当地物价局按不同品种统一调查，既便于统一口径，又具有可比性；③单位使用“kg”，不符合农民的习惯；④每种肥料需要折合成每亩用量，既增加麻烦，又容易出现计算误差；⑤没有具体的填表要求，使被调查者无所适从。

表 13-2 关于种植小麦化肥施用量及生产成本的问卷调查（错）

户主	面积（亩/户）	施氮量（kg/亩）	施磷量（kg/亩）	施钾量（kg/亩）	氮价格（元/kg）	磷价格（元/kg）	钾价格（元/kg）	亩产量（kg）
张三								
李四								
王五								

表 13-3 关于种植小麦化肥施用量及肥料生产成本的问卷调查（对）

户主姓名	氮肥种类及总施肥量				磷肥种类及总施肥量			钾肥种类及施肥量		面积亩（户）	亩产量（市斤）
	尿素（市斤①/户）	碳酸氢铵（市斤/户）	复合肥（市斤/户）	其他氮肥（市斤/户）	磷酸二铵（市斤/户）	过磷酸钙（市斤/户）	其他磷肥（市斤/户）	硫酸钾（市斤/户）	氯化钾（市斤/户）		
张三	300	0	100	0	160	0	0	0	100	5	1 100
李四											
⋮	⋮	⋮	⋮	⋮	⋮	⋮	⋮	⋮	⋮	⋮	⋮
填写说明	①各种肥料的施用量包括底肥和追肥；②施用复合肥的要注明氮磷钾含量；③施用其他氮磷钾品种的应在其他一栏写明肥料的名称										

相比而言，表 13-3 就比较符合要求，但需要调查者进行仔细的后期整理。如张三家有 5 亩地，底、追肥合计，共施尿素 300 市斤，磷酸二铵 160 市斤，复合肥 100 市斤（N，P，K 含量为 12∶8∶10），氯化钾 100 市斤。由该县物价局调查得知，上述四种肥料每市斤依次为 1.2 元、2.0 元、0.8 元和 2.2 元。计算得出每亩小麦的肥料成本为 196［（300×1.2＋160×2＋100×0.8＋100×2.2）/5］元。每亩小麦标准氮磷钾投入量的计算如下：尿素折合标准纯氮 69kg，磷酸二铵折合标准纯氮 14.4kg、五氧化二磷 36.8kg，复合肥折标准纯氮 6kg、五氧化二磷 4kg、氧化钾 5kg，氯化钾折合氧化钾 25.0kg。最后折合每亩小麦施标准氮 17.88（89.4/5）kg、五氧化二磷 8.16（40.8/5）kg、氧化钾 6.0（30/5)kg。

4. 调查对象的代表性和问卷数量 问卷调查要有代表性（各种调查的取样样本均需有代表性）。例如一项“××县农民实际平均纯收入及构成的调查研究”，准备发放3 000份调查问卷，但该县既有山区又有平原，同时还有少量湖区，农户与农户间收入差距又很大，怎么办呢？这就要求在问卷发放前必须做好分类调查。通过调查得知：该县山区、平原和湖区农民数量分别占 30%、60%和 10%；在同生产类型中，高、中、低收入农户分别占 20%、60%和 20%（收入等级划分越细越准确）。问卷发放必须按照上述两级分类的比例进行。例如，湖区低收入农户 60（3 000×10%×20%）份，山区高收入农户 180（3 000×30%×20%）份，平原中收入农户1 080（3 000×60%×60%）份。在资料统计时，必须采用加权平均计算。问卷发放数量的确定，要从统计学要求的代表性和工作量两个方面考虑。从理论上讲，调查数量越多越能反映事实真相，但工作量太大，一般要求符合统计分析对小样本最低的要求即可。

① 市斤为非法定计量单位，1 市斤＝0.5kg

（二）实地观察法

实地观察法就是研究者深入实地，在对观察的场所和对象不进行控制的情况下，通过感官和辅助工具直接感知被研究对象并记录初级信息或原始资料的方法。实地观察可以收集到许多采用其他方法难以得到的、比较切实准确和生动的第一手珍贵资料，并获得真实可靠的感性认识。

1. 实地观察的步骤 实地观察法可分四步进行：①对拟观察事物做宏观、大略的调查了解和试探性观察，以便掌握基本情况；②确定拟观察的总体范围、个案对象、具体项目以及通过观察要解决什么问题、需要什么材料和条件等；③规划观察过程、时间、次数、密度等；④策划和准备观察技术，包括获得观察资料的手段和保存观察资料的手段。

2. 实地观察的原则和方法 一篇采用正确观察法撰写而成的研究论文，不管其结论是否正确，都不失为一份有价值的研究材料；如果观察的事实发生根本错误，那么它就失去了研究价值，甚至有可能造成不必要的危害。如何保证实地观察的真实性、准确性？应从以下三个方面努力：

（1）坚持客观性和求实精神，决不能走马观花、浮光掠影或凭主观愿望添油加醋、故意隐瞒，更不能歪曲或捏造事实。为了避免观察者自身的某些心智因素、知识欠缺等对观察结果产生的负面影响，观察前应做好必要的知识准备。实践证明，观察前的知识准备越充分，发生观察误差的可能性就越小。

（2）观察要全面、持久并进行纵横对比。只有从不同侧面、不同角度、不同层次进行长期和反复的观察，才能了解客观事物的全貌，得到正确的观察结论。对于比较复杂的事物或比较重要的现象，应该选择不同类型的观察对象进行横向对比观察，或者对同一观察对象进行纵向重复对比观察。一般情况下，通过多点对比观察和重复对比观察所得出的观察结论，发生观察误差的可能性较小。

（3）做好观察记录。实践证明，在观察时及时记录相关数据，信息丢失得最少。有时可用录音机录音，过后再整理成文字资料；当时情况不允许或不方便时，观察结束后要立刻根据记忆进行补记。同步记录尤其要记下当场的个人印象、感觉、分析意见和推论。

（三）访谈调查法

访谈调查法也称访问调查法，是指研究者通过多种形式的口头交谈方式，向被访问人了解情况、获取资料的一种方法。可以亲自登门拜访、召开座谈会，也可以到田边地头或电话交流等。

1. 访谈法的类型

（1）标准化访谈和非标准化访谈。标准化访谈又称结构性访谈、正式访谈、导向式访谈或控制式访谈等，是一种对访谈对象和访谈过程高度控制的访谈，即访谈对象按照统一的标准和方法选取，访谈过程中访谈者按照统一设计的问卷或访谈表进行访谈，不能随意对问题进行解释，并按照由简单到复杂、由现象到本质的顺序将访谈内容逐步引向深入，不断扩大线索，以获得更多的有用信息。这种访谈往往一开始提出一个简单的、容易回答的问题，根据回答的内容自然地引出一个新的问题，被访者如何回答虽然是自由的，而谈话内容的指向是由调查者控制的。标准化访谈的最大优点是便于对访谈结果进行定量分析和对比分析。缺点是访谈完全按照事先设计好的问题进行，限定了与被访谈对象之间的交流，难以对复杂多变的社会现象进行深入的了解。非标准化访谈又称非结构式访谈、非正式访谈、非引导式访谈，是一种半控制或无控制的访谈，即在访谈前将所需要了解的问题用书面方式一次性地告知访谈对象，由访谈对象把自己了解的情况或自己的观点客观地陈述出来。非标准化访谈的优点是弹性大，能够充分发挥访谈者和访谈对象的积极性、主动性，有利于对问题做全面、深入的了解，还有利于研究者发现新情况和新问题，拓宽和加深对研究问题的理解。缺点是由于答案的不可控性，难以对访谈结果进行定量分析和对比研究。

（2）直接访谈和间接访谈。直接访谈是指调查者采取登门拜访或约请会见的方式进行面对面的访谈。其优点是可以显示调查者的诚意和对调查对象的尊重，同时可以通过被访对象的表情和语气了解访谈对象的态度倾向，这种情感信息对鉴别谈话内容的真实性、可靠性具有一定的参考价值。间接访谈指通过电话、互联网和书信的方式进行的访谈。电话访谈的优点是便捷，可以随时进行，但一般只能适用调查比较简单的问题。通过电子信箱和其他书面形式进行访谈，可以提前给对方一个访问提纲，使被访者有较充裕的准备时间，给出的书面回复通常文字比较简洁，但因为缺少当面交流，得到的回复往往缺少具体的细节。一般来说，如调查的目的是了解事件真相，就不宜采用书面访谈的形式；如果调查的目的是了解对方的观点和态度，书面访谈就能得到完整而准确的信息。

（3）选择性访谈和逐一访谈。选择性访谈是指选择一个或数个有代表性的重点对象进行访问交谈，被选择的访谈对象应该是所调查事件的知情者或相关人。调查者可以根据事先掌握的初步信息或其他调查手段（如座谈会）所了解的情况来选择访谈对象。大多数访谈都是选择性访谈，但也有一些问题可以对某一群体内的所有对象进行逐一访谈。

（4）集体访谈和个别访谈。集体访谈即召开访谈调查会，是指在主持人的指导下，与会人员根据访谈提纲，就某一特定的主题进行深入讨论收集资料的方法。集体访谈要善于将集体访谈与个别访谈两种方法结合起来运用，在调查会上侧重了解面上的基本情况和一些重要的信息线索，具体数据和细节等则可通过会下与知情人个别谈话来补充。个别访谈也称为个别谈话或个别询问，是指由研究者与访谈对象围绕某个问题进行单独访谈，从而获取资料的一种方法。个别访谈的优点是访谈过程不受他人干扰或牵制，尤其是针对一些敏感性问题或知情人有思想顾虑的情况下，有利于访谈对象讲真话，也有利于访谈人员更详尽、深刻地了解有关问题的过程和细节。

各种访谈方式都有其优缺点，可根据调查者的研究重点自由选择。如果想验证某一理论，就选择标准化访谈；如果是进行探索性研究，就选择非标准化访谈；如果需要对问题进行深入细致的研究，宜采用个别访谈；若要迅速了解多数人对某一问题的反应，则可以采用集体访谈方法。

2. 访谈记录技术 访谈的目的是获得资料，获得感性认识，因此做好记录是访谈中的一项重要工作。访谈记录的内容包括访谈对象的谈话内容及其非语言信息和谈话的时间、地点、环境等。记录形式可以采取笔记，也可以采取录音机录音。笔记是访谈记录的最基本形式。

二、文献研究方法

文献研究方法是根据一定的研究目的，通过查阅文献来获得相关资料，全面、正确地了解所要研究的问题，从中发现问题的一种研究方法。文献研究方法是研究中常用的方法，几乎所有的课题都要先进行文献研究。对课题现状的研究，不可能全部通过观察与调查，还需要对与现状有关的种种文献做出分析。

文献研究方法有两种情形：①某些课题主要就是通过文献研究来完成的，通过研究文献，从文献资料中获得新论据，找到新视角，发现新问题，提出新观点，形成新认识；②文献研究在整个课题研究中是作为辅助性的研究方法。这里指后者。

作为整个研究中的辅助性研究方法，文献研究方法在科学研究中有很大的作用，主要体现在三个方面：①增强对拟研究问题的认识，为即将开始的研究工作奠定良好的理论基础，并帮助自己构思研究方案；②将研究的问题置于一定的理论背景下，说明其学术意义；③通过对文献的回顾，展示自己对研究的问题所涉及领域的了解程度。

（一）文献的概念与种类

1. 文献的概念　文献是指记录知识的一切物质载体，包括学术论文、学位论文、年鉴、专利文献、图书、报刊、会议资料、各种科技报告、磁盘、光盘及各种音像视听资料、微缩胶卷、胶片等。

2. 文献的种类　文献的分类方法很多，按对文献内容加工程度的不同，可分为零次文献、一次文献、二次文献、三次文献等。

零次文献是指曾经历过特别事件或行为的人撰写的目击描述或使用其他方式的实况纪录，是未经发表和有意识处理的最原始的资料，包括未发表付印的书信、手稿、草稿和各种原始记录等。一次文献也称原始文献或第一手文献，是指以作者本人的调查研究工作成果为依据而创作的文献，如专著、报刊、会议资料、学位论文、学术论文、科技报告、调查报告、专利文献等。二次文献是指对一次文献进行加工整理并使之有序化和浓缩化的文献。三次文献是指在利用二次文献检索的基础上，对一次、二次文献进行系统的分析、综合编写而成的文献，如综述报告、年鉴、百科全书、教科书等。

（二）文献检索途径与方法

1. 文献检索途径　馆藏图书、学术期刊、索引、文摘、数据库、网络资源等即是收集文献资料来源，也是重要的检索途径。一本好的教科书可使我们对与课题相关的知识有一个全面的认识，其中包括重要概念、基本理论和相关研究等。学术期刊刊载的是某一学科的专业性较强的学术文章。研究者带着自己的课题或问题，一有时间就去浏览最新期刊目录，看是否有与自己研究主题相关的文章，并从中吸取研究养料，对研究非常重要。只要是收录入CSSCI期刊和中国人民大学《复印报刊资料》以及与自己研究主题相关的综述性文章，都应注意收集。参考书目的索引和摘要能给研究人员搜集资料提供极大方便。索引将图书与报刊中各种文献名称分别摘录并注明出处，汇集了各种领域的论文和研究报告，是检索图书资料的重要工具，如《全国报刊索引》和《报刊资料索引》。摘要或文摘主要是论文的研究成果的概要，是对一份文献的内容所做的简略准确的描述，以原文节录为多，述而不评，以期刊式为主体，有综合性文摘和学科性文摘两类。数据库包括储存于磁盘或光盘、服务器上的原始资料。最重要的是全文数据库，该数据库提供文章全文，供读者了解全文信息，包括中国博士学位论文全文数据库（CDFD）、中国优秀硕士学位论文全文数据库（CMFD）、中国期刊全文数据库（CJFD）等。网络资源主要是网上的电子文献，如一些学者的个人网站、一些国际组织（官方或非官方）网站、学术研究会主办者的网站等，但要注意记录信息的来源和出处，并用评判的眼光来鉴别网上发表的成果。

2. 文献检索方法 文献研究法的第一个步骤就是根据研究课题确定文献收集的范围。具体做法是：①根据课题要求确定收集文献的内容范围。如研究课题是“××省农业生产结构的变迁”，那么文献收集的内容就要紧紧地围绕这个题目进行，包括有关农业生产结构的政策与法规、一般的理论文章或书籍、该省过去几年的农业生产结构情况以及现存的农业生产结构情况、促进农业生产结构变化的经验、农业生产结构的合理比例以及农业生产结构的变化趋势等。②确定文献的时间范围，即由近到远地收集。

检索文献的方法可以采用顺查法，也可以采用倒查法、追溯法。顺查法即由远及近，逐年逐月按顺序查找，多用于比较成熟的研究，特别是能比较全面地把握研究脉络，对该项研究能有一个比较系统的了解；倒查法即由近而远，按时间顺序往前查找；追溯法即利用综述或已掌握文献所附的引文注释和参考文献目录作为线索，找到一两篇“经典”文章后“顺藤摸瓜”，然后根据情况决定是否需要继续扩大查找文献范围。

在论文中要尽可能少地利用二次甚至三次文献，否则会误传作者的真实信息，尤其是外文文献最好是读原文。如果找不到原始文献，会给创作学位论文带来较大的麻烦和问题。

三、试（实）验研究方法

在农业科学研究中，由于人们对试验和实验二者的理解不同，往往被混淆使用。所谓实验，有人认为是为了检验某种科学理论或假设而进行某种操作或从事的某种活动，研究的前提是前人已经试验过的并形成一定共识的事物，做实验是为了检验和验证其真伪。所谓试验，有人认为是为了观察某事的结果或某物的性能而从事某种活动，研究的前提是前人没有得到结论，或是结论没有得到大多数人认可，通过试验对某个结论进一步进行研究。从这一理解观点来讲，试验的内涵大于实验，而另一种观点则认为，从实质上讲，无论是试验还是实验，都是对所研究事物一种实践操作的过程，因而可以通用。

（一）试（实）验法的基本逻辑

实（试）验法的基本逻辑非常简单，即基于对某事物（或这个事物的某项指标）的已知理论（或技术）→根据推测判断提出假设→筛选出主要影响因素→在控制环境下实际测验→验证原有认知和假设的正确与否→提出新认知（或技术）。这里涉及从理论到实践再到理论和从实践到理论再到实践两种逻辑思维问题。例如要探讨土壤水分对玉米生长发育及产量构成因素的关系，可在播种、出苗、大小喇叭口期、孕穗期、开花期、灌浆期等不同生育时期，采用人工控制的方法创造出30%～95%的土壤相对含水量，考察测定自变量 X（不同土壤水分含量）与因变量 Y（具体指标）的关系，然后提出结论，通过验证加以推广（图 13-2）。

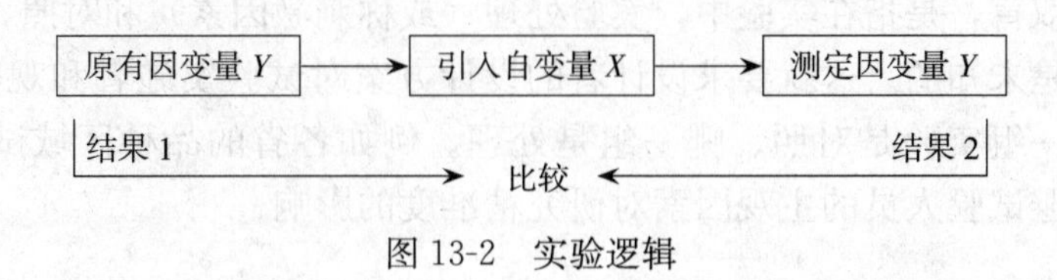

图 13-2　实验逻辑

图 13-2 是一种最简单、最理想的模式，实际研究中情况要复杂得多。因为任何两种事物或现象之间的关系，都会受到若干其他事物或现象的影响，要说明这种因果关系，就必须排除其他相关事物或现象造成因变量发生变化的可能性。

（二）实（试）验研究法的类型

1. 实验室实验　实验室实验就是在实验背景和环境条件可以较好地被"封闭或孤立"、研究对象的自变量相对容易控制条件下进行的实验。实验研究法适合于对具体事物的微观结构、形态，运动机制、机理和变化规律的检验与探索研究。主要优点是研究者能够比较确切地观察到某个研究对象在特定条件下的结构、成分、形态特征和某个自变量对因变量的影响程度，从而得出对事物本质的认知。主要缺点是：①研究内容的应用局限性较大，因为凡是实验室试验大多在特定环境进行，在对事物的普遍性和概括性的认知方面往往较差，特别是实验室环境与社会生产环境之间差别很大，研究结果的推广应用有一定局限性，"只见树木，不见森林"；②实验研究需要较为先进的研究平台和资金，如各类测定仪器、能够控制环境条件的厂房等设施。

2. 田间试验　田间试验就是在大田生产环境下进行的各类试验。这类试验适合于在自然气候条件下，研究某研究对象的变化规律和最终结果。其主要优点是贴近生产实际，利于直接推广应用；主要缺点是不利于某个单项因子的分解。

（三）实验的设计与实施

试验设计的方法很多，研究者可根据研究目的的不同进行选择。由于试验研究法的主要功能是对已知事物的检验鉴定和对未知事物的形态、结构、成分，自变量与因变量之间的因果关系以及事物变化规律的探讨，因而对试验的设计和实施要求都极为严格。在试验设计方面要求遵循唯一差异原则、局部控制原则，即对研究因素的孤立和对非研究因素的封闭。在实施方面，必须按设计计划要求按时、按量实施到位，包括数量和时空分布，否则所测得的因变量并不是设计自变量的真实影响。

（四）试验结果的测定

试验研究法以定量研究为主，对研究事物的判断均以数据为基础。为了确保测定数据的科学性、准确性、代表性和系统性，除了在测定程序、测定操作、测定工具、测定标准上的严格要求外，还应特别注意处理好以下几点：①测定样本的代表性和重复性要强；②处理组数据必须要有参照系数据作对比，对于破坏性试验，一般采用设置对照的方法加以解决；③农业试验所涉及的研究对象一般都是有生命的有机体，所以实验研究法要求测定数据必须是动态的、系统的，而不应是静态的、某一个时期的；④处理好已知和双盲试验的关系。所谓已知，就是试验方案设计、实施和结果测定者是同一个人或团队，他们对处理组与对照组是已知的。所谓双盲，是指在实验中，实验处理（或称刺激因素）和对照，对于实验实施者和观察者来说都是未知的。这就要求设计者的设计方案对试验实施者和观察测定人员保密，使他们不知道哪一组实验是对照、哪一组是处理。例如各省的品种区域试验均采用这种方法，以消除和规避试验人员的主观因素对研究精准度的影响

四、案例研究方法

案例研究方法（Case Study Method）又称个案研究法，是许多研究领域的一种重要研究方法。它是对实践中单一或多个研究对象（案例）的一些典型特征作全面、深入的考察和分析，也就是所谓的“解剖麻雀”的方法。

案例研究法是一种常用的定性研究方法，适合对现实中某一复杂和具体问题进行深入和全面的考察，对研究对象作出多维度的、个别化的认识。通过案例研究，人们可以对某些现象、事物进行描述和探索。其最大优点在于相对充分地揭示多种因素作用下研究对象的特征，可以获得其他研究手段所不能获得的数据、经验知识，并以此为基础来分析不同变量之间的逻辑关系，进而检验和发展已有的理论体系。案例研究不仅可以用于分析受多种因素影响的复杂现象，还可以满足那些开创性的研究，尤其是以构建新理论或精炼已有理论中的特定概念为目的的研究。案例研究法一般可分为选择案例、收集资料、分析和研究等阶段。

1. 选择案例 根据研究课题与研究目的选择案例，案例应符合研究者的需要，并具有代表性和在一定范围及领域中具有广泛的应用性。

2. 收集资料 确定案例后，应尽可能收集与案例相关的各种资料。资料收集要深入、细致，要掌握尽可能多的历史资料，了解案例的发展历程。另外，对收集到的资料，无论是间接的还是直接的，都要进行认真分析和研究，使所得到的资料能证明所研究的问题，并且可以相互印证。

3. 分析和研究 分析和研究是指对案例进行描述、解释、评价和预测，并为解决问题、提出发展对策提供科学依据。案例研究要重点分析事物及现象之间的因果关系。因此在取得研究资料后，应对资料进行核实、整理和分析，根据研究目的，运用合理的方法进行判断和推理。

案例研究可使研究者从典型个案中有针对性地提出解决问题的方案，并且可以通过个案本身的内在形成和发展规律，延展个案的典型性，并为解决同类问题提供科学的对策和方法或构建新的理论框架。

第三节　农业专业硕士学位论文撰写

一、规范格式

学位论文不同于在各类期刊发表的学术论文，也不同于一般的科学技术报告，有自己的规范格式。

(一) 基本结构

1. 宏观结构组成 为了统一学位论文的撰写和编辑，便于信息系统的收集、存储、处理、加工、检索、利用、交流、传播，根据《编写格式》的规定，一篇完整的学位论文尤其是硕士和博士学位论文，其宏观结构分为前置部分、主体部分和附属部分。在实体设计上，基本要素依次包括：①论文封面；②原创性及版权说明；③符号或缩略词说明；④论文目录；⑤中文摘要；⑥关键词；⑦外文摘要；⑧文献综述（研究现状评述）；⑨序或前言；⑩正文（包括材料与方法、结果与分析及与论文主题、分论题直接相关的图表、注释等全部内容）；⑪讨论；⑫结论或建议（含全文总结）；⑬致谢；⑭参考文献；⑮附录；⑯攻读学位期间发表论文的目录及对应章节。

对于学位论文的结构组成和编排格式，不同学科和不同学校的要求会有一些差异，但大的结构还是比较一致的。

2. 宏观结构模式 硕士学位论文的宏观结构模式，较为普遍的是采用章节结构模式，即论文本身分设若干章，章之下设置若干节（条）、款、项等。章节结构模式包括汉字字体章节制和阿拉伯数字字体章节制。目前，大多数院校采用阿拉伯数字字体章节制。

采用阿拉伯数字字体章节制的，各层次标题一律采用阿拉伯数字连续编号；采用汉字字体章节制的，章之下为节，节之下的第一级标题应当是“一、”，之后依次为“(一)”、“1.”、“(1)”。

对于各层次之间，从第一层次之后，可以跨层次直接使用下一层次的符号。例如，在“一、”之下，可以越过“（一)”，直接使用“1.”这一层次的符号。

章节结构中，无论采用哪种字体章节制，分标题设置一般不宜超过4级。若内容较多较细，在4级标题之下还需再分，或只用自然段表示，或用“（1)”、“（2)”、“（3)”等表示，或用“其一”、“其二”、“第一”、“第二”等形式的编码表示。

究竟采用哪种字体章节制，不同院校和科研机构各有不同的要求，应查看其具体规定，在不违反上述基本要求的基础上可以“入乡随俗”。

3. 章节间的呼应与对称

（1）章节结构中，章的数量及其之下的节、条、款的设置，应当根据研究和论证的需要，整体加以考虑。但是，章节的数量应当考虑到章节之间的宏观呼应和对称。学位论文的主体即本论部分应当不少于3章，以保持整体的结构美感。

（2）过渡与照应。过渡是指文章上下文之间意义和逻辑上的衔接和转换。过渡中常常用到“因为……所以……”、“第一……第二……”、“一方面……另一方面……”、“研究结果表明……”以及段落之间论述上的步步递进和深入等一些连词、短语、句子、段落等过渡结构。合理的过渡起到承上启下的作用，使文理流畅，逻辑合理，论述思路清晰，前后连贯，论据和论点都得到很好的表达。

照应是指文章不相邻的部分在内容和前因后果方面的相互关照和呼应。例如，前言中说明了研究要解决的问题，在后面的结论中应有对问题的研究结论的呼应。照应使论文的内容前后默契配合，前有提出，后就有交代，内容上有头有尾，不会使读者感到所提的问题没有着落。照应中要注意论文标题与论文内容的一致，大题目和小标题的照应，小标题和小标题之间的照应，标题和标题下行文之间的照应，首尾呼应，前面所提问题与后面所得结果之间的照应等。照应使论文的内容前后和谐一致，论述有头有尾，严密而完整。

论文内的所有标题之间，无论是章和节的标题之间还是节和其下的独立标题之间，乃至各个不体现在目录之中的独立标题之间，必须设置或长或短的一两行过渡段加以分隔。有的标题之下没有任何说明，直接紧跟下一级标题，导致上下两级标题作为上下两行紧跟出现，有的论文甚至三级、四级标题直接相接，不仅缺乏美感，而且体现了逻辑结构的缺憾。

（3）各层次标题的设置。各层次标题要醒目，其字体与非标题要有区别。每一级的小标题必须简洁、准确地概括所辖内容。各层次标题都要简短明确，同一层次的标题应尽可能"排比"，即词或词组类型相同或相近，意义相关，语气一致。每个小标题应该是一个名词性短语，不可太长，字数一般应当控制在15字以内；不可以用含有主谓宾结构的完整句子，还应避免使用标语口号式的小标题。在文内各级标题语句之中，可以出现"，"或"、"等中间型标点符号，标题语句之后不能使用句号。

（二）基本内容

1. 标题 参见本章第一节的"二、专业硕士论文写作过程"中相关内容，此处略。

2. 中（英）文摘要 关于论文摘要的定义，国际标准ISO214-1976和《编写格式》均指出：摘要是论文内容不加注释和评论的简短陈述。学位论文和学术论文均应有摘要，为了国际交流，还应有外文（多用英文）摘要。摘要应具有独立性和自含性，即不阅读论文全文，就能获得必要的信息。摘要中有数据、有结论，是一篇完整的短文，可以独立引用。

（1）摘要内容。摘要内容应包含与论文同等数量的主要信息，供读者确定有无必要阅读全文，也供文摘等二次文献采用。中文摘要应以简洁的语言概括论文的研究目的、主要方法、取得的结果及最终结论、意义，而重点是结果和结论，应突出论文中的创新点或新见解。英文摘要的内容与中文摘要的内容要求一致。

（2）摘要篇幅。学位论文为了评审，可按要求写成变异体式的摘要，其详简程度取决于论文的内容和总字数。根据对部分高校学位论文篇幅、摘要字数的统计和"中文摘要一般应占正文字数5%左右"的普遍规定，以5万字左右的人文社会科学类硕士学位论文为例，中文摘要应在2 500字左右，英文摘要不宜超过1 250个实词。

（3）摘要写法。通过前言提炼研究目的，通过正文提炼研究方法及结果，通过讨论及结论提炼研究的最终结论，按照"目的—方法—结果—结论—"顺序，写成有一定语义逻辑关系的摘要。

撰写摘要应注意：①摘要应以第三人称的语气书写，不要使用"本人"、"作者"、"我们"等作为陈述的主语；②除了实在无法变通外，摘要中不用图、表、化学结构式、非公知公用的符号和术语，要采用规范化的名词术语、缩略语、代号、法定计量单位、简化字和标点符号；③避免与标题和引言在用词上明显重复，切忌罗列正文中目次、小标题和段落标题或结论部分的文字。摘要必须在正文终稿完成之后方能撰写。

3. 关键词 中文摘要之后须列出关键词；英文摘要之后列出与中文关键词相对应的英文关键词。《编写格式》规定：关键词是为了文献标引工作从论文中选取，以表示全文主题内容信息的单词或术语。关键词是从文章的题名、摘要、正文中抽出的，能表达全文主题内容、具有实在意义的单词或术语；每篇论文选取3～8个关键词，并尽量用《汉语主题词表》提供的规范词。

关键词是主题词的组成部分。主题词包括标题词、单元词、叙词和关键词。前三者是经规范化处理的主题词，而学位论文中的关键词是指在《汉语主题词表》中找不到的自由词或词组，而为论文主题的创新内容所选择的词或词组，或有些未被词表收录的新学科、新技术的重要名词术语，作为关键词。

关键词之间先后顺序的排列是：第一个关键词列出该文主要内容所属二级学科名称，第二个关键词列出该文研究得到的成果名称或文内若干个成果的总类别名称，第三个关键词列出该文在得到上述成果或结论时采用的科学研究方法的具体名称，第四个关键词及以后列出主要研究对象名称或作者认为有利于文献检索的其他关键词。

4. 研究现状评述

（1）研究现状评述的写作内容。研究现状评述就是对国内外研究现状的综合分析与评价。此段主要综述与本课题相关的同类研究、国内外目前的研究动态和水平，说明课题研究的起点。这些内容主要是用来审查论文科学依据是否充分，它反映了研究者查阅文献、获取信息的能力和对本项研究水平把握的程度。

（2）研究现状评述的写法。研究现状评述常用的标题形式有“相关研究现状与评述”、“国内外相关理论研究现状与评述”、“国内外相关研究综述”、“国内外相关理论综述与评价”、“相关理论评价与思考”等。研究现状评述也称文献综述，具体可参看本章第一节的有关介绍。

5. 绪论或前言 绪论也称前言、引言、序言、序等，是论文必需的内容，置于论文之首，起着点题和统领全篇的作用，便于阅读和理解正文。

（1）绪论或前言的写作内容。硕士学位论文的绪论或前言，其阐述的内容有5个方面：①选题背景及来源；②研究的意义与目的；③研究的主要内容；④研究方法；⑤研究的技术路线（或称论文的基本框架）。阐述选题背景及来源，说明选题的研究对象及其客观性；阐述研究的意义与目的，说明研究的出发点、动机；阐述研究内容，说明要解决的主要问题和欲取得的研究成果；研究方法的介绍，说明研究的视角和途径；技术路线的介绍，突出论文的主题或预期创新之处，表明论文结构的逻辑性及其合理性。

（2）绪论或前言的安排与写法。《编写格式》规定：学位论文为了反映作者已掌握了坚实的基础理论和系统的专门知识，具有开阔的科学视野，对研究方案作了充分论证，可以把有关历史回顾和前人工作的综合评述以及理论分析等单独成章，用足够的文字叙述。这是对文献综述或研究现状评述的内容规定（1 500～2 000字）。这就需要在前言中把文献综述与背景描述区分开来。文献综述是对学术观点和理论方法的整理，属于理论背景；背景描述关注的是现实层面的问题。阐述研究工作的目的、意义及选题依据，就是要求提供背景资料，说明研究该课题将解决什么问题（或预期得到什么结论），这一问题的解决（或结论的得出）有什么意义。写作时，一般先从现实需要方面去论述，指出现实当中存在这个问题，需要去研究、去解决，本课题的研究有什么直接或潜在的应用价值以及可能产生的社会和经济效益，然后再写课题的理论和学术背景（即理论背景或研究现状评述）。这些都要写得具体、有针对性，不能漫无边际。

写前言要避免与讨论和摘要内容雷同。前言与结果和讨论具有内在的逻辑联系，前言是“因”，结论是“果”：前言——提出问题，正文——分析问题，结论——解决问题。因此，前言不要与结果和讨论雷同，也不要成为摘要的注释。

6. 正文 正文部分是学位论文的核心，是体现研究工作成果和学术水平的主要部分，所占的篇幅也最大。

由于论文所属的学科、研究对象、研究方法等不同，对正文的写作内容不可能做出统一规定。但正文须写出研究所依据的理论和方法，并根据这些理论和方法，充分利用自己所占有的研究数据分析说明问题，即写出对资料数据的分析及其所得结果。

在阐述推导过程中，不要列举全部的调查研究资料数据或观测数据、现象，而只列出经过整理归纳后的能代表调查研究或实验结果的精辟数据。能将数据资料及其结果整理为图表时，尽量整理成简明的图表给出，对图表须附有简要的文字说明。若还有更多的便于说明全面和作者认为能做佐证的数据希望给出，可列入附录放入文后。

主体部分各层标题（章节）内容之间，应该有逻辑联系，从上一层深入到下一层，层层深入或平行并列，避免层次章节之间缺少逻辑联系。各部分的先后次序、篇幅的长短，都应根据逻辑顺序和表现主题的需要当详则详、当略则略。

7. 结论或讨论 《编写格式》规定：论文的结论是最终的、总体的结论，不是正文中各段小结的简单重复。从逻辑上讲，结论是总结性地说明学位论文的最终研究成果及其价值，应当体现作者更深层的认识，且是从全篇论文的全部材料出发，经过推理、判断、归纳等逻辑分析过程而得到的新的学术总观念、总见解。结论是整篇论文的结局，应该准确、完整、明确、精炼。如果不可能导出应有的结论，也可以没有结论而进行必要的讨论，可以在结论或讨论中提出建议、研究设想、仪器设备改进意见、尚待解决的问题等。

结论内容与前言有着密切的关系，应当与之相呼应。论文的结论一般应回答以下问题：①该研究的结果及其分析意味着什么？②论文的研究贡献是什么？③研究的目的是否实现？④研究结果的主要观点是什么？是否解答了提出的研究问题？⑤研究结论对谁会产生影响？如何影响其思想、态度、行为和政策等？⑥研究的局限与不足是什么？⑦未来研究的方向应该是什么？对未来研究的可能建议是什么？⑧你的研究对未来研究有何帮助？下一步的研究应该做什么等？

8. 致谢词 致谢的对象包括下列几个方面：①资助研究工作的国家自然科学基金及各类科研项目、奖学金基金，合作单位及资助的企业、组织或个人；②协助完成研究工作和提供便利条件的组织或个人；③在研究工作中提出建议和提供帮助的人；④接受委托进行分析检验和观察的辅助人员；⑤给予转载和引用权的数据资料、照片、图表、文献、研究思想和设想的所有者；⑥其他应感谢的组织或个人。

9. 参考文献 引用并标注参考文献是学位论文不可缺少的内容。在硕士学位论文中，凡是引用前人（包括作者本人）已发表的文献中的观点、数据和材料等，都要对它们在文中出现的地方予以标明，并在文末列出参考文献表。

引用参考文献应考虑引用的语种、出版时间和影响因子的高低等几个方面。语种分布是反映作者对当前学科研究现状掌握程度的重要指标，参考一定量的外文文献是写出优秀论文的前提之一。参考文献的出版时间一般以从事研究和写作时期内发表的文献、近期发表的文献为主，某些学科的经典理论则不受时间限制。参考文献要多引用在国内外学术水平高、具有较好创新性的文章。

10. 必要的附录 附录作为论文主体的补充项目，并不是必需的。以下内容可以作为附录放在正文之后（也可以另编成册）：①为了整篇论文材料的完整，但编入正文又有损于编排的条理和逻辑性的材料。这类材料包括比正文更为详尽的信息，对研究方法和技术有更深入的叙述或对了解正文内容有用的补充信息等。②由于篇幅过大或取材于复制品而不便于编入正文的材料，如调查问卷、原始记录、统计和测量指标的计算方法介绍等。③不便于编入正文的罕见珍贵资料。④对一般读者并非必要阅读，但对本专业同行有参考价值的资料。⑤某些重要的原始数据、数学推导、计算程序、框图、结构图、注释、统计表、实物照片等。有的高校还要求在附录里列出作者攻读学位期间发表的学术论文目录清单等。

（三）写作规范

1. 格式规范 按照统一的格式规范来构建论文，有利于论文论点的有效表达和同行在共同交流模式下进行成果交流。论文写作中必须结构严谨、层次分明，符合逻辑的结构使论点能得到明晰的表达，能把主题阐发得细致深入。所以，从论文写作的一开始，就要按照规范的格式来设计。

2. 语言规范

（1）用词规范。为了明确说明概念及概念之间的关系，准确地反映客观事物及其内在联系，论文的语言必须规范和准确，才能贴切地表达自己的观点。学位论文语言的规范表现在用语符合语法和用词的规范，推理要符合逻辑，文理通顺。在表达上用书面语而不用口语。例如，口语中常常用“我市的经济发展……”这类语言，有人把它用到了论文的标题和正文中，读者读了半天也不知道是哪一个市。要做到语言规范，“我市”应该写成明确的如“昆明市”、“上海市”等具体的表达，而“我国”应该写成“中国”，否则外国人就不知道是哪国。学位论文不能使用夸张、双关语等修辞手法，也要避免使用歇后语和谚语。此外，词序安排要合理，句子结构要完整，标点符号要准确。

（2）术语规范。术语规范也就是标准的统一性。科学术语的表达要使读者和作者对论文表述的理解一致，才有利于科技信息的交流。所以科学语言必须具有规范性。论文中的术语、缩写、符号、计量单位等都应按规定的标准使用。世界各国都对学位论文的编写和编辑制定了相应的标准。国际标准化组织也制定了一系列国际标准，不同学科和专业的学术机构还制定了本学科和专业的国际标准。另外，术语具有单义性和理解的一致性、稳定性等特点。硕士学位论文的读者一般都是专业人员，都熟悉术语。适当使用科学术语能提高硕士学位论文语言的准确性，但并不是术语用得越多越好，滥用术语有时可能造成论文晦涩。若一个学科概念有几个不同的术语，在同一篇论文里，对同一个概念应始终用同一个术语。意义相近的术语不能相互代替使用。

（3）语言准确。为了做到语言准确，首先要对所研究的对象有清楚和深入的认识，在此基础上才能形成清晰的思路，然后用准确的语言表达出自己的思想。另外，为了准确地表达事物的面貌和状况，贴切地表达自己的观点，在用词用语上要认真推敲，选择最恰当的词语。描述时应尽量准确、符合实际情况。定性定量的表达要尽可能精确，不用“可能”、“大概”、“差不多”、“估计”、“也许”、“假若”这些不确定的词语，要给人一种肯定和确切的印象。

（4）语言简明。学位论文应该用简明的语言表达内容，要追求“言简意赅”。“简”是要求句子简练，不冗长拖沓；“明”是要求表意清楚，不含糊其辞。“简明”的目的是减少语言的数量，提高语言的表达效果。在不影响意思表达的前提下，应去掉那些不必要的词语。例如“通过这个实验证明”，就可以写为“该实验证明”。同时要避免不必要的重复和反复的强调，以免造成文字的繁复。要做到表达的清楚，就要做到语句通顺、语意连贯、符合逻辑。这就要求造句时恰当安排好主、谓、宾结构及其在此主结构中添加的一些表示时间、范围、目的、作用、性质等的定语、状语、补语等，并合理连接各句子来表达好清晰完整的意思。

(5) 修辞规范。科学语言是严谨的，但同时也可以在准确表达的前提下追求修辞美和生动的表达形式。例如把物价大幅度上涨形容为“通货膨胀”等，都是很形象和准确的描述。此外，还可以适当运用对偶、排比等修辞手段，表现语言的整齐美；用设问、反问等修辞手段，表现语言的变化美；用长短相间的各种句式，表现语言的段落美。这些方法都能增强语言的生动性，使专业硕士学位论文富有语言的魅力。

二、不同类型的论文撰写

专业学位硕士论文从形式上大体可划分成 5 种具体的类型：①以国家政策或学科理论、方法为研究内容的理论探讨类论文；②以实际工作考察、调查分析为研究内容的调查研究类论文；③以项目咨询、管理与评估为研究内容的案例分析类论文；④以工程方案、产品等的规划、开发与设计为研究内容的规划设计类论文；⑤以实验观察、检测为研究内容的实验研究类论文。研究者应根据专业学位及其领域的类别、学位论文选题的性质等，选择其学位论文的写作类型。

无论哪种类型的硕士学位论文，在撰写上都必须对实际工作或数据资料从一定的理论高度进行分析和总结，形成一定的科学见解，提出并解决一些有理论价值和实际意义的问题；对自己提出的科学见解或问题，要用事实和理论进行符合逻辑的论证与分析，将实践上升为理论。

(一) 调查研究类论文

调查研究类论文是为了揭示某种未知实际事物的内在本质及其发展规律，运用特定的调查研究方法，在周密调查研究的基础上，以文字、图表等形式将调查研究的过程、方法和结果表现出来。其目的是告诉读者，对于所研究的问题是如何进行调查和研究的，取得了哪些结果，这些结果对于认识和解决这一问题有哪些理论意义和实际意义等。

1. 调查研究论文的种类

(1) 描述性调查研究论文。这是一种反映调查研究对象全貌的调查研究类论文。它侧重于对所调查现象进行系统、全面的描述，其主要目标是通过对调查资料和结果的详细描述，向读者展示某一现象的基本状况、发展过程和主要特点。这类调查研究类论文是调查研究者对调查对象的基本情况不太清楚或知之甚少，需要通过调查研究来认识调查对象的轮廓和细节，以此来弄清全部真相或掌握某些现象发生发展的状态，为读者描述最基本、最全面的情况。它要回答“是什么”和“怎么样”的问题，让人“知其然”。

对于那些以弄清现状、找出特点和规律为目的的社会调查来说，描述性调查研究论文是其表达结果的最适当的形式。

(2) 阐述性调查研究论文。阐述性也称解释性，这是一种研究探讨调查对象因果关系的调查研究论文。这类论文的主要目标是用调查所得资料来解释和说明某一现象产生的原因。

它是调查研究者对调查对象的基本情况、即成结果、现象（做法）已基本清楚，但造成这种结果、现象的原因尚处在未知状态，试图通过调查“既成事实”产生的原因即“为何”来解释某些现象之间的因果关系，以此回答“为什么”和“怎么办”，让人“知其所以然”，在推广经验或解决问题的同时给人以理论、方法上的启示。

（3）预测性调查研究论文。这是一种根据已知推断未知的调查研究论文。它是在掌握可靠的基础数据、说明某些现象的现状及其因果联系并有较全面的理论构想的基础上，运用科学预测方法和结合主观经验的分析判断，进一步推测事物未来发展变化的趋势和应采取的应对措施。它要回答的是“将要怎样”和“应该怎样”，并提出目前应当如何应对。

预测性调查研究论文是最高层次的调查研究类论文，对实际工作和理论研究都具有最重要的指导意义，也是研究、写作难度最大的一种论文。因为预测是根据已知推测未知，依据过去、现在预测未来，而未来的不确定因素非常复杂，要想增加预测可信度，必然基于大量的现实调查数据，并涉及建立科学的预测模型和运用合理的预测方法。

2. 正文写作内容 从写作内容来看，描述性调查研究论文强调内容的广泛和详细，要求面面俱到，同时十分看重描述的清晰性和全面性，力求给人以整体的认识和了解。它的内容可以是定性的，也可以是定量的，但都以回答“是什么”和“怎么样”的问题为主。而解释性调查研究论文则是以揭示社会现象之间的因果联系为主要内容，强调内容的集中与深入，看重解释的实证性和针对性，力求给人以合理且深刻的说明。它的内容不仅要说明“是什么”和“怎么样”的问题，而且要回答“为什么”和“怎么办”的问题。

上述三种调查研究类论文的区分是就其主要目的和课题属性不同而言的。它们的区分只具有相对意义，其应用价值和学术意义往往是互相渗透的，体现在一篇调查研究论文中又是互相联系、不可分离的。硕士学位论文的写作应注意以下几个问题：

（1）描述性课题是任何调查研究论文都不可缺少的基本组成部分，任何阐述性课题都必然包括一定篇幅的描述性内容，并以描述性调查为立论基础；同时，描述性研究论文有时也要延伸回答“为什么”和“怎么办”或作出初步预测。阐述性课题则是在描述性调查基础上深入研究的结果，其内容不仅要说明“是什么”和“怎么样”的问题，而且要回答“为什么”和“怎么办”，有时也可作中短期预测，只不过这种描述是作为合理解释和说明现象之间的因果关系的必要基础或前提而存在的，即为了解释和说明“为什么”而作必要的描述，但不像描述性论文那样全面、严谨和详细。预测性调查论文以对社会现象的发展趋势与状况作进一步推测为主要研究内容，但它的内容必须以“是什么”和“怎么样”、“为什么”为前提。

（2）调查研究类学位论文与以应用性（认识社会、研究政策、总结经验教训、揭露问题、推广新生事物等）为主要目的的普通社会调查报告既有联系也有区别。两者的联系是：应用性社会调查报告也可做出理论性概括，调查研究类论文也可用于指导实践，为现实服务。但是，两者的区别是主要的，主要表现在：普通社会调查报告往往以政府决策部门领导、各类实际工作部门人员以及社会中的普通读者为对象，以了解和描述社会现实情况、解决社会实际问题为主要目的；调查研究类学位论文则主要以专业研究人员为读者对象，着重于对社会现象的理论分析，即分析各种社会现象之间的相互关系或因果关系以及通过对实地调查资料的分析或归纳，达到检验、发展理论或解决实际问题的目的。

调查研究类学位论文在内容上专业性强，有深度，文字较多，篇幅较长。其写作内容要求对调查对象、调查程序、调查方法等做具体说明，调查资料要真实、系统和完整，论证过程要符合逻辑，研究结论要明确和新颖，对不同的理论观点要做出评论或比较分析。具体包括：调查对象的选择及其基本情况（调查时间、地点、人员组成及其分工等）；自己的研究假设和研究方案；主要概念、主要指标的内涵和外延及其操作定义；调查的主要方法和过程；调查获得的主要资料和数据；研究的主要方法、过程和结论；对调查研究过程及其结果的学术性推论和评价；本调查研究的主要缺点或局限性；本调查尚未解决的问题或新发现的问题等。

3. 正文结构安排 正文部分是调查研究类论文的主要内容。它写得如何，直接决定着它的质量。

调查研究类学位论文的撰写往往比普通调查研究报告更加系统和规范，有比较固定的格式。一般来说，大多数调查研究类学位论文在结构上依次包括以下几个部分：

（1）调查对象与方法。具体包括：①调查对象基本情况的说明，包括调查对象的种类、数量、分布、地理位置、选取依据、气候等自然或社会条件；②调查的基本情况，说明调查的时间、地点、范围、方式方法、参加人员等。在论文中，必须对所研究的总体、所调查的样本进行详细和较全面的介绍。

（2）正文内容。正文包括两部分内容：①对调查对象进行叙述。要求真实准确地列举调查所得的确凿事实、典型事例和具体数据。②进行分析论证。要求对资料进行客观的定性与定量分析，并上升到理论，提出自己的新观点，或证实一种观点，或发展、丰富一种观点。这部分的写作既要防止单纯罗列材料，也要防止过多的议论和说理。

具体来说，正文部分有以下三种结构方式：①递进纵式结构，又称推进式结构，即根据事物发展的始末顺序或材料的内部逻辑关系叙述事实，按照步步深入的逻辑形式安排结构，使层次之间呈现一种层层展开的逻辑关系，以突出某一现象或问题的发展过程，或者反映不同时期的变化与差别。具体形式是：第一层次提出问题，第二层次叙述背景，第三层次分析原因，第四层次找出症结，第五层次解决问题（得出结论）。这种结构各部分之间前后顺序不能颠倒，否则将会眉目不清、条理紊乱。②并列横式结构，即把调查的事实和形成的观点按其性质或类别概括为若干并列的几个部分，分别加以说明和阐述，以突出某一现象或主题的各方面内容，揭示其主题。它的特点是：围绕中心论点划分为几个分论点和层次，各个分论点和层次平行排列，每一部分内容都是相对独立和完整的，分别从不同角度、不同侧面论证中心论点，使文章呈现出一种多管齐下、齐头并进的格局。③纵横交叉式结构，就是将纵横两种结构结合起来使用，或以纵为主，纵中有横，在递进的过程中展开并列（递进中的并列），或以横为主，横中有纵，在并列的过程中展开递进（并列中的递进）。这种结构常用于较大规模调查研究中，便于反映出比较复杂的内容，既有利于按照历史脉络讲清楚问题的来龙去脉，又有利于按问题的性质或类别分别展开论述。许多大型调查研究类论文的正文部分由于其层次关系特别复杂，需要把并列横式和递进纵式结合起来使用。

结果部分的撰写往往也是先给出答案，再展示证据。每一个方面的结果陈述完毕后，应进行简要小结，然后再开始下一个方面内容的陈述。

（3）讨论。讨论部分一般是告诉读者本项研究发现或解决了什么。一开头就以明确的叙述来说明研究的假设是否得到证实，或者明确地回答导言部分所提出的问题。在讨论部分还可以包括：对自己的研究仍未能回答的那些问题的讨论，对那些在研究过程中新出现的问题的讨论，对探讨和解决这些新的问题有所帮助的研究建议等。

（二）案例分析类论文

案例分析类论文是在调查研究的基础上，从实践中选择若干个研究案例，运用一定的科学方法进行分析研究而撰写的论文。案例分析与实证研究，两者都是理论与实际密切结合的具体研究方法。事实上，在实践中案例分析与实证研究往往相互结合运用：先是选择若干案例，分析其实际做法，运用归纳法，归纳出某种理论、方法，然后运用文中得出的理论、方法，去解决客体的实际问题或去评价客体的实际做法。案例分析类论文正文的写法，一般按照案例展开—案例分析—案例总结—验证应用四个部分安排结构。

1. 案例展开 这个部分主要是对案例的背景介绍，具体分析该案例的发展历程、基本状况、采取的主要措施和实施效果等。

2. 案例分析 应用相关的理论与方法和系统思维，针对案例的内容进行分析，寻找其中所有的影响因素和解决问题的主要障碍因素，抓住关键环节和主要问题进行剖析，归纳出经验教训以及内在机制和理论根据。

3. 案例总结 在前两个部分研究的基础上，运用归纳法，理论联系实际，总结出可采用的策略或解决问题的多种方案、模式。

4. 验证应用 即运用案例总结部分提出的方案、模式，在实践中应用并验证其方案、模式的正确性和推广应用价值。往往是案例与实证研究的结合运用。

（三）规划设计类论文

规划设计类论文属于解决实际问题的“实践性”研究课题。它是指为解决本学科、专业范围内某些工程问题、技术或管理问题、推广问题等，运用专业理论、专门知识和技能，在对某些系统机构、工程方案规划设计的基础上而撰写的论文。对农业专业硕士学位论文来说，规划设计类论文主要应用在农业机械、食品加工、景观规划和农业水利工程、设施农业设计等方面。

1. 正文写作内容 规划设计类论文的正文一般需写三个方面的内容：①研制产品、推广新项目的方法、过程和具体规划设计的描述；②产品、项目的检验或试用效果；③详细阐述规划设计的具体思想和理论依据，并通过对比指出本设计的优点所在。此类论文的部分作者常常忽略最后一个方面的内容，或者没有写进规划设计的理论依据。因为这一方面的内容最能体现新产品或项目设计论文的本质特点，正是有了“规划设计的理论依据”或“处理技术关键的理论分析（计算和推导）”，论文才能从“经验”层面上升到“理论”层面，具备论文的理论性特点，论文才成其为“论”文，才与设计文件、科技报告、产品说明书之类的文章区别开来，更加富有理论价值。

2. 正文内容安排 正文中何处当详、何处当略，首先决定于所表述内容的难易，难处当详，易处当略。详略决定于文体，文体规定了文章的功用，也就规定了文章的重点。作为学位论文，必须突出作者的理论思考。因此撰写正文时，要在让读者“知其所以然”上多花笔墨，亦即把“为什么这样做”作为详写对象，而对“怎样做”和“做得怎样”则可简略处理。

正文所含三方面内容的顺序可以灵活安排，常用的顺序有以下三种：

（1）理论依据—具体设计—产品效果；

（2）具体设计—理论依据—产品效果；

（3）技术关键—理论分析—具体设计。

（四）实（试）验研究类论文

实（试）验研究类论文，是为了实验、观察或检测某一学科专业领域内的某事物的成分、性能或效果而先在实验室或小范围内从事科学实践活动，以实验设计或模拟操作、观察为研究手段，以验证科学理论或假说为目的，在对实验结果进行分析论证的基础上撰写的学位论文。

1. 实（试）验研究类论文的种类 作为专业硕士学位论文，这类论文有以下三种类型：

（1）以介绍实验设计本身为目的，以说明实验装置、方法和内容为主，以对比分析为辅。农业工程机械、新能源开发、新的物化型成果的工艺流程等的研究者通常采用这类形式。从研究性质来看，这种类型实际上是以"方法性、技术性"创新为依据，说明新的实验方法、测试手段的可行性及应用效果的论文。如应用一种新材料或新的设计结构，设计出一种新型沼气池，提高产热和保热性能问题；采用新的理念、新的设计方法，设计并制作出一种新的排种器，提高排种均匀度问题；采用新的萃取方法，提高中草药有效成分提取量，增加经济效益等。

（2）以实（试）验的数据结果为依据，阐述某一客观事物的依自变量变化而变化的规律，以某一事物或这个事物某项指标的特征、特性为主，以实验条件介绍为辅。它的目的不是介绍实验过程、设备和方法，而是介绍研究对象的某一性质、性能或变化规律，自变量对应变量之间的因果关系、自变量对自变量之间的相互关系，通过理论分析，归纳概括出有理论意义和应用价值的论文。

（3）上述两类的结合型。既有对实验设计本身的详细介绍和论证，又有对研究对象性质、性能或变化规律的阐述，并通过实验结果，对已有理论、方法进行验证、补充和发展。

虽然上述三种类型论文各有特点，但它们的正文部分又都由材料和方法、结果与分析和讨论和结论三种成分依序构成。

2. 正文写作内容

（1）材料与方法。也称实验过程部分，主要介绍说明该项研究是在什么环境条件下和如何进行的。包括供试材料的选择，实验的设计方法，研究因素（包括因素的水平设置），重复次数，实施概况，取样与测量项目，每个项目的测量方法和操作技术，采用何种统计方法处理数据等。

（2）结果与分析。结果与分析是论文最重要的核心部分，也是论文的价值所在。这部分主要是对研究测定所获数据（经过归纳整理）的事实性表述，也是欲要论证问题的主要论据，其内容应包含研究所设计的全部。分析是以试验数据为事实依据的简单分析。

（3）讨论。讨论部分的内容主要是陈述研究者所获得试验数据与前人研究的异同点、导致异同点的原因分析，本研究的创新之处和它的科学性、可信程度，同时还要讨论本结论的不足之处以及克服这些不足的可能途径与方法。

（4）结论。结论（或称建议）主要陈述该研究取得的主要结果，如得出了什么规律性东西、解决了什么理论或实际问题、该结果的学术意义和实践价值，同时对研究成果加以简要的评述，指出其有适用范围。

如果说前言要解释研究的是什么问题和为什么进行该项研究，材料与方法回答“怎么研究这个问题”的话，那么结果与分析就是回答“你发现了些什么”，而讨论和结论则是回答“这些发现有什么价值”。

3. 正文写作要求

（1）实验研究中材料与方法的主要作用是向读者提供“重复试验和验证实验”所必需的信息，以便后人再做深入探讨。为此在叙述材料和方法时，作者必须写明原材料及其制备的方法、化学成分、物理性能，写明实验所用的设备、装置、仪器的名称、型号、精度、生产厂家、性能、特点等。叙述时应力求简洁明快。如果是通用或常见的实验材料和设备，可只介绍规格、型号；如果是自己特制的，应讲清设计原理和测试、计量所用仪器精度。

（2）结果与分析部分的写作，要按照实事求是原则，从实际出发，把经过整理的实验结果（含误差分析）按照主次逻辑顺序全盘托出，逐项叙述与分析，有时还应将与当初提出研究假设有关的资料和盘托出，但要避免将所有实验数据都抄在上面（这样就成了实验报告）。假若数据较多，可以绘制成表格、插图或照片等，以求简洁明了。特别是要力避只使用利于自己的论点资料、删除不利于自己观点的资料等不诚实的行为，更不允许伪造数据。如果进行的实验的数据未能证实什么，或所取得的资料不完整，或恰恰与预期的结果相反，论文仍应如实地写出。

（3）讨论和结论部分的写作。讨论部分应将最能反映事物本质的数据结果或现象与他人进行科学比较，对别人和自己的成果都要进行实事求是地加以评价，不能歪曲和片面使用前人的观点，在资料选择方面不能按照个人实验前的理论假设取舍数字和现象。在结论方面，正确的结果是讨论的起始点、推理的引发点。讨论和结论的叙述要注意“抽象和升华”。结论部分是经过讨论后所获得的认识。在讨论和结论中，前者是感性认识，后者是理性认识。陈述要严密、清晰，既符合形式逻辑，又简洁、准确、易懂，切中要害。

三、专业硕士论文常见的错误

学位论文中常出现的错误，不仅指在初稿撰写过程中容易出现的错误，也指定稿论文中经常出现的问题。这些问题或错误，有的是因论文作者的态度、学风、文风问题而造成的，有的可能是因作者的研究和创作“功力”或“功底”不足而带来的。

（一）主题不明确

考察或评价一篇论文的质量，首先要看其主题是否明确、集中、深刻。对研究问题缺少研究的视角和深度，就匆忙动笔，往往造成论文主题不明确。研究对象不明确，研究目的不明确，要解决的主要问题不明确，都属于主题不明确。

在论文中所提出的问题只是一个方向、一个领域，并未对题目中的研究主题、具体研究内容及其范围加以限定，或含义笼统模糊，或太宽泛。在开始的时候，研究者头脑里的问题难免会这样，但接下来就要逐渐产生并聚焦问题，明确自己要研究的主题（对象、目的）及主题之下的待研究的子问题（具体研究内容及范围）。也可以说，子问题的清晰和合理是研究问题是否明确、具体的重要标志，它具有指导研究进程的功能和作用。

结论部分是总结、提升全文主题的有效部分，但有的作者在论文中把调查研究或实验所得材料，自己的主观评论、经验甚至想象和发挥的内容写到了结论中。这些不该有的内容冲淡了主题，使结论含混不清，得不出明确的结论。有的结论，与前面的研究内容和所得结果联系不起来。有的论文造句和用词含混不清，造成所表达的主题模棱两可或不知所言。这是由于作者遣词造句功底欠佳或完稿后没有反复修改造成的。

（二）结构不合理

学位论文的结构不合理表现在：层次划分不合理、顺序安排违背逻辑、段落划分不清晰、结构不完整。

按论文内容，应把全文内容划分成章、节、目，分别用一、二、三级标题与之相对应，但许多论文的章、节、目及其标题、段落内容相互交叉、重复，该分的却合，该合的却分，或残缺不全，或节外生枝，或前后顺序违背了“顺理成章”的逻辑关系。这种不合理的结构，从目录中一眼就可看出，直接影响论文的质量。

常常出现的错误有：丢失国内外研究综述，缺少研究内容，题目与论文中某一章的题目或某一节的标题相同，所列研究内容部分与论文目录相同等；有的在绪论里还出现“本文创新点”内容，这部分内容应当放在最后一章介绍，在绪论里出现既不符合逻辑又造成重复。

有的论文在写完研究内容、研究方法和所得结果后，未写对研究结果做出总结的结论。这一方面使论文缺乏明确的结论，失去了文章的精髓，读者读后也不能确切地得出最终结果及其意义的概念，降低了论文的价值；另一方面使得论文的结构不完整。

（三）逻辑混乱

逻辑混乱是一种总体感觉，可能表现在整体结构、推理、关系等各个层面，也可能表现在不经意的一句话或某个概念上。有的论文题文不符、内容混乱，对同一个问题的看法前后不一、自相矛盾；有的论文内容表达缺少限定，对出现的名词术语不予解释或概念定义错误。这些都属于逻辑混乱的表现。

单就题文不符而言，就有以下问题：①文不对题，即常说的离题或跑题。标题概括了主题，而论文内容却偏离了主题。②题不对文，即论文的内容符合主题要求，而标题没有准确表达主题。③题不对题，即章的标题没有表达主标题，节的标题没有表达章的标题，目的标题没有表达节的标题。④文不对文，即阐述同一个论题的内容，有的符合论题，有的不符合论题。如一篇学位论文，第一章“研究现状及评述”包括3节：“1.1研究现状”、“1.2相关研究理论”、“1.3评述”。在“1.1研究现状”和“1.2相关研究理论”中，有一半的内容是作者自己的看法。3节的内容很清楚，阐述的内容却很混乱。产生这种错误的原因可能是作者认为对自己的素材及观点弃之可惜，“顺其自然”地阐发自己熟悉的事物，也可能是出自论文字数不足，而用其充塞篇幅的目的。

（四）推理论证不恰当

在写作学位论文时，要运用大量的理论论据和实际论据来论证文中论题。如果论据不可靠，推理论证不恰当，就必然导致论题求解的错误。

理论引用错误（片面理解），引用歧义理论（引用有争议、不成熟的理论），属于理论论据不可靠；引用的材料不真实、不正确、不充分、不典型，属于实际论据不可靠。

实际论据不可靠是学位论文中最常见的错误，包括：文中运用的实际材料与论题不直接相关；虽然相关，但虚假、残缺、不具代表性；数据不全、不准、不详细，主观编造等。如在实践性课题中，对研究对象的过去和现状、外部环境等不了解或了解得不系统，不占有全面、充分、可靠的历史和现实数据资料，无法做出纵向和横向的分析、比较和评价。如此研究，无论运用多么科学的理论和方法，也得不出正确的结论。

之所以出现实际论据不可靠，有的是因为保密、出版或公开的数据难以满足需要等客观条件的限制，有的则是因为深入实际不够，调查研究不够，调查方法不可靠，也有的是因为数据统计、计算错误。

有的研究者在研究过程中往往会自觉或不自觉地受到自己的主观倾向的影响，表现为在搜集资料、调查研究和实验研究中倾向于搜集符合自己的观点的证据而不重视其他证据，甚至抛弃不符合自己看法的数据资料，在写作中也同样带着这种偏向。这样必然会大大影响研究结果的正确性。

有的作者在研究过程中为了得到想要的结果而采用不符合事物发展客观规律的调查研究手段，如只研究了几个个体就对总体下结论，只用计算机模拟就完全代替实验等。

有的论文有论点也有论据，还给出了研究结果，但对为什么得到这样的结果缺乏论证或者论证不力。如果给出了结果却没能说明结果是怎么来的，结果就显得唐突而缺乏论据支持。

（五）引用文献不规范

研究生一进校，指导教师一般都很注意培养学生的科研规范，特别是提醒他们在论文写作中引文要有出处。但在论文中会出现模糊引用，许多说法有失规范，如“经济学认为”、“众多研究表明”、“国内外学者指出”，这些看似有所说明，但模糊笼统的说法让人感受到学习者不负责任的态度。还有的在论文中较大篇幅地粘贴他人的观点，虽然加上了引号、注释，其实是变相抄袭，也属于引用文献不规范，是论文之大忌。

有的论文列出的参考文献太多或文献引用错误、张冠李戴。前者可能认为参考文献列得多，表示知识面宽，所以把自己见过的文献统统列出，其中一些连作者自己都可能感到浪费了时间和精力；有的作者在写作过程中没有记录参考文献的名称、出处，查补工作量大，抄录一些同类书目了事，或文中参考文献标注与文后参考文献表不相对应，文献号没按引用文献出现的先后排序；有的参考文献过于简单，往往列上一两个同行皆知的大部头书名；有的论文列出的参考文献的序号、位置、标注方法不正确，或把非正式出版物也列入参考文献表中；有的在引用文献资料时断章取义，歪曲原意甚至捏造，或以讹传讹。

附录　农业推广案例

[案例1]

山西小杂粮推广的问题及对策

一、山西小杂粮生产发展现状和存在问题

山西省小杂粮种类多，分布广，品质优，有“小杂粮王国”之称。近年来，山西省积极发展小杂粮生产，大力推进东西两山（太行、吕梁山脉及其延伸带）小杂粮产区建设，在推进区域布局、提高品质单产、开发产品、树立品牌方面取得了较好的效果，小杂粮生产在全国占有比较重要的位置。据统计，2006年全省谷子种植面积324.81万亩，居全国第1位；产量38.19万t，居全国第2位。高粱种植面积57.83万亩，产量11.2万t，均居全国第6位。燕麦、糜黍、荞麦、杂豆生产均居全国前列。目前存在的问题主要有：

(1) 优良品种推广速度慢，效益不高。

(2) 市场发育滞后，营销手段落后。

(3) 龙头企业规模小，带动力不强。

(4) 加工技术落后，产品科技含量不高。

(5) 科研滞后，品种混杂。

二、发展小杂粮的重要战略意义

(1) 小杂粮有着大宗粮食不可代替的作用，特别是在发展特色农业方面有着独特作用。

(2) 小杂粮是食用源作物，营养丰富，是食物构成中的重要粮食品种，既是传统的食物源，又是现代食物源。

(3) 小杂粮是食品工业原料。

(4) 小杂粮是畜牧业优质饲料源。

(5) 小杂粮是传统的出口产品，在我国农产品出口贸易中占有重要地位。

(6) 小杂粮是贫困地区的经济源，也是脱贫致富的有效项目。

三、山西发展小杂粮的比较优势

(1) 有独特的资源优势和区位优势。山西省地处黄土高原，属温带气候，南北横跨6个纬度（北纬34.34°～40.43°），生态类型多样，从南到北，从山区到盆地，为小杂粮生长提供了不同的地理要求和独特气候，使山西省小杂粮种植呈现区域广、种类丰富、从南到北都有种植的特点。

(2) 小杂粮品种全，数量多，质量优，无污染。山西省的小杂粮除复播的粟类、豆类外，主要分布在晋北、晋西北及东西两山的丘陵山区，远离污染源，是天然的绿色食品生产基地。

（3）小杂粮生产、加工具有一定规模，而且名优特产品和商品量不断创新和增加，在国内市场占有一定份额，有的还进入国外市场，为出口创汇、增加农民收入提供了良好的开端。

四、推进小杂粮发展的对策

（1）加大资金投入，建立多元化投资体制。要拓宽投资渠道，积极争取和落实小杂粮的项目资金，在逐步加大政府投入的同时，引导农民、企业、金融部门等千方百计增加对小杂粮产业的投入，形成政府引导补助、企业返还预付、以农民为主体的投入机制。省级及地方各级政府应在基地建设、新品种新技术的引进推广、新技术培训、绿色食品及无公害农产品的认定认证、龙头企业扶持、市场营销及培育等方面给予重点投资。

（2）加强基地建设，发挥规模效益。小杂粮品质的好坏，与小杂粮在田间的生长发育密不可分，因而要加强优质生产基地建设：①要发挥示范区的辐射带动作用，全面推广模式化、标准化无公害生产技术，在建立健全适应国内外市场要求的标准化体系的基础上，严格质量检测、监测，提高农产品的科技含量和安全可靠性；②要广泛开展新技术、新品种的试验示范，扩大优良品种的覆盖率，要突出名优稀特，为产业开发储备资源；③扶持农民专业经济合作组织，大力发展订单农业，使基地、协会、农户、经纪人、企业有机地结合起来；④要加大绿色食品、无公害农产品的产地、产品认证和扶持，积极推行标准化生产。

（3）增加科技含量，提高单产水平。具体包括：①要加强杂粮产区的基础设施建设，改善农业生产条件，从根本上改变靠天吃饭的局面，提高耕地综合生产能力；②要加大科技推广的力度，广泛开展实用技术培训，提高广大农民的科技素质和商品生产意识，保证标准化生产技术体系和新技术、新品种在生产上的示范应用及作用发挥；③要组织科研单位开展科技攻关，力争在品种培育上有所突破，着力提高小杂粮的品质和单产水平。

（4）扶持龙头企业，把杂粮产业做大、做强。要从资金、工商、税务等方面为企业发展营造宽松环境，拓宽融资渠道，扶持企业发展壮大：①组织开展公益广告，宣传山西省小杂粮的优势和特点，扩大“小杂粮王国”的影响，提高山西省小杂粮产品的知名度；②引导农业部门和企业建基地、基地连农户，推广标准化生产技术和订单农业，建立企业同农民双赢的利益机制，使农民能得到实惠；③为企业提供无息、低息、贴息等信贷支持，尤其是对订单农业的原料收购资金给予扶持，杜绝收购农产品“打白条”现象；④扶持小杂粮领军企业，支持开展技术改造、设备引进，用现代科技改造、嫁接传统产业，开发精深加工品；⑤简化行政审批环节、手续，降低、减免审批收费，帮助、促进企业持证合法生产，为企业营造宽松环境。

（5）加强市场管理，坚持扶优打假。重点抓好两个方面的工作：①要引导城乡居民树立科学的膳食观念，积极宣传小杂粮的营养保健功能，营造人人亲近小杂粮、人人享用小杂粮的市场消费环境；②要花大力气扶优扶强，规范市场行为，打击假冒伪劣产品，保证名优产品的信誉度和知名度，珍惜山西“小杂粮王国”之美誉。

（6）加大投入，科技攻关。加速培育新品种，研制栽植新技术，加快开发新产品和名优产品，把资源优势变为经济优势。

（资料来源：山西农业大学郝建平提供）

［案例 2］

太行山区治山技术的“岗底模式”

一、存在问题

太行山的自然环境素有“天晴渴死牛，下雨遍地流”之说。在太行深处有个岗底村，历史上曾因贫穷而闻名，除了7 800亩荒山野岭，村里集体积累分文全无。大山和交通不便阻挡了大部分村民走向外界、寻求发展的道路，封闭的意识把村民的眼光局限在人均 3 分[①]田上，年人均收入不足 80 元。1984 年，和其他山村一样，岗底村把山场全部放到了户。可 3 年过去了，村民除了靠采一些矿石赚点辛苦钱外，就只有守着7 800亩荒山苦熬岁月。

二、原因分析

岗底村把山场全部放到了户，一家一户的分散经营，导致水利办不起，技术人员请不起，治山投资不起，牲畜放养无计划，山场看护无人管。许多农户索性把分给自己的山场搁置起来了。这些突出问题严重限制了山场的合理开发，而村民对山场的滥采滥伐导致山场越采越穷、越垦越荒，严重破坏了当地的生态平衡。

三、解决方法

要解决这些问题，必须观念创新，统一收回山场，放山不“放羊”。村党支部书记杨双牛经过反复学习党的现行土地承包经营政策，从中悟出了深奥的道理：要想治好山，致富一方百姓，就必须首先解决一家一户自身想解决而解决不了的问题。

杨双牛通过村领导班子会、党员骨干会和村民代表大会向村民反复宣讲收荒山是为了把山变绿的道理，当时就有 130 户村民举手赞同，家家签字画押，一致表示自愿把山场交给集体统一治理，于是治山成了全村上下统一的意愿。村党支部、村委会按照“统一设计规划、统一组织施工、统一组织服务、统一质量标准、统一检查验收、分户承包经营”的“五统一分”治山路子以及“分户专业承包、分散经营管理、分类技术指导、分清权力责任、分级独立核算、统一品牌销售”的“五统一分”管山办法，在河北农业大学的专家教授帮助下，开始了长达十几年艰难的治山治水历程。

1. “两聚理论”治山 河北农业大学经过二十多年太行山开发的摸索，总结出了一套治山“两聚理论”，即聚集土壤、聚集水分（径流）。太行山区土层薄，可采取把 3～8m 宽的土层聚集到 1～2m 宽的沟槽里，相应的径流也聚集到这么宽的沟里集中使用，使荒山长出植被来，为荒山的植被生长创造了较好的条件。

根据这个理论，按照隔坡沟状梯田方式，岗底村对上千亩山场进行了整治，在 5～6m 宽的山坡内埋炸药进行爆破，开一个 1m 深、1.5～2m 宽的水平沟槽，把坡面上的好土集中到沟槽里，形成一个外面高里面低的小缓坡梯田，梯田与梯田中间有 3～8m 宽的坡面（未爆破）保持稳定性，降雨时在坡面形成的径流可以流到下一个梯田里，这样既保住了土又保

---

① 分为非法定计量单位，1 分＝66.6m²

存了水。

2. “120道工序”精心管理　1996年，岗底人用诚心请来了河北农大果树专家李保国教授，成立了果树生产管理中心，并严格按照无公害绿色果品技术标准生产。

防治苹果病虫害以物理防治、生物防治、无公害农药防治为主；施肥以农家肥和硼、锌、铁肥为主，以无公害金秋液肥为辅，并根据土壤理化性质检测配方施肥；引进了苹果套袋、晒字、覆反光膜等多项新技术；从果园的土—果树—病—虫—草等生态系统出发，创造不利于病虫生存、有利于各类天敌繁衍的环境条件，保持农业生态系统的平衡。

经过果农们一个苹果1元的投入及120道工序的精心呵护，加之岗底村得天独厚的光、水、土自然资源优势，使岗底苹果具备了身价陡增的内在品质。经中国农业大学食品学院检测，岗底生产的苹果含糖量较高，适口性好，钙、镁、铁、锰、锌含量丰富，果实硬度大，质地细脆，品质胜过日本长野富士苹果，获中国绿色食品证书。

3. 打造“富岗”名牌战略　1997年1月，岗底苹果正式注册了全省第一个“富岗”牌苹果商标，并成立了集生产、服务、销售为一体的龙头企业——富岗集团。借助“富岗”名牌，富岗集团力争把“蛋糕”做大，在考察了国内外苹果市场之后，大胆把富岗苹果市场定位在高消费群体上，制定了“515”销售战略：一级果5元/个，特级果10元/个，极品果50元/个。果农们想都没想到富岗苹果竟卖出了天价，他们手里捧着带有红底绿字“福”、“禄”、“寿”、“喜”的极品果，笑得合不拢嘴。优质的品质加上成功的市场运作，富岗苹果成了名牌。

四、实践效果

岗底人用自己创造的“岗底模式”，按高标准治理开发了“三沟两峪一面坡”，治理面积已达2 700亩，动土石210万m^3，累计投工40万个，栽果树15万株，生态环境得到了显著改善。现如今已是山顶水土保持林戴帽，经济林揽腰，水果抱山脚，山场绿化面积达76.6%。

“岗底模式”所带来的生态效益和环境改善是毋庸置疑的，所带来的巨大经济效益更是有目共睹的。1999年，“富岗”牌一级苹果获得了世界园艺博览会铜奖，在大路果品供过于求、价格低落的大环境下，富岗苹果以50元/个的价位却能一枝独秀，堪称奇迹。2009年以富岗集团公司为龙头的6家集体企业，村集体固定资产达到5 600万元，人均纯收入达到3 000多元。其中仅苹果一项亩收益就达8 000～10 000元，人均果品收入1 800元。

（资料来源：河北农业大学陶佩君、崔永福提供）

［案例 3］

华北高寒区蔬菜生产技术集成与推广

一、背景及存在问题分析

华北高寒区指丰镇、张家口、丰宁、围场以北地区，由于陡起的地势和位于西北冷风南侵的主风道上，该区成为与其毗邻的华北农区具有显著差异的生态—经济类型区。影响该区农牧业生产与农村经济发展的主要问题有高寒干旱、土瘠地薄、作物低产。区域海拔1 000～1 700m，年均温 1～3℃，降水量 350～450mm；土壤为砂质栗钙土，土层厚度 20～60cm，作物产量（650～1 000）kg/hm^2。农业系统长期封闭生产，自给不足，农村经济贫困。区域作物以春小麦、莜麦、亚麻、马铃薯为主，经营粗放，无明显市场经济优势。1991—1995 年，河北坝上地区人均占有粮食 306.8kg，可消费粮食 222.9kg，人均收入457.3元，是华北高寒区中生态条件最为恶劣、生产力最为低下、距北京最近的贫困落后地区。

二、解决问题的思路

按照传统的农业发展模式，先完成粮食自给自足，之后启动商品生产，则华北高寒区仍要继续增产粮食。但面对 20 世纪 90 年代全国已经确立了市场经济体制并且毗邻的华北农区已经成为国家北方粮食基地的背景，华北高寒区继续增产粮食则是只对本区有效而对社会低效的事业，如此发展只能被现代社会甩得更远。因此，要根本改观区域贫困落后面貌，就必须找到一条依托本区自然与社会资源优势，快速发展市场农业的道路。基于华北高寒区低温气候环境，科技人员提出发展喜凉类蔬菜、在夏秋季节供应温带市场的“北菜南销”技术集成与推广方案。旨在通过发展蔬菜，启动区域市场农业，间接解决农民粮食问题，进而促进农村经济与社会发展。

三、关键措施与成效

1. 菜种与上市季节的确立 科技人员对以北京大钟寺批发市场为代表的温带蔬菜供应状况进行了跟踪调研，结果表明，每年八九月份，由于华北平原区高温、高湿而成为蔬菜的供应淡季，而同期白菜、萝卜、圆白菜、芹菜等喜凉类蔬菜的市场供应几乎为空缺。依此，面向温带市场夏秋淡季的蔬菜生产是华北高寒区建立市场农业生产结构的基本定位。

2. 适用技术的引进与集成创新 按照生态适应性原理，科技人员分别从我国东北、西北以及韩国、日本等地引进白菜、萝卜等品种。由于华北高寒区春季低温，蔬菜抽薹开花成为首先遇到的问题。为此，科技人员通过田间与控制试验，对菜种进行了低温敏感性分类，提出了针对不同品种采取适期播种和温棚育苗移栽两套防抽薹技术。由此，从日本、韩国引进“春夏王”、“春大将”大白菜和“早春大根”、“白玉春”、“春雷”白萝卜等品种，在张北县地势低洼的滩地利用降水或补水生产获得成功。在此基础上，建立了以“市场—品种—播期—栽培”为核心的配套化技术体系。

3. 经济效益比较与技术推广 喜凉蔬菜于华北高寒区适地适季生产，具有极好的生态适应性，面向温热带市场进行异地错季销售，表现出显著经济优势。田间试验与生产示范表明，大白菜在张北县滩地 6 月 1 日～20 日播种，在 8 月 10 日～9 月 10 日上市，亩产可达 5 375～6 670kg，产地收购价 0.4 元/kg，亩产值2 150～2 668元，是当地补水地主栽作物春小麦的 8～10 倍。

华北高寒区一直以来就是粮食作物粗放经营，农民不种菜，也知道种上白菜会开花而长成油菜子。针对此情况，科技人员采取了和农民一起种示范田的做法，科技人员出种子、管技术，农民出土地、出劳力。蔬菜示范田的种植成功，使农民不仅亲眼看到了蔬菜生产的巨大经济效益，而且较准确地掌握了关键技术，蔬菜生产由此成为农民的自觉行为。在技术样板的带动下、政府政策的促动下，蔬菜面积迅速扩大。随着蔬菜的发展，滩地面积、水源条件以及蔬菜集中上市导致的价格竞争问题相继出现。为此，科技人员在白菜、圆白菜、白萝卜、芹菜等主体菜基础上，引进了红胡萝卜、菜花、生菜、菠菜等搭配菜品种，并进一步通过不同品种的错季播种、地膜覆盖、节水栽培等配套技术应用，形成了以“菜种多样、水旱任选、分期播种、均衡上市”的应变性技术体系。

“一亩园，十亩田”的经济效益和“以变应变”的技术适应性，使喜凉菜在华北高寒区迅速推广。1996 年全区只有 37 亩科技人员与农民共种的示范田大白菜，至 2003 年仅河北坝上地区就已推广 16 万亩，蔬菜总计 46 万亩。在干旱的 2001—2002 年，坝上地区用占耕地 5%的菜地创造了农民 1/4～1/3 的现金收入。2003 年，在张北试验区驻地村——小二台村，人均种菜 2.1 亩，仅菜一项人均收入5 100元。华北高寒区蔬菜的迅速发展，不仅满足了京、津等华北地区夏秋淡季市场需求，而且大量远销华中、华南地区。至 2003 年，近 10%的蔬菜出口韩国、日本及东南亚国家。

喜凉蔬菜生产技术的成功推广，不仅使之成为华北高寒区农村经济的重要支柱，促进了农民脱贫致富进程，而且由于菜田的集约经营、少种高效，为区域以退耕还草种树为主的生态环境建设奠定了重要经济基础，促使该区农牧业生产走上了经济—生态—社会效益协调发展的道路。

四、案例得到的启示

一项技术的推广，是一个技术、经济、社会等因素相互协同的系统工程。华北高寒区蔬菜生产技术的集成与推广，以区域冷凉气候为背景，变对粮食作物生产的低温劣势为喜凉菜生产的低温优势，并进一步通过跨区销售转为市场优势，迎合了现阶段农村生产结构调整的主方向，通过区域间生产合作，促进了资源的社会优化配置。从这一案例中可得到以下启示：

（1）推广技术的筛选以满足社会需求为准则，现代农业的技术取向应以市场为首选目标。只有将个体、集体以及本区域的生产方向与全社会需求相一致，才能顺水推舟、费省效宏。本案例选择喜凉菜生产，在至今仍不能实现粮食稳定自给的地区成功启动了市场农业，通过以菜卖钱、以钱买粮，实现了高寒区与温热区生产与市场的双向开放、双赢发展。

（2）技术推广的根本机制是技术具有显著的比较经济效益。本案例中，在蔬菜生产经济效益 10 倍于传统作物的驱动下，农民自动打破了农田靠天生产、遇灾坐等救济的被动生活方式，由过去早上 9 点起床、晚上 5 点睡觉变为早上 5 点进田、晚上 9 点收工。

（3）技术必须具备环境的应变性，才能有推必广。农业生产条件存在时空变异，这就要求所推广的技术能够根据立地条件、农民需求等具有可选择性、可组配性。本案例中，菜种、品种的多样性及播期、覆膜技术的配套化满足了不同土地环境、农民技术水平的蔬菜生产要求。

(4) 农业技术推广的过程是一个通过科技教育农民的过程，更是一个通过农民的生产实践而自我教育的过程。后者对于在我国面对农民这一文化素质相对低、理性技术接受慢的人群进行新技术推广，则具有更为重要的作用。

（资料来源：河北农业大学张立峰、郭程瑾提供）

[案例 4]

农村沼气资源的开发利用

一、开发农村沼气资源的背景

薪柴和秸秆是我国农村数千年来的生活用能。新中国成立 60 多年来，我国农村生活用能发生了很大的变化，但薪柴和秸秆在农村生活用能中的比重仍在 50%以上。燃烧薪柴和秸秆的主要问题是：①能效低，能量利用率不到 20%；②排放大量 CO_2 等温室气体；③破坏森林和植被，加重了土壤侵蚀。

在我国传统农业中，畜禽粪便是作物的主要肥料，但随着化肥的大量使用和畜禽养殖的大力发展，畜禽粪便成了我国农村量大面广的污染物。据测算，全国每年产生畜禽粪便达 6 亿 t，粪水排放量达 60 多亿 t，严重污染农村卫生环境和生态环境。

二、开发利用农村沼气资源的意义

沼气是有机物（如人畜粪便、秸秆等）在厌氧环境中，经多种微生物分解产生的一种可燃气体，其主要成分是甲烷（CH_4），占 60%～70%。在标准状态下，1m^3 沼气的发热值为 $21.34\times10^6\sim27.20\times10^6$J，折标准煤 0.74kg。在四川农村建一口沼气池，年均产沼气 350m^3，可提供农户 70%以上的生活用能。每口沼气池年均可替代薪材2 000kg，使 3.5 亩林地得到保护（方行明等，2006），减少水土流失 4.5t，减少二氧化碳排放 6.3～11.2kg，减少氮化物排放 2.8～4.9kg。

在开发利用沼气资源中，可把沼气池建设与厨房、厕所和畜禽圈舍的改造结合进行。厨房贴着瓷砖、安装沼气灶具，改变了原来烟尘满屋、污迹难擦的不卫生状况；把敞口粪坑蹲厕改造成水冲式厕所，改变了原厕所臭气熏天的局面；把猪圈、禽舍的粪便直排沼气池，将鸡鸭庭院敞放改成归栏养殖，改变了农村蚊蝇成群的脏、乱、差面貌。通过沼气资源开发进行“一池三改造”，彻底改变了农家环境卫生，实现了庭院美化、厨房亮化、圈厕净化，发展了农村生活文明与生态文明。

农民普遍使用沼气可节省大量劳动力，沼液还可杀死螨类、蚜虫类害虫，因而可减少农药的支出。沼气、沼液、沼肥的综合利用，可节约燃料、饲料、农药、化肥开支，可提高农作物产量和带动养殖业加快发展，不断拓展农民增收渠道。在四川农村，农户使用沼气，不但可以减轻家务劳动强度，提高生活质量，每户每年还可以减少燃料支出 300 元，减少农药和化肥支出 100 元，通过沼气综合利用发展养殖业等副业增收 400～600 元，户均年增收节支 800～1 000元（方行明等，2006）。

三、我国开发利用农村沼气资源的现状

我国开发利用农村沼气资源始于 20 世纪二三十年代。进入 21 世纪后，随着以可持续发展为主要内容的科学发展观的树立以及全球石油、天然气、煤炭等常规能源日益紧张，沼气作为可再生能源，其作用日益显现，加上技术日趋成熟和国家大力扶持，我国沼气建设进入了一个新的发展时期。2008 年，全国有2 859万家农户使用沼气池，占农村户总数的 11%，

户均产沼气约 398m³。使用沼气池的农户较多的省份是：四川 422 万户，广西 313 万户，河南 290 万户，河北 236 万户，湖北 209 万户，云南 202 万户，湖南 179 万户，贵州 141 万户，山东 132 万户，江西 118 万户，其他省份使用沼气池的农户在 100 万户以下。

四、开发利用农村沼气资源的措施与模式

（一）开发利用农村沼气资源的措施

方行明等（2006）根据四川发展沼气的情况，提出沼气资源开发利用应该采取以下措施：①将沼气建设纳入新农村建设的总体规划，使农村能源建设和农村各项社会事业的发展协调起来；②把沼气建设与发展生态养殖业、高效种植业有机结合起来，充分发挥沼气池在农业循环经济中的纽带作用；③在推广户用沼气建设的同时，积极发展大中型沼气工程，如大型养殖场沼气工程和城镇污水沼气工程，并适度发展沼气发电项目，使沼气的使用从炊事用能推广到其他生活和生产用能；④各级政府加大投入力度，加快农村能源建设步伐；⑤加大对贫困地区的扶持力度；⑥加大技术开发和技术培训力度，搞好服务，加强管理。

（二）内蒙古农村沼气资源开发利用模式

开发利用农村沼气资源，要因地制宜，不同地区应有不同的开发利用模式。杨亮等（2007）总结了内蒙古开发推广户用沼气资源有以下 6 种模式：①牧区“草原六结合”模式。将“两池两灶两棚”（沼气池、青贮池、省柴节煤炕连灶、太阳灶、太阳能暖圈棚、日光温室蔬菜大棚）六者相结合，综合建设，配套实施。②半农半牧区“农牧六配套”模式。以农牧户家庭为单元，将“沼气池、节能架空炕、节能灶、太阳能暖圈、饲草加工机械和青贮（或微贮）窖”六种适宜于农村牧区家庭生产、生活的建筑和设施进行合理设计与配套建设。③农业种养结合区“庭院一池四改”模式。在庭院内建设沼气池，同时改造或新建太阳能保温圈舍，改造厕所，改造厨房，改造或新建节能架空炕。④农业种植区“田园五位一体”模式。在农户田园内，将日光温室蔬菜大棚、沼气池、太阳能暖圈、厕所、被动式太阳能暖房整体建设，构成“五位一体”。⑤养殖小区“三池一体”模式。在以养殖肉牛、奶牛、羊、家禽为主的农户庭院内，将沼气池与发酵原料预处理池和发酵产物贮存池“三池”同时建设，原料预处理、厌氧发酵、发酵产物贮存“三位”一体，方便沼气池正常运行与管理。⑥在规模养殖场（户）开展“多池连体”模式。在养殖规模较大的养殖圈舍下，建设多个 10m³ 左右的沼气池，并串联起来，既能大大降低建设成本，又能将粪便进行无害化处理，改善环境卫生，减少常见疾病发生，促进农村和谐发展。

（资料来源：西南科技大学唐永全提供）

主要参考资料

方行明，屈锋，尹勇 . 2006. 新农村建设中的农村能源问题——四川省农村沼气建设的启示 . 中国农村经济（9）.

杨亮 . 2007. 户用沼气产业化：新农村建设模式的新探索——内蒙古大力推广户用沼气构建生态家园促进农牧业产业化纪实 . 北方经济（10）.

［案例 5］

天门市棉花害虫综合防治技术推广案例分析

——农业技术推广过程中制度因素的影响

一、背景

湖北省天门市位于中国长江中游棉花主产区，棉花总产量在全国名列前茅，棉花生产以及以棉花为原料的纺织业在该市经济发展中占有重要地位。20 世纪 80 年代以来，棉花病虫危害不断加重，化学农药的使用量不断增加，品种也不断更新。但是，由于害虫自身产生抗药性，往往导致防治失灵，陷入了"害虫危害—化学防治—害虫危害加剧"的恶性循环之中，防治费用增加使生产成本不断上升，农药污染程度不断加重。20 世纪 80 年代，中国的植保系统提出了"预防为主、综合防治"的指导思想，天门市于 1985 年起调整防治思路，探索综合防治技术。

IPM（害虫或有害生物综合防治）项目在天门市的实施对综合防治技术的研究开发起到了重要的推动作用。IPM 项目不仅要研究开发棉花综合防治技术体系，而且着眼于该技术的大面积普及推广。因此，IPM 项目在技术上和运作上都有明显的特点：①具有较强的环境保护导向，在技术上强调以促进棉田生态平衡为前提，减少化学农药使用量，充分利用害虫的自然天敌来抑制和减轻害虫危害；②具有分散决策（或农户决策）导向。

二、问题分析

在大田种植中，各田块的微观生态系统具有差异性，田间的虫害程度和益（虫）害（虫）比有所不同。因此，防治措施就要视具体情况而定，不能搞"一刀切"。考虑到农户是农村微观经济主体，农民直接从事农业生产，整天与土地打交道，最了解自己所耕种田块的情况，因此在防治操作上强调农户层次的决策。

但是，天门市农户的规模较小，平均耕地面积不足 0.5hm²，而且分散在 3～4 个地块，每个农户不是独立地耕种一个地块，而是占有地块中的一部分，在一个地块中有几个甚至十几个农户共同耕作，这使得以地块为单位的防治决策要在几户甚至十几户之间进行协商，大大增加了决策的难度和复杂性。农户的这种小规模分散性特征使得农业防治的决策权上移至地方干部手中。棉铃虫具有爆发性、暴食性和迁飞性，如果不在短时间内进行高强度、大面积的统一防治，则无法控制害虫对棉花作物的危害。因此，农业防治的决策者是各级政府官员，决策过程是高度集中的，防治措施也是统一实施的，必然要建立具有高度动员能力的集中防治体系。如果这个集中的防治体系不加以改进，IPM 项目就难以有效地运作，综合防治的技术措施也难以达到良好的效果，同时也难以实现 IPM 项目的目标——降低农业污染，改善生态环境。

三、解决问题的思路

将高度集中统一的农业防治体系相对分散化。例如在县市一级集中统一防治与农户分散决策之间选择中间层次，把集中于县市一级的农业防治决策权分散到乡镇一级，有条件的可以下放到村一级。县市一级主要是进行业务指导、技术培训和防治工作的督导、检查，乡镇、村一级则根据本区域的病虫发生情况和趋势，确定防治措施，形成更为灵活有效的决策过程。

农民虽然难以成为农业防治的决策者，但可以首先成为积极的参与者。建立有农民参与的病虫测报体系，全面掌握病虫害发生状况，准确地反映出大面积棉田中不同区域的微观生态系统的差异。通过鼓励农民对病虫测报体系的参与，提高农民的综合防治意识和技术水平，并建立起有效的渠道以表达农民对病虫害防治措施的意见和建议。

四、具体做法

(1) 考虑到天门市农业防治的决策者主要不是在农户一级，而是地方官员和农业部门，因此技术培训的重点也应放在各级政府主管农业的官员和农业部门的技术人员。

(2) 由于农业部门及其所属的植保体系负责向本级政府提供病虫发生情况和趋势，并提出防治方案，因此项目的物力和财力投入应更多地加强植保体系的技术装备和人员培训。

(3) 建立农民田间培训学校。与国内农技部门以往的培训方式有所不同，IPM 项目有自己独特的培训方法，注重田间培训，通过在田间调查、试验的方法让学员掌握棉花 IPM 知识。注重学员的参与，培训的形式更加活泼有效。农民教师班的学员每次受训后都组织一次对当地农民的培训。通过培训学校的建立和培训活动的开展，使农技部门掌握了培训农民的有效方法，使这项培训活动在当地形成多重分支，循环继续。

(4) 建立了一整套适合湖北棉区的棉花主要病虫害防治技术体系，主要内容是以棉花为中心，以促进棉田生态平衡为前提，根据棉花生育期分阶段实施各项技术措施。

(5) 在病虫害防治中树立了环境保护和生态平衡的观念，使农业部门和当地农民充分认识到综合防治的必要性和可行性。

五、取得的成效和经验

IPM 项目的实施在技术层面取得了较好的效果，通过调查、试验和示范推广，研究开发出适合江汉平原主产棉区的一系列 IPM 技术措施，使“预防为主、综合防治”在内容和具体措施上得以充实和完善。

但是，在运作层面并未取得预期效果，虽然在大面积防治中采用了 IPM 项目的一些技术措施，但并未做到因地制宜、分散决策，防治中仍采用“一刀切”式的作法。经过培训后的学员虽然提高了防治中的技术和技能，但是在把 IPM 知识和技术措施应用于自己的棉田时，受到了“统一防治”技术措施的限制。可以说，IPM 项目的实施并未说服地方官员和农业部门改变“统一防治”的方法。

由于 IPM 项目在技术上和运作上是紧密相连的，如果在运作上不采用分散决策就会降低技术上的效果。因此，问题的症结在于现行防治体系与 IPM 技术体系的矛盾。在现行防治体系中，不能有效地推行 IPM 技术，新技术的引进和推广受到制度因素的影响。

天门市 IPM 项目的实施表明：①由环境压力而引致的技术变革在兼顾经济效益和生态效益的前提下是可行的；②值得重视的问题是 IPM 技术体系的运作方式带来了防治体系的制度选择问题，问题主要表现在分散决策导向与统一防治体系的矛盾。

制度演进是一个长期的过程，新技术在推广应用过程中，可能在某一时间以适宜的方式在一定程度上推进制度变革。需要作出改变和调整的不仅是原有的制度安排，新技术本身在推行过程中也必然作出一定程度的改进和调整。

［资料来源：方炎.1998.天门市棉花害虫综合防治技术推广案例分析——农业技术推广过程中制度因素的影响.自然资源学报（4）.河北农业大学郭程瑾提供］

[案例 6]

内蒙古草畜平衡管理制度的推广及实践效果

一、背景简介

内蒙古自治区地处祖国北部边疆，是全国五大牧区之一，拥有草原总面积8 800万 hm^2，占全区国土面积的 75%，是全国草原总面积的 22%。

20 世纪 60 年代，内蒙古自治区草原面积为 12.7 亿亩，产草量为 124.7kg/亩；20 世纪 80 年代为 11.8 亿亩，产草量为 71.25kg/亩；2000 年为 11.2 亿亩，产草量为 57.77kg/亩。全区草原总面积于 21 世纪初略有增长，比 20 世纪 80 年代减少 388.60 万 hm^2，比 20 世纪 60 年代减少 614.82 万 hm^2。20 世纪 80 年代与 50 年代相比，产草量平均下降 29.2%，严重地区下降 60%～80%。现在全区草原产草量下降 40%～60%。全区退化、沙化、盐渍化（简称“草原三化”）面积共4 682.47万 hm^2，占可利用草原面积的 74.99%。20 世纪 60 年代草原三化面积占 18%，80 年代中期达到 39%，现在已达到 75%（表附-1）。

表附-1　内蒙古自治区草原面积、草原生产能力、退化沙化比例

时　　间	草原面积（亿亩）	草原生产力（kg/亩）	退化沙化比例（%）
20 世纪 60 年代	12.74	124.7	18
20 世纪 80 年代	11.82	71.25	39
2000 年	11.24	57.77	75

从 20 世纪 60 年代初开始，天然草原的承载力基本上已经处于阈值上限。当时全区牧业人口 40 万，饲养着大小牲畜2 923万头（只），畜均可利用草场 2.33hm^2，人均大小畜 73 头（只）。到 2003 年末，牧区人口达到 179.5 万人，牲畜饲养量4 538.17万头（只），畜均可利用草场 1.5hm^2，人均大小畜下降到 25 头（只）。同样面积的草原，人口净增长 3.5 倍，牲畜饲养量增加 55.3%，畜均占有草地面积和人均占有牲畜头数分别下降 35.6%和 66%。资源量的逐年减少，人口与牲畜数量的急剧增加，远远超出了草原自身的承载力（图附-1）。

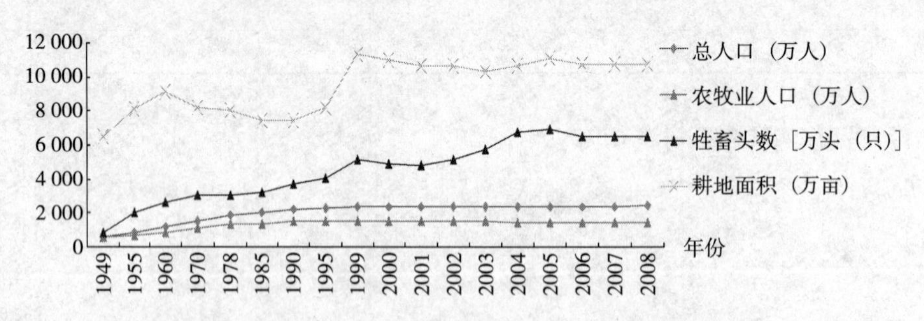

图附-1　全区历年人口、牲畜头数、耕地面积情况分析

二、推广的基本做法

1. 出台了法规及政策措施　党中央、国务院和全社会高度重视草原生态保护与建设工

作，先后出台了一系列法规及政策措施，实施了多项生态保护与建设的重大工程，取得一定的成效。相继开展了天然草原植被恢复与建设、农业综合开发草原生态建设、牧草种子基地建设、牧区开发示范工程、京津风沙源治理工程、退耕还林工程等示范工程，进行了禁牧、休牧、轮牧与牲畜舍饲圈养相结合的实践。到 2009 年，全区草原禁牧休牧面积达到 6.9 亿亩，划区轮牧面积 0.91 亿亩，8.4 亿亩草原划定为基本草原加以保护，累计人工种草保有面积 200 万 hm^2。

在草原的保护方面，先后颁布实施了《内蒙古自治区农牧业承包合同条例》、《内蒙古自治区草畜平衡规定》等系列法规文件。

2. 加强内蒙古草原资源与自然保护区建设　已经建立国家级、自治区级、旗县级自然保护区共 58 处，以草原资源为主体保护对象的国家级自然保护区目前仅有 1 个，即锡林郭勒国家级自然保护区。

3. 正确把握并选择适宜载畜量　应用遥感技术结合地面调查的手段对不同年份、不同季节的草原生产力进行动态监测，掌握草原生产力动态变化规律，及时预报牧草长势及适宜载畜量，作为各级领导宏观调控及生产经营者适时出栏以及近距离调草的科学依据，同时也为丰年贮草、以丰补歉等草畜平衡措施提供依据。

三、推广的成效

通过实施草畜平衡，实施草畜平衡的草原面积占可利用草原面积的 51%，90%的牧户都签订了“草畜平衡责任书”。草原生态环境局部地区明显好转，草原生态环境整体恶化的趋势得到一定的控制和缓解。

重点对风沙源治理区、退牧还草区进行了跟踪监测。2009 年，退牧还草工程区与非工程区对比，植被盖度、高度和产量分别提高了 3.6～12.5 个百分点、2.8～11.5cm 和（10.3～36.7）kg/亩。

表附-2　2006—2009 年退牧还草工程区与非工程区对比

监测区域	平均盖度（%）	平均高度（cm）	平均干草产量（kg/亩）
工 程 区	46.61	31.81	82.92
非工程区	37.40	23.98	57.06
相　　比	9.21	7.82	25.86

四、推广存在的问题与解决措施

1. 加快建立草原生态补偿机制　针对当前草原保护建设制约占地开矿等区域经济开发和开矿破坏草原植被等矛盾问题，建议国家给予草原牧区一些优惠政策，扶持草原牧区基础设施建设，大力支持自主研发及引进先进技术及装备。建议国家全面建立草原生态补偿机制，加大支持力度，从根本上解决草原生态保护与经济发展的矛盾。

2. 加大草原保护建设投入力度　尽管近年来国家对草原保护与建设的投入有明显的增加，但与草原保护建设的实际需要有很大差距。建议国家尽快建立稳定、长效的草原投入机制，进一步加大草原保护建设力度，不断加强草原地区基础设施建设。

3. 提升草原保护建设的科技支撑能力　建议建立草业科技创新工程：①加强原始性创

新；②加强集成创新；③引进消化吸收再创新，重点突破科研成果的转化问题。建议加大草原保护建设的科技投入，加强草业科学技术研究与开发。

4. 建立和完善国家惠牧政策 尽快建立和完善国家有关惠及广大牧区和牧民的政策，建立优良牧草种子补贴、优良畜种补贴政策，草产品、畜产品补贴政策，牧业机械补贴政策，禁牧休牧补贴政策，草畜平衡补贴政策。

（资料来源：内蒙古大学张德健提供）

主要参考资料

孟淑红，图雅．2006. 内蒙古草原畜牧业现状及国外经验启示．北方经济（9）．

王国钟．2003. 内蒙古牧区草畜平衡工作的调查与研究．内蒙古草业（4）．

[案例 7]

福建省宁德市大黄鱼产业的发展

一、案由

大黄鱼俗称黄瓜鱼、黄花鱼，因其肉质细嫩、味道鲜美、营养丰富，素有“国鱼”之称，深受各地老百姓的喜爱。大黄鱼主要分布于我国的东海、南海等水域，是我国特有的沿海中下层洄游性经济鱼类，原为我国海洋经济四大主捕对象之一，在我国及太平洋西部海洋渔业中占有相当重要的地位。

宁德市位于福建省东北部沿海，气候温和湿润，港深湾阔，潮流通畅，水质良好，海洋生物资源丰富，所辖的官井洋和三都澳海域是我国仅有的内湾性大黄鱼产卵场。20 世纪 80 年代初，渔民开始大规模捕捞野生大黄鱼，产量曾一度高达3 500t/年。鱼汛期盛况空前时，宁德、霞浦、福安、罗源、连江 5 县市数千艘渔船云集官井洋捕鱼。就是这样无节制地大规模捕捞，严重地破坏了大黄鱼资源，导致 20 世纪 80 年代初大黄鱼资源枯竭，濒临绝种。此外，大黄鱼产业发展还面临以下问题：①产业化经营机制尚未形成；②缺乏有效的市场监管；③养殖户利益联结机制不够紧密。

二、主要做法

1. 保护野生大黄鱼的生存环境与种质资源　由于野生大黄鱼的营养价值与口感比人工养殖的大黄鱼更具有优势，同时野生大黄鱼供应不断减少，导致野生大黄鱼的价格不断上涨。正因为如此，必须加大力度保护野生大黄鱼的种质资源。为了保护重要水产种质资源及其生存环境，福建省于 2002 年开始积极推进了水产种质资源保护区建设，借以降低人类活动带来的不利影响，缓解渔业资源衰退和水域生态恶化。由水域、滩涂及其毗邻的岛礁、陆域组成的这些保护区，将着力于保护水产种质资源及其生存环境，分布在具有较高经济价值和遗传育种价值的水产种质资源的主要生长繁育区域。

2. 组织实施科研开发项目　1985—1986 年，福建省水产厅、福建省科委、国家农牧渔业部先后下达了“大黄鱼人工育苗技术研究”科技攻关项目。在大黄鱼人工育苗技术和养殖技术研究取得基本成功后，为了进一步提高技术的成熟度，加强系列技术的集成配套，促其尽快转化为现实生产力，福建省科委、水产厅等部门又相继下达了“大黄鱼集约化养殖与生产性人工育苗技术开发”等一系列科研项目，主要针对大规模养殖技术和管理、病害防治技术以及进一步提高各阶段养殖成活率、缩短养殖周期和降低生产成本等一系列内容，采取边研究、边试验、边示范、边推广的技术路线开展成果的二次开发和转化工作。

3. 加大大黄鱼的增殖力度　大黄鱼是地方性鱼种，洄游路线短，要通过人工放流和繁殖保护逐渐恢复其自然资源。在相当长一段时期内，宁德市执法部门应全面禁止产卵繁殖场的捕捞作业，对越冬鱼群的捕捞强度严加控制，以增加大黄鱼的资源量。目前，主要的增殖措施是投放人工鱼礁、建立海洋牧场，与人工放流相结合。该措施已经在宁德市取得了初步的成功经验。此外，解决种质问题的最根本途径也是通过放流增殖，建立天然环境中的种质资源库，逐渐扩大局部海域的种群数量，使人工养殖可以不断引入自然海域生长的成鱼作为亲鱼，保证种质的稳定。这是渔业管理的最高阶段，是渔业可持续发展的重要举措，需要福建省政府强有力的支持。

4. 构建大黄鱼产业的利益联结机制 一方面，加大相关企业在组织化程度、市场意识、掌握信息等方面与养殖户的连接，共同承担市场风险；另一方面，当合理分配产业链上各种资源和生产要素，将各方利益主体纳入统一体，走产业化经营和持续稳定发展的道路。

5. 加强养殖海区的管理 在大黄鱼养殖快速增长过程中，容易发生一窝蜂而导致养殖环境恶化，给整个养殖业造成巨大经济损失的状况。同时，目前在宁德市一些水流不畅的内湾，由于网箱设置过多、过密，已经造成局部海区的自身污染。因此，必须针对不同地区的自然条件，由政府、行业协会加强对养殖海区的疏导和管理，科学规划养殖户密度，改进养殖技术，维持良性循环，促进大黄鱼养殖的进一步发展；限制养殖网箱规模和大黄鱼数量，及时清理海上垃圾，并对生活垃圾进行无害化处理。

三、成效

1. 种质资源保护效果明显 根据福建省海洋与渔业局的介绍，截至2010年，全省已建立了国家级水产种质资源保护区4个、省级水产种质资源保护区7个。这些保护区可保护大黄鱼及其他相关鱼类等几十种国家重点保护渔业资源及其产卵场、索饵场、越冬场、洄游通道等关键栖息场所200多万公顷。

2. 养殖管理规范成效显著 目前，宁德市政府专门邀请相关专家编制了《宁德海洋功能区划》及《宁德浅海滩涂水产养殖规划》，同时切实为养殖户做好“海域使用证”和“养殖使用证”的发放工作，把水产养殖业纳入法制管理轨道，定期研究、分析、解决海上网箱养殖业所出现的困难和问题，严格控制新增渔排，拆除不规范和影响航运的渔排，积极提倡发展抗风浪深水大网箱养殖，开展大黄鱼标准化养殖示范区试点，在取得成功后逐步推广，同时进一步强化海域使用权发证和年检工作。

3. 科研难题不断突破 从20世纪90年代中后期至今，宁德市水技站又相继获得了秋季、夏季育苗和土池养殖大黄鱼的成功，人工养殖技术也取得突破性的进展，养殖周期由原来的30个月缩短到18个月，养殖存活率和经济效益大幅度提高，初步完成了从科研行为到生产行为的过渡。截至2008年，共获得国家级、省级以及市级大黄鱼科研资助项目20多项，其中国家“863”科技攻关计划2项。通过这些科研项目的研究，不断解决了一个又一个的大黄鱼养殖难题。

4. 产业化水平不断提升 宁德市大黄鱼生产虽然已有一定规模，产品在国内外市场上也有一定的份额，但离建设国内领先的养殖加工基地和产品出口物流基地的要求还有较大差距，扩大规模仍然是增强产业竞争优势的重要环节。经过技术改造和发展大黄鱼精深加工，提升了宁德大黄鱼的附加值、科技含量、市场占有率和出口创汇率。从21世纪初至今，宁德市的大黄鱼加工率从10%提高到50%，产品附加值增加到3倍以上。整个大黄鱼的产业水平不断提升，同时通过招商引资和引进外地水产品加工企业进行资金、技术、设备、市场开发合作，使当地整个产业全面升级。

5. 养殖效益良好 通过市场的规范管理，加强大黄鱼养殖户之间以及养殖户与企业之间的利益关联，营造双赢的市场局面。目前，宁德市大黄鱼养殖效益良好。根据笔者的调查，宁德市的大黄鱼养成期间成活率达80%，当年每亩收获商品成鱼3 200尾，每尾平均达到0.75kg左右（最大1kg，最小0.5kg），活鱼市场售价为75～100元/kg，亩产值达15万元。

（资料来源：福建农林大学朱朝枝提供）

主要参考资料

胡慧子，等．2010．闽东大黄鱼产业发展存在的问题与对策．贵州农业科学（8）．
张彩兰，等．2006．福建省大黄鱼养殖现状分析与对策．上海水产大学学报（3）．

[案例8]

玉米渗水地膜覆盖机械化、合作化推广模式

——山西省山阴县郑庄村推广玉米新技术的成功案例

一、问题提出

改革开放以来，国家和地方农业科研单位的科技人员研究出许许多多的新品种、新机械、新材料、新技术，虽然在推动着我国农业的技术进步，但是每项新品种、新技术从出现到规模应用的推广进度不尽如人意，而且推广成本高。如何将新品种、新技术及时推广到农业生产中去，是推进我国农业现代化的关键所在。

二、原因分析

我国农业新品种、新技术推广不快的主要原因是：高度分散的土地经营由于增产增收总量小而冲淡了新技术产生的技术效益，高度分散的土地经营在科研人员做田间科学试验对比充分显示新技术的效益时造成了成本过高，高度分散的土地经营由于各户种植的作物不同而难以实现省工省力的现代农业机械作业。

三、解决方法

土地规模经营和专业化管理是我国农业新品种、新技术推广的主要路径，也是推动我国以机械化为主要特征的现代农业的根本出路。

山阴县位于山西北部的早熟玉米生态区，海拔高度10 00～2 000m，无霜期125天左右，年平均气温8.0～9.0℃，≥10℃积温2 800℃左右，玉米全生育期降水量350mm左右。土壤为结构松散、肥力较差的栗钙土。旱地玉米亩产250kg左右，水浇地亩产400kg左右。

农业科技人员在该区域试验总结出的一套玉米高产栽培技术，可以使旱地玉米亩产量增加到600kg以上，使水浇地玉米亩产量增加到800kg以上，部分田亩产量达到1 000kg。这套技术主要包括秋深耕、早春顶凌耙耱、一次性施肥、精密探墒沟播、宽幅渗水地膜VVV型和VVVV型覆盖提早播种、机械化田间喷施农药和除草剂、秸秆还田机械收获等，是该生态区玉米高产的关键技术组合。

科技人员为了将成套技术应用推广，在山阴县郑庄村进行了粮食规模经营的社会实验并获得了成功。郑庄村位于雁门关外黄花岭下、木瓜河畔，全村315户、1 200人，耕地5 500亩。改革开放30多年来，一直是一家一户的小规模生产方式，主要作物有玉米、大豆、糜黍和马铃薯等。由于中煤集团山西金海洋能源有限公司的储煤场位于该村，村庄的年轻人主要从事煤炭运输业和劳务输出，基本不从事农活，有65户放弃了土地，耕地多处于半荒废状态。每户分等承包的10多亩耕地不连片，主要由老年人和妇女经营，种植方式满足不了大机械化作业，不能规模经营。玉米面积4 000多亩，平均亩产量仅400kg，亩收入320元，纯庄户仍然停留在“小岗”式的温饱线上，现代农业技术推广难度大。2010年3月，村主任曹玉桂等人商讨成立村级粮食规模经营专业合作社，这个动议得到了山西省副省长刘维佳的重视，带领市领导和科技人员到该村考察调研，对这个动议给予了肯定。2010年3月，

由村主任曹玉桂等8人发起，注册成立了山阴县正泰农业专业合作社，入社户数227户，占有地农户的90.8%，土地4 430亩，占全村耕地80.55%。在省农业厅“玉米丰产方”项目和省农科院农业科技示范行动人员的配合下，一年即大见成效，合作社规模种植的玉米，平均亩产量翻了一番，达到了800kg，为山西玉米成套技术的推广开了个好头。

四、实践效果

郑庄村粮食规模经营成功的经验是：建立村级粮食规模经营合作社，发展规模化现代农业；科技项目组合示范，技术人员蹲点培养技术人才和管理人才，引领经济增长点；土地入股合作，整村推进，实现规模经济效益；公司化运营增效，机械化作业节本；用好支农惠农政策，盘活惠农资金；留足发展资本，自力更生形成良性循环，按股分红，实现共同富裕。

1. 规模经营为农业新技术组合推广提供了平台　山西省农科院渗水地膜覆盖高产技术示范行动课题组人员于2010年3月进驻该村工作。合作社调运了5 000kg玉米良种、200kg农药、3台专用播种机，并请专家进行了“渗水地膜VVV覆盖高产技术”培训，为新技术的示范推广奠定了坚实基础。2010年春季遇到了严重的低温大风气候，到4月28日最低气温还在0℃以下，气温回升期比正常年份延迟了一个节令。这个地方玉米生育期较短，无霜期仅仅125天左右，而玉米优良品种的生育期要求125天左右，推迟播种就可能导致玉米秋天难以正常成熟。由于“渗水地膜VVV覆盖高产技术”具有抗旱和抗寒的明显功效，科技人员进行现场培训，测量温度，让专业合作社看到了效果。放心了就敢用了，于4月15日正式开机播种，到4月底4 430亩玉米田播种基本结束，有的已经出苗。而此时其他农田才进入播种阶段，整整提前了一个节令，解决了春寒难播问题。6月30日省农科院、市县领导、农科专家以及玉米种业公司到该村观摩，4 430亩示范玉米长势喜人，比对照高出一倍，效果直观，成为晋北地区长势最好的玉米。农业科技的增长点作用，得到了社会各界和合作社社员的高度肯定。到7月中旬，玉米已经进入抽雄吐丝期，水浇地玉米已经普遍灌溉一次，长势良好，旱地玉米长势也十分喜人，到处一派丰收景象。秋季专家测产，玉米平均亩产量达到800kg，比上年增产了一倍，规模效益得到了有效开发。

2. 土地入股后规模经济效益显著　合作社没有资金，只有信誉和承诺，自愿入股的4 430亩土地占到全村耕地的80.55%。社长曹玉桂是村支部书记也是村委会主任，身兼三职，三位一体，是村民信得过的带头人。在入社时，对土地进行了评估，土地股金在200元到400元不等。采取完全自愿的方式，组建了合作社，依法成立了董事会、监事会和股东代表大会。社长的承诺可信度高，入社的户数超过有地农户的90%，成为真正的村级农业合作社。合作社启动后，将土地进行了整理，有效面积增加了10%。全村6眼机井往年灌溉争水的矛盾消除了，灌溉效率也明显提高了。为了群众利益，合作社在使用机井时采取连片作业，对未入社的农户一视同仁，做到了公平合理。在使用原来村委会拥有的农机方面，做到非入社农户优先，这一举动得到了未入社村民的一致好评。

管理上，对水浇地玉米集中收获，对旱地玉米和其他杂粮统一提供农资和技术服务，各自收获，但统一的投资成本计入收入分红。

专家组对2 230亩水浇地玉米进行核产，总产量178.4万kg，亩产量高达800kg。专家组成员一致对山阴县正泰农业专业合作社组织村级粮食规模经营、推广农业新技术的做法给予了高度赞赏和肯定。

3. 公司化管理效益高，机械化作业成本低　曹玉桂等发起人都是纯庄户，没有充裕的资金，入社的其他庄户资金也非常缺乏，规模经营的投入是摆在社长面前的首要问题。从农信社贷款，其利息较高，用于种植效益较低的粮食生产，很少有人这样办，社员们也不同意，怎么办？必须借助外力，方法是“以赊抵贷”（抵押赊账、还款付息）。从农机部门赊回1台大型犁地、旋地的拖拉机和3台24马力[①]用于播种的拖拉机。采取合作社资产担保方式，赊回了所需要的各种化肥、5 000kg玉米良种和3台播种机，还得到了山西省农业厅给“玉米丰产方”项目补贴的10t渗水地膜。以这样的方式，将所需要的生产资料全部及时落实到位。

在管理方面，采取记工、月底付现金的方式。对整地、施肥、灌溉、放苗、除草、打药等作业用工，采取社员优先、现金结算的支付方式。由于采用了机械化，劳动用工明显减少。以往每亩用工8个，现在减少了3.5个，亩节约生产用工成本200元。

4. 高效发挥支农政策和惠农资金的作用　农机、农药等支农惠农政策在这里得到了高效利用。合作社将政府资助的秸秆还田机、农机具补贴、“玉米丰产方”项目渗水地膜补贴等优惠政策都落到了实处。对社员领到的良种直补款等惠农资金不扣留，采取自愿的方式进入生产管理投资。为了盘活惠农资金，发起人带头出资入股，共筹集资金50万元，用在了用工投资上，从而保证了生产管理的正常进行。

2011年春，山阴县正泰农业专业合作社已经拥有8台拖拉机，7台2MB-1/3和2MB-1/4渗水地膜覆盖播种机，2台自走式大型喷药机，还承包了邻村1 000亩耕地，种植了5 000亩玉米。

（资料来源：山西省农业科学院姚建民，山西农业大学郝建平提供）

① 马力非法定计量单位，1马力=746瓦，下同。

［案例 9］

以新农村建设规划推动村域发展

一、案由

八一村地处福建省永安市小陶镇东北部，毗邻 205 国道，距集镇中心 5kg，1948 年以前称张坊堡，1954 年为纪念中国人民解放军建军节改称八一社，1984 年至今称八一村。现有半溪、张坑、青石、前坂 4 个自然村 7 个村民小组，共有 229 户 789 人。该村地处丘陵地带，拥有耕地面积 972 亩，山林地面积4 282亩，森林覆盖率高达 78%，平均海拔 340m，属亚热带气候，年平均气温 18℃，年平均降水量1 600mm，为红黄壤地带，特别适宜烟叶、蔬菜、水稻等作物生长。辖区有大陶河流过，主要矿产有石英石、河沙等，其中石英石藏量约1 000万 t。允升楼及与其相邻的朱氏古民居位于张坑自然村，建于清咸丰年间，是市级文物保护单位。2006 年党中央提出社会主义新农村建设要求，就在这年年初，胡锦涛总书记视察了八一村并号召全体村民积极投身于社会主义新农村建设中。然而，八一村面临的主要问题有：①村集体经济基础薄弱，农户收入水平低；②第一产业基础差，第二、第三产业不发达，富余劳动力比例高；③许多直接关系到村民健康和农村环境的设施不健全；④社会文化事业发展滞后；⑤尚未编制村总体规划，发展思路不明确。

二、八一村新农村建设的规划与实施

针对八一村的发展现状以及面临的问题，2006 年初八一村邀请福建农林大学相关专家成立规划小组，开始编制八一村新农村发展规划。根据福建农林大学八一村新农村建设规划小组专家的调查研究结果，结合八一村的发展现状和趋势判断，八一村的发展优势在于生态和资源。因此，该村新农村建设应抓住生态建设与资源开发这条主线，重点形成良好的产业体系和经济社会发展新格局。通过 5～8 年努力，争取把八一村建设成为环境友好型的社会主义新农村。

八一村新农村建设规划从 2006 年开始，按照“生产发展、生活富裕、乡风文明、村容整洁、管理民主”的要求，用 5 年时间在全村开展以村庄规划建设、“三清三改”（清垃圾、清污泥、清路障、改水、改厕、改路）和文明村创建为主要内容的“五新一好”（新村庄、新产业、新农民、新组织、新风貌和好班子）新农村建设活动。总体规划经专家组评审通过后，八一村两委以及相关部门积极组织实施规划。

三、八一村新农村规划实施 5 年后的发展成效

1. 村集体经济和农户收入大幅度提高　2010 年全村实现社会产值 2.8 亿元，企业产值 2.2 亿元，工业产值 2.0 亿元，农业产值6 000万元，村财政收入 120 万元，人均收入9 800元，远远高于同期的全国人均5 500元，也高于全省同期的人均7 427元。

2. 三次产业得到协调发展

（1）第一产业得到夯实。完善农田水利设施，做好八一桥、水渠、田间渠、防洪堤的扫尾工作，进一步完善农田水利设施建设，做到沟渠相连，提高防旱抗涝能力，增强农业综合

生产能力，改善农村生态环境。发展优质无公害蔬菜。截至 2010 年建成1 000亩优质无公害蔬菜基地，充分利用当地的剩余劳动力，发展蔬菜加工业，提高蔬菜生产附加值，同时还发展科技含量高、操作方便、成本低、易识别、能保鲜的蔬菜安全标识方式，逐步改变蔬菜无牌无标散货上市的状况，从而提供质量可靠、品种多样、营养丰富的蔬菜，以适应人们的时尚消费需求。调整产业结构，把发展花卉苗木作为农业产业结构调整的重点产业来抓，截至 2010 年实现花卉苗木种植 500 亩，如今花卉产业已成为八一村新的农业经济增长点和支柱产业。开发林竹资源，截至 2010 年全村已科学开发1 000亩林竹资源，并建立起林竹高效生产经营模式。

（2）第二产业快速发展。已建立后冠山工业集中区 500 亩；改造和新建无害化精细石英砂加工企业，年产精细石英砂 3 万 t，实现年销售收入1 200万元。引进新型竹胶板企业，年产竹制建筑用模板 1 万 m^3，实现年销售收入3 000万元。

（3）第三产业有效推进。2010 年全村大力开展特色文化，培育文化名村活动，同时结合市级文物保护单位允升楼、桂林堂等古民居，朱氏九节龙地方民俗文化遗产及五一甘乳岩景点等发展农家乐、休闲观光旅游，已建成茂千农庄生态游等一批休闲观光产业。

3. 农民组织化程度明显提高 2010 年末，全村在原有两个协会基础上再培育、壮大蔬菜、竹林、莴苣、花卉苗木协会等新型经济组织，为农民提供产前、产中、产后服务。做到各项村主导产业都有协会或专业合作社与之对应，合作经济组织覆盖农户达到 80%以上。围绕“新品种、新技术、新组织”的要求建立健全良种繁育、农资供应、农业科技服务体系和农产品加工流通服务体系，培育专业化的经济服务组织。目前全村 95%的农村劳动力都能接受培训，通过培训使务农农民基本掌握一门农业实用技术，外出务工农民基本掌握一门实用职业技能。

4. 环境友好型的新农村建设得到有力推进 2006 年以来，八一村以环境友好型的新农村建设为目标，围绕建设生态家园和发展农村户用沼气，至 2010 年初已建池 198 户，2010 年年底沼气入户率超过 85%。全村通过发展“猪—沼—果（菜、稻）”生产模式，提高沼气的经济、社会和生态效益。同时利用稻草、笋壳、莴苣叶等有机原料代替人畜粪便作为沼气池发酵原料，较好地解决了不养猪也能用上沼气的难题。

（资料来源：福建农林大学朱朝枝提供）

［案例 10］

益海嘉里（兖州）粮油工业有限公司“公司＋基地＋农户”的产业化经营

益海嘉里（兖州）粮油工业有限公司位于兖州市大安镇，占地 18.3hm^2，现有员工 369 人，建有年加工 21 万 t 花生米的花生油车间、年加工 30 万 t 小麦的面粉车间和年加工 1 万 t 食用花生米的车间。2010 年底，公司实现销售收入125 086万元，生产面粉 22.5 万 t、花生油 14.2 万 t。

兖州市作为全国商品粮生产基地，进入 20 世纪 90 年代以来，开始逐步推广优质小麦，到 21 世纪初，全市优质小麦率达到 95%以上，但是一村多品、强筋弱筋品种混杂、种植管理不统一、品种质量不一致等问题依然存在。另外，龙头企业需要收购到符合企业加工标准的优质小麦，建立稳定的原料基地，但缺乏技术力量和组织协调千家万户的能力。由于种植的分散性和管理的差异，收购到的小麦并不一定达到质量标准，且由于市场价格波动，这对农民和企业来说都不利于回避市场风险。在市场经济条件下，只有以利益为纽带，把企业和农民连接起来，建立利益共享、风险共担的共同体，才能促进企业健康发展和农民持续增收。

2008 年 12 月，以益海嘉里（兖州）粮油工业有限公司为龙头、优质小麦专业村为依托、专业村的小麦种植户为主要成员、兖州市农业局为技术支撑，成立了兖州市益海嘉里粮油生产协会，实行订单农业生产。在协会中，龙头企业、农技服务部门和农户各司其职，企业是龙头，农技服务部门是纽带。在运作过程中，龙头加工企业确定种植品种，种子或科研部门提供良种，农技服务部门负责技术服务，农户负责种植管理。

农技服务部门将引进、示范的适合本地生长的多个优质小麦品种送到农业部定点监测中心进行品质化验，将化验结果与企业的生产需求相结合，确定 2～3 个主推品种。通过实施国家优质小麦良种补贴项目，对良种进行精选包衣，实行补贴性统一供种，实现一镇一品的区域化布局。农业技术人员以村为单位，对基地农户实行技术承包，根据不同的农时季节，进村入户对基地农户进行标准化的技术指导，推广应用小麦氮素后移、病虫草无公害防治、节水栽培、配方施肥和秸秆还田等标准化生产技术规程，实行统一播种、统一肥水管理、统一病虫草害防治、统一收获，确保了统一的质量标准，实现区域化布局、专业化生产、规模化经营。

企业与农户签订合同，以高于市场价 10%～20%的价格进行回收。在每个会员村建立一个收购点，负责本村优质小麦的收购，同时该收购点还平价提供企业生产的面粉、食用油等产品。一方面企业建成了稳定的原料生产基地，一方面农民在农业部门的指导下，良种良法相配套，实现了优质优价，有力推动了全市优质小麦的产业化进程。

在这种利益联结模式中，农民通过农技部门提供的精选良种，每公顷地节约种子成本 150 元钱；通过实施标准化的配方施肥、秸秆还田等技术，节约了肥料等生产成本 15%左右；在销售时通过龙头企业的保护价回收，每公顷又增加效益 10%～15%，实现了节本增效。这样，通过协会有机地把龙头企业、农技服务部门、农户连接起来，实现了粮食增产、农民增收、企业增效。

目前，企业通过协会建设绿色优质小麦生产基地6 700hm²，辐射带动5万hm²基地，带动12万多户农民增收致富。企业通过订单方式采购的原料占所需原料量的70%。2010年6月该公司还被认定为山东省农业产业化重点龙头企业。

（资料来源：山东农业大学田奇卓、石玉华提供）

[案例11]

“金农热线”——农业信息服务新模式

一、背景

金农工程是农业部与辽宁省政府共建的面向农业、农村和广大农民的信息服务平台，是集电信资源、信息资源、专家资源于一体，利用先进的CTI（计算机电话集成）技术、TTS（文本语音转换）技术、ASR（自动语音识别）技术，通过国际互联网、电信网（移动电话、固定电话、短信）、信息服务队伍网络的整合，将信息服务与广大的农户紧密相连的一种新的农业信息服务模式。

二、存在问题

“金农热线”为广大农民提供了一条资费低廉、方便快捷的信息咨询渠道，但也存在以下一些问题：

（1）96116及辽宁金农网仅有一条热线，并不能满足所有农民的需求。

（2）农业信息库的内容建设及整合有待提高。

（3）需要配置性能、价格符合农民需求及承受能力并且质量过关、正宗品牌的计算机设备。

（4）农业信息服务人才短缺。

三、原因分析

（1）据2008年统计辽宁省乡村人口有2 126.3万人，96116及辽宁金农网仅有的一条热线很难满足乡村人口对信息的需求。

（2）缺少总体的规划。农业信息化系统是多种信息技术的综合应用，应该是一个应用系统级别上的互联互通的系统，有必要在全省范围内进行统一规划和布局。部分信息化系统在功能上存在局限性：①其实用性有待提高，尤其是要提高各系统在生产指导和市场流通方面的作用；②要加强交互性，增强各级部门、政府与企业、政府与农民、农民与企业等不同群体之间的交互。各地各部门各自为政，存在重复建设、资源难以共享的问题。

（3）信息资源的开发滞后与农民对信息需求的多样性、实用性不相适应。各种网上信息繁多，但有特色、实用性强尤其是具有指导性、前瞻性、预测性、时令性的信息偏少；农业应用软件的开发还有待进一步加强，如农业实用技术光盘、各种农业数据库、农业管理信息系统、农业决策支持系统和专家诊断系统等的开发大多尚为空白。

信息基础设施不足或落后。一些村镇电脑保有量很低，甚至没有；网络基础设施建设严重滞后，与农业信息量大、传播速度快、时效性强不相适应。农业信息大量、快速地在世界范围内传播，但辽宁省网络基础设施建设还比较落后，还不能适应这一趋势。

（4）辽宁省农业信息服务人才短缺与提高农业信息服务质量不相适应。高素质的人才是提高农业信息服务质量的关键。因为农业信息服务涉及农业生物技术、气候、地理环境、农产品销售等多个领域及其相关信息的采集、存储、分析、计算、传输等多个环节，这要求服务人员既要懂得农业科学技术，又要懂得信息技术。但辽宁省这样的高复合型人才还很少，极大地制约着农业信息服务的质量。

四、解决方法

（1）根据农业部提出的“三电合一”（电话、电脑、电视）农业信息化模式，辽宁省的“三电合一”模式为电话、电脑、电视及媒体信息发布。

2005年7月11日，胡晓华副省长亲自启动了第二条“金农热线”，特服号为16808080，这条热线是由辽宁省农委信息中心与辽宁网通合作的。

（2）“金农热线”使用全省统一特服号码12316，统一市话收费，大大降低了全省农民的咨询成本。依托该声讯服务平台，农民通过固定电话、手机等方式拨打特服号码12316，可以实现信息的咨询、发布和定制，快速获取与生产、生活紧密相关的各类信息，发布农产品的供需信息，实现远程农产品流通贸易对接，以人工服务为主、自动语音为辅，服务方式有亲和力；可实现三方通话，对于话务员无法单独解答的问题，通过话务员坐席操作，实现农民、话务员、专家或其他求助电话三方通话，既可以缓解第三方直接被动接听的压力，又能使农民得到满意的答复；“金农热线”还与各大媒体强强联手，实现“1＋5”（热线与辽宁电视台黑土地、辽宁电台今日黑土地、辽宁农民报、新农业杂志、辽宁金农网）信息互动，通过各种途径回复农民集中反映的问题；话务员根据农民需求，从声讯资源库或者网上直接查得所需信息，基于TTS技术，实现即涂即读，农民可以实现听网，避免所有问题都通过口头解答，以便提高热线服务效率。

（3）完善农业信息服务网络建设。首先，加快农业信息网络基础设施硬件和软件建设。硬件建设首当其冲的是要加快各种信息传输网络的建设，同时提高计算机的普及率，力争尽快解决“最后一公里”入户问题。软件建设是指建立内容全面的农业信息Web数据库，研制开发各种网络应用软件，推广各种实用技术的多媒体光盘等。其次，建好、利用好两类市场。一类是“有形”市场的建设。包括在农产品集中产区改建、扩建一批农产品批发市场，在小城镇建立一批集贸市场以及在有条件的地方大力发展农产品期货市场等。一类是“无形”市场即“网上市场”的建设。要在已有信息网络站点的基础上，力争在互联网上建立主页、开设网站，并依托互联网及时地向国内外发布农产品供求信息。最后，建立并完善农村信息服务中介机构。

（4）培养农业信息服务专门人才。以农村科技信息协会为龙头，以农业科技专家为支撑，开展“点单式”技术培训。由农村科技信息协会带头组织业务精通、经验丰富、情系农民、了解农村的专家队伍，按照农民的致富要求深入农村开展培训和技术指导。

同时，培养一支来自农村的具有农业信息服务专业素质和服务精神的专业队伍。他们具备综合性的农业科技知识，具有不断学习的能力，对新技术、新知识具有很强的接受能力；在农业信息服务方面具有专长，具有较强的专业技能和实践动手及培训、沟通能力。

五、实践效果

热线运行以来，已经受理来自全省各地农民的咨询16.6万例，成为最受广大农民欢迎的农业信息服务模式，对辽宁农业及农村工作产生了巨大影响。

“金农热线”在粮食直补中发挥了重要作用，帮助农民切实解决生产生活中的实际问题，通过媒体进一步放大了热线的作用和效果。“金农热线”是一条为农民提供信息、帮农民解决难题的“富民热线”，从根本上解决了农民无力购买电脑而缺乏农事服务的烦恼。

当然，在发展新兴的网络信息服务载体的同时，也应对传统的信息服务载体予以足够的重视。尤其是在广大农村电脑普及率还很低、还不具备上网的条件下，要利用好现有的广播电视网、乡村黑板报、各类农业报刊等信息服务载体，充分发挥它们在传播农业信息中的重要作用。

（资料来源：沈阳农业大学侯立白、衣莹提供）

[案例12]

立足企业发展，促进农牧民增收

青海绿草源食品有限公司成立于1998年，是由32名下岗失业人员自筹入股162万元创建的民营股份制公司。现有员工160人，其中高工1人，技术工人36名，大中专学历职工24人。

企业成立之初，年收购牛羊4 000头只，产量330t，只能生产胴体牛羊肉及简单的4～5个粗加工产品，加工规模小、工艺落后、品种单一，缺乏市场竞争力。近年来，在各级政府的大力支持下，企业依托青海省丰富的牦牛、藏系羊肉资源，依靠国家农牧产业化经营的利好政策，经过10年的艰苦努力，公司现已发展成为注册资金2 000万元、总资产8 405万元、拥有3 000t冷库库位，建成牛羊屠宰、分割、速冻、高温熟制品、牦牛肉肠五条生产线，技术装备达到省内领先水平的省内知名肉食加工骨干企业。产品和商标分别获"青海省名牌产品"、"青海省著名商标"称号，通过绿色食品、有机产品等认证，农业部授予"全国农产品加工业示范基地"称号。

一、绿色发展，和谐发展，统筹发展

公司在发展过程中，不断顺应时代要求，及时转变思想观念，与时俱进，开拓进取。2003—2009年，公司依托原料基地优势，累计投入牛羊收购资金2.3亿元，完成收购牛10万头、羊42万只，生产加工各类牛羊肉制品2.52万t，完成销售收入1.83亿元，实现利税800多万元。为保护黄河源头碧水蓝天，建成无害化屠宰厂，2008年公司投入380万元，在河南县分公司建成了日处理能力150m³的廊道式屠宰污水处理设施。为转变企业经济增长发展模式，实现资源的集约化开发利用，2009年投资3 466万元实施了2 000t牛羊肉储藏冷保鲜冷库及1 000t精深加工改扩建项目。项目建成后，使企业冷库储量能力达到5 000t，精加工产品生产能力达到1 500t以上，年投入生产5～6个新产品，极大地提高了企业的生产经营能力。

二、减少中间环节，增加农牧民收入

公司在谋求自身发展的基础上，也为广大农牧民群众和下岗失业人员的增收着想：①坚持以市场收购价上门定期、定向收购农牧民牛羊，减少中间环节，将经销商中间利益所得和压级压价损失让利于农牧民，使每千克牛羊收购价高于当地收购价近1元，七年来共带动河南县4 000户农牧民增收1 806万元，户均增收4 515元。同时与河南县畜牧水务局签订牛羊收购补助合同，对亲自上门交售牛羊的牧户每千克牛羊肉再给予0.5元的补助。②通过扩大再生产的途径，录用城镇下岗及失业人员1 120人次从事精加工生产，人均年收入达到11 520元。③生产旺季吸收农村剩余劳动力2 900人次，从事收购加工，并免费提供食宿，月工资收入1 650元，劳动合同签订率和工资支付率均达到100%。发挥了龙头企业的综合带动作用，增加了农牧民收入，促进了社会主义新农村、新牧区建设。

三、重视社会效益，树立企业形象

公司在努力促进自身发展的同时，每年为帮扶单位和困难群众提供力所能及的资助，受到当地政府和受助群众的广泛赞扬。自2003年起，公司先后为大通县塔尔镇石家庄村村办小学送去学习用具、电教设备、取暖用煤，为村委会购置办公桌椅、电脑及复印机、体育锻炼器材等物资共计12万元；出资1万元聘请青海大学农牧学院专家教授及本公司技术人员对塔尔镇西庄村牛羊专业养殖户进行了专业培训，参加培训人数达到了500人次；2007年为朔北乡八寺崖村饲草种植项目提供了价值4万元的化肥和草种；2008年春季河南县遭受雪灾后，为减轻牧民受灾损失，公司及时通过河南县人民政府向灾区群众提供了价值20万元的救灾物资；汶川大地震后，公司员工慷慨解囊，捐款2万多元；青海玉树遭受7.1级强烈地震后，公司领导和全体员工在第一时间迅速行动起来，加班加点为灾区人民筹备物资，2010年4月14日下午公司就以最快的速度将筹集的牛肉肠170件、烧牦牛肉50件、烤羊腱50件共计价值60 500元的牛羊肉熟制品和公司职工的爱心款4 061元送到了西宁市指定救灾点，公司为玉树地震灾区捐助物资和现金共计8万多元。

四、引进新技术，提高企业现代管理水平

公司深刻明白“企业要发展，管理是关键”的硬道理。为提升公司管理水平和信息流通速度，积极引进新技术、新机具，推动管理工作向科技化、信息化方向迈进。2010年8月，公司冷库引进安装了潍光WG-C智能自动化测温记录系统，使现有的16间冷库库位的温度均实现了远程自动化控制，仓库管理员、机房操作人员可以及时了解掌握库房温度变化，大大减轻了他们的工作量。同时新购进了T3-用友通财务应用软件系统，满足了企业管理层及时了解生产加工、销售、库存等方面信息的要求，从而在根本上解决了以往管理中存在的统计数据上报慢、数出多门、账目不清等诸多弊端，堵塞了管理上的漏洞，提高了企业管理的科技化、信息化水平。

（资料来源：http：//www.chinadaily.com.cn/dfpd/qinghai/2011-03-17/content_2049658.html，西南科技大学唐永金提供）

[案例 13]

依靠科技示范户带动成果转化

黑龙江省望奎县位于黑龙江省中部，是典型的农业县、国家重要商品粮生产基地县和瘦肉型商品猪生产基地县。种植业以玉米、大豆、水稻生产为主，畜牧业以生猪、鹅生产为主。

一、存在的问题

多年来，作为黑龙江省经济发展“十弱县”之一，种植养殖业仍然是农民收入的主要来源，虽具规模，但标准化程度不高，一家一户分散经营，集约化程度不高；农业科技水平仍很低，科技经费严重不足，特别是入户率低，农业技术推而不广，下乡而进不了村，进村而入不了户，科技到位率低，制约着农业生产水平的提高，成为农业和农村经济发展的瓶颈。以玉米生产为例，种植规模基本稳定，产量和效益却持续走低，农民多数科技意识淡薄，沿袭着传统落后的生产方式，先进的农业科技成果被束之高阁，推广不开，农业科技良种不被认可，良法不被接受，成果转化遇到了“剃头挑子一头热”的尴尬境地。

二、原因分析

农业科技成果本身具有潜在生产力，只有让农民认识、掌握，在实际生产和经营上被采用并产生了效益，才能转化为现实生产力。农业科技成果的采用者（农民）是农业科技成果转化的主体，农民自身的素质高低特别是科学文化水平的高低和采用科学技术意识的强弱程度，是影响农业科学技成果转化的直接因素。

三、解决方法

（一）遴选科技示范户

在全县 15 个乡镇 50 个行政村，筛选出家庭经济条件好、生活环境好、遵纪守法、文化程度较高、生产经营规模较大、种养水平较高的2 000户农民作为科技示范户。他们中大都是发家致富的能人，有致富技能和门路，通过培养科技示范户，再由他们为农户送技术、送信息、送服务，带领群众走上共同富裕的道路。

（二）创新工作机制

1. 强化示范户建设与培养 在全县选出了有雄厚的农村工作经验的技术指导员，由他们直接培训指导示范户，传授主导品种和主推技术，为示范户提供全程技术服务。在示范户遴选上“定高标”，有目标地选择那些有特长、有文化、有思想、有威望、有致富本领的能人，把他们培训成为“示范户中的示范户”。制定了科技示范户管理办法，对发挥作用好的核心示范户给予精神和物质鼓励，在选拔干部、评模选优、项目扶持等方面向核心示范户倾斜，有效地调动了科技示范户的积极性。

2. 打造核心示范户 望奎县在每个村科技示范户中确定了 1～2 名有威望和影响力、带动能力强、技术水平高的农户为核心示范户，开创了农业科技示范户、农业信息发布基点户和农村沼气池建设样板户“三户合一”核心示范户建设模式，经过培养，核心示范户已成为示范户的典范、农民学习借鉴的生动实例、农民致富的龙头，带动了“一村一品”发展，引导农民致富。

3. 编写科技入户“四季歌” 针对示范户不知道学什么、技术指导员不知道怎么干的问题，编写了科技入户“四季歌”：“春耕抓培训，入户对接要抢早；夏管勤指导，面对面把脉支招；秋收巧安排，降水提质品质好；冬储传信息，适时销售效益高。”“四季歌”简明易记，对一年农村科技各阶段工作的任务一目了然，成为技术指导员入户的工作指南，使示范户知道自己的工作规律，改变了农民“耍正月，闹二月，沥沥拉拉到三月”，“一年忙二季，其他时间没事干”的传统习惯。

4. 创新“五招入户”方法 由于科技示范户散布在15个乡镇50个村，每个技术指导员至少要负责40个示范户，有时候所到达的户家里没有人，有时候示范户家里虽有人，却没有足够时间把技术讲透……示范户分布的分散性与技术指导工作要求普遍入户的要求相矛盾。针对这些矛盾，在实践中总结出入户工作“五招”，即“科技下乡，集中培训”．“见缝插针，主动上门”，“田间指导，边干边说”，“田间博览，阵地示范”，“热线咨询，随时解答”。

四、实践效果

望奎县科技示范户已经成为新型农民队伍成长的标志，成为农业生产中的行家里手、带领农民致富的标杆。不仅仅是经济收入，更为重要的是它把农民新的兴奋点引上学科技用科技之路。工程的实施，使一大批先进实用技术、良种良法运用到农业生产的各个领域。测土配方施肥、化肥深施、病虫草害综合防治、节水灌溉等21项节本增效技术，惠及全县200多万亩农田，提高了农业综合生产能力，极大改善了农业生态环境。生猪、肉鸡、鹅标准化饲养技术的普及，让越来越多的农民尝到科技致富的甜头。以东郊乡正白前二村黄麻子土豆、望奎镇厢红五村绿色瓜菜、海丰镇八方村黄烟套种大蒜、莲花镇信五村月见草等为代表的具有区域特色的“一村一品”产业发展格局初步形成。望奎镇厢红五村的农民依托沼气技术建成了生态富民小区，配套太阳能保温房、太阳能保温猪舍、沼气池、太阳能热水器、高效节能炕连灶、节能锅炉等生态能源技术发展种植业和养殖业，形成生态循环农业；科技示范户付德全带领卫星镇水头村农户发展蔬菜大棚3万多平方米，亩经济效益在4 000元以上；莲花镇信五村种植月见草8 000多亩，总收入近200万元；通过大面积推广应用兴垦3、合丰57、垦稻8等主栽品种，粮食品质和产量大幅度提高。

（资料来源：河北农业大学崔永福、陶佩君提供）

主要参考资料

黑龙江省望奎县农业委员会．中国农业推广网．http：//www.farmers.org.cn/Article/ShowArticle.asp? ArticleID=20308，2009-02-25/2011-05-25

[案例 14]

高标准建区域站，强力支撑现代农业发展

一、建站背景

迁安市地处河北省东北部，总面积1 208km²，总人口 72 万人，其中农业人口 58 万人。进入 21 世纪以来，市域经济快速发展，已经进入工业化、城镇化、农业现代化同步发展的新时期。为适应这一新形势的需要，该市把基层农业技术推广体系建设作为转变农业增长方式、加快发展现代农业、推进统筹城乡发展的重要抓手，高标准建设，高水平装备，整合原有乡镇农业技术推广站，根据区域特色和主导产业发展，打破乡镇行政管理体制，按生态类型区建设农技推广综合区域站。

二、基本做法

在区域站建设上做到以下几点：①高起点选址。市政府协调土地、规划、建设等部门和区域站所在地乡镇政府，将 8 个区域站址选在靠近乡镇政府和集贸市场、交通方便、利于农民咨询的地方。②高标准建站。市政府明确了“统一设计、统一建设、统一装备”的建站原则和“建设先进、运转高效”的建站目标，连续两年列入政府民生工作 20 件实事之一，投资2 300多万元的 8 个技术推广区域综合站在全市同时开工。③高水平装备。每个区域站统一购置了办公桌椅、电话、计算机、打印机等办公设施，同时整合农业内部功能和项目资源，利用国家测土配方施肥项目，农产品质量检验、检测项目，农业部农业技术推广体系运行机制创新试点项目，河北省基层农技推广体系建设试点等各类项目资金近 500 万元，为每个区域站配备了实时咨询服务、视频培训系统、触摸式技术查询、测土配方施肥、农产品质量检测、农作物病虫害检测预报防治、水质检测等仪器设备。

在区域站管理上有以下基本做法：

（1）明确区域综合站的编制职能、内设机构、主要职责和人员数量，将原来各个镇乡农、林、水技术推广机构的职能划入农牧局、林业局、水务局，实现“市办、市管”，原工作人员按照相关规定划转到区域推广综合站。改革后全市区域站共配置农牧、林果、水利技术人员 270 多人，其中推广人员 150 余人；平均每个站达到 15 人，重点站 20 人以上。同时，2007 年以来公开招聘农业院校木科以上毕业生 102 人，充实到区域站，改善了推广队伍的知识结构，提高了推广人员的整体素质。

（2）立足服务区域内的产业特色和行政区划，特色建站。按照区域农业发展规划，在都市农业和高效农业区，突出高新农业技术推广应用；在休闲农业区，突出休闲农业项目开发与建设；在生态农业区，突出循环农业、可持续农业开发技术功能。坚持按工作需求、按岗位配置推广人员。在平原高效农业区的区域站，重点配备熟悉蔬菜、小麦、玉米、花生的技术人员；在休闲农业、生态农业区的区域站，重点配备熟悉绿色果品、特色杂粮生产、农产品加工、旅游产品开发的专业技术人员。站内设置栽培、种子、植保、土肥、新能源、信息、农产品检测、农机等岗位。

（3）创新机制，加强考核，确保体系高效运转。制定农技推广岗位责任制度和农扶人员

知识更新制度、考勤制度、会议制度、学习制度、卫生制度等多项规章制度，明确和完善了推广人员行为规范。健全推广人员考核评价机制和推广人员动态管理机制，对推广人员进行目标考核，考核实行管理单位、乡镇政府、区域站、服务对象四方参与，加大服务对象在考核中所占的权重，考评结果与工作安排、创先评优、绩效工资、技术职务资格评聘、职务变动挂钩，最大限度地调动推广人员的工作积极性。

三、基本成效

（1）强化了产业推广职能。围绕全市《现代农业发展规划》确定的特色高效生态农业、绿色食品加工基地、休闲农业旅游长廊、规模清洁养殖园区、生态景观修复再造、生态新村绿色家园建设"六大工程"，重点开展了设施蔬菜，粮油高产创建，绿色、有机食品开发，农业产业化园区，特色果品生产基地建设等100个现代农业项目的全方位技术推广服务。

（2）加强了与国内农业院校、科研院所的合作。2010年以来，引进示范推广了26项新技术，累计面积达到38万亩。邀请35名专家举行技术培训会32场次，培训农民技术骨干8 000余人，培训农民11.5万余人次。

（3）实现了站企合作。与26家唐山市市级以上农业龙头企业合作开展标准化生产基地建设，绿色、有机食品认证，品牌开发，名优产品争创等。共注册农产品品牌30个，开发农业精品8大类56个，创省级名优农产品19个，认证绿色食品13个、有机食品28个。

（4）实现了站社、站园合作。区域站为专业合作社提供产前、产中、产后技术推广服务，将它们规模经营的生产基地建设成为区域站的科技示范场，全市科技示范场中有6个来自于农民专业合作经济组织，示范场总面积达到3 500亩。区域站与区域内的各类种植、养殖园区联合，为园区提供全过程的技术、信息服务，建成百亩以上现代农业园区120家，千亩以上园区6家，在各园区实施市级以上项目20余项。

（5）拓展了服务新领域。按照全市总体规划区域布局和城乡主体功能区的划分，在全市范围内建设了锦绣圃园高效农业带、物华京东农业采摘带、神韵迁安西部生态农业地质文化带以及都市农业休闲观赏区。实现了农业增效、农民增收、农村发展。2010年全市粮食总产达到22万t，连续7年增产，蔬菜总产突破80万t，农民人均纯收入达到10 960元。区域站的建设使得政府、农民、消费者"三满意"。

（资料来源：迁安市农业局王书成、河北省农林科学院王慧军提供）

[案例 15]

科技特派员制度

科技特派员制度是新时期我国农村科技服务体系的创新与补充，是发挥科技人员作用，把科技、资本、管理等现代生产要素植入农村，解决目前农村科技力量不足与提高农民科学素质的有效途径。

一、科技特派员制度产生的背景

南平市位于福建省北部，辖4市1区5县，全市73%的人口在农村，自然条件优越，气候暖和，土壤肥沃，雨量充沛，冬无严寒，素有“福建粮仓”、“南方林海”、“中国竹乡”之称。南平是福建省的一个农业大市，传统农业优势曾创造了辉煌的历史。但从20世纪90年代中期以后，与全国许多地方一样，南平的“三农”问题也日益突出。主要表现在：农民收入增长幅度持续下滑，党群干群关系紧张，各种矛盾出现激化；经济和社会发展同沿海地区相比差距很大；农业长期以粮食生产为主，产业和产品结构不合理，难以适应市场经济发展的要求；农产品卖难问题十分突出，市场价格长期低位运行，农村经济增长缓慢。

南平市党政领导切身感到，农业、农村和农民问题的解决已经成为新时期制约南平市国民经济健康、持续发展的关键性因素。究竟如何解决这些问题？1998年底，市委、市政府组织市、县、乡3 000多名干部结合闽北实际，驻村围绕“三农”问题搞调研。调查发现，当时在农村第一线工作的科技人员不到总数的10%，乡镇一级的科技推广人员有60%左右难以发挥作用。一方面是农民缺技术，缺知识，他们最想的是致富，最盼的是服务，最缺的是科技，但由于农民的科学素质普遍较低，又缺乏提升和掌握科技知识的有效途径和机会，成为制约农业现代化进程的“瓶颈”。另一方面是科技人员有技术却没有施展才能的空间和平台，归根究底一句话：机制需要创新。

二、科技特派员制度的做法

1999年，南平市委、市政府在充分调查研究的基础上，针对农业和农村经济发展急需有力科技支撑的状况，决定将大批高素质的科技人才——科技特派员下派到农村生产第一线，常年驻扎在农村，以满足“农民增收、农村发展、农业增效”的科技需求为根本出发点，以市场机制为主、政府引导为辅，以农业增效、农民增收为主要目的，在与农村先进生产力代表者种养大户结成利益共同体的同时，为农民提供包括示范、培训、咨询、合作在内的科技服务，构建专家、科技特派员、企业、农协和农户互助的良性循环。通过利益共享、风险共担机制，将科技与经济、科技人员与农民有机结合而形成自下而上的创新型农村社会化科技服务制度。

科技特派员制度不同于科技下乡和科技进村活动，把短期行为转为长期行为；不同于科技副职，把对基层的行政领导转为直接的参与农村生产实践；不同于传统的农技推广体系，把生产咨询行为转为与农民结成利益共同体和面向市场需求的经济行为；不同于定点扶贫，把农村的脱困解难转为示范带动；不同于机关的分流下派，把干部的被动锻炼转为主动发展；也不同于简单的技术服务，把生产环节的单一运作转为实现产供销的集成运作和农村经济系统运转。科技特派员制度成功实践的关键在于把主体还给了农民，把利益还给了农业，把需求还给了市场。

三、科技特派员制度的成效

1999—2008 年，南平市先后选派了 7 批7 315人次科技特派员，进驻1 444个村（场、基地）开展服务，村覆盖面达 88%，科技特派员共实施大小科技项目7 394项，引进农业新技术2 629项、新品种3 815个，建立各类农业新科技示范园区 27 个、科技示范乡镇 37 个、示范村 111 个、示范户10 407个、加工企业2 009家，一大批专业大户和龙头企业成了拉动农村经济发展和农民增收的重要力量，规模以上农业产业化龙头企业达 579 家，带动农户 64.55 万户，被评定为市级以上的有 137 家，其中市（厅）级 114 家、省级 20 家、国家级 3 家。农副产品产销率从 2000 年的 28.6%提高到 2008 年的 80.8%。建立科技示范基地 1.8 万 hm^2，村均村财收入和农民人均纯收入分别增长 64.6%和 30.1%，全市农林牧副渔总产值年均增长 5.3%（全省为 3.35%），农民人均纯收入年均增长 8.3%（全省为 5.85%），增产增收的幅度连续 6 年处在全省前列，其中下派村的农民增收幅度又大大高于非下派村。全市农业合作经济组织发展到 915 家，规模以上农产品加工企业达 625 家，带动农户 35.84 万户，占全市农户总数的 60%左右。科技对农业增长的贡献率从 40%提高到 50%以上。

南平市科技特派员制度在“三农”实践中的累累硕果，得到了中央和省委、省政府的重视和支持，使得科技特派员制度走出南平，走向全国，引发了更大范围的探索实践。从 2002 年 5 月科技部在西北五省区推行试点工作以来，全国已有 31 个省（市、区）的1 039个县开展科技特派员工作，取得显著成效。2004 年，科技特派员制度引起了国际组织的关注，科技部与联合国开发计划署（UNDP）已经正式启动了“中国农村科技扶贫创新与长效机制探索”项目，将在 15 个省份实施，并与国际农业发展基金会（IFAD）、中德合作项目办公室（GTZ）、日本国际协力事业团（JICA）等国际机构和组织进行了有效沟通与合作。因此，我们有理由希望并相信，发轫于中国乡村实践的科技特派员制度，将不仅在中国农村大地上枝繁叶茂，也将在全球农业可持续发展的大舞台上吐蕾芬芳。

（资料来源：福建农林大学方平平提供）

主要参考资料

林金树，欧新和 . 2011. 科技特派员制度在提高农民科学素质中的作用 . 科协论坛（7）.

蒋建科 . 科技特派员：让科技之腿插入农村泥土 . http：//scitech. people. com. cn/GB/61051/4591033. html

主要参考文献

陈桂珍，王国华．2003. 探讨农业推广模式促进科技成果转化．农业科技管理（3）.
丛媛媛，杨朝丹，盖嘉慧，等．2010. 农业信息网站的构建与实现．农业网络信息（2）.
丁自立，焦春海，郭英，等．2009. 科技特派员制度的特征及功能．中国农学通报（9）.
丁自立，焦春海，郭英．2008. 我国实施科技特派员制度的思考与对策．农业科技管理（12）.
董国英．2008. 多种模式共存合力推进农业信息化-甘肃省现阶段农业信息服务模式探析．农业科技与信息（19）.
杜丹．2009. 转型时期我国农民心理特征分析．沧桑（1）.
段茂盛．2003. 技术创新扩散系统研究．科技进步与对策（2）.
樊志民．2003. 战国秦汉农官制度研究．史学月刊（5）.
高启杰．2010. 多元化农业推广组织发展研究．技术经济与管理研究（5）.
高启杰．2008. 农业推广理论与实践．北京：中国农业出版社．
高启杰．2003. 农业推广学．北京：中国农业大学出版社．
高启杰．2008. 农业推广学．第2版．北京：中国农业大学出版社．
高启杰．2010. 中国农业推广组织体系建设研究．科学管理研究（1）.
弓永华．2006. 中国特色农业推广事业的发展与实践．生产力研究（2）.
管义达，陆费执，许振．1948. 农业推广．第3版．上海：中华书局．
郭鹏，杨文斌．2006. 农业科技专家大院信息服务模式分析与评价．情报杂志（6）.
郝建平，蒋国文，等．1998. 农业推广原理与实践［M］．北京：中国农业科技出版社．
何长见，谭正棋，唐世铭．2001. 中国农业项目监测评价体系研究．北京：中国农业科技出版社．
何青丽．2010. 梅兹若成人转化学习理论的时代意义．孝感学院学报（S1）.
贺云侠．1987. 组织管理心理学．南京：江苏人民出版社．
侯艳红．2009. 试论新形势下农村农业科技教育培训．山西农业科学（10）.
胡继连．1992. 中国农户经济行为研究．北京：农业出版社．
胡紫玲，沈振锋．从《莫里哀法案》到《史密斯－利弗法案》——美国高等农业教育的发展路径、成功经验及其启示，http：//www. shagri. org，2010-07-27.
黄锦龙．2005. 日本农业推广体系改革新动向．中国农技推广（9）.
黄佩珉．中国农业科技与推广体制的变迁．http：//www. econ-stage. net. cn 2005-02-25.
简小鹰．2009. 农业推广服务体系．北京：社会科学文献出版社．
金玲，陈婉如．2008. 动物饲养试验方案设计原则及试验数据分析方法．福建畜牧兽医（1）.
金玲．动物饲养试验方案的拟定及设计原则［EB/OL］．http：//www. hljtsl. com/newsInfo. aspx? pkId＝1029，2009. 7.
经智慧，李兵，邱新民．2008. 对农业推广信息化体系建设的思考——以巴彦淖尔市为例．农业经济（5）.
局部控制　百科词条．http：//www. hudong. com/. 2011-4-25.
科技部，财政部．农业科技成果转化资金项目管理暂行办法．http：//www. most. gov. cn/fggw/zfwj/zfwj2001/200512/t20051214 _ 55022. htm.
李建华，刘用场，郑百龙，等．2007. 科技特派员制度的特点与长效机制研究．台湾农业探索（3）.
李科，赵惠燕，李振东．2007. 社会性别敏感的参与式科技推广模式研究．安徽农业科学（30）.
李远行．解决三农问题应注重调整农村社会结构．http：//www. sina. com. cn，2009-03-09.

李云雁，胡传荣.2008.试验设计与数据处理.北京：化学工业出版社.
梁福有.1997.农业推广心理基础.北京：经济科学出版社.
廖崇真.1940.农业推广之理论与实施.北京：商务印书馆.
刘春芳，王济民，梁辛.2009.中国农业科技推广体系主要模式评价.经济研究导刊（10）.
刘风瑞.1991.行为科学基础.上海：复旦大学出版社.
刘海燕，朱冬莲.2010.山区农民教育培训需求分析及对策研究.中国电力教育（22）.
卢敏.2005.农业推广学.北京：中国农业出版社.
鲁明.2009.农业信息网站设计和功能研究.农业科技与信息（16）.
马常菊.2007.农业技术推广体系的改革进展及思考.经济与科技（7）.
马育华，胡蕴珠.田间试验设计［EB/OL］.http：//www.chinabaike.com/article/baike/1001/2008/200805111473256.html，2011.5.
马志国，刘晓艳.2008.试论参与式农业技术推广.安徽农业科学（16）.
农业部办公厅.关于大力开展基层农业技术推广人员培训工作的通知.农办科［2008］64号，中国农业信息网，2009-02-09.
农业部科学技术委员会，农业部科学技术四司.1989.中国农业科技工作40年.北京：中国科学技术出版社.
农业推广方式与方法.http：//taihang.hebau.edu.cn/jingpinke/shengji/nytgx/skja/6.mht.2007-9-4/2011-4-25.
农业推广试验与示范［PPT］.http：//jpk.sicau.edu.cn/2008jpk/nytgx//007.ppt.2010-12-22/2011-4-25.
潘寄青，韩国强.2009.基于人力资本理论的新型农民培育.安徽农业科学（25）.
彭华.2008.我国农业网站建设与评价研究.电脑知识与技术（19）.
戚湧，李千目.2009.科学研究绩效评价的理论与方法.北京：科学出版社.
任晋阳.1998.农业推广学.北京：中国农业大学出版社.
芮必峰.人类理解与人际传播-从“情境定义”看托马斯的传播思想.http：//www.lwlm.cn/html/2008-06/63092.htm 2008-06-11.
沈家五.1987.张謇农商总长任期经济资料选编.南京：南京大学出版社.
宋希庠.1935.国历代劝农考.南京：中正书局.
孙广玉、李春英，等.2003.农业推广学.哈尔滨：东北林业大学出版社.
孙建明，唐永金.2002.农业推广技能.成都：四川科学技术出版社.
孙金荣.2007.应用文写作.北京：中国农业出版社.
汤锦如.2010.农业推广学.北京：中国农业出版社.
唐超群，王思文.1989.成人教育学习方法论.北京：农村读物出版社.
唐永金，李琼芳.2005.农业创新传播的理论与应用探讨.西北农林科技大学学报（社会科学版）（1）.
唐永金.2005.论农业推广中的主体行为.河北农业大学学报（农林教育版）（2）.
唐永金.2004.农业创新扩散机理分析.农业现代化研究（1）.
唐永金.1997.农业推广概论.北京：中国农业出版社.
田春花.2008.农业创新扩散理论实践——张掖市奶牛胚胎移植技术推广历程.第三届中国牛业发展大会论文集.
Hanleng.田间试验的设计与实施［EB/OL］.http：//www.doc88.com/p-69334747138.html，2011.4.
田伟，皇甫自起.2009.农业推广.北京：化学工业出版社.
汪荣康.1998.农业推广项目管理与评价.北京：经济科学出版社.
王川.2005.我国农业信息服务模式的现状分析.农业网络信息（6）.
王丹，王文生.2007.农村信息化服务模式现状及特征比较.农业网络信息（8）.
王福海.2010.农业推广.北京：中国农业出版社.
王慧军，李友华.2003.国外农业推广组织特色及借鉴意义研究.华北农学报（院庆专辑）.

王慧军，刘秀艳 . 2010. 中国农业推广发展与创新研究 . 北京：中国农业出版社 .
王慧军，谢建华 . 2010. 基层农业技术推广人员培训教材 . 北京：中国农业出版社 .
王慧军 . 2002. 农业推广学 . 北京：中国农业出版社 .
王培培 . 2009. 近年新闻传播领域框架理论研究综述 . 青年记者（21）.
王生荣 . 2006. 科技论文写作基础 . 兰州：甘肃科技出版社 .
王同坤 . 2002. 农业科学实验与新技术推广 . 北京：高等教育出版社 .
王文玺 . 1992. 国内外农业推广立法的比较研究 . 农业科技管理（6）.
王希贤 . 1982. 从清末到民初的农业推广 . 中国农史（2）.
王益明，耿爱英 . 2000. 实用心理学原理 . 济南：山东大学出版社 .
韦丽玲 . 2005. "知识工程"对优化农村社会环境的作用 . 图书馆界（1）.
吴名全 . 2008. 农业推广人员的素质提高与服务"三农"的模式探讨 . 农业考古（6）.
肖庆元 . 1994. 科技论文构思表述技法初探 . 应用写作（4）.
许无惧，等 . 1989. 农业推广学 . 第 2 版 . 北京：北京农业大学出版社 .
许无惧 . 1997. 农业推广学 . 北京：经济科学出版社 .
殷瑛 . 2005. 21 世纪农业业推广人员素质的新理念 . 农业科技管理（2）.
尹冬华 . 2002. 转型时期农民心理特征的变化以及思想政治工作的对策 . 理论月刊（4）.
于敏 . 2010. 农民生产技能培训供需矛盾分析与培训体系构建研究——基于宁波市 511 个种养农户的调查 . 农村经济（2）.
余守武，洪晓富，范天云，等 . 2009. 农民专业合作社的发展及其在农业科技推广中的作用——以龙游县献军种粮专业合作社为例 . 中国农学通报（5）.
虞和平 . 2003. 张謇与民国初年的农业现代化 . 扬州大学学报（人文社会科学版）（6）.
Victor. 园艺植物科学研究导论——常用的试验设计方法［EB/OL］. http：//course. tjau. edu. cn/yuan/show. aspx？ id＝36&cid＝45，2005. 6. 5.
Victor. 园艺植物科学研究导论——田间试验设计的基本原理［EB/OL］. http：//course. tjau. edu. cn/yuan/show. aspx？ id＝33&cid＝45. 2005. 6. 5.
袁睿 . 正宁县大葱新品种引进试验示范推广［EB/OL］. http：//www. zn. qykj. gov. cn/kjyq/detail. php n _ no＝79318，2009. 8. 17.
臧云泽，李永宁 . 2002 试论行政干预 . 陕西省经济管理干部学院学报（1）.
张博，李思京 . 2007. 浅谈新农村建设中农业信息服务模式的创新 . 中国农学通报（4）.
张茜 . 2007. 农村人力资本与农民收入的动态关系 . 山西财经大学学报（3）.
张少敏，丁文杰，李凤兰 . 2010. 畜牧兽医科技信息（7）.
张淑云，陶佩君，等 . 2010. 农业技术创新扩散的实证分析 . 河北大学学报（哲学社会科学版）（3）.
张颖丽，成荣敏，刘彦圻 . 2009. 农业信息服务体系运行模式研究 . 经济纵横（8）.
章之汶，李醒愚 . 1936. 农业推广 . 北京：商务印书馆 .
赵迪，王德海 . 2010. 受众本位论视角下的参与式农业推广 . 安徽农业科学（11）.
赵俊晔 . 2006. 我国农村信息服务的特点与模式选择 . 农业图书情报学刊（11）.
赵雪芹 . 2007. 基于农业信息链的农业信息服务模式研究 . 科技情报开发与经济（19）.
赵英才 . 2004. 学位论文创作 . 北京：机械工业出版社 .
郑广翠，王鲁燕，李道亮 . 2000. 关于我国基层农业信息服务模式的几点思考 . 农业图书情报学刊（12）.
郑亚鲁，黄操，周灿芳，等 . 2003. 农业信息网站建设策略 . 农业图书情报学刊（2）.
周金虎，滕杰 . 2010. 元认知理论与成教学生自主学习能力的培养 . 中国成人教育（14）.
左雄 . 2007. 我国农业网站建设的探讨 . 决策与信息（11）.

图书在版编目（CIP）数据

农业推广理论与实践/王慧军主编．—北京：中国农业出版社，2011.12（2015.9 重印）

全国农业推广专业学位研究生教育指导委员会推荐教材

ISBN 978-7-109-16270-9

Ⅰ.①农…　Ⅱ.①王…　Ⅲ.①农业技术－技术推广－研究生－教材　Ⅳ.①S3-33

中国版本图书馆 CIP 数据核字（2011）第 256702 号

中国农业出版社出版
（北京市朝阳区农展馆北路 2 号）
（邮政编码 100125）
策划编辑　何晓燕
文字编辑　刘华彬

北京通州皇家印刷厂印刷　　新华书店北京发行所发行
2011 年 12 月第 1 版　　2015 年 9 月北京第 2 次印刷

开本：787mm×1092mm 1/16　　印张：19
字数：449 千字
定价：39.80 元